高等学校葡萄与葡萄酒工程专业教材

葡萄酒分析与检验

马佩选

寇立娟　　编著

王晓红

中国轻工业出版社

图书在版编目（CIP）数据

葡萄酒分析与检验/马佩选，寇立娟，王晓红编著．—北京：中国轻工业
出版社，2023.6
普通高等教育"十三五"规划教材　高等学校葡萄与葡萄酒工程专业教材
ISBN 978 - 7 - 5184 - 1287 - 7

Ⅰ.①葡⋯　Ⅱ.①马⋯ ②寇⋯ ③王⋯　Ⅲ.①葡萄酒—食品分析—
高等学校—教材 ②葡萄酒—食品检验—高等学校—教材　Ⅳ.①TS262.61

中国版本图书馆 CIP 数据核字（2017）第 024047 号

责任编辑：江　娟

策划编辑：江　娟　　责任终审：唐是雯　　封面设计：锋尚设计
版式设计：宋振全　　责任校对：吴大朋　　责任监印：张　可

出版发行：中国轻工业出版社（北京东长安街 6 号，邮编：100740）
印　　刷：北京君升印刷有限公司
经　　销：各地新华书店
版　　次：2023 年 6 月第 1 版第 4 次印刷
开　　本：787×1092　1/16　　印张：25.25
字　　数：580 千字
书　　号：ISBN 978-7-5184-1287-7　　定价：60.00 元
邮购电话：010 – 65241695
发行电话：010 – 85119835　传真：85113293
网　　址：http://www.chlip.com.cn
Email：club@ chlip.com.cn
如发现图书残缺请与我社邮购联系调换
230804J1C104ZBW

前言

　　近年来，我国葡萄酒产业发生了根本性的变化，从产量到质量都有了长足的发展，越来越为世人所关注，成为人们生活中不可或缺的酒精饮料。为了满足人们日益增长的消费需求，必须不断深入研究葡萄酒的生产技术，使产品质量更优，个性化更强，安全性更有保障。要达到这个目的，除了要有优质的原料、精湛的技艺、必要的设备以外，分析检验、质量控制也是必不可少的环节，它对于指导葡萄酒生产的工艺流程，保证产品质量的安全可靠，科学开发新型产品，实施产品质量的监督管理，以及帮助消费者选购理想的产品等方面都发挥着重要的作用。

　　葡萄酒检验是葡萄酒生产技术中一个重要的组成部分，它是运用感官、物理、化学、微生物的原理和方法对原辅材料进行选择、对生产过程进行控制、对不同工艺进行比较、对出厂产品进行检验、对产品特性进行研究、对争议产品进行仲裁并对检验结果给出准确结论的系统性工作。对产品进行分析检验需要掌握必要的检验技术和技能，而对检验结果做出正确的结论，还必须了解国家对产品质量的相关规定，熟悉行业管理的相关法规、制度和标准。只有具备了这两方面的知识，才能有效地指导生产，避免失误和浪费，保证产品质量安全可靠，成为一个称职的质量评判者。

　　随着人们对食品安全的日益重视和我国产品质量安全监管制度的落实，对葡萄酒的检验也提出了新的要求。作为食品安全的第一责任人，生产企业必须严格把好产品质量关，生产出符合相关规定的产品。为了满足这些需求，从事葡萄酒生产的技术人员，特别是负责产品质量安全检验的人员，必须掌握葡萄酒生产从原料到半成品，再到成品各个环节的检验，根据相关规定做出准确的判定。而对于新建的企业，还应掌握实验室建设的相关要求，熟悉相关检验仪器设备的配备和选择，建立科学、先进的实验室管理制度并使之有效运行。为此，我们编著了《葡萄酒分析与检验》一书，可供葡萄酒专业的学生、生产企业化验员和食品安全管理者以及质量监控部门的相关人员使用。

早在 2002 年，编者出版了《葡萄酒质量与检验》一书，该书根据当时的需求，把重点放在葡萄酒检验技术和质量评判方面，特别是识别伪劣产品方面。为了适应当前葡萄酒行业的需要，在《葡萄酒质量与检验》一书的基础上，参考了其他教科书，编著了本书。本书在原有的基础上补充了葡萄酒感官、理化、微生物检验的内容，增加了原料、辅料的检验，增加了质量监督管理，增加了实验室管理等内容。《葡萄酒分析与检验》一书以葡萄酒检验为主线，对葡萄酒质量做了概述；对实验室建设、基本化学操作技能、仪器设备原理与使用做了深入浅出的论述；对葡萄酒的感官检验、理化检验、微生物检验以及原辅材料的检验做了详细的讲解；对葡萄酒监督管理的相关法规、标准以及实验室的管理做了系统的介绍。同时，在附录中列出了相关标准、法规以及相关换算表，方便查阅，旨在能为读者提供一个葡萄酒质量检验管理方面相对完整的资料。

由于水平所限，书中难免有疏漏和错误，希望广大读者批评、指正！

编著者

2016 年 9 月 10 日

目录

第一章　绪论

　　葡萄酒是以新鲜葡萄或葡萄汁为原料，经酒精发酵酿制而成的饮料酒，是世界公认的对人体有益的健康酒精饮品。随着人们对健康饮品的日益重视，以及我国重点发展酿造酒、重点发展水果酒、重点发展低度酒和重点发展优质酒等产业政策的实施，葡萄酒产业迎来了难得的发展机遇。由于葡萄酒是国际通畅性酒种，因此，在全球范围内饮用人数之众多，生产范围之广泛，技术交流之活跃，贸易数量之巨大，都是其他酒种所无法比拟的。

　　葡萄酒检验是随着葡萄酒产业工业化发展不断前行而产生的一门技术。追溯葡萄酒发展的历史，经历了由自然状态下自由产生向人为地、有目的地控制生产的转化过程。最早的葡萄酒是自然发酵产生的，我们的远祖只能被动地接受这种自然发酵的产物，但随着人类历史的发展，科学技术的进步，人们可以将这种自然现象加以控制和利用，进而让它按照人的意志去发展变化，这就是工业化生产。可以说葡萄酒工业化生产技术的出现，促进了葡萄酒检验技术的诞生。

　　我国葡萄酒工业化生产始于 1892 年，距今已有 120 多年的历史。经过 120 多年的沧桑变迁，葡萄酒检验技术也发生了翻天覆地的变化：由早期的只检验糖度、酒精度、酸度等简单的项目，发展到现在能检验葡萄酒中各种有机物、微量元素等数百个成分；由早期的只有手工操作的化学分析项目，发展到现在使用气相色谱仪、液相色谱仪、原子吸收分光光度计、色谱 – 质谱联用仪等仪器进行分析的项目；由早期的只能检验百分之几的常量成分，发展到现在能检验几亿分之一，甚至含量更低的痕量成分；由早期的只能简单指导生产的检验，发展到现在能对产品进行精细的剖析和研究。目前，在葡萄酒中已经鉴定出 1000 多种成分，其中有 350 多种成分已经被定量，这些都充分体现出葡萄酒检验技术的提升和进步。

第一节　葡萄酒检验的任务

　　葡萄酒检验，就是运用感官、物理、化学、微生物的原理和方法，对葡萄酒生产的中间产品和最终产品的感官质量、物理特征、化学成分以及生物特性进行分析、测试、检验、研究，旨在适时指导工艺流程，严格监控产品质量，科学开发新型产品，从而为消费者提供物美价廉、安全可靠的产品，为企业和社会创造更多的经济效益和社会效益。

葡萄酒检验包括对葡萄酒原辅料进行选择、对生产过程进行控制、对不同工艺进行比较、对产品质量进行评判、对产品特性进行研究、对争议产品进行仲裁等，最终按照有关规定，给出科学结论。

一、 对原辅材料的选择

对原料和辅料的检验，是葡萄酒检验中一项重要的任务，也是从源头控制产品质量的根本保证。通过检验，对原辅料进行必要的选择，确保符合要求的原辅料投入生产。对葡萄原料的检验，可以控制葡萄的采收期、确定适宜的产品类型、设计合理的生产工艺、改良葡萄汁的某些特性等，以便最大限度地发挥葡萄本身的潜质，生产出最好的产品。对各种辅料的检验，可以从源头上保证葡萄酒的安全，选出性能优异、质量可靠的辅料投入生产。

二、 对生产过程的控制

葡萄酒是一种生物发酵产品，在整个生产过程中都不断发生着各种变化，实时监控这些变化，及时采取必要的工艺措施，是保证发酵顺利进行、贮存安全可靠、勾兑科学合理的有效方法。要生产出质量优异的产品，离开了对生产过程的控制是无法实现的，而这些过程控制必须根据相关的检验数据和结论做出判断。

三、 对不同工艺的比较

在葡萄酒生产过程中，新工艺、新方法的引进和使用是常常遇到的事情，如何判断工艺改进的效果，除了经验性的判断以外，往往要用检验数据进行比较，确定改进的工艺和方法是否可行，以便得到最科学的结论，确定最合理可行的工艺。

四、 对出厂产品的评判

葡萄酒作为一种直接饮用的产品，能否供消费者饮用，除了生产过程的控制外，对最终产品的检验是至关重要的。对葡萄酒的检验，就是依据国家有关规定，采用规定的方法，对规定的项目进行全面检验，将检验数据与有关规定进行比较，从而做出合格与否的评判。作为葡萄酒生产企业，通过对葡萄酒质量的检验，杜绝不合格产品出厂，切实落实产品质量主体责任；作为政府监督部门，通过对葡萄酒质量的检验，督导企业进一步提高产品质量，扶优限劣，让消费者享受安全可靠的葡萄酒。

五、 对产品特性的研究

除了生产控制以外，对葡萄酒特性的研究，也是葡萄酒检验的一项重要任务。通过检验，了解不同特性的葡萄酒在某些化学成分上存在的差异，通过研究这些差异，更有的放矢地指导葡萄酒生产。近年来，随着人们保健意识的提高，对葡萄酒保健作用的研究也越来越活跃，这已成为对葡萄酒特性研究一个非常重要的领域。

六、　对争议产品的仲裁

当不同方面对葡萄酒质量检验做出有分歧的判定或出现争议时，就需要对发生争议的产品进行裁定，这就是仲裁检验。仲裁检验一般是由争议双方共同认可的或相关部门指定的权威机构进行的检验，该检验结论就是争议产品的最终结论。

第二节　葡萄酒检验的基本方法

葡萄酒检验就是对葡萄酒的特性进行分析、研究，用定性和定量的方法检验出结果，对结果给出判定结论。葡萄酒是一个生物发酵产品，它是供人们直接饮用的，葡萄酒的特性与感官、物理、化学以及微生物等方面有关，因此，葡萄酒检验运用的基本方法是：感官检验法、物理检验法、化学检验法和微生物检验法。

一、　感官检验

感官检验是利用人的视觉、嗅觉、味觉以及触觉，对葡萄酒的感官特性进行观察、甄别和评价。迄今为止，对葡萄酒来说，感官检验是最有效、最灵敏、最直接和最全面判定葡萄酒质量的方法，是其他方法无法取代的。

利用视觉，可以观察葡萄酒的外观、颜色、澄清度、透明度、流动性、起泡状况等，以此判断葡萄酒的健康状况、醇厚程度、成熟进程以及酒龄等；利用嗅觉，可以感受到葡萄酒中挥发性物质的浓郁度、优雅度、层次感以及是否有缺陷，以此判断葡萄酒的类型、香气特征、香气质量等；利用味觉，可以感觉到甜、酸、苦、咸以及诸味之间相互作用所产生的不同滋味，以此判断葡萄酒的味感特征、平衡程度、浓郁程度以及后味等；利用触觉，可以感受到酒精的灼热感、单宁的收敛感以及酒体的冲击力，以此判断葡萄酒的平衡度、圆润度、结构感等。

二、　物理检验

物理检验法就是运用物理手段对葡萄酒应该具有的一些物理特征进行检验，例如葡萄酒的密度、干浸出物、色度、透光率、浊度、二氧化碳压力等。

三、　化学检验

葡萄酒中含有为数众多的化学成分，某些成分的含量高低，决定着葡萄酒的质量。用化学的手段对这些化学成分进行定性或定量检验，是葡萄酒检验中最普遍使用的方法。在化学方法中，除了经典的常量化学分析法如总糖、滴定酸、挥发酸等以外，近年来现代的仪器分析法越来越广泛地运用到葡萄酒的检验中，如用气相色谱仪检测甲醇、高级醇、农药残留等；用液相色谱仪检测有机酸、多酚、添加剂等；用原子吸收分光光度计检测铁、铜等金属离子等。

四、 微生物检验

葡萄酒作为一种微生物发酵产品，必须保证生产过程中某些微生物的生长，同时又要抑制另一些微生物的生长，这就需要用微生物检验的方法，对发酵过程和储存过程中存在的微生物进行检测和鉴定，如酵母菌、细菌、乳酸菌、大肠菌群以及可能存在的某些致病菌。

第二章 葡萄酒的质量

根据国际葡萄与葡萄酒组织（OIV 2003）的规定，葡萄酒只能是破碎或未破碎的新鲜葡萄果实或葡萄汁经完全或部分发酵后获得的饮料。我国葡萄酒国家标准（GB 15037—2006），基本采用了国际葡萄与葡萄酒组织的规定，将葡萄酒定义为：以鲜葡萄或葡萄汁为原料，经全部或部分发酵酿制而成的，含有一定酒精度的发酵酒。

由葡萄酒的定义可以看出，葡萄酒是一种含有酒精的饮料，其酒精源自发酵，而生产这种酒精饮料的原料只能是新鲜葡萄或葡萄汁。从葡萄到葡萄酒最核心的工艺是发酵，即将葡萄果实中可发酵的糖类，转化成酒精和其他构成葡萄酒气味和滋味的物质，因此，决定葡萄酒品质最关键的因素是葡萄原料的品质和发酵工艺，人们常常说葡萄酒的质量"先天在原料，后天在工艺"，这句话是对葡萄酒质量形成十分客观的总结。

葡萄是一种自然属性很强的植物果实，它受到阳光、温度、湿度、降雨、土壤等自然条件和生态环境的影响，也受到种植、管理、采摘等人为因素的影响，同时，还与它自身的品种、树龄、适应性等内在因素相关，这诸多因素又互相影响，相互作用，加上发酵过程诸多因素的变化，使葡萄酒具有很鲜明的自然属性以及多样性、变化性、复杂性和不稳定性。

第一节 葡萄酒的特性

一、 多样性

葡萄的品种、树龄、种植区域、生长环境以及管理模式的不同，决定了葡萄品质的不同，而各具特色的酿造方法以及陈酿方式，也可使相同品质的葡萄原料生产出品质差异很大的葡萄酒。与其他工业产品不同，虽然葡萄酒都是用葡萄酿造的，但它可变因素之多，是其他产品无法比拟的，可以说，葡萄酒是农业食品中变化最大、种类最多的一种。第一，葡萄酒的风格决定于葡萄品种、气候和土壤条件，不同产区的葡萄可以酿造出不同风格的葡萄酒。第二，酿造工艺不同，可以产生多种类型的葡萄酒，使其具有不同的色泽、不同的香气、不同的口感以及不同的风格特征。第三，在同一种类葡萄酒中，又存在着各种质量等级的差异。这些都是葡萄酒多样性的原因。

二、 变化性

不同年份，有不同的气象特征，不同区域，气象特征也不同，即使同一区域不同年份的气象特征也存在或多或少的差异，这就决定了葡萄酒的变化性。对外界环境因素的敏感性是生物的一种特性。葡萄作为多年生植物，一旦在某一特定地点定植，就必然受到当地、当时外界条件的影响。这些外界因素包括每年的气候条件（降水量、日照、葡萄生长季节的活动积温）和每年的栽培条件（修剪、施肥等）。这些外界因素决定了每年葡萄浆果的成分，从而决定了每年葡萄酒的质量。这就是葡萄酒"年份"的概念。葡萄酒工艺师可以对原料的自然和（或）人为缺陷进行改良，但各葡萄酒产区仍然存在着优质年份和一般年份的差异。

三、 复杂性

葡萄酒中含有大量来自葡萄、来自发酵和来自陈酿所产生的成分，这就决定了葡萄酒的复杂性。葡萄酒是一种发酵酒，它的化学组成既有挥发性成分，又有非挥发性成分，而白酒是发酵结束后进行蒸馏的蒸馏酒，它仅含有挥发性成分，因此，葡萄酒中的化学成分比白酒多得多。目前，在葡萄酒中已鉴定出 1000 多种物质，其中有 350 多种已被定量鉴定。可以肯定，随着科学技术的进步，将有更多的成分被定性、定量地检测出来。

四、 不稳定性

葡萄酒是一种生物发酵产品，其中含有大量的氧化还原性物质以及胶体、酶活性物质等。在葡萄酒的储存过程中，这些物质相互作用，不断发生各种变化，这就决定了葡萄酒的不稳定性。在葡萄酒的 1000 多种成分中，包括氧化物、还原物、氧化还原催化剂（金属或酶）、胶体、有机酸及其盐、酶及其活性底物、微生物的营养成分等。所有这些成分就成为葡萄酒的化学、物理化学和微生物学不稳定性的因素。所以，葡萄酒是一种随时间而不停变化的产品，这些变化包括葡萄酒的颜色、澄清度、香气、口感等。葡萄酒的这一不稳定性构成了葡萄酒的"生命曲线"。不同的葡萄酒都有自己特有的生命曲线，有的葡萄酒可保持其优良的质量达数十年，也有些葡萄酒需在其酿造后的一年内消费掉。葡萄酒工艺师的技艺就在于掌握并控制葡萄酒的这一变化，使其向好的方向发展，同时尽量将葡萄酒稳定在其质量曲线的较高水平上。但是，在有些情况下，特别是工艺或环境控制不当时，葡萄酒也会生病，它会浑浊、沉淀、失色、失光，甚至变成醋。如果将一瓶葡萄酒开启后，放置在室温下，让它与空气长时间接触，它就会很自然地长出酒花或者变成醋，或者会再次发酵。

第二节　葡萄酒的质量构成

什么是质量？按照国际标准化组织（ISO）给出的定义：质量是一组固有特性满足要求的程度（2000 版 GB/T 19000—ISO9000 族标准）。对葡萄酒而言，其质量就是葡萄酒所具有的固有特性满足要求的程度。

作为葡萄酒这种供消费者直接饮用的产品，它固有的特性首先是一种食品，作为食品，安全是最基本的特性，也是最基本的要求。其次，是对它的质量要求。葡萄酒不是生活必需品，不是人类生存必须依赖的，它是一种嗜好性饮品，饮用它可以给消费者带来视觉、嗅觉和味觉上的享受，同时获得精神上的愉悦，这就是感官质量。葡萄酒是一个复杂的酒精水溶液，其中含有为数众多的化学成分，某些成分含量的高低，决定着葡萄酒的质量，也满足着消费者不同的需求，这些都可以归纳为理化指标。葡萄酒作为一种可长期贮存的生物制品，微生物的存在对其具有十分重要的影响，特别是一些有害微生物的存在，严重影响葡萄酒的质量安全。将有害微生物及其他对人体有害的成分（重金属、农药残留、真菌毒素等）限量归在一起，称为卫生要求。葡萄酒的质量构成为感官特性、理化指标和卫生要求。除此而外，葡萄酒的包装质量也是一个重要的质量构成因素。上述因素或特性满足消费者需求的程度，构成了葡萄酒质量的高低、优劣。

葡萄酒的质量形成，与诸多因素有关。"先天在原料，后天在工艺"的说法，是对葡萄酒质量形成一个科学的总结。

一、　原料

葡萄原料的质量，对葡萄酒质量起到至关重要的作用，也可以说是起到决定性的作用。影响葡萄原料质量的因素很多，有自然因素，如降水量、日照时间、葡萄生长季节的活动积温、昼夜温差、土壤结构、土壤类型等，这些都是与种植区域自然因素、气候条件密切相关的，是人力基本无法改变的，因此只有在适宜于葡萄生长的区域才能种出质量好的葡萄，这就形成了产地葡萄酒的概念；但是，即使在同一地区，由于每一年气候的差异，葡萄所接收的阳光、降水、温度等都不同，因此，有些年份葡萄质量很好，而有些年份则不尽然，这就产生了年份葡萄酒的概念；除了自然因素以外，影响葡萄质量的还有人为因素，如葡萄的种植架势、修剪方式、灌溉、施肥、采摘以及管理模式等。因此，科学管理葡萄园，采用适宜于当地风土条件的栽培管理模式，是提高葡萄质量的一个重要手段，值得认真研究和探索；除此而外，葡萄本身内在的特点，即葡萄品种的特性，是决定葡萄质量优劣的先天条件，不同的葡萄品种，有不同的酿酒特性和生长适应性，在不同的产区选择适宜栽培的葡萄品种，也是充分发挥葡萄品种质量特性的关键所在。

二、 工艺

将优质的葡萄原料，酿制成优质的葡萄酒，这就是后天工艺的作用。没有好的原料，不可能生产出好的葡萄酒，但好原料离开了合理、科学的工艺，同样不可能产生出好葡萄酒，两者是相辅相成的，不可强调一个方面而忽视了另一个方面。

当葡萄原料确定后，最重要的工作就是根据原料葡萄的特点，最大限度地表现出原料的质量，以人为的方式把葡萄本身所具备的潜质，完美地表现在葡萄酒中。这也是对"葡萄酒是人与自然和谐相处的产物"一个最好的诠释。

在葡萄酒的生产过程中，存在着很多工艺控制点，需要认真学习、探索、积累和实践。葡萄酒从原料投入开始，到被消费掉的整个生命周期里，是不断变化发展的，也可以说是有生命的，任何一个环节，如工艺的确定、设备的选择，葡萄的破碎、压榨的程度，发酵的温度、时间的控制，倒桶、分离的时机、贮存环境的营造，陈酿条件和时间的掌握，添加剂的准确使用，不同原酒的勾调技巧，甚至生产场地的卫生管理等，都会对葡萄酒的质量产生重大的影响。酿酒师对这诸多影响因素控制得当，就会生产出质量优异甚至质量超乎想象的优质产品。相反，如果控制不当，就会导致产品存在明显瑕疵，甚至使整批产品沦为没有任何饮用价值的废物。

第三节　葡萄酒的主要成分

葡萄酒中所有的成分都来自于葡萄果实、发酵以及陈酿。除此以外还有少量的外来成分即食品添加剂，但添加剂的种类和用量必须严格按照国家有关规定执行，不得随意添加。

一、 水

水是葡萄酒中含量最多的成分，根据酒种不同，水分所占比例也不同。普通的葡萄酒中，水的比例一般可占到70%～80%。葡萄酒中的水完全来自于葡萄果实，除了必须的工艺可能带入少量的水分以外，不允许人为添加。

二、 乙醇

葡萄酒中乙醇的含量一般为7%～15%（体积分数），大多数葡萄酒的酒精含量都在12%左右，特殊酒种的酒精含量会达到16%～24%。酒精度的表示单位为体积分数（%），即100mL葡萄酒中所含纯乙醇的体积（mL）。

葡萄酒中的乙醇或者称酒精是来源于葡萄浆果中糖分的转化，即葡萄中的葡萄糖和果糖在酵母作用下发生生化反应，产生了酒精。因此，酒精含量的多少与葡萄浆果中糖含量的多少有关，也就是与葡萄的成熟度有关，这也是生产中为什么要控制葡萄原料的含糖量、控制葡萄的采收期的原因之一。葡萄酒中酒精度的高低，直接影响葡萄酒的质量，是葡萄酒的灵魂。适度的酒精含量，会给葡萄酒带来丰富、协调的香气，醇厚、有骨架的酒体及均衡、绵延的口感，同时对葡萄酒的贮藏有非常积极的作用。

三、 总酸

葡萄酒中酸的含量一般在 5 ~ 8g/L（以酒石酸计）。葡萄酒中含有多种酸，主要是有机酸，它们一部分来源于葡萄果实，一部分来源于发酵，以游离态或盐的形式存在。总酸是所有有机酸、无机酸的总称，而能与一定浓度的碱性溶液发生酸碱反应，通过化学计量得出的酸，通常称为滴定酸。总酸或滴定酸一般用 1L 葡萄酒中含有酸的质量（g）来表示，即 g/L，这里的酸一般用酒石酸表示，也有用硫酸表示的，所以，要比较葡萄酒酸含量的高低，应在酸的表示方法一致的情况下进行比较。

酸是葡萄酒中很重要的呈香、呈味物质，但主要是对味感的贡献，直接影响葡萄酒的感官质量。对于红葡萄酒而言，适度的酸含量可使葡萄酒酒体柔和、圆润，有一定的骨架感和层次感，给人平衡、舒适的感觉，如果酸超出了平衡界限，就会使葡萄酒酒体粗糙、瘦弱，而低于平衡界限，又会使葡萄酒呆板、滞重。对白葡萄酒而言，适度的酸含量，可使葡萄酒活泼、清爽，后味长，而过高或过低都会给葡萄酒带来不平衡的感觉，严重影响葡萄酒的感官质量。

总酸除了影响葡萄酒的感官质量以外，还决定着葡萄酒的 pH，影响着葡萄酒的稳定性，从而决定葡萄酒贮藏的潜力。

四、 挥发酸

挥发酸是葡萄酒中以游离状态或以盐的形式存在的所有乙酸系脂肪酸的总和，正常的葡萄酒挥发酸含量一般在 1g/L（以乙酸计）以下。据报道，葡萄酒中乙酸的感官阈值为 0.2g/L，当乙酸浓度超过 0.8g/L 时，就会感到有明显的醋味。

无病虫害的葡萄浆果制成的葡萄醪不含挥发酸。在发酵过程中可产生 0.08 ~ 0.24g/L 的醋酸，根据酵母种类不同而有所差异。正常情况下，在苹果酸 – 乳酸发酵过程中，也能产生部分挥发酸，这是由于细菌分解酒石酸、糖，特别是戊糖而形成的，葡萄酒中挥发酸含量可达 0.4 ~ 0.5g/L。如果葡萄酒中挥发酸高，则可能感染了细菌性病害，因为细菌可分解葡萄酒中的还原糖、甘油、酒石酸等成分而使挥发酸含量升高。在有氧条件下，葡萄酒中的乙醇可在醋酸菌的作用下，被氧化成乙酸。因此，挥发酸含量是葡萄酒健康状况的"体温表"，它是发酵、贮藏管理不良留下的标记，通过检验挥发酸含量，可以了解葡萄酒是否有病害、病害的严重程度以及预测贮藏的困难程度。

五、 干浸出物

葡萄酒中的浸出物是指在一定物理条件下葡萄酒中非挥发性物质的总和，包括有机酸及其盐、酚类物质、高级醇、酯、果胶、糖、矿物质等，有时也称总浸出物。而干浸出物是除去糖的浸出物的总和。葡萄酒中干浸出物含量与葡萄的品质、葡萄酒生产工艺及葡萄酒的类型有关，一般情况下，葡萄酒中的干浸出物含量范围在 16 ~ 30g/L。

干浸出物是葡萄酒中一个很重要的技术指标，由它的组成可以看出，葡萄的成熟程度、所含固体物质的多少，特别是营养物质的多少、酿造工艺以及陈酿方式，都影响葡萄酒中干浸出物的含量。一般来说，红葡萄酒中干浸出物含量高于白葡萄酒中的含量，酒体醇厚的葡萄酒干浸出物含量高于酒体淡薄的葡萄酒干浸出物的含量。

六、 糖

糖是葡萄果实中最重要的组分，是除水分以外含量最多的营养物质，葡萄果实中糖含量的高低，决定着以此为原料生产的葡萄酒中酒精度的高低。葡萄果实中的糖主要是葡萄糖和果糖，这是可被酵母转化为酒精的可发酵糖，除此以外，还含有少量蔗糖、戊糖等。

葡萄酒中糖含量的高低是区分葡萄酒类型的重要指标，根据含糖量的高低，将平静葡萄酒分为干型、半干型、半甜型和甜型；将起泡酒分为超绝干型、绝干型、干型、半干型和甜型。

糖是葡萄酒中甜味物质的主要来源，通过与其他呈味物质的相互作用，使葡萄酒呈现出不同的味感特征，对葡萄酒感官质量起着十分重要的作用。

七、 酚类

酚类化合物是一类具有大而复杂结构的复杂化合物的总称。从本质上讲酚是苯环（又称芳香环）上连有一个或多个羟基的化合物，葡萄酒中的酚类化合物绝大多数是含有两个以上的羟基，因此，习惯上把葡萄酒中的酚类化合物称为多酚。多酚是葡萄酒中十分重要的一类化合物，来源于葡萄浆果和橡木桶陈酿，是葡萄酒保健作用的源泉，也是葡萄酒区别于其他食品的标志物之一。

多酚在葡萄酒整个生命周期中是不断变化的。多酚化合物可按不同的方法分为若干类，在葡萄酒中，一般将多酚分为无色多酚和色素，通常称为单宁和色素。单宁或称丹宁、鞣酸，是指相对分子质量为 500~3000 的能沉淀蛋白质、生物碱的水溶性多酚化合物，而色素主要是指黄酮和花色素，白葡萄酒中只含有黄酮，红葡萄酒中既含有黄酮又含有花色素，这也是葡萄酒颜色的主要来源。

多酚化合物参与构成葡萄酒的酒体骨架和酒体结构，在味感上多酚类物质一般有程度不同的苦涩感和收敛性，这也是葡萄酒最显著的感官特性之一，特别是红葡萄酒，这种感官特性更加突出。近年来，随着人们养生、保健意识的提高，对酚类物质的研究也越来越深入，但尽管如此，人们对酚类物质的认识还有很多未知的方面需要探索，对酚类物质的特性及在葡萄酒中的变化等诸多方面还存在很多亟待深入研究的问题。

八、 芳香物质

葡萄酒是有着复杂香气的饮料酒，其香气的来源一是葡萄自身，二是发酵产生，三是陈酿形成。来自于葡萄自身的香气主要是水果的香气，以花香、果香为特征，它随葡萄品种不同而有很大差异，其组成十分复杂，主要是萜烯类化合物；来自于发酵的香气主要是酒的香气，以发酵香为特征，主要是高级醇和酯类化合物；来自于陈酿的香气主要是前两种香气的进一步融合以及橡木桶的香气，以陈酿香为特征。三种不同来源的香气也分别称作一类香气、二类香气和三类香气。

众多的呈香物质参与了葡萄酒香气的组成，由于它们种类的不同，含量的不同，相互作用的不同，使葡萄酒的香气呈现出复杂多变，风格迥异的特征，引起了人们越来越多的关注，近年来，葡萄酒香气成分的研究越来越活跃，新的研究成果也越来越多。

九、　矿物质

葡萄酒中的矿物质主要来自于葡萄原料和加工过程。葡萄中的矿物质是由葡萄植株从土壤、灌溉用水、化肥农药乃至空气中吸收而得，因此葡萄中的矿物质与葡萄生长的环境有十分密切的关系。在加工过程中矿物质的含量会发生不同程度的变化，一些可溶性矿物质会随浸渍过程而进入葡萄酒中，使含量相对增加，而一些不溶性的矿物质会形成沉淀而被过滤去除，使含量降低。另外，在葡萄醪液接触的管道、设备、容器和葡萄酒陈酿接触的容器中，也会有部分矿物质被溶出，使这些矿物质的含量增加。

葡萄酒中所含的矿物质可以离子的形式、氧化物的形式、无机盐等多种形式存在。常见的阳离子有钾、钠、钙、镁、锌、铁、铜、锰、铝、铅、砷等，常见的阴离子有磷酸根、硫酸根、硼酸根、氯、溴、氟、碘等。

第四节　葡萄酒的质量

很显然，一个优质的葡萄酒，应该是对人体健康有益，并且让人喝起来感到舒适的葡萄酒。葡萄酒的感官质量、理化指标和卫生要求，构成了葡萄酒的质量，更确切地说是构成了葡萄酒的内在质量。在这三方面质量中，理化指标和卫生要求是有客观标准的，可以用数据来衡量，定量地表达，而感官质量是一个主观的概念，很难定量表达，它取决于评判者的感觉能力、心理因素、饮食习惯和个人嗜好等。正因为如此，葡萄酒的质量与其他工业品相比有很大不同，它除了客观标准以外，还有主观的标准，而这个主观的标准往往更能准确反映葡萄酒的质量本质，这是葡萄酒本身所具有的特点，也是它的魅力所在。

一、　感官要求

感官质量的优劣，对于葡萄酒这种产品来说是十分重要的，从某种意义上讲，葡萄酒的感官质量比理化指标更重要，这是葡萄酒与其他工业产品相比一个显著不同的特点。在实验室中，不用一滴葡萄汁，就可以勾兑出与葡萄酒理化指标完全相同的溶液，但这却是毫无饮用价值的假酒。只有通过感官品尝，用感官质量来衡量，才能分清真假、鉴别优劣，客观地反映出葡萄酒的真实属性。因此，葡萄酒的理化指标和卫生要求，是葡萄酒质量的基本要求，是体现质量的一个基本方面，而感官质量才是葡萄酒质量的综合概括。

葡萄酒的感官质量就是葡萄酒对人的感觉器官——视觉、嗅觉、味觉和触觉等所产生的刺激和反应。外观：包括色泽、澄清度和透明度等；香气：包括果香、酒香、陈酿香和它们之间的复合香等；滋味：包括酸、甜、苦、咸和它们之间的复合滋味，以及灼热感、涩感和收敛性等。这么多的因素交织在一起，形成了葡萄酒的感官特性。优质葡萄酒最核心的感官质量应该是诸多因素的统一、和谐和平衡。

由于葡萄酒的多样性、变化性、复杂性和不稳定性，决定了其感官质量的千差万别，对这些千差万别的葡萄酒可从质量等级的角度进行分类，分类的主要依据就是感官质量。葡萄酒的感官质量由高到低可以将它们分为上、中、下三级，也有更细化的分级体系，分为四级或更多级别。但无论分为几级，或者称谓如何，都是按感官质量高低的顺序排列的。按照上、中、下的感官质量，可将葡萄酒称为优级品、优良品和合格品，它们分别在感官上表现为：优级品——令人愉悦、充满感官享受的产品；优良品——质量较好给人带来舒适感觉的产品；合格品——没有明显优点，也没有明显缺陷，比较平庸的产品。而对于存在明显缺陷或不具备葡萄酒特征的产品，都应该作为淘汰产品剔除。

二、 理化要求

理化指标是衡量葡萄酒质量的一个客观指标，是构成葡萄酒质量的基本要求，是控制葡萄酒质量的基础。在一定程度上，理化指标可以反映葡萄酒物理和化学组成的特征。理化指标的不同，可以从不同的方面客观地反映葡萄酒原料酿酒的特征性、工艺的合理性、贮存的安全性、添加剂使用的规范性等。

对于成品葡萄酒来说，相关国家标准（GB 15037—2006）规定的理化指标主要包括：酒精度、总糖、总酸、干浸出物、挥发酸、柠檬酸、总二氧化硫、铁、铜、甲醇、苯甲酸、山梨酸、二氧化碳等。这些质量要求都有明确的标准规定，随着标准的修订，这些理化指标及其要求会发生一定的变化，但一旦作为标准的要求，所有葡萄酒生产企业必须严格遵循。作为生产企业，在生产过程中需控制的理化指标还有：色度、透明度、浊度、pH、单宁、总酚、苹果酸等。

上述理化指标是作为产品出厂必须检验和必须达到的要求，是产品出厂的先决条件和产品质量的基础，任何一个生产企业，必须对这些指标进行有效的控制，确保这些指标被控制在规定的范围内。随着现代科学技术的进步和检验水平的提升，对葡萄酒质量的研究更趋于精细化，特别是用科学的数据来分析、解释葡萄酒的细微差别，研究葡萄酒风格特征，以便于采取适当的工艺提升产品质量，成为越来越多的科研工作者研究的课题。这些研究主要包括影响葡萄酒气味的香气物质的研究，如一些对葡萄酒香气起到积极促进作用的物质：高级醇、萜烯类、酯类、醛类等；对葡萄酒酒体结构起到积极作用的优质单宁，它们的物质结构和组成的研究；对葡萄酒抗氧化、耐贮存、增加稳定性的酚类化合物的研究等，这些都是构成葡萄酒质量特征的重要化学成分。

三、 卫生要求

卫生要求是葡萄酒安全性的指标，体现了对人体健康、安全的保护。葡萄酒作为一种直接供消费者饮用的饮料酒，最根本的质量就是安全，对葡萄酒安全的基本要求就是既不存在对人体健康和人身安全有害的风险，同时要满足葡萄酒自身稳定性的需要。

卫生要求包括三个方面的内容，一是微生物方面，要将有害微生物控制在安全的、合理的、尽量低的限度，如细菌总数、大肠菌群、某些致病菌等，还有影响葡萄酒质量和稳定性的一些微生物，如酵母菌、乳酸菌等；二是有害金属离子，如铅、砷及其盐类化合物等，由于环境污染，特别是土壤污染，有可能造成这些有害物质超出安全限量，影响葡萄酒的安全，作为葡萄酒质量控制，必须对这些物质进行有效监控；三是农药残留，随着农业科技的进步，农药种类不断增加，对农药残留的控制也显得越来越重要，作为葡萄酒质量控制，必须监控农药残留量，否则，葡萄酒就根本没有质量可言。

除了上述三方面的卫生要求以外，随着人们对未知领域的不断发现和对葡萄酒质量不断深入的研究，真菌毒素的存在也越来越受到人们的重视。葡萄酒中的氨基甲酸乙酯、赭曲霉毒素等，引起葡萄酒不良气味的2，4，6－三氯苯甲醚、4－乙基苯酚等都成为葡萄酒质量研究的热点，都可能成为葡萄酒卫生要求方面的限量指标。

葡萄酒的感官质量、理化指标和卫生要求，构成了葡萄酒整体内在质量的要求，除此以外，葡萄酒的包装质量、运输质量、标签标注质量以及计量方面的质量，也是构成葡萄酒整体质量不可分割的部分。

第三章 化验室通用要求

实验室是指从事在科学上为阐明某一现象而创造特定条件，以便观察它的变化和结果的机构。通俗地讲，就是进行试验的场所。实验室分为两种：一是以检测产品的质量、安全或性能等指标为目的，称为检测实验室；二是以校准计量器具和测量设备为目的，称为校准实验室。实验室是一个大概念，它可以按学科分类，分为物理实验室、化学实验室、生物实验室、心理学实验室等。化学实验室是实验室中的一个专业领域，简称化验室，本书中提到的化验室与实验室是指同一个概念。

化验室是葡萄酒生产过程中不可缺少的重要组成部分，对指导生产过程、控制产品质量起着举足轻重的作用。随着科学技术的进步，分析化学科技成果的运用，化验数据对指导葡萄酒的生产，提高葡萄酒的质量，乃至合理利用资源，改进生产工艺，节能减排，增加经济效益都是不可缺少的。因此建立一个实用、可靠、经济、安全的化验室是从事葡萄酒质量检验工作必须完成的重要任务。

本章着重讨论葡萄酒生产企业化验室建设和管理的通用要求。

葡萄酒企业的化验室最主要的功能是对采购的原材料进行分析检验，确定是否采购或对其进行分级定价；对生产过程进行控制，按照工艺要求，用数据说明工艺是否到位，是否要进行下一步工序；对最终产品进行出厂检验，按照相关标准的要求，确保合格的产品入库上市。要满足这些需要，必须根据所需检验的项目，以及这些项目所必须的设施、场所、资源，合理地、科学地组建化验室。

第一节 建筑要求

一、 化验室位置选择

化验室应位于生产区域内相对独立、比较安静的地方，能够有效避免无关人员随意进出；周围不能有污染源，便于保持化验室的清洁卫生；不能有明显的震动源，以保证分析仪器能正常运转；要有良好的光线但不能有强烈的阳光直射，便于各种化学反应中出现的各种现象和颜色变化得到正确的观察；要有良好的通风，保证室内空气新鲜；至少有一面墙体通向露天，便于化验室有害气体的排放；要尽量靠近生产车间，便于对各个工序中的样品进行取样检验。

二、 化验室建筑要求

化验室建筑的总体要求是防震、防尘、防火、防水，防蚊蝇，光线充足，空气流通。主要应从以下几个方面考虑：

1. 地面

化验室的地面可能会接触到水、酸、碱、有机溶剂等腐蚀性物质，因此应考虑选择耐酸、碱、有机溶剂等腐蚀的、易于清洗且防滑的材料，如釉面砖、耐腐蚀的塑胶材料等。但必须注意颜色的选择，应避免采用强烈色彩的地面。

2. 墙面

墙面也应考虑耐腐蚀，便于清洗，特别是通风橱的内墙面，必须用强耐腐蚀的材料，如瓷砖镶好，颜色宜选用白色或其他淡色，绝对不能用深色或艳丽的颜色。

3. 通风橱

通风橱是进行有毒有害腐蚀性物质操作的地方，排风良好和耐酸碱腐蚀是它最基本的功能，因此通风橱内的材料必须是强耐腐蚀的，内部的烟尘直接通过管道排至室外，不存在回流和死角。目前通风橱都有专业厂家生产，可成套选择购买和安装。如果要自行设计安装通风橱，除了考虑所用的材料要强耐腐蚀外，通风橱内还应该有足够的电力，具备供水和排水功能，安装良好的照明装置，面积以满足需要为宜，小型化验室，通风橱的面积一般为 $1 \sim 2m^2$。

4. 工作台

工作台包括化学操作台和仪器台，必须稳固，有必要的承重能力，防震动，特别是摆放分析天平和精密仪器的工作台，要更加避免震动。工作台的高度以便于操作为主。台面材料以耐腐蚀有弹性为宜，需要放置加热设备和被加热器皿的台面，还应选择耐热材料。需要完成蒸馏操作的岛型工作台，应提前留好电源和供水、排水管道。

5. 门窗

化验室的窗户应尽量大一点，保证良好的采光效果。化验室最好安装双层窗户，有利于防尘和保温。有较强的直射光时，要安装窗帘。化学分析室的窗帘宜选用淡色，以不影响观察化学反应颜色变化为准，而仪器分析室的窗帘宜选用深色，尽量阻挡阳光照射。出于安全考虑，化验室的门最好是向外推开式的。

6. 供水与排水

化验室是一个离不开水的场所，主要用于清洁、洗涤、蒸馏、循环等。为满足这些需求，化验室的供水应保证必要的水压、水量以及水质，尽量留出充裕的供水龙头和排水管道。为节约水资源，最好考虑循环水的再利用。为便于管理和用水安全，整个化验室最好在易操作的显著位置安装一个总阀门，可方便地切断所有水源。排水系统应采用耐酸碱腐蚀的材料并有良好的防返水功能，地面应有地漏。

7. 电力

根据每一个化验室的功能合理配置电源，留有充分的余量。实验室用电分为照明用电和动力用电。所有插座应安装在有一定高度并安全的位置。除冰箱、培养箱等需不间断用电的设备外，其他动力用电最好安装一个总开关，便于控制。

8. 防护

化验室是经常接触有毒有害化学试剂、易燃易爆危险物品的场所，因此安全防护十分重要。首先应考虑室内的通风，及时排除实验中产生的有毒、有害气体，确保工作人员的人身健康安全。为了使有毒、有害气体及时排除，可根据需要在化验室不同部位安装排风扇，如在可能散发有害气体的试验台或大型仪器上方，安装合适的排风罩进行排风。为了防止火灾，化验室应根据实验场所的大小，配备足够的灭火器、沙袋、石棉布等，防患于未然。仪器室必须配备避免仪器损坏的灭火器，如二氧化碳灭火器。条件允许时还可配备淋洗装置、洗眼器、小药箱等，以保证事故发生后能得到快速、有效的处置。

9. 间隔

化验室对样品的检验要经过不同的程序和过程，需要在不同的环境条件下完成，而不同环境的场所应有必要的间隔，相对独立，互不干扰。化验室按功能可分为：化学分析室、高温室、天平室、仪器分析室、微生物检验室、样品室、气瓶室、更衣室、办公室和易耗品仓库等。对于规模较小的化验室，如果场地受到限制，可以在满足必备功能的前提下简化上述场所，但化学分析室、仪器分析室、微生物检验室、办公室是必须具备的，并相互分开，有相互独立的空间。

第二节　仪器设备

用于分析检验的仪器种类很多，用途各异。特别是随着科学技术的进步，智能化、专业化的分析仪器发展很快，这些仪器设备的使用，节省了大量的人力物力，大大提高了工作效率，但专业化设备一般造价较高，一次性投入较大，难以满足所有企业，特别是小型企业的需要，为此可以考虑配备通用的分析仪器以满足生产检验的需要。

一、　必备仪器设备

根据葡萄酒过程控制和成品质量检验的需要，化验室必须配备的仪器设备如下所示。

1. 分析天平

分析天平是化验室所有化学计量的基础，也可以说是化验室最高的计量标准器具，其准确度直接影响检验数据的可靠程度。一般化验室应该配备精度为万分之一、最大量程200g的分析天平，它可以满足生产检验的需要，用于准确称量物质的质量。

2. 酸度计

用于分析检验葡萄汁或葡萄酒的滴定酸、pH，测试溶液的 pH 等，是化学分析中必备的实验设备之一。

3. 分光光度计

用于测试不同波长下溶液的吸光度，基于比色分析的检验项目都可以它来定量反映颜色的强度，如葡萄酒中铁、铜、砷等的比色定量分析，同时，对葡萄酒、葡萄汁色度、色调的检验也是必不可少的。

4. 纯水机

纯水机是化验室必备的工具，用于制备实验用的蒸馏水。如果采用外购蒸馏水，则可以不配备该设备。

5. 恒温水浴

恒温水浴是实验室必备的实验工具之一，用于实验样品温度的调整，一般是加热和保温，控温范围在室温至100℃，控制精度可达±1.0℃。对用于密度瓶法测定酒精度的恒温水浴，要求温度控制达到20℃±0.1℃。

6. 电热恒温干燥箱

用于试剂、样品以及玻璃器皿的加热干燥，是化验室必备的工具之一。

7. 高温电炉

用于高温灼烧样品或试剂，温度可在100～1200℃（或更高）范围内调整。

8. 磁力搅拌器

用于溶液的自动搅拌，是滴定实验和测试溶液某些参数的辅助工具。

9. 超净工作台

用于提供无菌环境，进行无菌操作，是微生物检验的设备，其规格型号，可视操作空间的面积及工作量大小而定。如果无菌室内有很好的灭菌设施，能达到无菌操作的要求，可不配备此设备。

10. 高压灭菌器

用于微生物检验有关用具及试剂的无菌处理，是进行微生物检验必备的设备之一。

11. 恒温培养箱

用于微生物培养，是微生物检验不可缺少的设备之一。

12. 生物显微镜

用于放大微生物使之肉眼可见，以便观察其形态和计数，得到准确的结论。

13. 电冰箱

用于有关样品和试剂的低温处理和保存。

14. 空调

调节控制化验室温度，有利于与温度有关的检验项目数据的准确可靠。特别是天平室的温度，应控制在（23±3）℃范围内。

15. 酒精计

用于快速、粗略测定葡萄发酵过程中的酒精含量，监控发酵工艺进程。

16. 糖量计

用于快速、粗略测定葡萄的含糖量，确定葡萄的成熟期，控制采收葡萄的质量。

二、 可选配的仪器设备

随着科技的进步和检测分析技术的提升，仪器分析方法得到了越来越多的普及和应用，对葡萄酒的分析检验也是如此。越来越多的现代分析仪器和分析方法被运用到了葡萄酒的分析检验中，不断取代传统的化学分析法，这不但加快了分析速度，节省了人力物力，而且大大提高了分析数据的准确性。对于葡萄酒质量更精细、更深入的研究，离开了现代仪器分析方法几乎是不可能实现的。

条件允许时可以考虑选配下列仪器设备。

1. 气相色谱仪（GC）

用于分析葡萄酒中乙醇等各种易挥发性的成分。在国家标准 GB/T 15038—2006《葡萄酒、果酒通用分析方法》中，酒精度的分析方法，甲醇的分析方法都可用气相色谱法。气相色谱仪对研究葡萄酒中的醇类、酯类、醛类等有机成分是必不可少的，可对这些成分进行定性、定量检测，进而对构成葡萄酒的香气物质进行深入的研究。

2. 高效液相色谱仪（HPLC）

用于葡萄酒中不易挥发有机物的定性、定量分析检测。在国家标准 GB/T 15038—2006《葡萄酒、果酒通用分析方法》中，柠檬酸、白藜芦醇等检测都可用高压液相色谱仪。同时，葡萄酒中的糖类、甘油、酚类、氨基酸、添加剂以及农药残留等有害物质的分析检测，都离不开高压液相色谱仪。

3. 原子吸收分光光度计（AAS）

用于分析葡萄酒中金属离子的含量，在国家标准 GB/T 15038—2006《葡萄酒、果酒通用分析方法》中，铁和铜的分析方法都用到原子吸收分光光度计，它与传统的化学比色法比，干扰少、效率高、速度快，可大大提高工作效率，而且废气排放少，减少了对环境的污染。

4. 葡萄酒自动分析仪

用于葡萄酒中常规项目的检验，它最大的特点是分析速度快、效率高，适合生产中大量样品的测试，可对生产过程需要控制的酒精度、总糖、二氧化硫、总酸、挥发酸、铁等项目进行快速分析，节省人力、物力和时间。

上述仪器是葡萄酒检验、研究最常用到的，其中的气相色谱仪、液相色谱仪和原子吸收分光光度计也是 GB/T 15038—2006《葡萄酒、果酒通用分析方法》国家标准中涉及的分析仪器。近年来，围绕着这些仪器开发出很多前处理设备、进样设备以及检测器，大大提高了这些仪器的分辨力、检出限等定性、定量的能力，如固相微萃取、全自动进样器、顶空进样器、质谱检测器等。除此以外，原子荧光分光光度计、等离子发射光谱仪、红外光谱仪、同位素分析仪等都在葡萄酒的分析研究中得到越来越广泛的应用。

三、 玻璃器皿

玻璃器皿是化验室最常用到的低值易耗品，种类和规格很多，用途各不相同。购置玻璃器皿，首先要根据需要确定种类和规格，同时要选择透明度好、化学稳定性和热稳定性高，有一定机械强度的产品。对于玻璃量器，还应考虑刻度清晰、准确，必要情况下，要对容量进行校正。

　　玻璃器皿是易损易耗品，建立化验室时，除考虑必备的使用量以外，还应有一定的库存量。库存量的多少，应以生产规模、使用频率和是否容易破损而确定。常用的玻璃器皿见表3－1。

表3－1　　　　　　　　　　　　常用玻璃器皿表

名称	规格	用途
全玻璃蒸馏器		检验酒精度时蒸馏样品
蒸馏烧瓶/mL	500～1000	
冷凝管/mm	300	
挥发酸蒸馏装置		检验挥发酸
二氧化硫蒸馏装置		氧化法检验二氧化硫
酒精计，分度值	0.1	酒精计法检验酒精度
容量瓶/mL	10～2000	准确定容试剂、试液
碱式滴定管/mL	10、25、50	标定标准溶液、检验挥发酸等
酸式滴定管/mL	10、25、50	标定标准溶液、检验总糖等
移液管/mL	1～50	准确移取一定体积的试剂或试样
刻度吸管/mL	1～10	准确移取试剂或试样
量筒/mL	10～1000	量取大致体积的液体
附温密度瓶/mL	25 或 50	密度法检验酒精度、浸出物
烧杯/mL	50～2000	配制溶液、处理样品
三角烧瓶/mL	100、250、500	滴定、处理样品
碘量瓶/mL	250	碘量法检验二氧化硫
凯氏烧瓶/mL	10、50	样品消解
试剂瓶（无色、棕色）/mL	60～2500	存放液体试液
滴瓶（无色、棕色）/mL	30、60、125	存放需滴加的溶液
高型称量瓶/mm	30×50	准确称量试剂
扁形称量瓶/mm	50×30	烘干试剂或样品
漏斗		转移溶液或过滤沉淀
分液漏斗/mL	125、250	萃取分离两相溶液
比色管/mL	10、25、50	目视比色
干燥器		存放干燥试剂或器皿

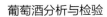

续表

名称	规格	用途
研钵		研磨固体试剂
培养皿/mm	90	微生物培养
试管/mm	15×150、20×200	微生物培养
酒精灯/mL	150	一般加热工具
玻璃棒		搅拌试剂、试样
玻璃珠		防止被加热溶液暴沸
玻璃射水泵		制造负压环境
抽滤瓶/mL	500、1000	接收抽滤的溶液

四、 实验器具

实验器具是指除玻璃器皿以外，其他化验室常用的实验用具，包括台架、夹具、工具等。化验室常用的实验器具见表 3 - 2。

表 3 - 2 　　　　　　　　　常用的实验器具表

名称	材质规格	用途
比色管架	金属、塑料或木质	放置不同规格的比色管
滴定台	底板为大理石或白瓷板	放滴定管、滴定
滴定管夹	金属	固定滴定管
移液管架	木质或塑料	放置移液管
试管架	木质或塑料	放置试管
万能夹	金属	固定冷凝管等
石棉网	金属丝与石棉	使加热器皿受热均匀
电炉	$800 \sim 2000W$，可调	加热
洗瓶	塑料，500mL	冲洗器皿或定容
滤纸	定性、定量	过滤
对顶丝	金属	铁架台上固定万能夹
铁架台	金属	固定玻璃仪器的支架
弹簧夹	金属	夹紧硅胶管
硅胶管	硅胶，(6×9) mm	引导冷凝水或蒸馏水
角匙	牛角或塑料	取固体试剂
毛刷	各种规格	洗刷玻璃器皿

续表

名称	材质规格	用途
瓷蒸发皿	100mL、200mL	蒸发样品或干法消化样品
脱脂棉	棉花	试液粗过滤
坩埚钳	金属	夹取热的坩埚、蒸发皿
洗耳球	橡胶	吸取溶液
药物天平	100~500g	一般称量
微量注射器	2~50μL	微量进样
平皿桶	金属	平皿灭菌
试管框	金属	试管灭菌
载玻片	玻璃	微生物涂片
小导管	玻璃	检测大肠菌群
接种环	金属	微生物接种
放大镜	10倍	观察微生物

五、 化学试剂

化学试剂种类繁多，形态各异。按化学试剂用途的不同可分为一般试剂、基准试剂、色谱试剂、生化试剂、指示剂及试纸等。化学试剂按纯度不同可分为不同的级别：基准试剂，用于标定滴定分析标准溶液的标准参考物质，可作为滴定分析中的基准物质使用，也可精确称量后直接配制标准溶液，其主要成分含量在99.95%~100.05%；优级纯（GR），用于精密测试和微量分析；分析纯（AR），质量略低于优级纯，用于常规检测。通常在检验方法的描述中，对试剂没做特殊要求时，一般都指分析纯；化学纯（CP），质量较分析纯差，用于普通实验或非定量分析。

葡萄酒分析检验需要用到基准试剂、色谱试剂、分析纯试剂及生化试剂等。本书涉及的检验项目必备的化学和生化试剂归纳在表3-3、表3-4、表3-5、表3-6、表3-7中。

表3-3　　　　　　　　　　基准试剂（包括优级纯试剂）

序号	试剂名称	在葡萄酒检验中的主要用途
1	氨基甲酸乙酯	测氨基甲酸乙酯
2	2，4，6-三氯苯甲醚	测TCA
3	2，6-二氯苯甲醚	测TCA
4	D_5-氨基甲酸乙酯	测氨基甲酸乙酯
5	反式白藜芦醇	测白藜芦醇

续表

序号	试剂名称	在葡萄酒检验中的主要用途
6	高氯酸	样品消化
7	镉	测镉
8	果胶粉	测果胶酶酶活性
9	环氧七氯	气质法测农药残留
10	邻苯二甲酸氢钾	标定氢氧化钠标准溶液
11	硫酸	样品消化
12	氯化钠	测农药残留
13	铅或硝酸铅	测铅、重金属
14	三氧化二砷	测砷
15	锑	测锑
16	无水碳酸钠	标定盐酸、硫酸标准溶液
17	硝酸	消化样品
18	赭曲霉毒素 A	测赭曲霉毒素 A
19	重铬酸钾	标定硫代硫酸钠标准溶液
20	酚类（各种单体酚）	测儿茶素、没食子酸、芦丁、咖啡酸、丁香酸等多酚化合物
21	金属离子（各种金属）	测钾、钠、锌、锰、钙、锶、钡等金属离子
22	农药（各种农药）	测多菌灵、对硫磷、敌百虫、丙环唑等农药残留

表 3 - 4　　　　　　　　　　　**色谱纯试剂**

序号	试剂名称	在葡萄酒检验中的主要用途
1	4 - 甲基 - 2 - 戊醇	气相法测乙醇
2	丙酮	测农药残留
3	二氯甲烷	气质法测农药残留
4	甲苯	测农药残留
5	甲醇	液相法测苯甲酸和山梨酸、多酚，气相法测甲醇、氨基甲酸乙酯、赭曲霉毒素 A、农药残留
6	乙醇	气相法测乙醇、白藜芦醇、甲醇、TCA
7	乙腈	液相法测糖、抗坏血酸、多酚、赭曲霉毒素 A、农药残留
8	乙醚	测苯甲酸和山梨酸、氨基甲酸乙酯
9	乙酸	测酚类、赭曲霉毒素 A
10	乙酸乙酯	测氨基甲酸乙酯
11	正己烷	测农药残留

表 3 - 5　　　　　　　　　　　　　分析纯试剂

序号	试剂名称	在葡萄酒检验中的主要用途
1	氨水	比色法测铁、铜、调 pH
2	苯	测锑
3	苯甲酸	测苯甲酸
4	冰乙酸	比色法测铁、化学法测柠檬酸、苹果酸
5	草酸	滴定法测抗坏血酸、测苯甲酸、比色法测甲醇
6	醋酸钙	偏酒石酸定性
7	碘	配标准溶液、碘量法测挥发酸、二氧化硫、柠檬酸、酶活性等
8	2，6 - 二氯靛酚	滴定法测抗坏血酸
9	单宁酸	测单宁
10	碘化钾	校正挥发酸、滴定法测抗坏血酸
11	碘酸钾	滴定法测抗坏血酸
12	丁醇	测苹果酸、苯甲酸和山梨酸
13	二乙基二硫代氨基甲酸钠	比色法测铜
14	高锰酸钾	化学法测柠檬酸、比色法测甲醇
15	果糖	液相法测果糖
16	过氧化氢	氧化法测二氧化硫、比色法测铁、消化样品
17	琥珀酸	测琥珀酸
18	磺基间苯二酚	偏酒石酸定性
19	磺基水杨酸	磺基水杨酸比色法测铁
20	甲醇	测白藜芦醇、比色法测甲醇
21	碱性品红	比色法测甲醇
22	酒石酸	测酒石酸、偏酒石酸定性
23	酒石酸钾钠	滴定法测总糖
24	抗坏血酸	测抗坏血酸
25	邻菲罗啉	邻菲罗啉比色法测铁
26	磷钼酸	测单宁
27	磷酸	氧化法测二氧化硫、液相法测抗坏血酸、比色法测甲醇等
28	磷酸铵	测镉
29	磷酸二氢铵	测铅
30	磷酸二氢钾	测柠檬酸、有机酸
31	磷酸二氢钠	测农药残留

续表

序号	试剂名称	在葡萄酒检验中的主要用途
32	硫代硫酸钠	配制标准溶液，化学法测柠檬酸、测果胶酶酶活性等
33	硫化氢	测重金属
34	硫脲	测砷
35	硫酸	配制标准溶液、碘量法测二氧化硫、调酸碱度
36	硫酸锂	测总酚
37	硫酸锰	化学法测柠檬酸
38	硫酸铁铵或硫酸亚铁铵	测铁
39	硫酸铜	滴定法测总糖、测铜
40	硫酸亚铁	化学法测柠檬酸
41	氯化钾	测氨基甲酸乙酯、赭曲霉毒素 A
42	氯化钠	测苯甲酸和山梨酸、白藜芦醇、TCA、氨基甲酸乙酯、赭曲霉毒素 A
43	氯化亚锡	测锑
44	没食子酸	测总酚
45	钼酸钠	测总酚
46	尿素	测锑
47	柠檬酸	测柠檬酸、酶活性
48	柠檬酸铵	比色法测铜
49	柠檬酸钠	测酶活性
50	硼氢化钠	测砷
51	硼酸钠	校正挥发酸
52	苹果酸	测苹果酸
53	葡萄糖	滴定法测总糖、液相法测葡萄糖
54	氢氧化钠	配标准溶液、滴定法测总糖、总酸、挥发酸、调酸碱度等
55	乳酸	测乳酸
56	三甲氧基硅烷	气质法测白藜芦醇
57	山梨酸	测山梨酸
58	石油醚（30~60℃）	气相法测苯甲酸和山梨酸
59	双三甲硅基三氟乙酰胺	气质法测白藜芦醇
60	四氯化碳	比色法测铜
61	碳酸钠	测总酚、单宁、果胶酶酶活性
62	碳酸氢钠	液相法测苯甲酸和山梨酸、赭曲霉毒素 A

续表

序号	试剂名称	在葡萄酒检验中的主要用途
63	钨酸钠	测总酚、单宁
64	无水硫酸钠	比色法测铜、测苯甲酸和山梨酸、氨基甲酸乙酯、农药残留
65	无水乙醇	测白藜芦醇
66	硝酸	消化样品、溶解样品
67	溴	测总酚
68	亚硫酸钠	比色法测甲醇
69	亚硝酸钠	测锑
70	盐酸	滴定法测总糖、调整酸碱度、溶解样品等
71	盐酸羟胺	邻菲罗啉比色法测铁
72	乙醇	配制试剂等
73	乙二胺四乙酸二钠	比色法测铜
74	乙醚	气相法测苯甲酸和山梨酸
75	乙酸	测多酚
76	乙酸铵	液相法测苯甲酸和山梨酸、测重金属
77	乙酸钠	邻菲罗啉比色法测铁
78	乙酸乙酯	液相法测白藜芦醇、测多酚
79	蔗糖	液相法测蔗糖

表 3-6　　　　　　　　　　　　　指示剂

序号	试剂名称	在葡萄酒检验中的主要用途
1	次甲基蓝	滴定法测总糖、氧化法测二氧化硫
2	淀粉	碘量法测二氧化硫、柠檬酸、抗坏血酸等
3	酚酞	酸碱滴定、测总酸、挥发酸、调整 pH 等
4	甲基红	氧化法测二氧化硫
5	孔雀石绿	测锑
6	麝香草酚蓝	比色法测铜
7	溴酚蓝	测苹果酸、偏酒石酸

表 3-7　　　　　　　　　　　　微生物检验用试剂

序号	试剂名称	在葡萄酒检验中的主要用途
1	5-溴-4-氯-3-吲哚-β-D-半乳糖苷	B. 32 β-半乳糖苷酶培养基

续表

序号	试剂名称	在葡萄酒检验中的主要用途
2	L－胱氨酸	B. 17 亚硒酸盐胱氨酸增菌液
3	L－赖氨酸	B. 19 木糖赖氨酸脱氧胆盐琼脂、B. 22L 赖氨酸脱羧酶试验培养基等
4	丙酮酸钠	B. 8 10%氯化钠胰酪胨大豆肉汤、B. 9 Baird－Parker 琼脂平板
5	草酸铵	B. 11 革兰染色液
6	大豆蛋白胨	B. 8 10%氯化钠胰酪胨大豆肉汤
7	蛋白胨	B. 5 煌绿乳糖胆盐肉汤、B. 6 孟加拉红培养基、B. 7 7.5%氯化钠肉汤
8	碘	B. 10 革兰染色液、B. 16 四硫磺酸钠煌绿增菌液
9	碘化钾	B. 10 革兰染色液、B. 16 四硫磺酸钠煌绿增菌液
10	豆粉琼脂	B. 10 血琼脂平板
11	对二甲氨基苯甲醛	B. 24 靛基质试剂
12	酚红	B. 19 木糖赖氨酸脱氧胆盐琼脂、B. 25 尿素琼脂等
13	甘氨酸	B. 9 Baird－Parker 琼脂平板
14	煌绿	B. 5 煌绿乳糖胆盐肉汤、B. 16 四硫磺酸钠煌绿增菌液等
15	酵母浸膏	B. 1 平板计数琼脂培养基、B. 9 Baird－Parker 琼脂平板等
16	结晶紫	B. 10 革兰染色液、B. 28 麦康凯琼脂
17	酪蛋白胨	B. 36 黏液酸盐培养基
18	邻硝基苯 β－D－半乳糖苷	B. 32 β－半乳糖苷酶培养基
19	磷酸二氢铵	B. 34 葡萄糖铵培养基
20	磷酸二氢钾	B. 2 磷酸盐缓冲液、B. 6 孟加拉红培养基等
21	磷酸钠	B. 32 β－半乳糖苷酶培养基
22	磷酸氢二钾	B. 4 月桂基硫酸盐胰蛋白胨肉汤、B. 8 10%氯化钠胰酪胨大豆肉汤等
23	磷酸氢二钠	B. 12 脑心浸出液肉汤、B15 缓冲蛋白胨水、B. 18 亚硫酸铋琼脂
24	硫代硫酸钠	B. 16 四硫磺酸钠煌绿增菌液、B. 19 木糖赖氨酸脱氧胆盐琼脂等
25	硫酸镁	B. 6 孟加拉红培养基、B. 34 葡萄糖铵培养基等
26	硫酸亚铁	B. 18 亚硫酸铋琼脂
27	硫酸亚铁铵	B. 21 三糖铁琼脂
28	氯化锂	B. 9 Baird－Parker 琼脂平板
29	氯化钠	B. 3 无菌生理盐水、B. 7 7.5%氯化钠肉汤等

续表

序号	试剂名称	在葡萄酒检验中的主要用途
30	氯霉素	B. 6 孟加拉红培养基
31	孟加拉红	B. 6 孟加拉红培养基
32	木糖	B. 19 木糖赖氨酸脱氧胆盐琼脂
33	鸟氨酸	B. 33 氨基酸脱羧酶试验培养基
34	尿素	B. 25 尿素琼脂
35	柠檬酸铋铵	B. 18 亚硫酸铋琼脂
36	柠檬酸钠	B. 14 兔血浆、B. 35 西蒙柠檬酸盐培养基
37	柠檬酸铁铵	B. 19 木糖赖氨酸脱氧胆盐琼脂、B. 20 HE 琼脂
38	牛胆盐	B. 16 四硫磺酸钠煌绿增菌液
39	牛肉膏	B. 7 7.5% 氯化钠肉汤、B. 9 Baird – Parker 琼脂平板等
40	牛心浸出液	B. 12 脑心浸出液肉汤
41	葡萄糖	B. 1 平板计数琼脂培养基、B. 6 孟加拉红培养基等
42	氢氧化钠	B. 2 磷酸盐缓冲液、B. 20 HE 琼脂
43	氰化钾	B. 26 氰化钾培养基
44	琼脂	B. 1 平板计数琼脂培养基、B. 6 孟加拉红培养基
45	去氧胆酸钠	B. 19 木糖赖氨酸脱氧胆盐琼脂、B. 20 HE 琼脂
46	乳糖	B. 4 月桂基硫酸盐胰蛋白胨肉汤、B. 20 HE 琼脂等
47	沙黄	B. 11 革兰染色液
48	水杨素	B. 20 HE 琼脂
49	酸性复红	B. 20 HE 琼脂
50	碳酸钙	B. 16 四硫磺酸钠煌绿增菌液
51	吐温 – 80	B. 27 志贺菌增菌肉汤 – 新生霉素
52	脱纤维羊血	B. 10 血琼脂平板
53	戊醇	B. 24 靛基质试剂
54	新生霉素	B. 27 志贺菌增菌肉汤新生霉素
55	溴甲酚紫	B. 22L 赖氨酸脱羧酶培养基、B. 33 氨基酸脱羧酶试验培养基
56	溴麝香草酚蓝	B. 20 HE 琼脂、B. 34 葡萄糖铵培养基、B. 35 西蒙柠檬酸盐培养基
57	亚硫酸钠	B. 18 亚硫酸铋琼脂
58	亚硒酸氢钠	B. 17 亚硫酸盐胱氨酸增菌液
59	胰蛋白胨	B. 1 平板计数琼脂培养基、B. 8 10% 氯化钠胰酪胨大豆肉汤等

续表

序号	试剂名称	在葡萄酒检验中的主要用途
60	乙醇	B.11 革兰染色液、B.24 靛基质试剂等
61	月桂基硫酸钠	B.4 月桂基硫酸盐胰蛋白胨肉汤
62	黏液酸	B.36 黏液酸盐培养基
63	蔗糖	B.19 木糖赖氨酸脱氧胆盐琼脂、B.20 HE 琼脂等
64	中性红	B.28 麦康凯琼脂

注：B 指附录 B。

第三节　化验室安全管理

化验室的工作离不开水、电、汽、火的使用，还需要经常接触有毒、有害、易燃、易爆的危险物品，潜藏着触电、着火、爆炸、中毒、灼伤、腐蚀等事故的危险，一旦发生这些事故，就会给人身健康和财产安全造成极大的损失，除此以外，有毒有害物质的排放，还会给环境带来污染，损害公共利益和公共安全。因此，制定严格的规章制度，采取科学的操作方法，落实有效的事故处置措施，加强化验室的安全管理是十分必要的。

一、用电的安全操作

电是化验室最常用的能源之一，离开电的使用，化验室几乎不可能正常运转，因此，对于电的安全操作是每一个化验员必须掌握的基本技能。化验室中电的安全使用，除了通用的要求外，还必须遵循以下几点：

（1）所有电器接通电源前先确认电器要求使用的电源是交流电还是直流电，是三相电还是单相电以及电压的大小。

（2）使用所有电器，应先连接好电路后再接通电源，实验结束时，应先切断电源再拆线路。

（3）所有电器设备使用完毕都应断电。

（4）不用潮湿的手触摸电器。

（5）所有电器的金属外壳都应有良好的接地。

（6）不能用试电笔去试高压电。

（7）电线的安全通电量应大于用电功率。

（8）修理或安装电器时，要先切断电源。

（9）若电器局部起火，应立即切断电源，用石棉布覆盖或二氧化碳灭火器灭火。

二、实验的安全操作

化学实验离不开化学反应，化学反应离不开对水、电、汽、火和化学试剂的操作，许多化学试剂是有毒有害的，有许多化学反应容易造成伤害的，因此在实验操作时必须做到专心致志、小心谨慎，充分了解实验的原理和步骤，掌握操作的要点，预判可能发生的危险，防止危害事故的发生。除此以外，还必须做到以下几点：

（1）剧毒试剂如三氧化二砷、氰化钾等要严格管理，采用双人双锁保管的方法，建立领用制度。

（2）处理有毒气体或易挥发试剂时，必须在通风橱内操作。

（3）取用腐蚀性试剂时，尽可能做好防护，戴上防护眼镜和手套。

（4）稀释硫酸时，必须在玻璃棒不断搅拌下缓缓将硫酸注入水中。

（5）严禁试剂入口及以鼻直接接近瓶口嗅闻。

（6）操作易燃物质时要远离火源。

（7）加热易燃物质时必须在水浴或严密的电热板上缓慢进行，严禁用明火或电炉直接加热。

（8）使用酒精灯时，添加酒精的量不能超过容量的2/3，添加酒精时必须先将火焰熄灭，需要灭火时应用灯帽盖灭，严禁用嘴吹灭。

（9）蒸馏操作时，应先通冷却水，然后再通电加热。

（10）身上或手上沾有易燃物时，应立即清洗干净，严禁靠近火焰。

（11）操作易燃的有机溶剂或可燃性气体时，室内不能有明火，还要防止发生电火花和其他碰撞火花。

（12）易燃或有毒废液，应设专用器皿收集处理，不得直接排入下水道。

三、 气体钢瓶的安全使用

化验室经常用到的气体有乙炔气、氧气、氮气、氢气和氩气等，这些气体有些是易燃易爆的，但即使是气体不易燃易爆，通常是压缩在钢瓶里的，有一定的压力，这就存在着安全隐患，因此对气体钢瓶的使用和保管至少应遵循以下几点：

（1）气瓶应存放在阴凉、干燥、远离热源的地方，可燃性气瓶应与氧气瓶分开存放。

（2）气瓶应尽量靠墙存放，并直立固定在专用支架上。

（3）搬运气瓶要轻拿轻放，并将气瓶帽旋上，防止敲击、滚动或剧烈震动。

（4）气瓶使用时应装减压阀和压力表，可燃性气瓶（如 H_2、C_2H_2）气门螺丝为反丝，不燃性或助燃性气瓶（如 N_2、O_2）为正丝，各种压力表一般不可混用。

（5）开启气瓶时操作者应站在出气口的侧面，动作要慢，防止产生静电。

（6）气瓶内的气体不能全部用尽，一般应留有 0.5MPa 以上的残压。

（7）气瓶应按规定定期送交检验，检验合格后方可充气使用。

四、 废物排放

化验室产生的废物包括废渣、废液和废气三种形态，虽然数量不是很多，但有些废物浓度较高，直接排放会造成环境污染，危害人体健康。随着人类环保意识的增强，对化验室产生的废物做科学有效的处理已经成为一种共识。将化验室的废弃物进行无害化处理，或将危害程度降到最低水平再进行排放，是每一个化学工作者义不容辞的责任，也是化验室管理中一项十分重要的工作。

废弃物的处理要按照科学的方法进行，总的原则是对所有的有毒、有害、有危险固体、气体和液体进行无害化处理，达到要求后再进行排放。处理过程应尽量简单、易操作、有效果。处理的方法一般是分类收集、集中处理。根据废弃物不同的物理、化学、生物特性，分别采取焚烧、灭活、稀释、中和、蒸馏提纯等方法。对于能自行处理的废物要及时进行处理，对无法自行处理的，应联系有能力的机构协助处理。所有的处理方法、过程以及处理结果都应留下记录。

1. 废渣处理

化验室产生的废渣可选择下列方法处理：

（1）焚烧处理法　对实验过程中浸沾有害物质的滤纸等可燃性包装物，先进行焚烧，然后再深埋。

（2）灭菌处理法　对含菌的培养基和用于微生物培养的玻璃器皿，先进行高压灭活，然后将灭活的培养基倒掉，将高压后的玻璃器皿清洗后继续使用。

（3）化学处理法　对废弃或不小心撒落的有害试剂，先根据其化学性质进行无害化处理，然后再清扫倒掉。

（4）集中处理法　对无法自行处理的废弃物，先收集存放，然后送至指定的机构或地点集中处理。

2. 废气处理

化验室产生的废气主要是用于实验的有害气体、样品消解产生的有害气体以及某些试剂挥发产生的气体等，对这些有害气体通常可采用下列方法处理：

（1）稀释处理法　对易挥发试剂的操作处理，在通风橱里进行，使挥发的有害气体通过排风管道排至室外，但排风管道的出口应有一定的高度，使少量的有害气体在高空中得到稀释，对人体不产生危害。

（2）火封处理法　对易燃的废气，如 CO、H_2S、CH_4、C_2H_2 等，通入到持续燃烧的火焰中，使之燃烧转化成 CO_2 和 H_2O，再排放掉。

（3）吸收处理法　对可被水、碱液及其他物质吸收的有害气体，可根据其性质，采用一定物质进行吸收，使之生成无害的物质后再排放。

（4）袋封处理法　对不能随时处理的废气分别通入密封良好的袋子中，集中存放，交由有能力的机构集中进行无害化处理排放。

3. 废液处理

化验室产生的废液主要有酸碱等腐蚀性废液、有毒废液及有机溶剂等，通常可采用下列方法处理：

（1）酸碱废液　对不含其他有害成分的酸碱废液分别收集于指定的容器中，处理时将其混合，使 pH 达到中性后再进行排放。

（2）有毒废液　对含有毒成分的废液，主要有含汞、铬、铅、砷及氰化物等的废液，应根据所含成分的化学性质，采取相应的方法，使之发生化学反应，生成稳定的沉淀或毒性小的化合物，达到无害后再排放。

（3）有机溶剂　有机溶剂大多数都是有毒有害的，不能直接排放，应采取回收再利用的方法或专业化集中处理的方法进行无害化处理。对于可回收利用的有机溶剂应尽量采用纯化回收的方法回收利用，如乙醚、石油醚、三氯甲烷等，对无法回收利用的有机溶剂，应收集起来集中存放，交由专业的机构进行无害化处理。

第四章 化学分析基础知识

化学分析是与仪器分析相对应的一类分析方法，是理化检验中化学基本理论，以及运用这些基本理论指导基本化学操作的知识，主要侧重于传统的人工操作技术。化学分析涉及的内容很多，但与葡萄酒检验相关的化学分析基础知识主要包括化学试剂、常用的仪器与器皿、实验用水的制备与检验方法、样品称量、常用溶液的配制、试样制备、重量分析法和滴定分析法等。化学分析基础知识都是化验人员必须掌握的知识和必须具备的技能，尤其是对葡萄酒质量的检验和控制，更离不开这些知识的掌握和运用。同时，从事仪器分析工作也离不开这些化学分析基础知识和基本操作技能，因为它是一切化学检验的基础。

第一节 化学试剂

一、 化学试剂的分类

化学试剂是化学检验中不可缺少的一类物质，也称之为化学药品。化学试剂数量繁多，种类复杂，可根据用途不同、纯度不同、来源不同、性质不同、状态不同等分为若干类。葡萄酒检验常用的试剂主要有一般试剂、基准试剂、高纯试剂、色谱纯试剂、生化试剂、光谱纯试剂和指示剂等。

1. 一般试剂

一般试剂根据纯度不同分为三个等级，即优级纯、分析纯和化学纯。

（1）优级纯（GR，Guaranteed Reagent） 又称一级品或保证试剂，纯度达到99.8%以上。这种试剂纯度最高，杂质含量最低，适合于重要精密的分析工作和科学研究工作，有时可做标准品使用，包装标签使用绿色。

（2）分析纯（AR，Analytical Reagent） 又称二级试剂，纯度很高，达到99.7%，略次于优级纯，适合于重要分析及一般研究工作，包装标签使用红色。

（3）化学纯（CP，Chemical Pure） 又称三级试剂，纯度 ≥ 99.5%，纯度与分析纯相差较大，适用于非定量的分析工作或作为辅助试剂，包装标签使用深蓝色。

2. 基准试剂

基准试剂是化学实验的基础，对于准确定量、科学研究是必不可少的。基准试剂也可称为基准物质或标准试剂。基准试剂可用来直接配制标准溶液，用来校正或标定其他化学试剂。如制备氢氧化钠标准溶液时常使用邻苯二甲酸氢钾基准试剂标定其浓度；用重铬酸钾基准试剂直接配制规定浓度的重铬酸钾标准溶液等。

基准物质应符合五项要求：一是纯度（质量分数）应≥99.9%；二是组成与它的化学式完全相符，如含有结晶水，其结晶水的含量应符合化学式；三是性质稳定，一般情况下不易失水、吸水或变质，不与空气中的氧气及二氧化碳反应；四是参加反应时，应按反应式定量地进行，没有副反应；五是要有较大的摩尔质量，以减小称量时的相对误差。

3. 高纯试剂

高纯试剂不是指试剂的主体含量，而是指试剂的某些杂质的含量。高纯试剂等级表达方式有数种，通用的标注是用 9 的数目来表示，如用 99.99%，99.999% 等表示。"9" 的数目越多表示纯度越高，这种纯度是由 100% 减去杂质的质量百分数计算出来的。

4. 专用试剂

专用试剂是指具有专门用途的试剂，与高纯试剂有相似之处，但也不完全相同。与高纯试剂相似之处是，专用试剂不仅主体含量较高，而且杂质含量很低。它与高纯试剂的区别是，在特定的用途中有干扰的杂质成分只须控制在不致产生明显干扰的限度以下。例如仪器分析专用试剂中色谱分析标准试剂、气相色谱载体及固定液、薄层分析试剂等。

二、　化学试剂的使用

化学分析中离不开化学试剂的使用，选用试剂的质量等级是否合理，以及试剂使用是否得当，将直接影响到分析结果的准确性，因此作为检验人员应该全面了解试剂的性质、规格和适用范围，根据实际需要选用试剂，以达到既能保证分析结果的准确性又能节约经费开支的目的。

化学试剂种类繁多、状态各异，其中许多试剂具有易燃易爆、易挥发或有毒的特点，为了保证化学实验室人员的安全和保持试剂的纯度和质量，要掌握好化学试剂的性质和使用方法，一般应遵守以下规则：

（1）应该熟悉常用的化学试剂的性质，例如酸碱度、溶解度、沸点、毒性和其他化学性质。

（2）要注意保护试剂瓶的标签，它表明试剂的名称、规格、质量，万一模糊或脱落应该按照原来的样子粘贴牢固。试剂配制之后应该立即贴上标签；没有标签的试剂、不能用的试剂或者过期的试剂应该慎重处理，不能乱丢乱倒。

（3）试剂取用时要规范，应该用清洁的药勺从试剂瓶中取出试剂。如果试剂出现了结块，可以用洁净的玻璃棒或者搪瓷棒捣碎了再取出。液体试剂可以用洗干净的量筒来倒取。

（4）取出来的试剂不能再倒回原来的试剂瓶。打开易挥发的试剂瓶塞时，不可把瓶口对着人的脸部。在夏季特别是高温情况下，试剂瓶很容易出现冲出气体的情况，最好把瓶子在冷水中浸泡一段时间，使之温度降低再打开瓶塞。取完试剂之后，要拧紧塞子。放出有毒、有味道气体的试剂瓶应该用蜡封口。

（5）不可用鼻子对准试剂瓶瓶口嗅闻，如果必须闻试剂气味的时候，可以将瓶子的口远离鼻子，用手在上方扇动，让空气吹向自己并嗅闻味道。

三、 化学试剂的储存

化学检验需要用到各种化学试剂，除供日常使用外，还需要储存一定量的化学试剂。大部分化学试剂都具有一定的毒性，有的是易燃、易爆的危险品，因此必须了解一般化学药品的性质及保管方法。较大量的化学药品应放在药品储藏室中，由专人保管。危险品应按照国家安全部门的管理规定储存。

1. 易燃类

易燃类液体易挥发成气体，遇明火燃烧，通常把闪点在45℃以下的液体均列入易燃类。这类试剂要求单独存放于阴凉通风处，理想存放温度 −4～4℃，闪点在45℃以下的试剂存放最高室温不能超过30℃。

2. 剧毒类

剧毒类试剂是指由消化道侵入少量即能引起中毒致死的试剂。生物试验半致死量为50mg/kg体重以下者称为剧毒试剂。如氰化钾、氰化钠、三氧化二砷及其他氰化物和砷化物等，这类物质要置于阴凉通风处，与酸类试剂隔离，应锁在专门的毒品柜中，建立双人登记签字领用制度和使用消耗废液处理制度，皮肤有伤口时禁止使用这类物质。

3. 强腐蚀类

对人的皮肤、黏膜、眼、呼吸道和物品等有强腐蚀性的液体和固体物质（包括气体）归类于强腐蚀性物质。如浓硫酸、浓硝酸、浓盐酸、氢氟酸、氢溴酸、甲酸、氢氧化钠、氢氧化钾、硫化钠、苯酚等。这些试剂存放要求阴凉通风，并与其他药品隔离放置。应选用抗腐蚀性的材料、耐酸水泥或耐酸陶瓷制成的架子来放置这些试剂。

4. 易爆类

遇水、空气、氧化剂等容易发生爆炸的试剂属于易爆类试剂。遇水反应十分猛烈的物质如钾、钠等，应保存在煤油中；与空气接触能发生强烈反应的物质如白磷应保存在水中，切割时也要在水中进行；燃点低、受热、冲击、摩擦或与氧化剂接触能急剧燃烧的物质如硫化磷、赤磷、镁粉等，这类物质要求存放在温度不超过30℃的环境中，与易燃物、氧化剂均须隔离，并放置于有消防沙的水泥槽内。

5. 强氧化剂类

强氧化剂类试剂有过氧化物或含氧酸及其盐，在适当条件下会发生爆炸，并可与有机物、镁、铝、锌粉、硫等易燃固体形成爆炸化合物。此类试剂应存放于阴凉通风处，最高温度不得超过30℃，要与酸类及木屑、炭粉、硫化物等易燃物、可燃物或易被氧化物等隔离，注意散热。

6. 低温存放类

此类物质需要低温存放才不至于聚合变质或发生其他事故，一般存放温度10℃以下。

7. 贵重类

单价贵的特殊试剂、超纯试剂或稀有元素以及化合物均属此类。这类试剂应与一般试剂分开存放，加强管理，建立领用制度。常见的有钯黑、氯化钯、氯化铂、铂、铱、铂石棉、氯化金、金粉、稀土元素等。

8. 指示剂

指示剂可在室温下存放，按照性质的不同，可按酸碱指示剂、氧化还原指示剂、络合滴定指示剂及荧光吸附指示剂分类排列。

9. 有机试剂类

对相对稳定的有机试剂，可储存于阴凉通风处，温度低于30℃，可先按官能团分类，再按有机试剂分子中碳原子数目多少排列。

10. 一般试剂

这类试剂包括不易变质的无机酸碱盐、不易挥发燃点低的有机物、没有还原性的硫酸盐、碳酸盐、盐酸盐、碱性比较弱的碱等，这类试剂要求存放于阴凉通风处，温度低于30℃柜内即可。

第二节　仪器与器皿

实验室中大量使用玻璃仪器，因为玻璃具有一系列可贵的性质，它有很高的化学稳定性、热稳定性，有很好的透明度、一定的机械强度和良好的绝缘性能。玻璃原料来源方便，并可以用多种方法按需要制成各种不同形状的仪器或器皿。

一、 玻璃仪器的种类

目前，国内一般将化学分析实验室中常用的玻璃仪器按它们的用途和结构特征，分为以下8类：

1. 烧器类

烧器类是指那些能直接或间接地进行加热的玻璃仪器，如烧杯、烧瓶、试管、锥形瓶、碘量瓶、蒸发器等。

2. 量器类

量器类是指用于准确测量或粗略量取液体容积的玻璃仪器，如量杯、量筒、容量瓶、滴定管、移液管等。

3. 瓶类

瓶类是指用于存放固体或液体化学药品、化学试剂、水样等的容器，如试剂瓶、广口瓶、细口瓶、称量瓶、滴瓶、洗瓶等。

4. 管、棒类

此类玻璃仪器种类繁多，按其用途分有冷凝管、分馏管、离心管、比色管、虹吸管、连接管、调药棒、搅拌棒等。

5. 有关气体操作使用的仪器

有关气体操作使用的仪器是指用于气体的发生、收集、贮存、处理、分析和测量等的玻璃仪器，如气体发生器、洗气瓶、气体干燥瓶、气体的收集和储存装置、气体处理装置和气体的分析、测量装置等。

6. 加液器和过滤器类

加液器和过滤器类主要包括各种漏斗及与其配套使用的过滤器具，如漏斗、分液漏斗、布氏漏斗、砂芯漏斗、抽滤瓶等。

7. 标准磨口玻璃仪器类

标准磨口玻璃仪器类是指那些具有磨口和磨塞的单元组合式玻璃仪器。各种玻璃仪器根据不同的应用场合，可以具有标准磨口，也可以具有非标准磨口。

8. 其他类

其他类是指除上述各种玻璃仪器之外的一些玻璃制器皿，如酒精灯、干燥器、结晶皿、表面皿、研钵、玻璃阀等。

二、 玻璃仪器的洗涤方法

1. 洗涤仪器的一般步骤

（1）用水刷洗　准备一些用于洗涤各种形状仪器的毛刷，如试管刷、烧杯刷、瓶刷、滴定管刷等。首先用毛刷蘸水刷洗仪器，用水冲去可溶性物质及刷表面粘附的灰尘。

（2）用洗涤剂水刷洗　用低泡沫洗涤液和水摇动，用毛刷刷洗，必要时用超声波清洗器清洗，去污粉因含有细砂等固体摩擦物，有损玻璃，一般不要使用。洗净的玻璃仪器倒置时，水流出后壁上应不挂水珠。至此再用少量纯水淋洗仪器三次，洗去自来水带来的杂质，即可使用。

如果玻璃仪器的表面被某些物质玷污，可根据其物理或化学性质，利用强酸、强碱、有机溶剂等配制的洗涤剂去除玷污物。

2. 特殊仪器的洗涤

（1）砂芯玻璃滤器的洗涤　新的滤器使用前应用加热的盐酸或铬酸洗液边抽滤边清洗，再用蒸馏水洗净，使用过的过滤仪器要针对不同的沉淀物采用适当的洗涤剂先溶解沉淀，或反复用水抽洗沉淀物，再用蒸馏水冲洗干净，在110℃烘箱中烘干，然后保存在无尘的柜内或有盖的容器内。

（2）石英和玻璃比色皿的清洗　此类仪器决不可用强碱清洗，因为强碱会侵蚀抛光的比色皿。只能用洗液或 1%～2% 的去污剂浸泡，然后用纯水冲洗。

（3）菌检用玻璃仪器的洗涤　对于无病原菌或未被带菌物污染的试管、吸管类、培养皿类仪器，用洗涤剂洗刷或超声波清洗，然后用自来水冲洗 2～3 次，纯水冲洗 2～3 次，干燥备用。凡实验室用过的盛菌种以及带有活菌的各种玻璃器皿，必须经过高温灭菌或消毒后才能进行刷洗。

三、　玻璃仪器的干燥

根据不同的实验，对玻璃仪器的干燥有不同的要求。通常实验中用的烧杯、锥形瓶等洗净后即可使用，而用于有机化学实验或有机分析的玻璃仪器，则要求在洗净后必须进行干燥。

1. 晾干

不急等用的玻璃仪器，可在纯水淋洗后倒置在无尘处，然后自然干燥。一般把玻璃仪器倒放在玻璃仪器柜中。

2. 烘干

洗净的玻璃仪器尽量倒净其中的纯水，放在带鼓风机的电烘箱中烘干。烘箱温度在 105～120℃ 保温约 1h。称量瓶等烘干后要放在干燥器中冷却保存。砂芯玻璃滤器及厚壁玻璃仪器烘干时须慢慢升温且温度不可过高，以免烘裂。玻璃量器的烘干温度也不宜过高，一般不超过 150℃，以免引起体积变化。

3. 吹干

体积小又急需干燥的玻璃仪器，可用电吹风机吹干。先用少量乙醇、丙酮（或乙醚）倒入仪器中将其润湿，倒出并流净溶剂后，再用电吹风机吹，开始用冷风，然后用热风把玻璃仪器吹干。

四、　玻璃仪器的存放

（1）移液管洗净后应置于防尘的盒中。

（2）滴定管用毕洗去内存的溶液，用纯水刷洗后注满纯水，上盖玻璃短试管或塑料套管，夹于滴定管夹上。

（3）比色皿用后洗净，在小瓷盘或塑料盘中垫上滤纸，倒置其上晾干后收放于比色皿盒或洁净的器皿中。

（4）带磨口塞的玻璃仪器如容量瓶、比色管等最好在清洗前就用线绳或塑料细丝把塞和瓶口拴好，以免打破塞子或弄混。需长期保存的磨口仪器要在塞子和磨口间垫一纸片，以免日久粘住。长时间不用的滴定管应去除凡士林后，垫上纸并用皮筋拴好活塞保存。磨口塞间有砂粒不要用力转动，也不要用去污粉擦洗磨口，以免降低其精度。

（5）成套仪器如挥发酸蒸馏装置、二氧化硫蒸馏装置等用毕要立即洗净，放在专用的盒子里保存。

第三节　实验室用水

一、实验室用水的要求

按照国家标准 GB/T 6682—2008《分析实验室用水规格和实验方法》要求，分析实验室用水分为三个级别：一级水用于有严格要求的分析试验，包括对颗粒有要求的试验，如高效液相色谱分析用水；二级水用于无机痕量分析等实验（如原子吸收光谱分析用水）；三级水用于一般化学分析实验。无论是自制或购买的实验室用水都应符合规定，达到相应的质量方可使用。分析实验室用水的规格见表 4−1。新购买的蒸馏水、新启用的纯水机制备的蒸馏水，应对所有质量指标进行检验，达到要求后方可用于实验。对没有特殊变化的蒸馏水，一般采用电导率值来控制实验室用水质量。

表 4−1　　　　　　　　　　　　　分析实验室用水规格

名称	一级	二级	三级
pH 范围（25℃）	—	—	5.0 ~ 7.5
电导率（25℃）/（mS/m）	≤0.01	≤0.10	≤0.50
可氧化物质含量（以 O 计）/（mg/L）	—	≤0.08	≤0.4
吸光度（254nm，1cm 光程）	≤0.001	≤0.01	—
蒸发残渣 [（105±2）℃] 含量/（mg/L）	—	≤1.0	≤2.0
可溶性硅（以 SiO_2 计）含量/（mg/L）	≤0.01	≤0.02	—

二、实验室用水的制备

1. 常用制备技术

（1）蒸馏法　蒸馏分为单蒸馏和重蒸馏，在天然水或自来水没有污染的情况下，单蒸馏水就能接近纯水的纯度指标，满足三级用水的需要，但这种方法制备的纯水很难排除二氧化碳的溶入，水的电导率较高，达不到更高质量级别的纯度。为了使蒸馏水达到更高的纯度，必须通过二次蒸馏，又称重蒸馏。一般情况下，经过二次蒸馏，能够除去单蒸水中的杂质，在一周时间内能够保持纯水的纯度指标不变。

（2）离子交换法　离子交换树脂是一种不溶于水的高分子离子交换剂，当水通过离子交换柱时，水中的杂质阳离子和阴离子吸附到离子交换树脂上，相同电荷的离子等量地释放到水中，达到纯化水的目的。氢型阳离子交换树脂和氢氧型阴离子交换树脂能分别除去水中的阳离子杂质和阴离子杂质，交换下来的氢离子和氢氧根离子结合成为水。当树脂失效后，可以用酸和碱溶液再生，树脂能较长时间反复使用。离子交换法制备纯水的优点是成本低，出水的电解质含量很低，电导率低，其局限是不能除去非电解质的胶态物质和有机物。

（3）电渗析法 电渗析是一种膜分离技术，利用离子交换膜的选择性透过，在外加直流电场作用下，使一部分水中的离子迁移到另一部分水中，生成一部分纯化水，排放另一部分浓缩的盐水。电渗析法操作简单，能自动运行，出水稳定，脱盐率在90%以上。

（4）反渗透法 一种以压力差为推动力，从溶液中分离出溶剂的膜分离技术。当系统中所加的压力大于进水溶液渗透压时，水分子不断地透过膜，经过产水流道流入中心管，然后在一端流出水中的杂质，如离子、有机物、细菌、病毒等，被截留在膜的进水侧，然后在浓水出水端流出，从而达到分离净化目的。

2. 实验室用水的制备和用途

（1）一级水 用二级水经过石英设备蒸馏或离子交换混合床处理后，再经过0.2μm微孔滤膜来制取。一级用水一般用于高效液相色谱、质谱仪等仪器使用。在葡萄酒检验中，高效液相色谱法分析葡萄酒中酚类物质、白藜芦醇、抗坏血酸等物质时，流动相配制、标准物质配制一般采用一级水。

（2）二级水 多次蒸馏或离子交换方法制取。离子交换制取二级水，一般在离子交换柱中进行，树脂层高度与内径之比至少要大于5:1，从柱上部通入要处理的水，下部流出离子交换水。二级水用于无机痕量分析等试验，如原子吸收光谱法分析葡萄酒中铜和铁。

（3）三级水 蒸馏法是目前实验室中广泛采用的制备实验室三级用水的方法。将原料水加热蒸馏得到蒸馏水。由于大部分无机盐类不挥发，所以蒸馏水中除去了大部分无机盐类，适用于一般的实验室工作。蒸馏水中通常还含有一些其他杂质，如，二氧化碳及某些低沸点易挥发物，随着水蒸气进入蒸馏水中；微量的冷凝器材料成分也能带进蒸馏水中，因此，在葡萄酒检验中，三级水一般用于常规理化分析中各种溶液的配制，如总糖和还原糖、总酸、单宁、总酚等物质测定。

三、 实验室用水的存放

各级水在贮存期间，其玷污的主要来源是容器中可溶性成分的溶解、空气中二氧化碳和其他杂质，各级水均宜使用密闭的专用聚乙烯容器存放。由于一级水中基本不含有溶解或胶态离子杂质及有机物，因此不可存储，应在使用前制备。二级水、三级水可适量制备，分别贮存在预先经同级水清洗过的相应容器中。各级水在运输过程中应避免玷污。

第四节 试样的称量

一、 称量方法

称量是化学实验的基本操作，是保证实验结果准确的关键步骤。称量包括对试剂的称量、对样品的称量、对实验产物的称量等。根据称量的目的不同和误差要求不同应选择与误差要求相匹配的天平。葡萄酒检验用到的精密称量一般是精度为 0.1mg 的分析天平，根据被称量物的特点和性质不同，常采用的称量方法有直接称量法、增量称量法和减量称量法等。

1. 直接称量法

直接称量法用于称量物体的质量、洁净干燥的不易潮解或升华的固体试样的质量。称量时，在天平上准确称出器皿的质量（烧杯、表面皿、坩埚等），再在器皿中加入待称量试样，称出试样加器皿的质量，两者的差值即为试样的质量。有些分析天平带有"去皮"功能，称量出器皿质量后直接按清零键，然后将所称样品放入器皿中，待稳定后读数即为试样的质量。

2. 增量法

增量法一般用于称量某一固定质量的试剂或试样。这种称量操作比较耗时，适用于称量不易吸潮，在空气中能稳定存在的粉末或小颗粒样品，以便精确调节其质量。本操作可以在天平中进行，用左手手指轻击右手腕部，将钥匙中样品慢慢振落于容器内，当达到所需质量时停止加样，待稳定后读数。

3. 减量法

减量法用于称量一定范围内的样品和试剂。主要针对易挥发、易吸水、易氧化或易与二氧化碳反应的物质。此法称取固体试样的方法为：将适量试样装入称量瓶中，盖上瓶盖，置入天平中，显示稳定后，按清零键（有此功能的分析天平）。用滤纸条取出称量瓶，在接收器的上方倾斜瓶身，用瓶盖轻击瓶口使试样缓缓落入接收器中，当估计试样接近所需量时，继续用瓶盖轻击瓶口，同时将瓶身缓缓竖直，用瓶盖敲击瓶口上部，使粘于瓶口的试样落入瓶中，盖好瓶盖，将称量瓶放入天平，显示的质量减少量即为试样质量，或者通过计算得出试样的质量。

二、 称量注意事项

（1）检查并调整天平至水平位置，按仪器要求通电预热至所需时间；预热足够时间后打开天平开关，天平则自动进行灵敏度及零点调节。待稳定标志显示后，可进行正式称量。

（2）开、关天平旋钮，放、取被称量物，开、关天平侧门以及加、减砝码等，动作都要轻、缓，切不可用力过猛、过快，以免造成天平部件脱位或损坏。

（3）调节零点和读取称量读数时，要留意天平侧门是否已关好；调节零点和称量读数后，应随手关好天平。

（4）对于热的或冷的称量物应置于干燥器内平衡一定的时间，直至其温度同天平室温度一致后才能进行称量。

（5）对于具有挥发性、吸湿性和腐蚀性的称量物应将其置于密闭的容器内进行称量；一般固体试剂的称量，应将称量物置于玻璃表面皿、称量瓶内进行。

（6）注意保持天平、天平台、天平室的安全、整洁和干燥；天平箱内不可有任何遗落的药品，如有遗落的药品可用毛刷及时清理干净。

第五节 溶液的配制

溶液由溶质和溶剂组成，用来溶解其他物质的物质称为溶剂，能被溶剂溶解的物质称为溶质，溶剂和溶质可以是固体、液体和气体，一般所说的溶液是指液态溶液。水是一种很好的溶剂，由于水的极性较强，能溶解很多极性化合物，因此水溶液是一类最重要、最常见的溶液。

一、 溶液浓度的表示方法

溶液组成中，一般用 A 代表溶剂，用 B 代表溶质。化学分析中常用的溶液浓度的表示方法有以下几种。

1. 质量分数

B 的质量分数是指 B 的质量（m_B）与溶液质量（m）之比。由于质量分数是相同物理量之比，因此其量纲为 1，一律以 1 作为其 SI 单位。如 10% 氢氧化钠溶液，就是 100g 溶液中含 10g 氢氧化钠。

2. 质量浓度

B 的质量浓度是指 B 的质量除以混合物的体积，以 ρ_B 表示，单位是 g/L。如 10g/L 的氯化钠溶液，指 1L 水中溶解 10g 氯化钠。

3. 体积分数

混合前 B 的体积（V_B）除以混合物的体积（V_0）称为 B 的体积分数（适用于溶质 B 为液体），以 φ_B 表示。如 95% 乙醇，就是 100mL 溶液中含有 95mL 乙醇和 5mL 水。

4. 物质的量浓度

B 的物质的量浓度，常简称为 B 的浓度，是指 B 的物质的量除以混合物的体积，以 c_B 表示，单位为 mol/L。例如，0.1mol/L 的氢氧化钠溶液，就是指在 1L 溶液中含有 0.1mol 的氢氧化钠。

二、 一般溶液的配制

一般溶液是指非标准溶液，它在分析工作中常作为溶解样品、调节 pH、分离、显色剂等使用，配制一般溶液精度要求不高，1~2 位有效数字，试剂的质量由托盘天平或电子天平称量，液体的体积一般用量筒量取即可。

溶液配制的一般步骤如下：

1. 计算

计算配制所需固体溶质的质量或液体浓溶液的体积。

2. 称量

用托盘天平或电子天平称量固体质量或用量筒、移液管量取液体体积。

3. 溶解

在烧杯中溶解或稀释溶质，恢复至室温（如不能完全溶解可适当加热）。

4. 转移

将烧杯内冷却后的溶液沿玻璃棒小心转入一定体积的容量瓶中。

5. 洗涤

用溶剂洗涤烧杯和玻璃棒 2～3 次，并将洗涤液转入容器中，摇动，使溶液混合均匀。

6. 定容

向容量瓶中加溶剂至刻度线以下 1～2cm 处时，改用胶头滴管不加溶剂，使溶液凹面恰好与刻度线相切。

7. 摇匀

盖好瓶塞，用食指顶住瓶塞，另一只手的手指托住瓶底，反复上下颠倒，使溶液混合均匀。

三、 标准溶液的配制

1. 一般规定

标准溶液的浓度准确程度直接影响分析结果的准确度。因此，制备标准溶液在方法、使用仪器、量具和试剂等方面都有严格的要求。国家标准 GB/T 601—2002《化学试剂 标准滴定溶液的制备》中对上述各个方面的要求做了相应的规定，即在制备滴定分析（容量分析）用标准溶液时，应满足下列要求：

（1）配制标准溶液用水，至少应符合 GB/T 6682—2008 中三级水的规格。

（2）除特殊规定外，所用试剂纯度应在分析纯以上。

（3）标准滴定溶液的浓度，除高氯酸外，均指20℃时的浓度。在标准滴定溶液标定、直接制备和使用时若温度有差异，应进行校正。

（4）标准滴定溶液标定、直接制备和使用时所用分析天平、砝码、滴定管、容量瓶、单标线吸管等均须定期校正。

（5）标定标准溶液时，平行试验不得少于 8 次，两人各做 4 次平行测定，检测结果在按规定的方法进行数据的取舍后取平均值，浓度值取 4 位有效数字。

（6）当对标准滴定溶液浓度值的准确度有更高要求时，可使用二级纯度标准物质或定值标准物质代替工作基准试剂进行标定或直接制备，并在计算标准滴定溶液浓度值时，将其质量分数代入计算式中。

（7）配制浓度等于或低于 0.02mol/L 的标准溶液时，应于临用前将浓度高的标准溶液，用煮沸并冷却的纯水稀释，必要时重新标定。

（8）滴定分析标准溶液在常温（15～25）℃下，保存时间一般不得超过 2 个月。

2. 配制和标定方法

标准溶液的制备有直接配制法和标定法两种。

（1）直接配制法　在分析天平上准确称取一定量的已干燥的基准物（基准试剂），

溶于纯水后，转入已校正的容量瓶中，用纯水稀释至刻度，摇匀即可。

（2）标定法 很多试剂并不符合基准物的条件，例如市售的浓盐酸中 HCl 很易挥发，固体氢氧化钠很易吸收空气中的水分和 CO_2，高锰酸钾不易提纯而易分解等，因此此类物质不能直接配制标准溶液。一般是先将这类物质配成近似所需浓度的溶液，再用基准物测定其准确浓度。这一操作称为标定。标准溶液主要有两种标定方法。

①直接标定法：准确称取一定量的基准物，溶于纯水后用待标定溶液滴定，至反应完全，根据所消耗待标定溶液的体积和基准物的质量，计算出待标定溶液的准确浓度。如用基准物无水碳酸钠标定盐酸或硫酸溶液，就属于这种标定方法。

②间接标定法：有一部分标准溶液没有合适的用以标定的基准试剂，只能用另一已知浓度的标准溶液来标定。如用氢氧化钠标准溶液标定乙酸溶液时，首先配制一定浓度的氢氧化钠溶液，用基准物质邻苯二甲酸氢钾标定氢氧化钠溶液，计算得出其准确浓度，然后用氢氧化钠标准溶液标定乙酸溶液。显然，这种间接标定法的系统误差比直接标定的要大些。

四、 配制溶液的注意事项

（1）配制溶液的蒸馏水一定要达到规定标准，防止水中杂质影响实验结果。

（2）配制标准溶液时，称取标准物质的量要准确到小数点后第四位，称取的试剂要毫无损失地转移到容量瓶内，定容要准确。对要求"准确称取"或"精确到 0.0001g、0.001g"的操作，就要准确称取到相应的精度；同时在称取过程中尽量减少中间变更的容器。

（3）固体试剂最好直接称取在烧杯中溶解，用少量多次的方法将试剂完全地、毫无损失地移入容量瓶内。

（4）配制标准溶液时，需要干燥的试剂或基准物一定要进行烘干后方可使用，而且要在烘干后尽快使用。

（5）自制的配制用水可以用电导率测定其纯度：用充分洗净的小烧杯接取水样，用电导率仪测定其电导率，电导率在 0.1mS/m 以下的为纯水。

第六节　试样的制备

试样是供分析检验用的样品，来自批产品。样品的特性能否准确反映批产品的特性，与样品的代表性有关，而要获取有代表性的样品，必须从样品的采集和样品的制备着手。

一、 样品采集

样品采集是从一批产品中取出一部分，这部分产品的某些特性可最大限度地代表整批产品对应的特性，因此采集样品的关键是考虑样品的代表性。采样时必须注意样品的生产日期、批号和均匀性。采样数量应能满足检验项目对试样量的需要，采样容器根据检验项目合理选用。

1. 液体样品的采集

对于大型桶装、罐装的样品，可采用虹吸法分别吸取上、中、下层样品各 0.5L，混匀后取 0.5～1.0L。对于大池装样品可在池的四角、中心各上、中、下三层分别采样 0.5L，充分混匀后取 0.5～1.0L。

2. 固体样品的采集

应充分均匀从各部位采集原始样，以使样品具有均匀性和代表性。对于大块的样品，应切割成小块或粉碎、过筛、粉碎，过筛时不能有物料的损失和飞溅，并全部过筛，然后将原始样品充分混匀后，采用四分法进行缩分，直至需要的样品量，一般为 0.5～1.0kg。

二、 样品处理

样品中往往含有一定的杂质或其他干扰分析的成分，影响分析结果的正确性，所以在分析检验前，应根据样品的性质特点、分析方法的原理和特点，以及被测物和干扰物的性质差异，使用不同的方法，分离被测物与干扰物，或使干扰物分离除去，从而使分析测定得到理想的结果。样品处理的常用方法有：

1. 溶剂萃取法

该方法原理是利用被测物与干扰物溶解度的不同将它们分开。如葡萄酒中农药残留的测定，常用有机溶剂抽提农药，然后再用色谱法或色谱－质谱联用技术测定。此法操作简单、分离效果好，但萃取剂常易挥发、易燃、易爆且具有毒性，所以操作时应加以注意。

2. 有机质分解法

该方法原理是利用高温处理，将样品中的有机质氧化分解，其中 C、H、O 元素以 CO_2 和 H_2O 逸出，被测的金属元素等成分被释放出来，以利进一步测定。具体方法有干法灰化和湿法消化两种。

（1）干法灰化是将试样放置在坩埚中，先在低温小火下炭化，除去水分、黑烟后，再在高温炉中以 500～600℃ 的高温灰化至无黑色炭粒。如果样品不易灰化完全，可先用少量 HNO_3 润湿试样，蒸干后再进行灰化，必要时也可加 NH_4NO_3、$NaNO_3$ 等助灰化剂一同灰化，以促进灰化完全，缩短灰化时间，减少易挥发性金属（如 Hg）的损失。灰化后的灰分应为白色或浅灰白色。这种方法有机质破坏彻底，操作简便，空白值小，但操作的时间较长。

（2）湿法消化是在强酸性溶液中，利用 H_2SO_4、HNO_3、H_2O_2 等氧化剂的氧化能力使有机质分解，被测的金属以离子状态最后留在溶液中，溶液经冷却定容后供测定使用。这种方法在溶液中进行，加热的温度较干法灰化的温度要低，反应较缓和，金属挥发损失较少，常用于样品中金属元素的测定。消化过程中会产生大量的有害气体，因此消化操作应在通风橱内进行。由于操作过程中添加了大量的试剂，容易引入较多的杂质，所以在消化的同时，应做空白试验，以消除试剂等引入的杂质的误差。

3. 蒸馏法

蒸馏法是利用被测物质中各组分挥发性的差异来进行分离的方法，此法既可以除去干扰组分，也可以用于被测组分蒸馏逸出，收集馏出液进行分析。如密度瓶法测葡萄酒中的酒精含量，就是将酒精从样品中蒸出，得到酒精水溶液后，根据其密度查表得出样品中酒精的含量。

蒸馏时加热的方法可以根据被蒸馏物质的沸点和特性来确定，被蒸馏的物质性质稳定、不易爆炸或燃烧时，可用电炉直接加热。对沸点小于90℃的蒸馏物，可用水浴；沸点高于90℃的液体，可用油浴、沙浴、盐浴等。对于一些被测成分，常压加热蒸馏容易分解的，可采用减压蒸馏，一般用真空泵或水力喷射泵进行减压。

对某些具有一定蒸汽压的有机成分，常用水蒸气蒸馏法进行分离。如葡萄酒中挥发酸的测定，在水蒸气蒸馏时，挥发酸与水蒸气按分压成正比地从样品溶液中一起蒸馏出来，从而加速了挥发酸的蒸馏。

4. 盐析法

利用向溶液中加入某种无机盐，使溶质在原溶剂中的溶解度大大降低，而从溶液中沉淀析出，这种方法称为盐析。如在蛋白质溶液中，加入大量的盐类，特别是加入重金属盐，使蛋白质从溶液中沉淀出来。在进行盐析操作时，应注意溶液中所要加入物质的选择应不会破坏溶液中所要析出的物质，否则达不到盐析提取的目的。

5. 化学分离法

（1）磺化法和皂化法　常用来处理油脂或含脂肪的样品。例如，农药残留分析和脂溶性维生素测定中，油脂被浓 H_2SO_4 磺化或被碱皂化，由憎水性变成亲水性，使油脂中需检测的非极性物质能够较容易地被非极性或弱极性的溶剂提取出来。

（2）沉淀分离法　是利用沉淀反应进行分离的方法。在试样中加入适量的沉淀剂，使被测物质沉淀出来，或将干扰沉淀除去，从而达到分离检测的目的。

（3）掩蔽法　利用掩蔽剂与样液中干扰成分作用使干扰成分转变为不干扰成分，即被掩蔽起来。这种方法可以在不经过分离干扰成分的操作条件下消除其干扰作用，简化分析步骤，因而在食品分析中应用广泛，常用于金属元素的测定。

（4）澄清和脱色法　澄清是用来分离样品中的浑浊物质，以消除其对分析测定的影响。通常采用澄清剂，使浑浊物质与其作用沉淀，从而将浑浊物质除去。澄清剂应不和被测组分发生反应或不影响被测组分的分析。脱色是使样品中易对测定结果产生干扰的有色物质进行去除，以消除干扰的方法。通常可采用脱色剂来进行。常用的脱色剂有：活性炭、白土等。

（5）色谱分离法　是一种在载体上进行物质分离的方法的总称。根据分离原理的不同，可分为吸附色谱分离、分配色谱分离和离子交换色谱分离等。这类方法分离效果好，在葡萄酒分析中的应用逐渐广泛，如葡萄酒中有机酸、酚类物质、糖类等物质含量的分析，都用到色谱分离法。

第七节　重量分析法

　　重量分析法是指通过适当方法把被测组分从试样中分离出来，称其质量，从而计算出该组分含量的分析方法。重量分析法称量误差小，相对误差一般不超过 0.1%，是准确度最高、精密度最好的常量分析方法之一。重量分析法包括分离和称量两大步骤。根据分离方法的不同，重量分析一般可分为沉淀法、挥发法、萃取法。

一、 沉淀法

　　沉淀法是最重要的重量分析法。试样经分解制成溶液后，加入适当的沉淀剂使待测组分选择性地以某种沉淀形式沉淀出来，后经过滤、洗涤和在一定温度下烘干或灼烧成称量形式后准确称量，根据称量形式的重量和化学式即可计算待测组分在试样中的含量。沉淀重量分析法的基本操作包括样品溶解、沉淀、过滤、洗涤、干燥和灼烧等步骤。

　　1. 溶解

　　样品称于烧杯中，沿杯壁加溶剂，盖上表面皿，轻轻摇动，必要时可加热促其溶解，但温度不可太高，以防溶液溅失。

　　2. 沉淀

　　重量分析对沉淀的要求是尽可能地完全和纯净，并且要便于过滤和洗涤。为了达到这个要求，应该按照沉淀的不同类型选择不同的沉淀条件，如沉淀时溶液的体积、温度，加入沉淀剂的浓度、数量、加入速度、搅拌速度、放置时间等。

　　3. 过滤和洗涤

　　该操作的目的在于将沉淀从母液中分离出来，一般采用在玻璃漏斗中用滤纸过滤或用砂芯漏斗进行过滤，过滤和洗涤必须一次完成，不能间断。洗涤沉淀用的洗涤液，应易溶解杂质，不溶解沉淀物，对沉淀无胶溶作用或水解作用，同时应容易挥发除去。

　　4. 干燥和灼烧

　　沉淀的干燥和灼烧是在一个预先灼烧至质量恒定的坩埚中进行，干燥一般在低于150℃的烘箱中进行，灼烧一般在 800 ~ 950℃的马弗炉中进行，质量恒定点是指前后两次称量结果之差不大于 0.2mg。

　　进行样品的干燥和灼烧时应特别注意，勿使沉淀有任何损失。将坩埚放在高温电炉中灼烧，一般第一次灼烧时间为 30 ~ 45min，第二次灼烧时间为 15 ~ 20min。每次灼烧完毕从炉内取出后，都需要在空气中稍冷却，再移入干燥器中。沉淀冷却到室温后称量，直至质量恒定。

二、 挥发法

　　利用待测组分的挥发性，通过加热或其他方法，使其从试样中气化逸出，根据气体逸出前后试样质量之差或者利用某种吸收剂将其吸收，根据吸收剂质量的增加，即可计算待测组分的含量。如，为了测定试样中含水量或结晶水，可将试样在预先已知恒重的容器中加热烘干至恒重，试样减轻的质量即为水分质量；或者将逸出的水汽用已知质量的干燥剂吸收，干燥剂增加的质量即为试样中水分含量。挥发法也可用于试样中 CO_2 等挥发性组分的测定，例如在进行对碳酸盐的测定时，加入盐酸与碳酸盐反应放出 CO_2 气体。再用石棉与烧碱的混合物吸收，后者所增加的质量就是 CO_2 的质量，据此即可求得碳酸盐的含量。

三、 萃取法

萃取法（又称提取重量法）是利用被测组分在两种互不相溶的溶剂中的溶解度不同，将被测组分从一种溶剂萃取到另一种溶剂中来，然后将萃取液中溶剂蒸去，干燥至恒重，称量萃取出的干燥物的质量。根据萃取物的质量，计算被测组分的百分含量的方法。

分析化学中应用的溶剂萃取主要是液 – 液萃取，这是一种简单、快速，应用范围又相当广泛的分离方法。例如测定农产品中油脂的含量，可以称取一定量的试样，用有机溶剂（石油醚、乙醚等）反复提取，然后称量干燥后的剩余物质量；或者通过加热将提取液中的有机溶剂蒸发除去，称量剩下的油脂质量，即可计算试样中油脂的百分含量。

第八节　滴定分析法

滴定分析法又称为容量分析法，是采用滴定的方式，将一种已知准确浓度的溶液（称为标准溶液）滴加到被测物质的溶液中，直到所滴加的标准溶液与被测物质按一定的化学计量关系定量反应完全为止，然后根据标准溶液的浓度和用量，计算出被测物质的含量。滴定分析法是化学分析中重要的分析方法，主要用于常量组分分析，其应用十分广泛。滴定分析法具有较高的准确度，一般情况下，测定的相对误差小于0.2%，常作为标准方法使用，且操作简便、快捷。

一、 滴定分析法对化学反应的要求

适用于滴定分析法的化学反应，应具备以下几个条件：
（1）反应按一定的化学反应方程式进行，即反应应具有确定的计量关系。
（2）反应必须按方程式定量地完成，通常要求在99.9%以上，这是定量计算的基础。
（3）反应能够迅速地完成（有时可加热或用催化剂以加速反应）。
（4）共存物质不干扰主要反应，或用适当的方法消除其干扰。
（5）要有比较简便、可靠的方法确定反应终点。

二、 滴定分析法常用仪器

1. 滴定管
滴定管是滴定时可以准确测量滴定剂消耗体积的玻璃仪器，它是一根具有精密刻

度，内径均匀且带有控制"装置"的细长玻璃管，可连续地根据需要放出不同体积的液体，并准确读出液体体积的量器。

滴定管一般分为两种，酸式滴定管和碱式滴定管。酸式滴定管又称具塞滴定管，它的下端有玻璃旋塞开关，用来装酸性溶液、氧化性溶液及盐类溶液，不能装碱性溶液如 NaOH 等。碱式滴定管又称无塞滴定管，它的下端有一根橡皮管，中间有一个玻璃珠，用来控制溶液的流速，它用来装碱性溶液与无氧化性溶液，凡可与橡皮管起作用的溶液均不可装入碱式滴定管中，如 $KMnO_4$、$K_2Cr_2O_7$、碘液等。近年来，由于耐碱的聚四氟乙烯活塞的使用，克服了普通酸式滴定管怕碱的缺点，使酸式滴定管可以做到酸碱通用，所以碱式滴定管的使用大为减少。

使用滴定管前应先检查滴定管是否漏液，注入溶液后要将管内的气泡赶尽，尖嘴内充满液体；读数时，视线、刻度、液面的凹面最低点在同一水平线上，读取溶液体积应精确至小数点后两位，如 24.34mL、48.76mL 等。

2. 移液管和吸量管

移液管，又称单标线吸量管，它是一根细长中间膨大的玻璃管，在管的上端有刻度线。膨大部分标有它的容积和标定时的温度。如需吸取 5.00mL、10.00mL、25.00mL 等整数，应用相应大小的移液管。吸量管是带有多刻度的玻璃管，用它可以吸取不同体积的溶液量，取小体积且不是整数时，一般用吸量管。

吸取溶液时，用右手大拇指和中指拿在移液管或吸量管的刻度上方，插入溶液液面以下并保持在 1cm 处，左手用吸耳球将溶液慢慢吸入管中；眼睛注意正在上升的液面位置，当液面上升至标线以上，立即用右手食指按住管口，随后右手食指稍稍抬起，让液面缓慢下降到凹液面与刻度正好相切即可；放出溶液时，将锥形瓶或容量瓶略倾斜，管尖垂直靠瓶内壁，松开食指，液体自然沿瓶壁流下。使用吸量管放出一定量溶液时，通常是液面由某一刻度下降到另一刻度，两刻度之差就是放出的溶液的体积，注意目光与刻度线平齐。

3. 容量瓶

容量瓶主要用于准确地配制一定浓度的溶液。它是一种细长颈、梨形的平底玻璃瓶，配有磨口塞。瓶颈上刻有标线，当瓶内液体在所指定温度下达到标线处时，其体积即为瓶上所注明的容积数。一种规格的容量瓶只能量取一个量。常用的容量瓶有10mL、50mL、100mL、250mL、500mL 等多种规格。

使用容量瓶前应检查瓶塞处是否漏水，在瓶内装入半瓶水，塞紧瓶塞，用右手食指顶住瓶塞，另一只手五指托住容量瓶底，将其倒立（瓶口朝下），观察容量瓶是否漏水。

容量瓶使用时，需注意以下问题：

（1）易溶解且不发热的物质可直接转入容量瓶中溶解，其他物质基本不能在容量瓶里进行溶质的溶解，应将溶质在烧杯中溶解后转移到容量瓶里。

（2）对于水与有机溶剂（如甲醇等）混合后会放热、吸热或发生体积变化的溶液，放置至室温再定容至刻度。

（3）容量瓶不能进行加热。如果溶质在溶解过程中放热，要待溶液冷却后再进行转移，若将温度较高或较低的溶液注入容量瓶，容量瓶则会热胀冷缩，所量体积不准确，导致所配制的溶液浓度不准确。

（4）容量瓶只能用于配制溶液，不能长时间储存溶液，因为溶液可能会对瓶体进行腐蚀（特别是碱性溶液），从而使容量瓶的精度受到影响。

三、 滴定分析法的种类

1. 酸碱滴定法

酸碱滴定法是指以酸碱中和反应为原理，利用酸性标准物来滴定碱性待测物或利用碱性标准物来滴定酸性待测物，最后以酸碱指示剂（如酚酞等）的变化来确定滴定的终点，通过加入的标准物的多少来确定待测物质的含量。葡萄酒中总酸和挥发酸的检验都属于酸碱滴定法。

酸碱指示剂是有机弱酸或有机弱碱，它们的共轭酸碱对具有不同的结构，因而呈现不同颜色。改变溶液的 pH，指示剂失去或得到质子，结构发生变化，引起颜色的变化。常用的酸碱指示剂见表 4-2。

表 4-2 　　　　　　　　　　　　常见酸碱指示剂及其变色范围

序号	名称	变色范围（pH）	颜色变化	用量（滴/10mL）
1	甲基黄	2.9~4.0	红——黄	1~2
2	甲基橙	3.1~4.1	红——黄	1
3	溴酚蓝	3.0~4.6	黄——紫蓝	1~3
4	溴甲酚蓝	4.0~5.6	黄——蓝	1~3
5	甲基红	4.4~6.2	红——黄	1~2
6	石蕊	5.0~8.0	红——蓝	5~10
7	酚红	6.8~8.0	黄——红	1~2
8	中性红	6.8~8.0	红——黄	1~2
9	甲酚红	7.2~8.8	黄——紫红	1~3
10	α-萘酚酞	7.3~8.7	淡橙——蓝绿	1~3
11	百里酚蓝	8.0~9.6	黄——蓝	1~4
12	酚酞	8.2~10.0	无——红	1~5
13	百里酚酞	9.4~10.6	无——蓝	1~2

指示剂的选择主要以滴定突跃为依据。如果指示剂的变色范围处于滴定突跃范围之内，终点误差小于 ±0.1%。例如 0.1mol/L 氢氧化钠滴定 0.1mol/L 盐酸时，滴定突跃 pH 为 4.30~9.70，酚酞、甲基红都是合适的指示剂。

强碱滴定弱酸时，滴定突跃较小，且处于弱碱性范围内，在酸性范围内变色的指示剂如甲基橙、甲基红等都不适用，只能选择在碱性范围内变色的指示剂，如酚酞、百里酚蓝等。强酸滴定弱碱时，化学计量点和滴定突跃都在酸性范围内，应选择酸性范围内变色的指示剂，如甲基橙、甲基红等。

2. 配位滴定法

配位滴定法是以形成配位化合物反应为基础的滴定分析法，一般指金属离子和中性分子或阴离子配位，形成配合物的反应。目前，应用此法测定铝、镁、锌、铅、镍等。

广泛用作配位滴定剂的是含有—N（CH$_2$COOH）$_2$基团的称为氨羧配位剂的有机化合物，它们的配位能力很强，其中应用最广的是乙二胺四乙酸（EDTA），它与金属离子的配位反应速度快，形成的配合物稳定，且配合物溶于水，这些特点都给配位滴定提供了有利条件。配位滴定法常用的指示剂是金属指示剂，它对金属离子浓度的改变十分灵敏，在一定 pH 范围内，当金属离子浓度发生突变时，指示剂颜色改变，用它可以确定滴定终点。常用的金属指示剂有铬黑 T、钙指示剂、二甲酚橙等。

3. 沉淀滴定法

沉淀滴定法就是利用沉淀反应进行滴定的方法。沉淀反应很多，但能用于沉淀滴定的沉淀反应并不多，因为很多沉淀的组成不恒定，或溶解度较大，或形成过饱和溶液，或达到平衡速度慢，或共沉淀现象严重等。目前，应用较广的是生成难溶银盐为反应基础的沉淀滴定法，称为银量法，如银量法测定水中的氯离子。

4. 氧化还原滴定法

氧化还原滴定分析是以溶液中氧化剂和还原剂之间的电子转移为基础的一种滴定分析方法。氧化还原滴定法应用非常广泛，它不仅可用于无机分析，而且可以广泛用于有机分析，许多具有氧化性或还原性的有机化合物可以用氧化还原滴定法来加以测定。例如用斐林试剂滴定法测定葡萄酒中糖的含量就属于氧化还原滴定法。氧化还原滴定法通常借助指示剂来判断滴定终点，有些滴定剂溶液或被滴定物质本身有足够深的颜色，如果反应后褪色，则其本身就可起指示剂的作用，例如高锰酸钾。而可溶性淀粉与痕量碘能产生深蓝色，当碘被还原成碘离子时，深蓝色消失，因此在碘量法中，通常用淀粉溶液作指示剂。

第五章　常用分析仪器

随着科学技术的飞速发展，仪器分析领域也取得了巨大的成就，很多传统的仪器分析方法都得到了改进和提高，同时也出现了一些新的高灵敏度、高选择性、简便、快速的仪器分析技术和方法。近年来，越来越多的新技术、新方法被应用到葡萄与葡萄酒的分析检验、质量控制、科学研究等方面，推动着葡萄与葡萄酒产业的进步和发展。光谱学、色谱学、电化学等分析法以及联用技术等在葡萄酒分析中得到了越来越广泛的应用。

现代分析仪器的构造、原理、应用都很复杂，这些内容都有专门的仪器分析方面的教科书进行论述，本章只对葡萄酒检验最常用仪器进行讲解，并着重从应用的角度来讲解这些仪器的结构和原理，力求简捷、明了、深入浅出。

第一节　紫外－可见分光光度计

1852 年比尔提出了分光光度的基本定律，即液层厚度相等时，颜色的强度与呈色溶液的浓度成比例，从而奠定了分光光度法的理论基础，这就是著名的朗伯－比尔定律。根据此原理，美国国家标准局于 1918 年制成了第一台紫外可见分光光度计。此后，紫外可见分光光度计经不断改进，又出现自动记录、自动打印、数字显示、计算机控制等各种类型的仪器，使光度法的灵敏度和准确度也不断提高，其应用范围也不断扩大。紫外可见分光光度计主要用于物质定性和定量分析。如可以采用紫外分光光度法检测葡萄酒的色度、总酚、单宁等物质的含量。

一、　工作原理

紫外－可见吸收光谱法（Ultraviolet－Visible Absorption Spectrometry，UV－VIS）是物质吸收了入射光中的某些特定波长的光能量，分子内电子从一个能级跃迁到另一个能级而产生的。电子跃迁有一系列严格的能级，它只能吸收特定波长的光，不同的电子能级跃迁会产生特定的有一定宽度的带状光谱。根据物质吸收光谱曲线的形状、吸收峰的数目、各吸收峰波长的位置和相应的摩尔吸收光系数等参数就可以对物质进行定性分析。紫外-可见吸收分光光度法的定量基础就是朗伯-比尔定律，即在特定的入射光强度下，溶液的吸光度 A 与其浓度 c 和光径（液层厚度）l 的乘积成正比。

$$A = \varepsilon cl$$

其中 ε 为吸光系数。

二、 仪器结构

紫外分光光度计主要由光源、单色器、样品室（吸收池）、检测器及放大器和记录显示系统所组成，其结构如图 5-1 所示。

图 5-1　紫外分光光度计的结构示意图

1. 光源

光源的作用是提供激发能，使待测分子产生吸收。对仪器光源的要求是必须能发射足够强度和稳定的连续光谱，并且辐射能随波长的变化尽可能小，使用寿命长。在可见区常采用钨丝灯或卤钨灯为光源；在紫外区常采用氘灯或氢灯为光源。

2. 单色器

单色器是指能将来自光源的复色光按波长长短顺序色散为单色光，并能任意调节波长的装置，它是分光光度计中最重要的组成部分，通常由单色器（棱镜或光栅）、狭缝及透镜组成。

3. 样品室（吸收池）

吸收池又称比色皿或比色杯，按使用材料不同可分为玻璃吸收池和石英吸收池，在可见光区测试可使用玻璃制的样品池（玻璃在波长 <200nm 有吸收），在紫外区测试必须使用石英质的样品池（石英在波长 <200nm 无吸收）。用于同一组测试的样品池必须相互匹配，即它们的光学特性应该完全相同。

4. 检测器与信号指示系统

检测器将光信号转化成可输出的电信号，常用的检测器有光电池、光电管和光电倍增管。

三、 仪器类型

1. 单光束分光光度计

单波长单光束分光光度计是最简单的一种分光光度计，它只有一条光路，但检测结果受光源（电源）的波动影响较大，容易产生较大误差，它具有结构简单、价格低廉、操作方便、维修也比较容易的特点，适用于普通常规分析。

2. 双光束分光光度计

现代的很多分光光度计都是双光束型，光源经单色器分光后经反射镜分解为强度相等的两束光，分别经过参比池和样品池。由于样品溶液和参比溶液的对比是同时进行的，因此能自动消除光源强度变化所引起的误差。

3. 双波长分光光度计

双波长分光光度计的光源发出的光经过两个单色器，得到两束不同波长的单色光，利用切光器并束，使其在同一光路交替通过吸收池，由光电倍增管检测信号。双波长分光光度计测定样品时，可以消除因吸收池的参数不同、位置不同、污垢以及制备参比溶液等带来的误差，从而可以显著地提高测定的准确度。

四、 仪器操作

1. 选择测量波长

用紫外－可见光谱法做定量分析时，通常选择被测样品的最大吸收波长 λ_{max} 作为测量波长。因为在 λ_{max} 处被测样品的吸光度最大。但在实际工作中，如果 λ_{max} 有干扰，可选择另一条灵敏度稍低但能避免干扰的谱线，所以，适当选择入射光的波长，可以提高检测方法的灵敏度和准确度。

2. 选择狭缝宽度

狭缝宽度过大，入射光的单色性差；狭缝宽度太小，入射光的强度减弱。狭缝宽度过大或过小均会造成灵敏度降低，最佳选择是产生最小误差情况下的最大狭缝。一般选用仪器的狭缝宽度应小于待测样品吸收带的半宽度，否则测得的吸光度值会偏低。狭缝宽度的选择应以减小狭缝宽度时供试品的吸光度不再增加为准，对于大部分被测样品，可以使用 2nm 缝宽。

3. 控制适当的吸光度范围

通过控制被测物浓度或改变吸收池厚度来实现吸光度处于合理的范围，减小测量误差。吸光度最好控制在 0.4 左右，一般控制在 0.1～0.8 范围内。

4. 参比溶液的选择

参比溶液是用来调节吸光度测量工作零点即吸光度 $A = 0$，透光率 $T = 100\%$ 的溶液，以消除溶液中其他基体组分以及吸收池和溶剂对入射光的反射和吸收所带来的误差。根据情况不同，常用参比溶液有如下几种选择：

（1）溶剂参比　当溶液中只有待测组分在测定波长下有吸收，而其他组分无吸收时，可用纯溶剂作空白。

（2）试剂参比　如果显色剂或其他试剂有吸收，而待测试样溶液无吸收，则用不加待测组分的其他试剂作空白。

（3）试样空白参比　如果试样基体有吸收，而显色剂或其他试剂无吸收，则用不加显色剂的试样溶液作空白。

五、 使用注意事项

1. 光源

光源的使用寿命有限，为了延长光源使用寿命，不使用仪器时不要开光源灯，并应尽量减少开关次数。在短时间的工作间隔内可以不关灯。刚关闭光源灯不能立即重新开启。

仪器连续使用时间不应超过 3h。若需长时间使用，最好间歇 30min。

如果光源灯亮度明显减弱或不稳定，应及时更换新光源。更换后要调节好光源灯位置，不要用手直接接触窗口或灯泡，避免油污沾附。若不小心接触过，要用无水乙醇擦拭。

2. 单色器

单色器是仪器的核心部分，装在密封盒内，不能拆开。选择波长应平衡地转动，不可用力过猛。为防止色散元件受潮生霉，必须定期更换单色器盒干燥剂（硅胶）。若发现干燥剂变色，应立即更换。

3. 吸收池

必须正确使用吸收池，应特别注意保护吸收池的两个光学面。

4. 检测器

光电转换元件不能长时间曝光，且应避免强光照射或受潮积尘。

5. 仪器维护

当仪器停止工作时，必须切断电源，为了避免仪器积灰和沾污，应盖上防尘罩。仪器若暂时不用要定期通电，每次不少于 20~30min，以保持整机呈干燥状态，并且维持电子元器件的性能。

第二节 酸度计

酸度计简称 pH 计，是一种常用的仪器设备，主要用来测量液体介质的酸碱度值，广泛应用于工业、农业、环保、医学等领域。对于葡萄酒的检验，可直接用酸度计控制原辅料及成品的 pH。

一、 工作原理

pH 计主要用来精密测量液体介质的酸碱度值。测定时把电极插在被测溶液中，由于被测溶液的酸度（氢离子活度）不同而产生不同的电动势，将它通过直流放大器放大，最后由读数指示器（电压表）指出被测溶液的 pH。用酸度计进行电位测量是测量 pH 最精密的方法。

二、 仪器结构

pH 计由电极和电计组成，结构示意见图 5-2，主要包括以下三个部件：

1. 参比电极

对溶液中氢离子活度无响应，具有已知和恒定的电极电位的电极称为参比电极。常用的参比电极是甘汞电极和银/氯化银电极。参比电极在测量电池中的作用是提供并保持一个固定的参比电势，因此对参比电极的要求是电势稳定、重现，温度系数小，

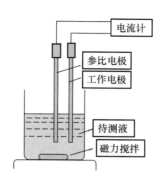

图 5 - 2　pH 计检测示意图

有电流通过时极化电势小。

2. 工作电极

工作电极也称指示电极或测量电极，对溶液中氢离子活度有响应。pH 指示电极有氢电极、锑电极和玻璃电极等几种，最常用的是玻璃电极。玻璃电极是由玻璃支杆及对氢离子敏感的玻璃膜组成。玻璃膜一般呈球泡状，球泡内充入内参比溶液，插入内参比电极（一般用银/氯化银电极），用电极帽封接引出电线，装上插口，就成为一支 pH 指示电极。

3. 电流计

电流计能在电阻极大的电路中测量出微小的电位差。由于采用最新的电极设计和固体电路技术，现在最好的 pH 可分辨出 0.005pH 单位。把对 pH 敏感的电极和参比电极放在同一溶液中，就组成一个原电池，该电池的电位是玻璃电极和参比电极电位的代数和。电流计的功能就是将原电池的电位放大若干倍，最后由读数指示器（电压表）指示出被测溶液的 pH。

4. pH 复合电极

将 pH 工作电极和参比电极组合在一起的电极称为 pH 复合电极。复合电极的最大优点是合二为一，使用方便。pH 复合电极的结构主要由电极球泡、玻璃支持杆、内参比电极、内参比溶液、外壳、外参比电极、外参比溶液、液接界、电极帽、电极导线、插口等组成。

三、　仪器类型

1. 根据应用场合分类

根据应用场合进行分类，pH 计可分为笔式 pH 计、便携式 pH 计、实验室台式 pH 计和工业 pH 计等。笔式 pH 计主要用于代替 pH 试纸的功能，具有精度低、使用方便的特点。便携式 pH 计主要用于现场和野外测试方式，要求具有较高的精度和完善的功能。实验室 pH 计是一种台式高精度分析仪器，要求精度高、功能全，有些要求具有打印输出、数据处理功能等。工业 pH 计是用于工业流程的连续测量，不仅要有测量显示功能，还要有报警和控制功能。

2. 根据仪器精度分类

按照仪器精度或最小分度值可分为 0.2 级、0.1 级、0.02 级、0.01 级和 0.001 级，数字越小，精度越高。

3. 根据读数指示分类

可分为指针式和数字显示式两种。指针式 pH 计现在已很少使用，但指针式仪表能够显示数据的连续变化过程，因此在滴定分析中还有使用。

4. 根据元器件类型分类

可分为集成电路式和单片机微电脑式，现在仪器更多应用了微电脑芯片，大大减少了仪器体积和单机成本。

四、 仪器操作

1. 校正

使用 pH 计前应进行校正。首先选择一种最接近样品 pH 的缓冲溶液，待仪器读数稳定后，显示的读数应是缓冲溶液的 pH，否则就要调节定位调节器进行校正，使显示读数与缓冲溶液的 pH 相同。用于精度要求较高的样品测定时，应选择两种缓冲溶液（样品 pH 应在两种缓冲溶液的 pH 之间）。待第一种缓冲溶液的 pH 读数校正后，清洗电极，吸干电极球泡表面的余液，把电极放入第二种缓冲溶液中，进行第二种缓冲溶液的 pH 读数校正。

2. 测量

经过校正的 pH 计，即可用来测定样品的 pH。测定样品 pH 时，用蒸馏水清洗电极，用滤纸吸干电极球部后，把电极插在盛有被测样品的烧杯内，轻轻摇动烧杯，待读数稳定后，显示被测样品的 pH。

五、 使用注意事项

（1）pH 计球泡前端不应有气泡，如有气泡应用力甩去。

（2）pH 电极从浸泡瓶中取出后，应在去离子水中晃动并甩干，不要用纸巾擦拭球泡，否则由于静电感应电荷转移到玻璃膜上，会延长电势稳定的时间，更好的方法是使用被测溶液冲洗电极。

（3）pH 复合电极插入被测溶液后，要搅拌晃动几下再静止放置，这样会加快电极的响应。

（4）在黏稠性试样测试后，电极必须用去离子水反复冲洗多次，以除去沾附在玻璃膜上的试样。有时还需先用其他溶液洗去试样，再用水洗去溶剂，然后浸入浸泡液中活化。

（5）避免接触强酸强碱或腐蚀性溶液，如果测试此类溶液，应尽量减少浸入时间，用后仔细清洗干净。

（6）避免在无水乙醇、浓硫酸等脱水性介质中使用，它们会损坏球泡表面的水合凝胶层。

（7）塑壳 pH 复合电极的外壳材料是聚碳酸酯塑料（PC），PC 塑料在有些溶剂中会溶解，如四氯化碳、三氯乙烯、四氢呋喃等，如果测试中含有以上溶剂，就会损坏电极外壳，此时应改用玻璃外壳的 pH 复合电极。

（8）复合电极的主要传感部分是电极的球泡，球泡极薄，千万不能跟硬物接触。测量完毕套上保护帽，帽内放少量补充液（3mol/L 的氯化钾溶液），保持电极球泡湿润。

第三节　原子吸收分光光度计

原子吸收光谱法（Atomic Absorption Spectroscopy，AAS），是 20 世纪 50 年代中期出现并逐渐发展起来的一种新型的仪器分析方法。这种方法根据蒸气相中被测元素的基态原子对其原子共振辐射的吸收强度来测定试样中被测元素的含量。它的优点是谱线简单，光谱干扰小，选择性强；具有较高的精密度和准确度；它的缺点是分析一种元素要用一种元素的空心阴极灯，操作繁琐。目前，原子吸收分光光谱法广泛应用于食品、环境、医学、化工等领域中金属元素和重金属元素的测定。在葡萄酒检验中，该方法被广泛应用于铜、铁等金属元素含量的检测。

一、工作原理

元素的原子是由原子核和核外电子组成，核外电子有不同的能级轨道，通常在没有外力影响时，核外电子都处于最低的能级轨道，称为基态。当有光源通过自由原子蒸气时，如果光源发射的频率等于原子中的电子由基态跃迁至高一级能态所需能量的频率时，被测原子会吸收能量产生共振吸收，其吸收的量与原子蒸气的浓度有关，这就是原子吸收法的基本原理。

二、仪器结构

原子吸收分光光度计由光源、原子化系统、分光系统和检测系统 4 个主要部分组成，见图 5 - 3。

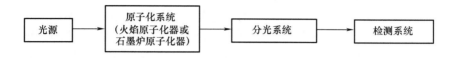

图 5 - 3　原子吸收分光光度计的结构示意图

1. 光源

光源的作用是发射被测元素基态原子吸收所需的特征谱线。光源是原子吸收分光光度计的重要组成部分，它的性能直接影响检验结果的检出限、精密度及稳定性等。

对光源的基本要求是：发射的共振辐射的半宽度要明显小于吸收线的半宽度、辐射的强度要大、辐射光强要稳定、使用寿命要长等。目前应用最普遍的是空心阴极灯，它是一种较理想的锐线光源，而且使用方便。

空心阴极灯（Hollow Cathode Lamps，简称HCL）是一种气体放电二极管，由待测元素材料（纯金属或合金）制成的空心阴极和一个由钛、锆、钽或其他材料制成的阳极组成。两电极被密封在带有光学窗口的硬质玻璃管内，管内充有低压的高纯惰性气体。若在空心阴极灯两电极之间施加100～400V的电压时，便产生辉光放电。在电场作用下，电子将从阴极内壁高速飞向阳极，途中与载气原子碰撞并使之电离，带正电荷的惰性气体离子在电场作用下快速撞击阴极表面，使阴极表面的金属原子溅射出来。除溅射作用之外，阴极受热也要导致阴极表面元素的热蒸发。溅射与蒸发出来的原子进入空腔内，再与电子、原子、离子等发生第二类碰撞而受到激发，发射出相应元素的特征谱线。

由于原子吸收分析中每测一种元素需换一个灯，很不方便，现也制成多元素空心阴极灯，但发射强度低于单元素灯，且如果金属组合不当，易产生光谱干扰，因此，使用尚不普遍。

2. 原子化器

原子化器的功能是提供能量，使试样干燥、蒸发和原子化。在原子吸收光谱分析中，试样中被测元素的原子化是整个分析过程的关键环节，其性能直接影响测定的灵敏度，同时很大程度上还影响测定的重现性。实现原子化的方法，最常用的有两种：

（1）火焰原子化法　火焰原子化法是由化学火焰提供能量，将被测元素原子化。常用的是预混合型原子化器，也是原子光谱分析中最早使用的原子化方法。这种原子化器由雾化器、混合室和燃烧器组成。雾化器是关键部件，其作用是将试液雾化，使之形成直径为微米级的气溶胶，较大的气溶胶在混合室内凝聚为大的溶珠沿室壁流入泄液管排走，其余少量气溶胶在室内蒸发脱溶。燃烧器最常用的是单缝燃烧器，其作用是产生火焰，使进入火焰的气溶胶在火焰中原子化。因此，原子吸收分析的火焰应有足够高的温度，能有效地蒸发和分解试样，并使被测元素原子化。此外，火焰应该稳定、背景发射和噪声低、燃烧安全。

（2）非火焰原子化法　非火焰原子化法中，常用的是石墨炉原子化器，它由加热电源、石墨管和保护气控制系统组成。电源提供能量加热石墨管，电流通过石墨管产生高热高温，最高温度可达到3000℃。石墨管用于注入样品和通过保护气体。在外气路中，惰性气体沿石墨管外壁流动，保护石墨管不被烧蚀；在内气路中，惰性气体从石墨管两端流向管中心，再从管中心小孔流出，可以有效除去在干燥和灰化过程中产生的基体蒸气，同时保护已原子化了的原子不再被氧化。石墨炉原子化法主要优点是原子化效率高，灵敏度比火焰原子化法高4～5个数量级，检出限低，化学干扰小，缺点是设备复杂、昂贵，操作不如火焰法简便。

3. 分光系统

原子吸收的分光系统是用来将待测元素的共振线与干扰的谱线分开的装置。它主要由外光路系统和单色器构成。外光路系统的作用是使光源发出的共振谱线能正确地通过被测试样的原子蒸气，并投射到单色器的入射狭缝上。单色器的作用是将待测元素的共振谱线与其他谱线分开，然后进入检测装置。

4. 检测系统

在原子吸收分光光度计上，广泛采用光电倍增管作检测器。它的作用是将单色器分出的光信号转变为电信号。这种电信号一般比较微弱，需经放大器放大。石墨炉原子化法的测量信号具有峰值形状，故宜用峰高法或峰面积法进行测量。

三、　仪器操作

1. 分析线的选择

原子吸收强度正比于谱线振幅强度与处于基态的原子数。为获得较高的灵敏度通常选择元素的共振谱线作分析线。但是共振线不一定是最灵敏的吸收线，如过渡元素Al，又如As、Se、Hg等元素的共振吸收线位于远紫外区（波长小于200nm），背景吸收强烈，这时就不宜选择这些元素的共振线作分析线。检验较高浓度含量元素时，可选用次灵敏线。当分析线附近有其他非吸收线存在时，将使灵敏度降低和工作曲线弯曲，为避免干扰，应当选取灵敏度稍低的吸收线作为分析线。

2. 狭缝宽度的选择

在原子吸收光谱中，谱线重叠的概率是较小的。因此，在测量时允许使用较宽的狭缝，这样可以提高信噪比和测定的稳定性。但对于谱线复杂的元素（如Fe、Co、Ni等），因为在分析线附近还有很多发射线，它们不是被测元素的共振线，因此不被基态原子吸收，这样就会导致测定灵敏度下降、工作曲线弯曲。此时，应选用较窄的狭缝。决定狭缝宽度的一般原则是在不减小吸光度值的条件下，尽可能使用较宽的狭缝。

3. 空心阴极灯电流的选择

空心阴极灯的发射特性取决于工作电流。一般商品空心阴极灯均标有允许使用的最大工作电流和正常使用的电流。如果灯电流太小，灯放电不稳定，光输出稳定性差，电信号噪声增加导致精密度降低。从稳定性考虑，灯电流要大，谱线强度高，负高压低，读数稳定，特别对于常量与高含量元素分析，灯电流宜大些。在实际工作中，通常是通过测定吸收值随灯工作电流的变化来选定适宜的工作电流。选择灯工作电流的原则是在保证稳定和合适光强输出的条件下，尽量选用低的工作电流。

空心阴极灯需要经过预热才能达到稳定的输出，预热时间一般为10~20min。

4. 原子化条件的选择

（1）火焰原子化法　首先按测定元素性质选定火焰类型和助燃比，对于易电离的元素应选用空气－丙烷低温火焰，对于难离解化合物的元素，应选用温度较高的乙炔－空气或乙炔－氧化亚氮高温火焰。其次要按照火焰种类选定燃烧器。火焰按照燃料气体和助燃气体的不同比例，可以分为中性火焰、富燃火焰和贫燃火焰，其中中性火焰适用于大多数元素，富燃火焰适用于易形成难离解氧化物元素的测定，而贫燃火焰适用于易解离、易电离的元素测定。然后，调节燃烧器的高度，选择最大吸收值的燃烧高度，从而获得最高的灵敏度。

（2）石墨炉原子化法　石墨炉原子化法可分为四个阶段，即干燥、灰化、原子化和净化。干燥的目的是除去溶剂，温度一般稍高于溶剂的沸点，干燥时间一般为30s；灰化是为了除去试样中易挥发的基体和有机物，根据样品性质设置灰化温度和时间；原子化温度应根据元素性质进行设置；净化是为了除去试样残渣，减少记忆效应，其温度应稍高于原子化温度。

四、　使用注意事项

（1）空心阴极灯需预热20～30min，灯电流由低慢慢升至规定值。灯应轻拿轻放，窗口如有污物或指纹，用擦镜纸轻轻擦拭。

（2）使用完仪器，需对喷雾器、雾化室和燃烧器进行清洗。喷过高浓度酸、碱溶液后，要用水彻底冲洗雾化室，防止腐蚀。吸喷有机溶液后，先喷有机溶剂，然后再喷1%的硝酸和蒸馏水，确保清洗干净。燃烧器狭缝有盐类结晶，火焰呈锯齿形，可用硬纸片或软木片轻轻刮去。

（3）单色器不能随意开启，严禁用手触摸。光电倍增管需检修时，一定要关掉负高压。

（4）进行实验之前，必须对乙炔管路进行检漏实验。点火时，先开助燃气（空气），后开燃气；关闭时，先关燃气，后关助燃气。点燃火焰后，操作人员不能离开。

（5）测量完毕，必须将空气压缩机内的污物排出。若污物未排走，可能出现断续闪动的红色火焰，产生噪声。

（6）测定有机溶剂试样后，应清除沾附在雾化室内的试样，特别是在MIBK（甲基异丁基甲酮）等疏水性有机溶剂试样的测定后，必须用乙醇－丙酮（1:2）混合液清洗后，再用蒸馏水清洗。测定完之后，要将排液罐内的废液倒掉，重新换上新水。

（7）清洗原子化器之前，务必将电源关闭，同时冷却水、氩气、乙炔气关闭。

（8）使用石墨炉原子吸收分光光度计时，要特别注意先接通冷却水，确认冷却水正常后再开始工作。

第四节　红外光谱仪

红外光谱法（Infrared Spectroscopy）是研究红外光与物质分子间相互作用的科学，用于物质的定性、定量及分子结构鉴定。早在20世纪40年代，商品化的红外光谱仪就已经投入使用，它们大都采用棱镜作为色散元件，称为棱镜式红外光谱仪。50年代末期，用光栅作为色散元件的光栅式红外光谱仪问世。棱镜和光栅光谱仪都属于色散型光谱仪。傅立叶红外光谱仪不同于色散型红外分光的原理，它是基于对干涉后的红外光进行傅立叶变换的原理而开发的红外光谱仪，由于这类红外光谱仪无论在扫描速度、波长精确度、光谱分辨率以及信噪比等诸多方面远高于色散型光谱仪，目前，傅立叶变换红外光谱仪（特别在中红外和远红外区）基本取代了色散型光谱仪。红外光谱仪与色谱等联用具有强大的定性功能，它已成为现代结构化学、分析化学最常用和不可缺少的工具。

一、 工作原理

任何物质的分子都是由原子通过化学键联结起来而组成的。分子中的原子与化学键都处于不断的运动中。它们的运动，除了原子外层价电子跃迁以外，还有分子中原子的振动和分子本身的转动。当分子受到红外光源的辐射时，会产生振动能级的跃迁，在振动时伴有偶极矩改变者就吸收红外光子，形成红外吸收光谱，由于原子的种类和化学键的性质不同，以及各化学键所处的环境不同，导致不同化合物的吸收光谱具有各自的特征。

二、 仪器结构

红外光谱仪通常由光源、干涉仪、检测系统组成，示意见图5-4。

图5-4 红外光谱仪的原理示意图

1. 光源

光源的作用是发射出稳定、高强度连续波长的红外光，供物质产生振动跃迁产生红外光谱。对光源的要求是光源稳定，辐射强度大，随温度和时间的变化小。通常使用能斯特（Nernst）灯、碳化硅或涂有稀土化合物的镍铬旋状灯丝。

2. 干涉仪

迈克尔逊干涉仪，是1883年美国物理学家迈克尔逊和莫雷合作，为研究"以太"漂移而设计制造出来的精密光学仪器。它是利用分振幅法产生双光束以实现干涉。通过调整该干涉仪，可以将光源发出的红外光分成两束光，经动镜、定镜反射后到达检测器并产生干涉现象。中红外干涉仪中的分束器主要是由溴化钾材料制成的；近红外分束器一般以石英和CaF_2为材料；远红外分束器一般由Mylar膜和网格固体材料制成。

3. 检测器

检测器的作用是检测红外干涉光通过样品后的能量。因此对使用的检测器有三点要求：具有高的检测灵敏度、较快的检测速度和较宽的测量范围。检测器一般分为热检测器和光检测器两大类。热检测器是把某些热电材料的晶体放在两块金属板中，当光照射到晶体上时，晶体表面电荷分布变化，由此可以测量红外辐射的功率。光检测器是利用材料受光照射后，由于导电性能的变化而产生信号，最常用的光检测器有锑化铟、汞镉碲等类型。

三、 仪器类型

红外光谱仪一般分为两类：一种是光栅扫描的，目前已很少使用；另一种是迈克尔逊干涉仪扫描的，称为傅立叶变换红外光谱，这是目前最广泛使用的。光栅扫描是利用分光镜将检测光（红外光）分成两束，一束作为参考光，另一束作为检测光照射样品，再利用光栅和单色仪将红外光的波长分开，扫描并检测逐个波长的强度，最后整合成一张谱图。傅立叶变换红外光谱是利用迈克尔逊干涉仪将检测光（红外光）分成两束，在动镜和定镜上反射回分束器上，这两束光是宽带的相干光，会发生干涉。相干的红外光照射到样品上，经检测器采集，获得含有样品信息的红外干涉图数据，经过计算机对数据进行傅立叶变换后，得到样品的红外光谱图。傅立叶变换红外光谱具有扫描速率快、分辨率高、稳定的可重复性等特点，目前被广泛使用。

四、 仪器操作

1. 样品制备技术

（1）固体样品的制备　对于固体样品，一般采用溴化钾压片法进行样品的制备。实验操作时，取 1～2mg 试样在玛瑙研钵中磨细后加 100～200mg 已干燥磨细的溴化钾粉末，充分混合并研磨，使平均颗粒直径为 2μm 左右，将研磨好的混合物均匀放入仪器专用磨具中，在合适的压力下 1～2min 即可得到透明或均匀半透明厚度为 1mm 的锭片。压片法可用于固体粉末和结晶样品的分析。

（2）液体样品的制备　对于液体样品，需根据样品沸点、黏度、透明度、吸湿性、挥发性以及溶解性等诸因素选择制样方法。对挥发性小而沸点较高且黏度大的液体样品，可取少量样品直接均匀地涂在空白的溴化钾片上，电吹风或红外灯干燥后测定，对于吸收弱或黏度低的样品，可反复多涂几次进行测定。对于沸点高、黏度低且吸收很强的液体样品，可以采用液膜法进行制样，即在两个盐片之间滴 1～2 滴样品制成一个液膜进行测定，该方法是液体样品定性分析中应用较广的一种方法。

2. 仪器使用

仪器使用前应检查实验室电源、温度和湿度等环境条件，当电压稳定，室温为（21±5）℃左右，湿度≤65％才能开机；为了使仪器达到最佳状态，一般在开机稳定半小时后进行样品测定；测试红外光谱时，先扫描空光路背景信号，再扫描样品信号，经傅立叶变换得到样品红外光谱图。

五、 使用注意事项

（1）分析前应了解样品的来源、制备方法、理化性质、元素组成和可能的结构，有助于样品结构解析；若需对化合物结构进行鉴定，该化合物纯度越高越好，同时要充分了解杂质的性质，方便对红外光谱图进行解析。

（2）样品制备后应立即进行样品测定，以免水汽侵蚀样品；对于水溶液样品应先设法脱除全部水分或部分进行脱水浓缩，然后进行红外测定。

（3）可拆式液体池的盐片应保持干燥透明，每次测定前后均应反复用无水乙醇及滑石粉抛光，但切勿用水洗。

（4）在测试过程中发生停水停电时，按操作规程顺序关掉仪器，保留样品。待水电正常后，重新测试。

第五节 气相色谱仪

气相色谱法（Gas Chromatography，GC）是英国生物化学家 Martin A. J. P. 等人在研究液 – 液分配色谱的基础上，于1952年创立的一种有效的分离分析方法，它可分析和分离复杂的多组分混合物。由于使用了高分离效能的色谱柱、高灵敏的检测器和信号处理器，气相色谱法已经成为一种高效、高灵敏、应用范围广的分析方法。目前，气相色谱法已广泛应用于食品、卫生、医药、环境等各领域。葡萄酒检验中甲醇、乙醇、农药残留等物质的检验都用到气相色谱仪。

一、 工作原理

气相色谱仪根据试样中各组分在色谱柱中的气相和固定相间的分配系数不同进行分离。当气化后的试样被载气带入色谱柱中运行时，组分就在其中的两相间进行反复多次的分配，由于固定相对各种组分的吸附能力不同，因此各组分在色谱柱中的运行速度就不同，经过一定的柱长后，便彼此分离；分离后的组分按保留时间的先后顺序进入检测器，检测器根据组分的物理化学性质将组分按顺序检测出来并自动记录检测信号，产生的信号经放大后，在记录器上描绘出各组分的色谱峰。最终依据试样中各组分保留时间进行定性分析，依据峰高或峰面积对试样中各组分进行定量分析。

二、 仪器结构

气相色谱仪主要由载气系统、进样系统、分离系统（色谱柱）、检测系统以及数据处理系统构成，如图5 – 5所示。

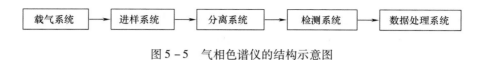

图5 – 5　气相色谱仪的结构示意图

1. 载气系统

载气系统是一个气体连续运行的密闭管路系统，包括气源、气体净化器、气路控制系统。通过该系统，可获得纯净的、流速稳定的载气。这是样品进行气相色谱分离的必备条件。载气是气相色谱分离过程的流动相，常用的载气有氮气、氢气、氦气和氩气。载气的净化需经过装有活性炭或分子筛的净化器，以除去载气中的水、氧等不利杂质。载气流速是重要的操作条件之一，它的调节和稳定是通过减压阀、稳定阀和针形阀等组成的气路控制系统来达到的；转子流量计和皂膜流量计是常用的两种流速计量装置。

2. 进样系统

进样系统是将气体、液体或固体试样引入色谱柱前瞬间气化转入色谱柱的装置，由进样器和气化室组成。气体样品可以用六通阀进样，进样量由定量管控制，液体样品可用微量注射器进样，在使用时，注意进样量与所选用的注射器相匹配，最好是在注射器最大容量下使用。固体样品、半固体样品或液体样品也可采用吹扫捕集系统、顶空进样系统或热解析系统完成进样。工业色谱分析和大批量样品的常规分析常用自动进样器。

气化室的作用是将液体样品瞬间气化而不分解。气化室的温度必须严格控制，气化室热容量要大，才能保证样品瞬间气化并迅速进入柱头。

3. 分离系统

分离系统主要由色谱柱组成，是气相色谱仪的核心部件，它的功能是使试样在柱内运行的同时得到分离。气相色谱柱有多种类型。从不同的角度出发，可按色谱柱的材料、形状、柱内径的大小和长度、固定液的化学性能等进行分类。通常，根据柱内径的大小和固定相的填充方式分为填充柱和毛细管柱。填充柱是将颗粒状固定相填充在金属或玻璃管中，内径为 2~6mm，长 1~6m，外形有螺旋形和 U 形两种。毛细管柱是用熔融二氧化硅拉制的空心管，也称弹性石英毛细管，柱内径通常为 0.1~0.5mm，柱长 30~50m，绕成直径 20cm 左右的环状，其内壁经过特殊处理，涂渍了一层均匀的固定液薄膜。色谱柱被安装在密闭隔热的柱温箱内，以利于准确控制柱温。毛细管柱内壁的固定液薄膜是实现样品分离的关键。

4. 检测器

气相色谱检测器的作用是将色谱柱分离后的各组分的浓度信号转变成电信号。它利用溶质（被测物）的某一物理或化学性质与流动相有差异的原理，当溶质从色谱柱流出时，会导致流动相背景值发生变化，并将这种变化转变成可检测的信号，从而在色谱图上以色谱峰的形式记录下来。几种常见的气相色谱检测器：

（1）氢火焰离子化检测器　氢火焰离子化检测器（FID）利用有机物在氢火焰的作用下化学电离而形成离子流，通过测定离子流强度进行样品检测，适合于能在火焰中电离的绝大部分有机物的分析。该检测器特点是灵敏度高、响应迅速、线性范围宽，是目前应用最多最广的比较理想的检测器。FID 性能可靠，结构简单，操作方便。它的死体积几乎为零，可与快速气相色谱毛细管柱直接相连，结合程序升温方法，分析复杂的宽沸程有机化合物。

（2）电子捕获检测器　电子捕获检测器（ECD）是利用放射源产生大量的自由电子，亲电子的电负性组分大量捕获电子形成负离子或带电负分子，造成基流信号明显下降，因此，样品经过检测器，会产生一系列的倒峰。电子捕获检测器是有选择性的高灵敏度检测器，它只对具有电负性的物质，如含卤素、硫、磷、氮的物质有信号，物质的电负性越强，检测器的灵敏度越高，而对电中性（无电负性）的物质，如烷烃等则无信号。

第五章　常用分析仪器

（3）火焰光度检测器　火焰光度检测器（FPD）是利用富氢火焰使含硫、磷有机物分解，形成激发态分子，当它们回到基态时，分别发射具有特征的光谱，透过干涉滤光片，用光电倍增管测量特征光的强度，此光强与组分浓度成正比。对含硫和含磷的化合物有比较高的灵敏度和选择性。

（4）热导检测器　热导检测器（TCD）是利用被测组分的热导系数不同而响应的浓度型检测器，即检测器的响应值与组分在载气中的浓度成正比。TCD是气相色谱中使用最广泛的通用型检测器，属物理常数检测方法。由于在检测过程中样品不被破坏，因此可用于制备和其他联用鉴定技术。

（5）质谱检测器　质谱检测器（MSD）是一种质量型、通用型检测器，其原理与质谱相同。它不仅能给出一般GC检测器所能获得的色谱图（总离子流色谱图或重建离子流色谱图），而且能够给出每个色谱峰所对应的质谱图。通过计算机对标准谱库的自动检索，可提供化合物分析结构的信息，是GC定性分析的有效工具。色谱－质谱联用（GC－MS）分析，是将色谱的高分离能力与质谱的结构鉴定能力结合在一起。详细内容会在质谱分析仪器部分阐述。

5. 记录系统

该系统包括放大器、记录仪或数据处理装置等。目前，记录系统多采用配备操作软件包的工作站，用计算机控制，既可以对色谱数据进行自动处理，又可对色谱系统的参数进行自动控制。

三、　仪器类型

气相色谱仪由于所用的固定相不同，可以分为两种：用固体吸附剂作固定相的称为气固色谱；用涂有固定液的单体作固定相的称为气液色谱。按色谱分离原理来分，气相色谱法也可分为吸附色谱和分配色谱两类：在气固色谱中，固定相为吸附剂，气固色谱属于吸附色谱，气液色谱属于分配色谱。按色谱操作形式来分，气相色谱属于柱色谱，根据所使用的色谱柱粗细不同，可分为一般填充柱和毛细管柱两类。

四、　仪器操作

1. 开机前准备

（1）根据实验要求，选择合适的色谱柱。

（2）气路连接应正确无误，并打开载气检漏。

2. 开机

（1）打开所需载气气源开关，稳压阀调至0.3~0.5MPa，看柱前压力表有压力显示，方可开主机电源，调节气体流量至实验要求。

（2）按要求设定检测器温度、汽化室温度、柱箱温度。

（3）打开氢气发生器和纯净空气泵的阀门，氢气压力调至0.3~0.4MPa，空气压力调至0.3~0.5MPa，在主机气体流量控制面板上调节气体流量至实验要求；当检测器温度大于100℃时，点火，并检查点火是否成功，点火成功后，待基线走稳，即可进样。

3. 关机

关闭氢气和空气气源，将柱温降至50℃以下，关闭主机电源，关闭载气气源。关闭气源时应先关闭钢瓶总压力阀，待压力指针回零后，关闭稳压表开关，方可离开。

五、 使用注意事项

（1）气相色谱仪对环境要求并不苛刻，在5~35℃条件下即可正常工作；对于环境湿度要求必须满足20%~85%；仪器所需气体纯度必须满足99.999%，否则会造成色谱响应基线不稳定。

（2）仪器要定期进行气体检漏，但在使用过程中如果发现仪器灵敏度降低、保留时间延长、出现波动状的基线，应进行仪器气体检漏；启动仪器前应先通上载气，特别是在开热导池电源开关时，必须检查气路是否接在热导池上，否则当打开开关时，就有把钨丝烧断的危险。

（3）色谱仪工作一段时间后，在色谱柱与检测器之间的管路可能被样品污染，最好卸下来用乙醇浸泡冲洗几次，干燥后再接上。空气压缩机出口至色谱仪空气入口之间，经常会出现冷凝水，应将入口端卸开，再打开空气压缩机吹干。为清洗汽化室，可先卸掉色谱柱，在加热和通载气的情况下，由进样口注入乙醇或丙酮反复清洗，继续加热通载气使汽化室干燥。

第六节　高效液相色谱仪

以高压液体为流动相的液相色谱分析法称为高效液相色谱法（High Performance Liquid Chromatography，HPLC），是20世纪60年代末发展起来的一项新颖快速的分离分析色谱技术。它是在经典的液体柱色谱法的基础上，采用高压泵、高效固定相和高灵敏度检测器，引入气相色谱理论后发展起来的。它与经典液相色谱法的区别是填料颗粒小而均匀，小颗粒具有高柱效，但会引起高阻力，需用高压输送流动相，故又称为高压液相色谱。HPLC几乎在所有学科领域都有广泛应用，可以用于绝大多数物质成分的分离分析，是应用最广泛的仪器分析技术。在葡萄酒检验中，高效液相色谱仪可以用于样品中有机酸、多酚、糖类、生物胺等物质的检验。

一、 工作原理

用高压泵将具有一定极性的单一溶剂或不同比例的混合溶剂泵入装有填充剂的色谱柱（固定相）中，样品溶液经进样器进入流动相，样品中的各组分在固定相和流动相中具有不同的分配系数，在两相中做相对运动时，经过反复多次的吸附－解吸的分配过程进行分离后依次进入检测器，由记录仪、积分仪或数据处理系统记录色谱信号或进行数据处理而得到分析结果。

二、 仪器结构

高效液相色谱仪一般由高压输液泵、进样装置、色谱柱、检测器、数据处理系统等组成。其中高压输液泵、色谱柱、检测器是液相色谱仪关键部件。有的仪器还有梯度洗脱装置、在线脱气机、自动进样器、预柱或保护柱、柱温控制器等，现代 HPLC 仪还有微机控制系统，可进行自动化仪器控制和数据处理。仪器结构见图 5 – 6。

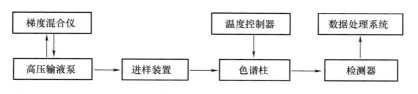

图 5 – 6　高效液相色谱仪的结构示意图

1. 高压输液泵

HPLC 利用高压输液泵输送流动相通过整个色谱系统，泵的性能好坏直接影响到整个系统的质量和分析结果的可靠性，高压输液泵应具备如下性能：压力稳定，能连续工作，无脉冲；流量调节准确，范围宽，分析型应在 $0.1 \sim 10mL/min$ 范围内连续可调，制备型应能达到 $100mL/min$；密封性能好、耐腐蚀、耐磨、维修方便等。

泵的种类很多，按输液性质可分为恒压泵和恒流泵。恒流泵按结构又可分为螺旋注射泵、柱塞往复泵和隔膜往复泵。恒压泵受色谱柱阻力影响，流量不稳定；螺旋泵缸体太大，这两种泵已被淘汰。柱塞往复泵的液缸容积小，易于清洗和更换流动相，特别适合于再循环和梯度洗脱；改变电动机转速能方便地调节流量，流量不受色谱柱阻力影响。其主要缺点是输出的脉冲性较大，现多采用双泵系统来克服。

2. 进样装置

最常用的进样装置是六通进样阀和自动进样器。

（1）六通进样阀　其关键部件由圆形密封垫（转子）和固定底座（定子）组成，可以直接向压力系统进样而不必停止流动相的流动。当六通阀处于进样位置时，样品用注射器注射入贮样管，转至进柱位时，贮样管内样品被流动相带入色谱柱。用六通阀进样，柱效率低于隔膜进样，但耐高压，进样量准确，重复性好，操作方便。

（2）自动进样器　一批可以自动进样几十个或上百个，可连续调节，重复性较高，用于大量样品的常规分析。

3. 色谱柱

色谱柱的作用是使样品中不同组分得到分离，它是高效液相色谱的心脏部件。对色谱柱的要求是柱效高、选择性好、分析速度快等。色谱柱包括柱管和固定相。目前，色谱柱固相填料主要以多孔硅胶以及以硅胶为基质的键合相、氧化铝、有机聚合物微球（包括离子交换树脂）、多孔碳为主，其粒度一般为 $3\mu m$、$5\mu m$、$7\mu m$、$10\mu m$ 等。柱管多用不锈钢制成，压力不高于 7MPa，色谱柱两端的柱接头内装有筛板，由烧结不锈钢或钛合金制成,其孔径取决于填料粒度,目的是防止填料漏出。预柱又称保护柱,是连接在色谱柱前端长 30~50mm 的短柱,柱内装有填料和孔径为 $0.2\mu m$ 的过滤片,主要用来防止来自流动相和样品中不溶性微粒堵塞色谱柱。

4. 检测器

检测器的作用是把洗脱液中组分的浓度转变为电信号,并由数据记录和处理系统绘出谱图来进行定性和定量分析。HPLC 的检测器要求灵敏度高、检出限低、噪声低(即对温度、流量等外界变化不敏感)、线性范围宽、重复性好和适用范围广。

(1) 紫外检测器(UVD) 是 HPLC 中应用最广泛的检测器,它适用于对紫外光或可见光有吸收物质的检测。其作用原理是检测器的输出信号与吸光度成正比,而吸光度与样品中某组分的浓度成正比,进而可实现样品的定性定量分析。紫外检测器灵敏度高,通用性好,要求溶剂对所选择的波长无吸收。紫外检测器分为固定波长检测器、可变波长检测器和光电二极管阵列检测器(PDAD)。PDAD 是 20 世纪 80 年代出现的一种光学多通道检测器,可同时检测到所有波长的吸收值,相当于全扫描光谱图,可得到三维的色谱 – 光谱图像,PDAD 的优点是可获得样品组分的全部光谱信息,可快速定性鉴定不同类型的化合物,常用于复杂样品的定性定量分析。

(2) 示差折光检测器(RID) 是一种通用型检测器,它是根据不同物质具有不同折射率来进行组分检测的,只要待测物具有与流动相不同的折光系数均可以使用这种检测器。示差折光检测器的优点是不破坏样品,通用性强,操作简便;缺点是灵敏度低,不适用于痕量分析。此外,由于洗脱液组成的变化会使折射率变化很大,因此,这种检测器也不适用于梯度洗脱。

(3) 荧光检测器(FD) 是目前各种检测器中灵敏度最高的检测器之一,它是利用某些物质具有荧光特性来检测的,在一定条件下,荧光强度与物质浓度成正比。荧光检测器是一种选择性很强的检测器,它适用于芳香化合物、甾族化合物、酶、氨基酸、蛋白质、维生素等荧光物质的测定,其检出限比紫外检测器高 2~3 个数量级;但荧光检测器线性范围较窄,应用范围受到一定的限制。

(4) 质谱检测器(MSD) 质谱检测器是通过对被测样品离子的质荷比的测定来进行分析的检测装置。被分析的样品首先要离子化,然后利用不同离子在电场或磁场运动行为的不同,把离子按质荷比(m/z)分开而得到质谱,通过样品的质谱和相关信息,可以得到样品的定性定量结果。详细内容在质谱分析仪器部分阐述。

5. 数据处理和计算机控制系统

早期的 HPLC 仪器是用记录仪记录检测信号,再手工测量计算。其后,使用积分仪计算并打印出峰高、峰面积和保留时间等参数。20 世纪 80 年代后,计算机技术的广泛应用使 HPLC 操作更加快速、简便、准确、精密和自动化,现在已可在互联网上远程处理数据。

三、 仪器类型

高效液相色谱法按分离机制的不同分为液 – 固吸附色谱法、液 – 液分配色谱法

（正相与反相）、离子交换色谱法、体积排阻色谱法以及亲和色谱法等。

1. 液－固吸附色谱法

使用固体吸附剂，被分离组分在色谱柱上的分离原理是根据固定相对组分吸附力大小不同而分离。分离过程是一个吸附－解吸附的平衡过程。常用的吸附剂为硅胶或氧化铝，粒度为 $5 \sim 10\mu m$。适用于分离相对分子质量为 $200 \sim 1000$ 的组分，大多数用于非离子型化合物的分析，离子型化合物易产生拖尾。常用于分离同分异构体。

2. 液－液分配色谱法

使用将特定的液态物质涂于担体表面，或化学键合于担体表面而形成的固定相，分离原理是根据被分离的组分在流动相和固定相中溶解度不同而分离。分离过程是一个分配平衡过程。

液－液色谱法按固定相和流动相的极性不同可分为正相色谱法和反相色谱法。

（1）正相色谱法　采用极性固定相（如聚乙二醇、氨基与腈基键合相）；流动相为相对非极性的疏水性溶剂（烷烃类如正己烷、环己烷），常加入乙醇、异丙醇、四氢呋喃、三氯甲烷等以调节组分的保留时间。常用于分离中等极性和极性较强的化合物（如酚类、胺类、羰基类及氨基酸类等），极性小的组分先洗出。

（2）反相色谱法　一般用非极性固定相（如 C18、C8），流动相为水或缓冲液，常加入甲醇、乙腈、异丙醇、丙酮、四氢呋喃等与水互溶的有机溶剂以调节保留时间，适用于分离非极性和极性较弱的化合物，极性大的组分先洗出。随着柱填料的快速发展，反相色谱法的应用范围逐渐扩大，现已应用于某些无机样品或易解离样品的分析。

3. 离子交换色谱法

固定相是离子交换树脂，常用苯乙烯与二乙烯交联形成的聚合物骨架，在表面末端芳环上接上羧基、磺酸基（称为阳离子交换树脂）或季氨基（阴离子交换树脂）。分离原理是树脂上可电离离子与流动相中具有相同电荷的离子及被测组分的离子进行可逆交换，根据各离子与离子交换基团具有不同的电荷吸引力而分离，主要用于分析有机酸、氨基酸、多肽及核酸。

4. 体积排阻色谱法

固定相是有一定孔径的多孔性填料，流动相是可以溶解样品的溶剂。小分子质量的化合物可以进入孔中，滞留时间长；大分子质量的化合物不能进入孔中，直接随流动相流出。它利用分子筛对分子质量大小不同的各组分排阻能力的差异而完成分离。常用于分离高分子化合物，如组织提取物、多肽、蛋白质、核酸等。

5. 亲和色谱法

将在不同基体上键合多种不同特性的配位体作为固定相，具有不同 pH 的缓冲溶液作流动相，依据生物大分子（氨基酸、肽、蛋白质、核碱、核苷、核苷酸、核酸、酶等）与基体上键联的配位体之间存在的特异性亲和作用能力的差别，而实现对具有生物活性的生物分子的分离。

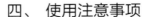

四、 使用注意事项

1. 泵的使用和维护注意事项

（1）防止任何固体微粒进入泵体，因此应预先除去流动相中的任何固体微粒。流动相最好在玻璃容器内蒸馏，而常用的方法是过滤，可采用 Millipore 滤膜（0.2μm 或 0.45μm）等滤器。泵的入口都应连接砂滤棒。输液泵的滤器应经常清洗或更换。

（2）流动相不应含有任何腐蚀性物质，含有缓冲液的流动相不应保留在泵内，否则会泄漏，析出盐的微细晶体，这些晶体将和固体微粒一样损坏密封环和柱塞等。因此，必须泵入纯水将泵充分清洗后，再换成适合于色谱柱保存和有利于泵维护的溶剂。

（3）流动相使用前应先脱气，以免在泵内产生气泡；输液泵的工作压力决不要超过规定的最高压力，否则会使高压密封环变形，产生漏液。

2. 色谱柱的使用和维护注意事项

（1）色谱柱在使用过程中应避免压力和温度的急剧变化及任何机械震动。温度的突然变化或者色谱柱从高处掉下都会影响柱内的填充状况；柱压的突然升高或降低也会冲动柱内填料，因此在调节流速时应该缓慢进行，在阀进样时阀的转动不能过缓。

（2）应按照要求选择适宜的流动相，以免固定相被破坏；应逐渐改变溶剂的组成，特别是反相色谱中，不应直接从有机溶剂改变为全部是水，反之亦然；避免将基质复杂的样品尤其是生物样品直接注入柱内，需要对样品进行预处理，进样前用滤膜过滤除去微粒杂质；经常用强极性溶剂冲洗色谱柱，清除留存在色谱柱内的杂质。色谱柱不用时，应将柱内充满乙腈或甲醇，柱接头要拧紧，防止溶剂挥发干燥。

3. 与检测器有关的故障及其排除

（1）流动池内有气泡。如果有气泡连续不断地通过流动池，将使噪声增大，如果气泡较大，则会在基线上出现许多线状"峰"，这是由于系统内有气泡，需要对流动相进行充分的除气，检查整个色谱系统是否漏气，再加大流量驱除系统内的气泡。

（2）流动池被污染。无论参比池还是样品池被污染，都可能产生噪声或基线漂移。可以使用适当溶剂清洗检测池，要注意溶剂的互溶性；如果污染严重，就需要依次采用 1mol/L 硝酸、水和有机溶剂冲洗，或者取出池体进行清洗、更换窗口。

（3）光源灯出现故障。紫外或荧光检测器的光源灯使用到极限或者不能正常工作时，可能产生严重噪声，基线漂移，出现平头峰等异常峰，甚至使基线没有回零。这时需要更换光源灯。

第七节　色谱－质谱联用仪

色谱是一种快速、高效的分离技术，但不能对分离出的每个组分进行结构鉴定；质谱是一种重要的定性鉴定和结构分析的方法，一种高灵敏度、高效的定性分析工具，但不具备分离能力，不能直接分析混合物。将质谱仪作为色谱仪的检测器将能发挥二者的优点，具有色谱的高分辨率和质谱的高灵敏度，是物质定性定量的有效工具。

气相色谱－质谱联用仪（Gas Chromatography－Mass Spectroscopy，GC－MS）是分析仪器中较早实现联用技术的仪器，自 1957 年 J. C. Holmes 和 F. A. Morrell 首次实现气相色谱和质谱联用以后，这一技术得到了长足的发展。在所有联用技术中气相色谱－质谱联用仪（GC－MS）发展最完善，应用最广泛，主要应用于具有挥发性和低分子质量的有机化合物分析。当前，面对日益增加的大分子质量（特别是蛋白、多肽等）和不挥发化合物的分析任务，迫切需要用液相色谱－质谱联用仪解决实际问题。与气相色谱相比，液相色谱的分离能力有着不可比拟的优势，液相色谱－质谱联用技术（Liquid Chromatography－Mass Spectroscopy，LC－MS）为人们认识和改造自然提供了强有力的工具。目前，商品化的液相色谱－质谱联用仪作为成熟的常规分析仪器已经在实验室发挥着重要的作用。

一、　工作原理

质谱法（Mass Spectroscopy，MS）是利用电磁学原理，对荷电分子或亚分子裂片依其质量和电荷的比值（质荷比，m/z）进行分离和分析的方法。待测化合物分子吸收能量电离生成分子离子，分子离子由于具有较高的能量，会进一步裂解成一系列碎片离子（一般为正离子），质量分析器将其按质荷比大小不同进行分离，分离后的离子先后进入检测器，检测器得到离子信号，然后得到质谱图。由于在相同实验条件下每种化合物都有其确定的质谱图，因此可根据样品的质谱图和相关信息进行定性、定量分析。

色谱－质谱联用技术结合色谱仪器的分离能力与质谱仪器的定性定量功能实现对复杂化合物的定性定量分析。

二、　仪器结构

色谱－质谱联用仪的基本组成包括色谱分离系统、真空系统、进样系统、离子源、质量分析器和检测系统，详见图 5－7。本部分内容重点介绍质谱仪器组成部分。

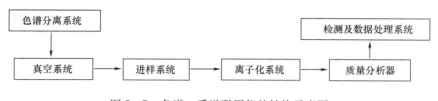

图 5－7　色谱－质谱联用仪的结构示意图

1. 真空系统

为了降低背景以及减少离子间的碰撞，质谱仪离子产生及经过的系统必须处于高真空状态，离子源的真空度为 $10^{-5} \sim 10^{-4}$ Pa，质量分析器应保持 10^{-6} Pa 真空度，要求真空度十分稳定。一般质谱仪都采用机械泵抽真空后，采用高效率扩散泵连续地运行以保持真空。

2. 进样系统

进样系统的作用是按电离方式的需要，高效地将样品引入离子源并且不能造成真空度的降低。常用的进样方式主要有直接进样和色谱进样两种。

（1）直接进样　将装有试样的小杯放入探针的针管内，通过真空闭锁装置将探针针头插入离子源，试样杯可以继续加热或冷却，由于离子源的高真空，故不需很高温度就会有足够多的样品气化，并进入离子源，直接进样只需微量的样品和蒸气压较低的物质。

（2）色谱进样　气相色谱的流出物已经是气相状态，随着毛细管气相色谱的应用和高速真空泵的使用，现在气相色谱流出物已可直接导入质谱。

对于液相色谱－质谱联用仪，由于流出物为液体状态，质谱进样系统用以将色谱流出物导入质谱，经离子化后供质谱仪分析。目前，最常用的是电喷雾接口技术。将带有样品的色谱流动相通过一个带有数千伏高压的针尖喷口喷出，生成带电液滴，经干燥气除去溶剂后，带电离子通过毛细管或者小孔直接进入质量分析器。

3. 离子源

质谱仪的离子源种类有多种。最常见的有电子轰击电离源（Electron Ionization，EI），化学电离源（Chemical Ionization，CI），电喷雾电离源（Electrospray Ionization，ESI），大气压化学电离源（Atmospheric－Pressure Chemical Ionization，APCI）和快原子轰击电离源（Fast Atomic Bombardment，FAB）等。现将主要的离子源介绍如下。

（1）电子轰击电离源　电子轰击电离源（EI）是质谱仪中应用最为广泛的离子源，它主要适用于易挥发有机样品的电离，主要由阴极（灯丝）、离子室、电子接收极、一组静电透镜组成。在高真空条件下，给灯丝加电流，使灯丝发射电子，电子从灯丝加速飞向电子接收极，在此过程中与离子室中的样品分子发生碰撞，使样品分子离子化或碎裂成碎片离子。为了使产生的离子流稳定，电子束的能量一般设为70eV，这样可以得到稳定的标准质谱图。利用电子电离源可以得到样品的分子质量信息和结构信息。电子轰击电离源工作稳定可靠，能提供有机化合物最丰富的结构信息，有较好的重现性，其缺点是不适用于难挥发和热稳定性差的样品。

（2）化学电离源　化学电离源（CI）工作过程中要引进一种反应气体（甲烷、异丁烷、氨等），灯丝发出的电子首先将反应气电离，反应气离子与样品分子进行离子－分子反应，并使样品气电离。化学电离源是一种软电离方式，可以得到准分子离子进而可以求得分子质量；对于含有很强的吸电子基团的化合物，检测负离子的灵敏度远高于正离子的灵敏度，因此，CI源一般都有正CI源和负CI源，可以根据样品情况进行选择。

（3）电喷雾电离源　电喷雾电离源（ESI）离子化是由去除溶剂后的带电液滴形成离子的过程，适用于容易在溶液中形成离子的样品或极性化合物。ESI的主要部件是一个两层套管组成的电喷雾喷嘴。喷嘴内层是液相色谱流出物，外层是雾化气，雾化气常采用大流量的氮气，其作用是使喷出的液体分散成微滴。另外，在喷嘴的斜前方还有一个辅助器喷嘴，辅助气的作用是微滴的溶剂快速蒸发。在液滴蒸发过程中表面电荷密度逐渐增大，当增大到某个临界值时，离子就可以从表面蒸发出来。离子产生后，借助于喷嘴与锥孔之间的电压，穿过取样孔进入分析器。它主要应用于液相色谱－质谱联用仪，既用作液相色谱和质谱仪之间的接口装置，同时又是电离装置。

（4）大气压化学电离源　大气压化学电离源（APCI）是在大气压下利用电晕放电来使气相样品与流动相电离的一种离子化技术。经色谱柱分离的样品溶液随流动相一起到达源内的石英管，经加热并在雾化气和辅助加热气的共同作用下，溶液气化。放电电极使雾化气或者空气电离，产生初级离子 N_2^+、O_2^+，初级离子迅速与气化的溶剂分子反应，生成反应离子，反应离子以质子转移的方式使待测样品分子带电，并在电场的作用下进入质谱的真空系统。APCI 源适用于非极性或低、中等极性且对热稳定的化合物。由于极少形成多电荷离子，分析的分子质量范围 < 1300amu。APCI 源的主要缺陷是容易产生大量的溶剂离子与样品离子一起进入质谱仪，造成较高的化学噪声。

（5）快原子轰击电离源　快原子轰击电离源（FAB）将样品分散于基质（常用甘油等高沸点溶剂）制成的溶液，涂布于金属靶上送入 FAB 离子源中。将经强电场加速后的惰性气体中性原子束对准靶上样品轰击。基质中存在的缔合离子及快原子轰击产生的样品离子一起被溅射进入气相，并在电场作用下进入质谱分析器。在 FAB 离子化过程中，可同时生成正负离子，这两种离子都可以用质谱进行分析。

4. 质量分析器

质量分析器的作用是将离子源产生的离子按 m/z 顺序分开并排列成谱，用于记录各种离子的质量数和丰度。依据设计原理的不同，分为以下几种。

（1）扇形磁场分析器　扇形磁场分析器是根据离子源中生成的离子通过扇形磁场和狭缝聚焦形成离子束。离子离开离子源后，进入垂直于其前进方向的磁场。不同质荷比的离子在磁场的作用下，前进方向产生不同的偏转，从而使离子束发散。由于不同质荷比的离子在扇形磁场中有特有的运动曲率半径，通过改变磁场强度，检测依次通过狭缝出口的离子，而实现离子的空间分离，形成质谱。扇形磁场分析器具有重现性好、分辨率与质量大小无关、能够较快地进行扫描（每秒 10 个质荷比单位）等优点。

（2）四极杆分析器　四极杆分析器是由 4 根严格平行的棒状电极组成。离子束在与棒状电极平行的轴上聚焦，一个直流固定电压（DC）和一个射频电压（RF）作用在棒状电极上，两对电极之间的电位相反。对于给定的直流和射频电压，特定质荷比的离子在轴向稳定运动，其他质荷比的离子则与电极碰撞湮灭。将 DC 和 RF 以固定的斜率变化，可以实现质谱扫描功能。四极杆分析器对选择离子分析具有较高的灵敏度，且能够通过电场的调节进行质量扫描或质量选择，质量分析器的尺寸能够做到很小，扫描速度快，无论是操作还是机械构造，均相对简单。但这种仪器的分辨率不高；杆体易被污染；维护和装调难度较大。

（3）离子阱分析器　离子阱分析器由两个端盖电极和位于它们之间的环电极构成。端盖电极施加直流电压或接地，环电极施加射频电压（RF），通过施加适当电压就可以形成一个势能阱（离子阱）。根据 RF 电压的大小，离子阱就可捕获某一质量范围的离子。离子阱可以储存离子，待离子累积到一定数量后，升高环电极上的 RF 电压，离子按质量从高到低的次序依次离开离子阱，被电子倍增监测器检测。目前离子阱分析器已发展到可以分析质荷比高达数千的离子。离子阱利用离子储存技术，可以选择任一质量离子进行碰撞解离，实现二级或多级质谱分析功能，目前广泛应用于蛋白质组学和药物代谢分析。

（4）飞行时间分析器　飞行时间分析器根据具有相同动能、不同质量的离子，因其飞行速度不同而分离。如果固定离子飞行距离，则不同质量离子的飞行时间不同，质量小的离子由于飞行时间短而首先到达检测器。各种离子的飞行时间与质荷比的平方根成正比。飞行时间质量分析器（TOF）具有结构简单、灵敏度高和质量范围宽等优点，尤其适合蛋白质等生物大分子分析，目前主要应用在生物质谱领域。

5. 检测器

质谱仪的检测主要使用电子倍增器，也有的使用光电倍增管。由离子源出来的离子打到高能打拿极产生电子，电子经电子倍增器产生电信号，记录不同离子的信号即得质谱。由倍增器出来的电信号被送入计算机储存，这些信号经计算机处理后可以得到色谱图、质谱图及其他各种信息。

三、　仪器类型

1. 气相色谱 - 质谱联用

气相色谱 - 质谱联用技术（Gas Chromatography - Mass Spectrometry，GC - MS）是基于色谱和质谱技术的基础上，充分利用气相色谱对复杂有机化合物的高效分离能力和质谱对化合物的准确鉴定能力进行定性和定量分析的技术。在 GC - MS 中，气相色谱是质谱的预处理器，而质谱是气相色谱的检测器。两者的联用可获得气相色谱中保留时间、质谱中质荷比和强度信息。GC - MS 的质谱仪部分可以是磁式质谱仪、四极杆质谱仪，也可以是飞行时间质谱仪和离子阱，目前使用最多的是四极杆质谱仪。同时，计算机的发展提高了仪器的各种性能，如运行时间、数据收集处理、定性定量、谱库检索及故障诊断等。因此，GC - MS 联用技术的分析方法不但能使样品的分离、鉴定和定量一次快速地完成，还对于批量物质的整体和动态分析起到了很大的促进作用。

2. 液相色谱 - 质谱联用

液相色谱 - 质谱联用仪（Liquid Chromatograph - Mass Spectrometry，LC - MS）是液相色谱与质谱联用的仪器。它结合了液相色谱仪有效分离热不稳定性及高沸点化合物的分离能力与质谱仪很强的组分鉴定能力。所采用的色谱仪和质谱仪在基本结构和工作原理上与普通色谱仪和质谱仪无大差别，只是在某些方面有些特殊要求。LC - MS 联用的关键是 LC 和 MS 之间的接口装置。接口装置的主要作用是去除溶剂并使样品离子化。20 世纪 80 年代，大气压电离源用作 LC 和 MS 联用的接口装置和电离装置之后，使得 LC - MS 联用技术提高了一大步。目前，几乎所有的 LC - MS 联用仪都使用大气压电离源作为接口装置和离子源，其中电喷雾大气压电离源应用最为广泛。LC - MS 能够提供令人满意的分析速度、灵敏度、选择性和可靠性，已经成为一种重要的物质定性定量分析手段。

四、 仪器操作及注意事项

1. 提高灵敏度可以考虑的手段

在质谱分析过程中，可以采用选择离子扫描模式（SIM）、提高灯丝电流、采用不分流进样、保持较好的调谐状态等方法来提高仪器灵敏度。

2. 分析条件的选择

在色谱－质谱联用分析中，色谱的分离和质谱数据的采集是同时进行的。为了使每个组分都得到分离和鉴定，必须设置合适的色谱和质谱分析条件。对于气相色谱－质谱联用技术，首先要对色谱柱类型、固定液种类、气化温度、载气流量、分流比、温升程序等色谱条件进行优化；然后选择合适的电离电压、电子电流、扫描速度、质量范围等质谱分析条件。对于液相色谱－质谱联用技术，要选择合适的色谱柱和流动相确保样品有效分离，然后选择合适的电喷雾电压、扫描速度、质量范围等质谱分析条件。

3. GC－MS 使用注意事项

（1）分析前，要充分了解样品中的待测成分及其沸点，沸点太高不能进样，无机化合物、强极性物质、羧酸等也不能直接用 GC－MS 分析，有些高沸点、强极性的有机化合物可经过衍生化后进行 GC－MS 分析。

（2）样品必须溶解在低沸点的有机溶剂中，如二氯甲烷、丙酮、正己烷等，不允许水溶液直接进样，并且溶解样品的溶剂必须是色谱纯等级，样品过滤后方可进样分析。

（3）进样口隔垫、玻璃衬管要按要求定期更换；气体管路要定期进行检漏；当仪器灵敏度降低时，根据使用情况清洗离子源或老化色谱柱。

4. LC－MS 使用注意事项

（1）溶剂和流动相的要求　所有的流动相都要使用 0.2μm 的滤膜过滤，水相流动相要新配，使用不得超过两天。样品必需使用 0.2μm 的膜过滤。

（2）实验完毕要清洗进样针、进样阀等，用过含酸的流动相后，色谱柱、离子源都要用甲醇/水冲洗，延长仪器寿命；当灵敏度降低时，需要清洗离子源和样品锥孔。

（3）机械泵的振气　对于 ESI 源，至少每星期做一次，对于 APCI 源，每天做一次。振气时需停止样品采集、停止流动相、关闭高压、关闭所有气流，关闭离子源内的真空隔离阀。

第八节　电感耦合等离子体质谱法

电感耦合等离子体质谱法（Inductively Coupled Plasma－Mass Spectrometry ICP－MS），是 20 世纪 80 年代发展起来的无机元素和同位素分析测试技术，它以独特的接口技术将电感耦合等离子体的高温电离特性与质谱仪的灵敏快速扫描的优点相结合而形成一种高灵敏度的分析技术。1983 年第一台商品化的电感耦合等离子质谱仪问世以来，由于它具有灵敏度高、稳定性好、线性范围宽及多元素同时测定等优点，这项技术已从最初在地质科学研究的应用迅速发展到广泛应用于环境保护、生物、医学、食品、石油、核材料分析等领域。

一、 仪器工作原理

ICP – MS 的基本装置示意如图 5 – 8 所示，它由样品引入系统（即进样系统）、离子化系统、分析器以及检测及数据处理系统 4 部分构成。其工作过程和原理主要如下：被测元素在蠕动泵和雾化器的共同作用下经雾化器的雾化作用形成气溶胶，通过一定形式进入高频等离子体被去溶剂、蒸发、原子化和离子化，在高速喷射流下电离成离子，产生的离子经过离子光学透镜聚焦后进入四极杆质谱分析器按照荷质比分离，既可以按照荷质比进行半定量分析，也可以按照特定荷质比的离子数目进行定量分析。

图 5 – 8　ICP – MS 仪器的基本结构图

二、 仪器结构

1. 进样系统

进样系统是 ICP – MS 的重要组成部分，它对分析性能的影响很大，ICP – MS 分析要求样品以气体、蒸气或气溶胶的形式进入等离子体。ICP – MS 有多种样品引入方式，目前多以气动雾化法产生气溶胶的液体样品引入系统为主，另外还有超声雾化产生气溶胶的方式。样品引入系统主要由样品提升和雾化两个部分组成。样品提升部分一般为蠕动泵，也可使用自提升雾化器，要求蠕动泵转速稳定，泵管弹性良好，使样品溶液匀速地泵入，废液顺畅地排出。雾化部分包括雾化器和雾化室。样品以泵入方式或自提升方式进入雾化器后，在载气作用下形成小雾滴并进入雾化室，大雾滴碰到雾化室壁后被排除，只有小雾滴可进入等离子体离子源。对于雾化器，要求雾化效率高，雾化稳定性高，记忆效应小，耐腐蚀；雾化室应保持稳定的低温环境，并应经常清洗。常用的雾化器有同心雾化器、交叉型雾化器等；常见的雾化室有双通路型和旋流型，通常在雾化室外面加有半导体制冷装置，它可以在 1min 内使雾化室里的温度由室温恒定至 3℃，从而可减少进入等离子体区域的水量，大大减少氧化物和多原子离子干扰。实际应用中宜根据样品基质、待测元素、灵敏度等因素选择合适的雾化器和雾化室。

2. 离子化系统

离子化系统主要作用是将样品进行离子化，并引入质量分析器进行分析，主要包括离子源、接口和离子聚焦系统三个部分。

（1）离子源　离子源主要用来将样品离子化，ICP – MS 对离子源的要求是：易于点火，功率稳定性高，发生器的耦合效率高等。电感耦合等离子体装置由等离子体炬管和高频发生器组成。

等离子体炬管的主要作用是使等离子体放电与负载线圈隔开以防止短路，并借助通入的外气流带走等离子体的热量和限制等离子体的大小。等离子体炬管由 3 个石英同心管组成，即外管、中间管和样品注入管组成。每个管中需要通入气体，外管气流称为冷却气流，其作用是保护炬管壁，是等离子体的主要气体，流量在 $10 \sim 15L/min$。引入内环空间的气流称为辅助气，其作用主要用于保证使高温等离子体与中心管的顶端分离，使其不被等离子体的高温所熔化，其流量一般在 $1.0 \sim 1.5L/min$。中心气流通常称为雾化气或载气，其作用是从进样系统把样品气溶胶送入等离子体中，流量通常在 $1.0L/min$ 左右。

离子体炬管水平安放在射频线圈的中间，当电源接通后有高频电流通过线圈时，会在石英管内产生交变磁场，但由于石英管内是非导体氩气，所以管内不能产生感应电流，此时若用一高压火花使管内气体电离，产生少量电子和离子，则电子和离子因受管内轴向磁场的作用，在管内空间闭合回路中高速运动，运动过程中碰撞中性原子和分子，使更多气体被电离很快形成等离子体，并在管内形成一个高温火球，用气体将该火球吹出管口，即形成等离子焰炬。

（2）接口　接口是整个 ICP – MS 系统最关键的部分，它的功能是将等离子中的高温离子有效传输到高真空下的质谱仪。ICP – MS 的接口是由一个冷却的采样锥和截取锥组成的。采样锥的采样孔径为 $0.75 \sim 1mm$，它的锥间孔对准炬管的中心通道，锥顶与炬管口距离为 $1cm$ 左右；截取锥外形比采样锥小，在尖顶部有一小孔，两锥尖之间的安装距离为 $6 \sim 7mm$，并在同一轴心线上。由等离子体产生的离子经采样锥孔进入真空系统，在这里形成超声速喷射流，其中心部分流入截取锥孔。由于被提取的含有离子的气体是以超声速进入真空室的，且到达分离锥的时间仅需几微秒，所以样品离子的成分及特性基本没有变化，并且很好地解决了由大气压环境到真空系统过渡的难题。

（3）离子聚焦系统　离子离开截取锥后，由离子聚焦系统传输至质量分析器。离子聚集系统由一组静电控制的离子透镜组成，其原理是利用离子的带电性质，用电场聚集或偏转牵引离子，将离子限制在通往质量分析器的路径上，透镜将一个定向速度传输给离子，使离子吸向质量分析器，并将离子保留在真空系统中，而不需要的中性粒子则被泵抽掉。

3. 质量分析器

通常为四极杆分析器，可以实现质谱扫描功能。四极杆的作用是基于在四根电极之间的空间产生一随时间变化的特殊电场，只有给定 m/z 的离子才能获得稳定的路径而通过极棒，从另一端射出。其他离子则将被过分偏转，与极棒碰撞，并在极棒上被中和而丢失，从而实现质量选择。

4. 检测器及数据处理系统

通常使用的检测器是双通道模式的电子倍增器，四极杆系统将离子按质荷比分离后引入检测器，检测器将离子转换成电子脉冲，由积分线路计数。双模式检测器采用脉冲计数和模拟两种模式,可同时测定同一样品中的低浓度和高浓度元素。测定中应注意设置适当的检测器参数,以优化灵敏度,对双模式检测信号(脉冲和模拟)进行归一化校准。

三、 仪器操作

1. 仪器校准

通常要先对仪器进行基本校准。现在的仪器都配有仪器自动校准程序,操作比较方便。仪器基本校准包括:

(1)质量校准 对质谱仪器质量标度的校准过程,通常在整个质量范围内进行,一般选择几个有代表性的轻、中、重质量范围的元素作为校准点进行自动校准。

(2)检测器校准 是对检测器的脉冲和模拟两种模式的交叉自动校准。一般选择几个轻、中、重质量范围的元素进行校准。检测器校准非常重要,如果校准不当,分析校准曲线的线性会受到严重影响。

2. 仪器调谐

通过仪器调谐将仪器工作条件最佳化。对于多元素分析,一般是采取折中条件。调谐的主要指标是灵敏度、稳定性、氧化物等干扰水平。通常采用含有轻、中、重质量范围的元素的混合溶液进行最佳调谐实验。现代仪器都有自动调谐功能。

3. 数据采集

由于四极杆 ICP-MS 是顺序测量,所以数据采集方式非常关键。通常采用两种信号测量方式,一种是扫描,另一种是跳峰。

(1)扫描方式 对每个峰在数个通道(通常为 20 个通道)内的整个质量连续扫描。多点扫描的优点是可以获得完整的谱图形状,信息量多,有利于了解相邻背景以及干扰情况。对质量校准、检查分辨率以及定性分析或干扰研究方法建立等研究工作很有用。但比较费时,对于快速定量分析并不是最佳选择。

(2)跳峰方式 质谱仪在几个固定质量位置上对每一感兴趣的同位素进行数据采集,优点是数据采集效率高。在此操作方式中,峰的中心位置的定位十分重要,因为它被用来确定每个峰的测量起点。若每峰采用三点,则测量时除了取中心点外,还在其两边各取一点。而在每个单点测量中测量的是峰高。

4. 定性、定量分析

由 ICP-MS 得到的质谱图,一般横坐标为离子的质荷比,纵坐标为离子的计数值。根据离子的质荷比可以确定未知样品中存在哪些元素;而根据某一质荷比下的计数,则可以进行定量分析。

(1)定性分析 在 ICP-MS 分析中,可通过一个短时间的全谱质谱扫描以获得整个质量范围内的质谱信息(即质谱图),用于快速了解待分析样品的基体组成情况。

(2)定量分析 应用各种标准品和工作曲线等对目标元素的含量等进行精确的浓度测定即为定量分析,包括外标校正曲线法、内标校正法、标准加入法和同位素稀释法等。与其他定量分析方法相似,ICP-MS 定量分析通常采用标准曲线法,即配制一系列标准溶液，由得到的标准曲线求出待测组分的含量。

四、　仪器使用注意问题

1. 进样系统

（1）雾化器　雾化器是由玻璃或石英材质做成的玻璃器皿，极易破损，不正确的操作和外力的撞击会导致损坏，有可能对人员造成伤害，但它又是仪器的关键部件。因此，在不使用雾化器时，要安放喷嘴防护帽以防止喷嘴意外损坏或微粒进入毛细管细孔导致堵塞。雾化器要经常清洗，一般用去离子水冲洗烘干即可使用。

（2）炬管　炬管长时间使用后会被污染，应定期拆卸下来，在加热后的王水（3份盐酸和1份硝酸的混合液）中超声波清洁，之后用去离子水冲洗干净即可。如遇到炬管积碳，可将炬管放到马弗炉中加热，炉温控制在700℃左右，反复烧几次就可以消除炬管积碳。安装炬管后别忘记调整点火头位置。

（3）毛细喷嘴管　当毛细喷嘴管有堵塞时，用压缩空气、载气可以清除颗粒堵塞；用热水浸泡可使聚合物颗粒软化后疏通堵塞；在喷嘴处反向通入异丙醇能使颗粒流出。对于硅类颗粒的堵塞，可以使用氢氟酸（HF 3%～5%）清洗，吸取清洗液浸泡5～10s后立即用清水冲洗，氢氟酸清洗时间和浓度要准确控制，清洗完毕后要彻底清除氢氟酸并使雾化器干燥以防止氢氟酸对石英的腐蚀。当有沉积物时，选择适当的溶剂，用滴管或洗瓶清洗毛细管几次可清除沉积物；还可以将堵塞区域浸入溶液中加热，溶液沸腾后可以溶解沉积物。

2. 接口

接口系统的采样锥和截取锥的条件影响信号的灵敏度和背景水平。锥表面应尽可能保持干净和平滑，由于锥一般是由金属镍精密加工而成，且锥孔非常尖，极易碰损，所以卸取、清洗和安装都必须格外小心。清洗时，可以将锥放入清洗液中超声波清洗，然后用去离子水清洗干净；如果锥比较脏时，可用金属抛光粉和水磨砂纸轻轻打磨，然后用水冲洗去打磨粉，放入5%左右的稀硝酸中超声波清洗，先后用去离子水和丙酮冲洗干净并干燥。

3. 真空系统

真空系统一般不需要日常维修保养，可通过仪器软件进行真空度检测。机械泵的泵油一般由专业维修人员视情况更换。可观察泵油的颜色，如颜色为深黄色，需更换。更换泵油时，必须先将仪器关机。将废泵油排放至废油桶中，然后添加新泵油，油面高度一般达到满刻度80%处即可。

4. 冷却水系统

冷却水系统非常重要。一般采用去离子蒸馏水。每日检查冷却水进出是否通畅。定期检查液面，定期更换水。

第六章　感官检验

　　酒类产品质量的优劣，一个最直接的评判标准是它是否能给饮用者带来感官方面的享受，在无不良影响的前提下，它除了可以提供能量和营养，作为食物的补充成分以外，更重要的是给饮用者带来感觉器官的满足和惬意。葡萄酒是一种复杂的生物制品，它含有几百种甚至上千种成分，这些成分之间有着多样的相互作用，例如相互平衡、相互协调、相互抑制、相互协同、相互叠加、相互补充等，形成了千姿百态的个性，因此，它与一般的机械产品、电子产品，甚至仅提供能量的食品不同，不可能用几个简单的理化指标、卫生指标来衡量质量的优劣。葡萄酒的理化指标和卫生指标只是衡量葡萄酒合格与否的尺子，而对葡萄酒质量是否优异，以及优异的程度无法给出科学的解答。要解决这方面的问题，只有通过感官检验。尽管现代的分析检验技术发展很快，检测的灵敏度越来越高，但到目前为止还没有任何的检测仪器能够代替人的感觉器官对葡萄酒的感官特征给出准确的评价，世界上葡萄酒历史相对悠久、管理相对规范的国家，对葡萄酒质量的判定依然离不开感官检验，而对葡萄酒质量的分级或命名都要依据感官检验的结论。

第一节　基本概念

一、感官检验

　　感官检验，也称感官分析，日常生活中也通俗地称之为品尝。感官检验就是利用感觉器官去了解、确定某一产品的感官特性及其优缺点，并最后评估其质量，即利用视觉、嗅觉和味觉对产品进行观察、分析、描述和评价。葡萄酒感官检验就是利用品尝者的感觉器官，通过目测、鼻嗅、口尝，对葡萄酒的外观、香气、滋味以及风格进行观察、分析、描述和评价。

二、 感觉阈值

能够引起某种感觉的最小刺激量，称为感觉阈值。

感觉是感官刺激引起的主观反应，根据感觉器官的不同，又有嗅觉阈值和味觉阈值之分。根据感觉程度的不同，又有识别阈值：即感知到的可以对感觉加以识别的感官刺激的最小值；差别阈值：即可感知到的刺激强度差别的感官刺激的最小值。前者是对感知到的刺激加以识别，分辨出是什么，而后者是对刺激的量能感知到不同，不用分辨出是什么。不同的物质有不同的感觉阈值，对于一种物质来说，其感觉阈值越小，它的呈香、呈味性质越强，对于人来说，他（她）的感觉阈值越小，说明感觉器官越灵敏。感觉阈值是人生理功能的体现，它有先天的因素，但也可通过后天的训练得到提高。一个好的品尝员必须具有较低的感觉阈值，这是作为一个优秀品尝员基本的客观条件。表6–1是对四种基本味觉阈值的训练方法。大部分人的味觉阈值都在2、3号溶液的浓度之间，通过训练达到1号溶液浓度的阈值，就相当灵敏了。

表6–1　　　　　　　　　　　基本味觉阈值训练物质浓度表

溶液名称 \\ 浓度	1	2	3	4	5
蔗糖/（g/L）	0.25	0.5	1	2	4
酒石酸/（g/L）	0.025	0.05	0.1	0.2	0.4
氯化钠/（g/L）	0.075	0.15	0.3	0.6	1.2
硫酸奎宁/（mg/L）	0.16	0.32	0.63	1.25	2.5

三、 对检验员的要求

感官检验既是一门学问，又是一门技能，因此，要成为一名称职的感官检验员（品酒员或品酒师），既要通过不断学习，掌握理论知识，又要不断实践，积累品评经验，同时要有良好的职业操守和一定的生理技能。一个优秀的品酒员必须具备敏感性、准确性和精确性三个方面的基本技能。

敏感性：具有尽量低的感觉阈值。能够对产品存在的细微差别有准确的认知。

准确性：对同一产品的各次品尝的回答始终一致。能够比较客观地认定产品的质量。

精确性：精确地表述所获得的感觉。能够将产品的感官特性进行科学的表达。

四、 感官检验分类

葡萄酒的感官检验是对葡萄酒感官特性做出准确客观的评价，确定其质量档次的一种检验，通常也称之为品尝。根据品尝的目的不同，可以将其归纳为以下五类：

1. 竞赛品尝

这种品尝的目的是排定葡萄酒不同样品的名次，分出优劣次序。各种质量评比、质量大赛的品尝都属于这一类。竞赛品尝因组织者的不同、裁判者（品酒师）组成的不同以及参赛样品的数量和来源不同而享有不同的声誉，有不同的影响力和认知度。凡是知名度高的质量大赛，都是由第三方具有较高公信力的部门组织，遵照科学合理的竞赛规则，按照国际通行的品评方式，聘请具备品酒资格和能力的人员（品酒师），对参赛葡萄酒的感官质量进行品尝，最后给出结论，确定名次。竞赛品尝最重要的方面是充分体现公平、公正。为了克服品酒师主观因素的干扰，每一款产品都应有七位以上有资质的评酒员品评，并以他们的平均评分作为该款产品被排序的依据，因此，对于竞赛品尝，组织程序的严谨程度和品酒员水平的高低是决定竞赛结果客观准确的关键因素。目前大多数竞赛品尝的样品都是各生产企业提名或直接提供的，其质量都是一个企业中比较优秀，乃至最优秀的产品，所以竞赛品尝一般是优中选优。

2. 市场品尝

这是葡萄酒生产者为了确定消费者的喜好而进行的市场调查性质的品尝，品尝的主体是消费者。这种品尝可以选择不同地区、不同消费人群、不同职业等不同的消费群体，对选择的样品进行品尝，品尝者完全根据个人的嗜好选择钟爱的产品。生产者可以根据消费者的喜好，确定自己产品的风格。当然，市场品尝的结论是建立在众多消费者品尝统计数据的基础上，它的核心是能够真正反映出特定消费人群对葡萄酒口感方面的消费需求。

3. 分析品尝

对某一款葡萄酒进行品尝，通过它的感官特征，分析葡萄酒原料状况、生态条件对它的影响、工艺措施的优缺点、葡萄酒所处的状态以及今后可能的发展变化方向等。分析品尝是对产品整体的评价，并且要对产品原料、工艺以及储存提出意见和建议，使产品品质得到改善。分析品尝是对某一款产品而言，应由酿酒师完成，当然，作为酿酒师必须首先是品酒师。

4. 工艺品尝

工艺品尝主要是对不同工艺处理的半成品、成品进行品尝，确定这些工艺对产品产生的影响。工艺品尝一般在生产现场或企业实验室进行，品尝的方法一般是对比品尝，例如采用不同酵母发酵、选择不同发酵容器、采取不同澄清方式、使用不同木桶贮存以及其他新工艺等。通过对比品尝，可以确定工艺及工艺进程，使感官质量达到最优化。工艺品尝也应由酿酒师来完成。采用创新性工艺或对原有工艺进行较大更改时，应该组织多个酿酒师或品酒师进行工艺品尝，使品尝结论更加准确，以便有效地指导生产。

5. 检验品尝

检验品尝是以预先设定的实物样本或标准为对照，确定葡萄酒感官质量是否达到预先设定的质量标准的一种品尝。国际葡萄与葡萄酒组织（OIV）有关成员国对葡萄酒的分等分级以及原产地命名产品的感官品尝、我国产品质量监督抽查中的感官品尝、企业产品出厂前的感官品尝以及生产过程中的感官品尝均属于检验品尝，也就是说，有些检验品尝是由第三方进行的，它承担着产品分级、命名和是否合格允许销售的责任。还有一些检验品尝是企业自己进行的，它承担着生产者的产品质量主体责任，包括对采购的原酒以及生产过程中的半成品进行质量把关、为产品进行感官质量分级、杜绝不合格的产品出厂等。检验品尝一般是对产品是否发放通行证的品尝，因此是十分严肃的，结论准确、无懈可击是检验品尝最应关注的焦点。作为第三方的检验品尝，必须由合法的部门组织，依据规范的程序、使用符合条件的场所，聘请有资质的人员来实施。作为生产企业进行的检验品尝，对其他条件的要求不一定十分严格，但实施检验品尝的人员是最重要的，应该具备较高品酒技能和良好的职业操守，在条件允许的情况下，也应该组织多名有技能的人员进行集体检验品尝，以确保检验结论准确、无误。

第二节　感觉器官及其功能

每一种葡萄酒都具有其特有的色泽、香气、味道和酒体。所有这些特征，对于我们的感官（眼睛、鼻子和嘴巴）来说，就是各种各样的刺激，从而引起各种各样的感觉。这些刺激在神经感受器上产生不同的信息，通过神经纤维传往大脑，大脑接受这些信息，并进行比较、分析、记忆。感觉器官在品尝中的作用见表 6 - 2。

表 6 - 2　　　　　　　　　　感觉器官在品尝中的作用

器官	功能	获得的信息	总体印象
眼	视觉	色泽、澄清度、流动性、起泡性	外观
鼻	嗅觉	不同气味的纯正、浓郁、复杂性等	香气
口	味觉	各种味道的浓淡、协调、持久性等	滋味
	触觉	涩感、刺感、苛性感、浓度、温度等	口感

一、　视觉

眼睛是人的视觉感受器，是人类感觉器官中占主导地位的器官，大部分外界信息的获得都是通过视觉传递到大脑的。在人的生命初始阶段首先开始的是视觉活动，婴儿最先掌握的是观察眼前物体的移动。

光是刺激视觉的主要能源，光的特征是用波长来表述的，在正常情况下，人类视觉所能感觉到的波长在 400 ~ 760nm，这一波长范围称为可见光范围。我们日常所见到的光如日光、白炽灯光都是混合光，是由赤、橙、黄、绿、青、蓝、紫等颜色按不同比例复合而成的。

不同波长的可见光引起人们不同的视觉反应。当某两种颜色（波长）的光按一定比例混合可形成白光时，这两种光就称为互补光。物质的颜色是由于物质对不同波长

的光有选择性吸收而产生的，也就是说，物质的呈色是它选择性地吸收了它的互补色光。表 6 – 3 列出了颜色的波长及互补色的关系。

表 6 – 3 颜色的波长及互补色

颜色	红	橙	黄	绿	青	蓝	紫
波长/nm	650 ~ 760	600 ~ 650	580 ~ 600	500 ~ 560	480 ~ 490	450 ~ 480	400 ~ 450
互补色	蓝绿	青蓝	蓝	紫红	红	黄	黄绿

葡萄酒的颜色，是吸收了它的互补色而形成的。红葡萄酒之所以是红色，是因为它吸收了蓝绿色的光；白葡萄酒之所以显黄色，是因为它吸收了蓝色的光。

二、 嗅觉

鼻腔是人体的嗅觉器官，与味觉一样，鼻腔所接受的信息都是化学信息，只有挥发性的气味才能被它所感受。嗅觉的产生是挥发性物质经鼻腔刺激嗅觉细胞，然后传至中枢神经而引起的感觉，从闻到气味到产生嗅觉，只经过 0.2 ~ 0.3s，时间非常短。另外嗅觉是不固定的，也是不持久的，当我们慢慢吸气，感受气味时就会发现，开始气味慢慢加强，然后下降，最后缓慢消失。

通过鼻腔的嗅觉有两种：一种是直接嗅觉（直接通路），它由鼻孔进入，另一种称为回流嗅觉（鼻咽通路），是从嘴里进入的气味上升至鼻腔的，由吞咽作用产生一种微小的内部压力，使在口腔里已温热的气味物质产生蒸发，充满在嘴里并进而上移到鼻腔和嗅黏膜，由此产生嗅觉意识。

不同的葡萄酒香气特征是不同的，它既不是固定的也不是耐久的，所以在嗅觉循环中，需要慢慢呼吸，体会香气的逐渐上升，随之而来的下降和慢慢消失的过程，从中寻找到香气的特征和优缺点。

嗅觉的灵敏性是因人而异的，并受年龄、嗜好、健康等状况的影响。如，孕妇的嗅觉比平常灵敏；老人的嗅觉会减退；长期吸进某种气味嗅觉会疲劳，灵敏度下降，所谓"久居兰室不闻其香，久居鲍市不闻其臭"就是这个道理。因此，品酒时应注意休息，防止嗅觉的过度疲劳。

三、 味觉

味觉的感受器官是口腔，口腔中分布着大量的味蕾，主要集中在舌面上。当味觉细胞受到外界物质的刺激，这种刺激传递到大脑，就产生了味觉反应。从生理学的角度上讲，味觉可分为酸、甜、苦、咸四种。由这四种味道的混合、叠加、中和、抑制、抵消等作用，形成了千变万化的味感。

舌面各部位对味感的灵敏度是不同的。舌尖对甜味最敏感，舌的两侧对酸味最敏感，舌根对苦味最敏感，接近舌尖的两侧则对咸味最敏感，舌头中部为非敏感区。

口腔中除了味蕾对四种基本味觉的存在有感受外，还会产生触觉反应，如各种味道的浓、淡、厚、薄等。对葡萄酒来说，会感受到各种浓度酒体的柔和、尖刺、爽适、滑腻、收敛、流动、圆润、涩口以及灼热、温热、凉爽等，当有酒精存在，特别是酒精度较高时，还会感受到酒精的苛性感，即灼烧感。

第三节　葡萄酒的感官特征

一、　葡萄酒的外观

　　广义地说葡萄酒的外观包括人的视觉器官所能观察到的所有信息，如流动性、起泡性、澄清度、透明度、酒柱、色度、色调等。习惯上，把除颜色以外的感官特征称为外观。葡萄酒的外观和颜色是葡萄酒感官质量给人的第一信息，就像人的五官一样，给品尝者带来初步的印象，但这一初步印象往往对葡萄酒的品尝产生重大影响。通常情况下，葡萄酒的外观特征与葡萄酒的内在质量有着某些必然的联系，正确地观察外观可以对正确品评葡萄酒产生积极的引导作用。

　　有人曾经做过这样的实验：同一组品尝员对同一组葡萄酒进行品尝，第一次是通过眼睛进行观察判断，对样品进行分级；第二次是正常品尝，通过视觉、嗅觉、味觉，对样品进行分级；第三次是蒙眼品尝，对样品进行分级。结果发现第一次和第二次的分级顺序基本相同，而第三次的结果却与前两次的结果差异很大。这一实验结果表明：视觉在感官品尝中的作用是非常重要的，没有准确的视觉观察，就很难得出正确的感官品尝结论。

　　视觉观察对感官品评所起的作用是毋庸置疑的，但它决不能代替其他感官。外观观察的结果可以帮助印证其他的感官特性，从而引导品尝员得出正确的品评结果。当外观特性与其他感官特性存在矛盾时，必须进行认真的分析研究，否则就会产生错误的判断。

　　通常葡萄酒的外观所包含的信息有流动性、澄清度、透明度、酒柱、色泽以及起泡性等。葡萄酒的外观分析从把葡萄酒倒入酒杯时开始。

　　1. 流动性

　　葡萄酒应该是一种均匀的含酒精的水溶液，具有良好的流动性。如果葡萄酒呈油状或胶状，就是不正常的，说明存在某些病害或者根本不是葡萄酒。质量检验中发现这样的葡萄酒，应该直接判定为不合格产品。

　　2. 澄清度

　　葡萄酒的澄清度是葡萄酒重要的外观指标。一个优质的葡萄酒必然是澄清的，对于浅颜色的酒，如白葡萄酒、桃红葡萄酒或颜色较浅的红葡萄酒，都应该是澄清透明、晶莹剔透、有光泽；对于颜色深的红葡萄酒，由于颜色的掩盖会使酒液的透明度下降，但它也一定是澄清的、光亮的。而那些失光的、浑浊的、有沉淀的、有悬浮物的葡萄酒都是有缺陷的。严重失光和浑浊都是葡萄酒致命的缺陷，可以直接判定为不合格产品。对于有沉淀的葡萄酒应进行具体分析。国家标准规定瓶装 1 年以上的葡萄酒允许有少量沉淀，这些沉淀一般是由于溶解度发生变化引起色素或酒石酸等产生的物理沉淀，而且随着时间的增加，沉淀量也会增加，这种性质的沉淀一般对葡萄酒的质量影响不大，可以放心饮用，但如果是由微生物引起产生的生物沉淀，则该葡萄酒应该被淘汰。而对于成品酒的出厂检验，要求它必须是澄清的，没有沉淀的，否则就应作为缺陷产品予以处理。

3. 透明度

葡萄酒的透明度是指葡萄酒透过光线的能力，通常在光线良好的条件下用肉眼观察获得。一款优质的白葡萄酒、桃红葡萄酒和浅颜色的红葡萄酒必须具备良好的透明度，而颜色深的红葡萄酒不能用透明度来衡量它质量的优劣，换句话说，一款深色的优质红葡萄酒可以是不透明的。

4. 酒柱

将葡萄酒倒入洁净的品酒杯中，当摇动酒杯使葡萄酒做圆周运动后，就会看到在杯壁上形成酒柱，也就是挂杯。通常酒精度越高，酒柱就越多，干浸出物越高，挂杯时间越长。酒柱通常无色，通过观察酒柱和挂杯，可以预测酒精度的高低和干浸出物的高低，但酒柱的多少和挂杯程度与葡萄酒质量没有必然的正相关关系。

5. 色泽

葡萄酒的色泽与葡萄原料的品种、酿造工艺以及酒的成熟程度有关，在外观中占有重要的地位，正确地观察葡萄酒的颜色并加以科学分析，会给准确品评葡萄酒带来有益的帮助。

葡萄酒的色泽实际上包括两个方面的内容：即色调和色度。色调是指不同的颜色，从光学的角度来说就是它的波长，由赤、橙、黄、绿、青、蓝、紫及它们混合的颜色组成。当葡萄酒吸收了其他颜色的光，而让红光通过时就显示红色，这就是红葡萄酒呈现红色的原因。同理，葡萄酒还可能呈现紫红色、桃红色、棕红色、金黄色、禾秆黄色等。色度是指颜色的深浅，也就是颜色的强度，从光学的角度来说，就是对某一波长的光吸收的多少，如浅宝石红色、深宝石红色、浅金黄色、深金黄色等。

优质葡萄酒的色泽总是给观察者带来美的视觉刺激，它的色调和色度都应该与该产品应具备的特点相联系，不同类型葡萄酒应具备的色泽特征如下：

（1）白葡萄酒 所谓白葡萄酒，即是几乎不含红色素（花色素苷）的葡萄酒，它包括用白色品种酿成的白葡萄酒和用红色品种（红皮白汁）酿成的白葡萄酒两大类。

白葡萄酒以黄色为主色调，不同类型的酒又有不同的色度。一般来说，清爽型、果香型的白葡萄酒颜色较浅，而陈酿型、甜型白葡萄酒颜色较深。白葡萄酒的主要颜色有：

①近似无色：即接近水的颜色，但不应该绝对无色。一些酒龄短的干白葡萄酒可能拥有这种颜色。

②绿禾秆黄色：带有绿色色调的禾秆黄色，大多数干白葡萄酒，特别是果香型的干白葡萄酒应该具备这种颜色。

③禾秆黄色：这是一种令人怡悦的颜色，酒龄较长的白葡萄酒或含有一定糖分的

白葡萄酒常常具有这种颜色。

④暗黄色：色调为黄色，但不很清晰、明快，给人以暗淡无光的感觉，这种酒多半存在某种病害。

⑤金黄色：为陈酿型，主要是陈酿的甜型白葡萄酒或利口白葡萄酒的典型颜色。

⑥琥珀黄色：为一些陈酿白葡萄酒的典型颜色，但具有这种颜色的葡萄酒，只有当其口感无氧化味时才为优质葡萄酒。

⑦铅色：略带灰色，一般用于形容失光的葡萄酒。

⑧棕色：除开胃酒和餐后酒外，这种颜色常为氧化或衰老的白葡萄酒的颜色。

（2）桃红葡萄酒　桃红葡萄酒为含有少量红色素略带红色色调的葡萄酒。桃红葡萄酒的颜色因葡萄品种、酿造方法和陈酿方式不同而有很大的差别，介于黄色和红色之间，最常见的有：黄玫瑰红、橙玫瑰红、玫瑰红、橙红、洋葱皮红、浅玫瑰红等。

（3）红葡萄酒　红葡萄酒是红色葡萄品种带皮发酵酿制而成的葡萄酒，它的红色来源于葡萄果实中所含的花色素苷。新鲜的红葡萄酒一般呈紫红色，但在成熟过程中，游离的花色素苷逐渐与单宁结合，使紫红色中的蓝色色调消失，形成黄色色调，进而向棕色色调转变。因此红葡萄酒的色调与酒龄呈一定的相关性。红葡萄的主要颜色有：

①宝石红色：这是大部分红葡萄酒所具有的颜色，特别是干红葡萄酒。根据酿酒葡萄品种的不同、产地的不同、成熟度的不同，又有深宝石红和浅宝石红的不同。新鲜的红葡萄酒红中带蓝色调，而陈年的红葡萄酒则红中带黄色调。

②紫红色：当红色中有蓝色调时就显示紫红色，这种颜色的葡萄酒，一般是比较年轻的葡萄酒，常常在口感上表现得比较粗糙，有继续陈酿的潜力。

③红微带棕色：红颜色中存在过量的黄色时就表现出棕色，如果黄色调继续增加，就将变为棕红色或红棕色，甚至是棕褐色。红微带棕色的葡萄酒一般是酒龄较长的葡萄酒，或者氧化过度的葡萄酒。在不存在过度氧化的味道时，这种颜色的葡萄酒口感表现为细腻、绵软、成熟。

④鲜红色：这种颜色一般不是葡萄原料所带花色素苷呈现的颜色，而往往是外加人工色素所引起的。

⑤暗红色：以红为主色调，但没有光亮，颜色暗淡，这种葡萄酒很可能感染了某种病害，存在着较大的缺陷，口感质量一般较差。

6. 起泡性

起泡性是起泡葡萄酒独有的外观质量特征，起泡性的优劣是通过起泡质量来衡量的。好的起泡葡萄酒倒入酒杯后应该有细小的串珠状气泡上升，气泡应该均匀、细腻、连续、持久。对于平静葡萄酒，不应有产气现象，如果有气泡，应分清气泡的性质，是酒液冲击酒杯产生的，还是自身发酵产生的，前者是正常的，而后者是应该避免的。不同酒龄起泡酒会产生不同特征的气泡，生起泡葡萄酒或者新起泡葡萄酒，会产生有色气泡，成年起泡葡萄酒的气泡则是无色的。所以，根据气泡的形状和颜色，可以获得葡萄酒的某些质量信息。

二、 葡萄酒的香气

1. 气味分类

葡萄酒的气味极为复杂、多样，这是由于有几百种物质参与葡萄酒气味的构成，这些物质不仅气味各异，而且它们之间还通过累加作用、协同作用、分离作用以及抑制作用等，使气味特征变化无穷，多种多样。为了正确地描述、分析葡萄酒复杂多样的气味，前人做了大量的研究，将葡萄酒的气味归纳为以下八种主要类型：

（1）动物气味 野味（包括所有野兽、野禽的气味），脂肪味，腐败（肉类）味，肉味，麝香味，猫尿味等。在葡萄酒中，这类气味主要是麝香（源于一些芳香型品种）和一些陈年老酒的肉味及脂肪味等。

（2）香脂气味 是指芳香植物的香气。包括所有的树脂、刺柏、香子兰、松油、安息香等气味。在葡萄酒中主要是各种树脂的气味。

（3）烧焦气味 包括烟熏、烤干面包、巴旦杏仁、干草、咖啡、木头等气味；此外还有动物皮、松油等气味。在葡萄酒中，烧焦气味主要是在葡萄酒成熟过程中单宁变化或溶解橡木成分形成的气味。

（4）化学气味 包括酒精、丙酮、酚、苯、硫、乳酸、碘、酵母、微生物、霉味等气味。葡萄酒中的化学气味，最常见的为硫醇、醋酸、氧化等不良气味，这些气味的出现，都会不同程度地损害葡萄酒的质量。

（5）香料气味（厨房用） 包括所有用作佐料的香料，主要有月桂、胡椒、桂皮、姜、甘草、薄荷等气味。这类气味主要存在于一些优质、陈酿时间长的红葡萄酒中。

（6）花香 包括所有的花香，但常见的有堇菜、山楂、玫瑰、柠檬、茉莉、鸢尾、天竺葵、洋槐、椴树、葡萄等的花香。

（7）果香 包括所有的水果香，但常见的是覆盆子、樱桃、草莓、芒果、醋栗、杏、柠檬、苹果、梨、香蕉、李子、菠萝、水蜜桃等气味。

（8）植物与矿物气味 主要有青草、落叶、块根、蘑菇、湿禾杆、湿青苔、湿土、青叶等气味。

以上八类香气中，后三类气味在新葡萄酒中常常出现，而在陈年老酒中则极少见到。此外，椴树花、玫瑰花等花香，樱桃、桃、草莓等果香和生青、青叶等植物气味，是葡萄酒中常见的气味。

上述八大类香气对应着许多复杂的呈香物质。目前已鉴定出葡萄酒中的呈香物质主要包括醇类、酯类、有机酸类、醛类、酮类和萜烯类等。

2. 香气来源

葡萄酒中存在着大量的香气物质，从而形成了其千姿百态的个性，这些香气物质的来源有三个：第一，来源于葡萄浆果；第二，来源于发酵；第三，来源于陈酿。不同来源的香气，具有不同的嗅觉特征。来源于浆果的香气，也称为一类香气，以果香或品种香为主要特征，体现不同品种、不同生态环境、不同栽培方式所获得的原料的差异；来源于发酵的香气，也称为二类香气，以酒香或发酵香为主要特征，它除了与原料的品质有关以外，还与发酵工艺有关，如酵母的种类、发酵温度、时间的控制等；来源于陈酿的香气，也称为三类香气，以醇香或陈酿香为主要特征，它除了与一类香气、二类香气有关以外，还与陈酿的环境、温度、容器等因素有关。

　　醇香是由一、二类香气物质，特别是一类香气物质经过转化而成的，而且与前两类香气比较，它的出现较慢，但更为馥郁、清晰、优雅、持久，所以，可以将一、二类香气统称为类似表香的芳香，以与类似底香的醇香相区别。有关的香气来源和特征见表6-4。

表6-4 葡萄酒中香气特征表

类型	分类	来源	特征
果香	一类香气	源于浆果	具果香特征
酒香	二类香气	源于发酵	具酒香特征
醇香	三类香气	源于陈酿	具醇香特征

　　（1）一类香气（果香或品种香）　　气候、土壤、葡萄品种和成熟度，是决定葡萄质量的自然因素，也是决定葡萄酒质量的自然因素。在这些因素中，与气候、土壤相适应的葡萄品种，决定了某种葡萄酒的感官特征。葡萄酒的香气之所以千变万化，正是由于众多的葡萄品种在不同生态条件下栽培的结果。

　　不同的葡萄原料所含各种香气物质的种类和浓度不同，从而决定了葡萄酒的香气也不同。在多数情况下，葡萄酒的香气比相应的葡萄浆果本身的香气要浓郁得多，这就是说，酿酒过程也是将存在于浆果中的一类香气浓缩、显露的过程。这是因为：一方面在浸渍过程中，主要存在于果皮中的芳香物质被浸提出而进入葡萄酒，另一方面，发酵也具有"显香剂"的作用，使芳香物质释放出香气。

　　（2）二类香气（酒香或发酵香）　　构成二类香气的物质主要有高级醇、酯、醛和酸等，它们几乎存在于所有的葡萄酒和其他发酵饮料中，是酒精发酵过程中酵母菌在将糖分解为酒精和二氧化碳的同时产生的副产物，以酒香为特征。由于这些副产物的种类和浓度的不同，形成的二类香气在种类、浓度、优雅度上的不同，使不同的葡萄酒在感官质量方面表现出不同的差异。

　　影响葡萄酒二类香气的因素主要有原料的质量、酵母菌种类和发酵条件。

　　葡萄酒的香气质量首先决定于一类香气和二类香气，或者更确切地讲，决定于它们之间的比例及其优雅度。但是，一类香气无论在浓度上还是在种类上，都应强于二类香气。二类香气只能作为一类香气的补充。如果二类香气过强，则葡萄酒虽然可以使人愉快，但它将失去其个性和特点，而且其香气质量会在贮藏过程中迅速下降。这样的葡萄酒必须很快卖掉和喝掉，不能再贮藏。此外，由于一部分二类香气挥发性很强，在酒精发酵过程中和贮藏过程中会迅速消失。因此，葡萄酒的成熟，是从新葡萄酒气味（即二类香气）的消失开始的。

　　（3）三类香气（醇香或陈酿香）　　新鲜型的葡萄酒一般不存在三类香气或三类香气很弱，陈酿型的葡萄酒才有明显的三类香气，也就是醇香。醇香的主要来源有两个，一是来源于一类香气和二类香气的转化，二是来源于橡木桶。由此看出，那些一类香气和二类香气不足的葡萄酒，不适宜于生产陈酿型的产品，也就是说它根本没有这种潜质。

当葡萄酒在橡木桶中成熟时，橡木溶解于葡萄酒中的芳香性物质也是醇香的构成成分，特别是容积较小的新橡木桶。在这一方面，必需遵守一个规则：橡木味不能掩盖其他香气，也不能只由橡木味构成醇香，否则就是人为的香气。在成年葡萄酒中，橡木味只能像厨房中的佐料一样，其目的仅仅是为了突出葡萄酒本身的风味。

过浓的还原醇香，可以使一些葡萄酒具有不愉快的气味。这些气味称为"还原味""瓶内味""光味"或"太阳味"。这是因为光的光化学作用加强了这一不良气味。这些气味不纯正，具大蒜的臭味，或有时像汗臭味。这些气味是由还原态硫（或硫醇）造成的。它们存在于所有的正常还原醇香中，但量非常小，因为其浓度不到 1mg/L，就能在品尝过程中感觉到它的不良气味。还原醇香在已开启的瓶内，由于通气作用会很快被破坏掉。

与还原醇香相对应的是"氧化醇香"。在一些气候较热的地区，生产一些酒精度较高的葡萄酒，由于其酒精度可达 16% ~ 18% vol，葡萄酒基本上不受细菌危害，不需要防止氧化。这类葡萄酒形成的氧化醇香主要由醛类物质构成，其特点是具有苹果、核桃气味并略带哈拉气味。

三、 葡萄酒的口感

从化学观点看，葡萄酒是一种含 20 ~ 30g/L 有滋味物质和几百毫克有香味挥发性物质的酒精水溶液。品尝者舌头上的味蕾是由甜、酸、咸、苦四种基本味蕾组成，所有其他的味道，都是由这四种基本味觉构成的。

1. 味觉

在葡萄酒中，众多的呈味物质存在着各种可能的组合以及浓度变化。所以，要搞清楚复杂混合物的滋味，就必须充分了解四种基本味觉。

（1）甜味　葡萄酒中的甜味物质，是构成柔和、肥硕和圆润等感官特征的要素。甜味并不仅仅属于统称为糖的物质，某些不是糖的物质也具有甜味。

葡萄酒中甜味物质有两大类，一类是糖，来源于葡萄果实，如葡萄糖、果糖、阿拉伯糖、木糖等，这在甜型葡萄酒中含量较多，而在干型葡萄酒中含量较少；另一类是醇，来源于发酵，如乙醇、丙三醇、丁二醇、肌醇、山梨醇等。醇类物质对甜味的贡献远远小于糖类，特别是葡萄糖和果糖。

上述两类甜味物质都是正常的葡萄酒可能存在的甜味物质，还有一种重要的甜味物质就是蔗糖，这是为了改变葡萄酒的风味而人为添加的。除此以外，添加其他的甜味物质都是不可取的，有许多甜味物质是被禁止加入的，如糖精钠、甜蜜素、木糖醇、安赛蜜、山梨糖醇等。

（2）酸味　酸味物质是葡萄酒中最主要的味感平衡物质之一，对葡萄酒的感官质量起着非常重要的作用。葡萄酒中的酸味物质主要是有机酸，通常以两种状态存在于酒中。一种是游离状态，一种是与酒中的碱性物质结合成化合物的盐类状态。对葡萄酒的酸味有贡献的主要是六种有机酸：酒石酸、苹果酸、柠檬酸、醋酸、乳酸和琥珀酸。其中前三种来源于葡萄果实，后三种来源于酒精发酵和细菌活动。这六种酸主要味感都是酸味，但酸味的特点是不同的。酒石酸给人的感觉是尖酸、粗硬；苹果酸有生青味并带涩感；柠檬酸清新凉爽。另外三种酸，它们的味感较为复杂，乳酸的酸性较弱，略带一些乳香；乙酸的酸性较弱，但挥发快，给人以刺鼻感觉；琥珀酸是先咸后苦，并能引起唾液分泌，是葡萄酒中味感最复杂的物质之一，它使所有的发酵饮料都具有其特殊的味感。在葡萄酒中，琥珀酸可使滋味浓厚，增强醇厚感，但有时也会引起苦味。

葡萄酒中主要酸的酸味强弱，根据条件不同会发生变化。在浓度相同的情况下，它们按酸味强弱的排列顺序为：苹果酸 > 酒石酸 > 柠檬酸 > 乳酸；而在 pH 相同的情况下，其排列顺序为：苹果酸 > 乳酸 > 柠檬酸 > 酒石酸。所以，从味感上讲，苹果酸是葡萄酒中最酸的酸。

（3）咸味 葡萄酒中含有 $2 \sim 4g/L$ 咸味物质，这些物质主要是无机盐和少量有机酸盐，如硫酸盐、酒石酸盐、各种阳离子等。

灰分含量基本上能代表这些物质的含量。这些盐参与葡萄酒的味感构成，并使之具有清爽感。例如，酒石酸氢钾就同时具有酸味和咸味。钾盐同时还具有一定的苦味。

（4）苦味 苦味物质是由色素、单宁和多糖化合物三个系列的多酚类杂环化合物组成。苦味常常与涩味（收敛性）相联系，而且有时很难将这两种感觉区分开来。苦味在酸性低的液体中更容易被感知，但能够被甜味所掩盖。这些物质在葡萄酒中起着重要的作用，因为正是它们才使葡萄酒具有颜色，多数味感也是与它们的存在有关。在葡萄酒的贮藏过程中，由于这些物质的变化，使葡萄酒也发生变化，逐渐成熟。红葡萄酒和白葡萄酒的口感差异，就是由这些酚类物质的组成和含量不同所决定的。

2. 触觉

除上述基本味觉外，口腔还有很多其他感觉，可统称为触觉。触觉可以感受到的有化学感、温度感、收敛感等，这些感觉都是具有某种特性的物质对口腔表面黏膜所引起的某种刺激。化学感是当口腔表面接触到某些化学分子后，上皮黏膜就会产生苛性、假热、灼伤、腐蚀等感觉；温度感是当过冷或过热的物质进入口腔后所引起的感觉；收敛感是涩味物质在口腔中所引起的干燥和粗糙的感觉；汽泡引起的感觉也是一种触觉，在黏膜上释出的二氧化碳，就像一些小小的撞击引起的针刺感。当触感过于强烈时，甚至可以引起痛觉。

葡萄酒对口腔的触感是葡萄酒感官质量的重要体现，通过触觉的感知，可以判断葡萄酒的流动性、酒体结构、厚度、黏度、圆润度、细腻度等，对葡萄酒形成立体感觉，帮助品尝者得出正确的感官评价结论。

3. 味觉变化

当品尝一种含有四种基本呈味物质的混合溶液时，这些味道并不是同时被感知的。不同味觉刺激反应的时间不同，而且，它们在口腔中的变化也不同。甜味，在入口后一接触舌头就立即出现，刺激反应几乎同时进行，在接触后的第二秒，甜味强度即达最高峰，然后逐渐降低，最后在第十秒左右时消失。咸味和酸味同样也会迅速出现，但它们持续时间更长。而苦味在口腔内发展的速度则很慢，在吐掉溶液后，其强度仍然上升，而且保持的时间最长。了解基本味觉的这些特性非常重要，因为它们能够解释在品尝过程中所感觉到的连续出现的味道。最后的印象与最开始的印象有很大的差异。品尝者必须仔细地观察在时间上的这一变化：最开始的味道柔润舒适，然后逐渐地被酸或过强的苦味所取代。

图 6-1 就是品尝过程中红葡萄酒的各种味道的交替变化。入口时，主要的感觉是甜润、柔和，然后在口中的感觉发生变化，这一变化可有不同的情况。对于柔和的新葡萄酒或成熟良好的优质葡萄酒，入口时使人舒适的圆润的感觉持续时间较长，这样的葡萄酒味长；在另一些情况下，入口时的甜味强度下降，酸味出现并加强，这一改变使葡萄酒的舒适感下降，如果这一转化很快，则葡萄酒就味短。在品尝的最后数秒，与酸味相关的苦涩味出现并加强。如果葡萄酒较粗糙，则其苦涩味在后味中占有支配地位。分析葡萄酒在口中的变化，对于了解其滋味构成及口感质量是非常重要的。

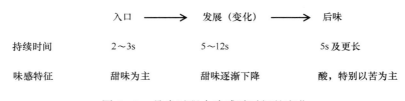

图 6-1 品尝过程中味感随时间的变化

4. 味觉平衡

葡萄酒中甜、酸、苦、咸四种基本味觉都存在，但主要是甜味、酸味和苦味，除此而外，酒精的苛性感以及酒体对口腔所产生的触感也占很重要的位置。由上述呈味物质以不同的比例混合，形成了葡萄酒各种各样的味感，只有当这些呈味物质以最佳比例相互作用、相互衬托、相互补充、相互促进时，才能达到口感特征的平衡，只有平衡的葡萄酒，才是优质的葡萄酒。

甜味与酸味、苦味、咸味可以相互掩盖，却不能互相抵消，所以不能通过混合两种不同味感的物质而产生出一种无味的物质，只能使两种不同的味感相互减弱。一般情况下，一个含有 20g/L 糖和 0.8g/L 酒石酸的溶液，酸甜是平衡的，即甜味和酸味的强度一样，如果提高糖度，则以甜味为主，提高酸度，则以酸味为主，当然，这一平衡关系还与个人的敏感度有关。甜味可以掩盖单宁的苦味，并可以推迟苦涩味出现的时间。少量的糖能降低咸味，相反，少量的盐可以增加甜味。

酒精是葡萄酒中很重要的呈味物质，它除了自身的苛性感和甜味以外，当与其他呈味物质混合时，会起到相互补充的作用。当酒精与糖混合时，可增加糖的甜度。当酒精与苦涩味混合时，则会增加苦涩感。

苦味和涩味可以加强酸感，酸味开始可以掩盖苦味，但在后味上会加强苦感，涩味始终被酸所加强，咸味会使酸味、苦味、涩味更加突出。

从上述味感平衡的关系可以看出，对于白葡萄酒来说，所含物质相对于红葡萄酒要简单，基本不具备苦味和涩味，因此，它的味感平衡主要是甜、酸及酒精度的平衡，其支撑体与香气的关系更容易被感知。对于含糖很少的干白葡萄酒而言，酒精度、酸度以及香气之间达到良好的平衡，才能拥有香气馥郁细腻、口感协调、爽净的特征，否则，当酒精度和酸度过高时，将出现燥热、浓烈、粗糙的感觉；当酸度过高而酒精度过低时，将出现清淡、瘦弱、生青的感觉；当酸度过低、酒精度过高，将出现浓烈、浓重、肥腻的感觉；当酸度和酒精度都低时，将出现寡淡、味短的感觉。

对于红葡萄酒，除上述的味感平衡以外，还有大量的呈苦涩味的酚类物质参与味感平衡，因此它们相互间的关系更为复杂。在酒精度一定的情况下，红葡萄酒的单宁含量越低，其忍耐酸度的能力越强；单宁含量越高，其酸度应该越低；酸度和单宁含量均高时，将产生粗硬而苦涩的感觉；酒精度越高，其忍受酸度的能力越强；当酒精度高，酸度低时，才可忍受较高的单宁含量；酸味和苦涩味会相互叠加、相互增强。

第四节　感官检验方法

感官检验或感官品尝分为四个步骤，即：

1. 看外观

通过眼睛观察颜色、色调、澄清程度、起泡程度。

2. 嗅香气

通过鼻子找出主导的香气和香气的缺陷。

3. 尝滋味

通过口腔辨别味道、感觉酒体、认证香气。

4. 综合评价

给出评语和结论。

一、　外观检验

品尝的第一步是观察葡萄酒的外观。这一步包括以下几个步骤：

1. 液面

将待检验的葡萄酒倒入洁净的酒杯中，用食指和拇指捏着酒杯的杯脚，置于齐腰的高度，低头垂直观察葡萄酒的液面，或者将酒杯置于品尝桌上，背景颜色必须为白色，站立弯腰垂直观察。正常葡萄酒的液面应该呈圆盘状，并且洁净、光亮、完整。

如果葡萄酒的液面失光，而且均匀地分布有非常细小的尘状物，则该葡萄酒很有可能已受微生物病害的侵染；如果葡萄酒中的色素物质在酶的作用下氧化，则其液面往往具彩虹性；如果液面呈蓝色色调，则葡萄酒很可能患金属破败病。

除此之外，有时在液面上还可观察到木塞的残屑等。

2. 酒体

观察完液面后，则应将酒杯举至双眼的高度，以观察酒体，酒体的观察包括颜色、透明度、有无悬浮物及沉淀物和酒液的浓、淡程度。

透过圆盘状的液面，可观察到呈珍珠状的杯体与杯柱的联接处，这表明葡萄酒有良好的透明度；对透明度良好的葡萄酒，也可从酒杯的下方向上观察液面。在这一观察过程中，应避免混淆"浑浊"和"沉淀"两个不同的概念。

浑浊往往是由微生物病害、酶破败或金属破败引起的，而且会降低葡萄酒的质量；而沉淀则是由葡萄酒构成成分的溶解度变化而引起的，通过静置可将沉淀去除，一般不会影响葡萄酒的饮用。

3. 酒柱

将酒杯倾斜或摇动酒杯，使葡萄酒均匀分布在酒杯内壁上，静止后就可观察到在酒杯内壁上形成的无色酒柱。这就是挂杯现象。挂杯的形成，首先是由于水和酒精的表面张力，其次是由于葡萄酒的黏滞性。所以，甘油、酒精、还原糖等含量越高，酒柱就越多，其下降速度越慢；相反，干物质和酒精含量都低的葡萄酒，流动性强，其酒柱也少或没有酒柱，而且酒液下降的速度也快。

4. 色泽

葡萄酒的色泽完全来源于葡萄本身所含的花色素，不应有任何外加的天然或合成的非葡萄色素，因此，葡萄酒的色泽应该是自然的、悦目的，与葡萄酒的类型相一致的。

将葡萄酒倒入洁净的、透明度良好的酒杯中，在光线良好的条件下，选择白色为背景进行观察。首先举杯齐眉或由上向下观察颜色，获得色调和色度的感觉，形成初步判断，然后将酒杯倾斜45°，观察液面外缘的色调，进一步获得该葡萄酒的工艺、酒龄等相关信息，将这些信息与应有的特征进行比较，判断该产品的色泽是否符合要求。

优质葡萄酒应该具备葡萄酒品种和种类应有的颜色特征，给视觉以美的享受。对于白葡萄酒，可具备的颜色有黄色、黄带绿色调、黄绿色、禾杆黄色、金黄色、棕黄色等，一般来说，清爽型或果香型干白葡萄酒，颜色相对较浅，有时甚至可以近似无色；而陈酿型干白葡萄酒或甜型白葡萄酒，颜色相对深一些，有时会呈现出金黄色甚至棕黄色。但无论什么类型的白葡萄酒，都不应该出现红色色调，红色色调多半是染色的表现。白葡萄酒中也不应该出现铅色、褐色或栗色，这通常是严重氧化褐变引起的，是白葡萄酒致命的缺陷。对于桃红葡萄酒，可具备的颜色有桃红色、玫瑰红色、桃红带棕色、洋红色、橘红色等。对于红葡萄酒，可具备的颜色有紫红色、宝石红色、红带棕色、砖红色、棕红色等，一般来说，酒龄较短的红葡萄酒，其颜色往往以紫红为主，带有蓝色色调，经过陈酿的葡萄酒，往往带有黄色色调，并向棕色调的方向发展。

所有的颜色都有浅、深等强度之分。

5. 起泡性

在静止葡萄酒中，CO_2 的含量通常应低于 200mg/L，瓶装的平静葡萄酒，瓶内压力应低于 0.05MPa。如果在外观分析时出现了气泡或泡沫，则表明该葡萄酒中 CO_2 含量过高。

对起泡葡萄酒和葡萄汽酒进行外观检验时，就必须观察其气泡状况，包括气泡的大小、数量、更新速度和持久性等。

外观检验是葡萄酒感官检验的开始，可以对葡萄酒的感官质量给予初步的判断，但如果出现了失光、浑浊、有彩虹、沉淀（成年葡萄酒少量沉淀除外）、平静葡萄酒有明显气泡等现象都是不能接受的。

二、香气检验

1. 香气质量

在检验葡萄酒的香气时，主要应关注两个方面：一是香气的质量，二是香气的格调。香气的质量主要是指香气的优雅、怡悦、平衡的程度。一个香气质量良好的葡萄酒，应该具备令人愉快的气味。根据酒的品种和工艺的不同，可以有花香、果香、酒香、醇香、木香等，这些或其中的几种混合在一起，呈现出纯正的、清新的、馥郁的、和谐的、细腻的、愉快的、有层次的、持久的香气特征。而令人不愉快，甚至厌恶的气味都是香气质量有缺陷的葡萄酒，这类产品往往表现为香气不纯正、平淡、失衡、有异香、粗糙等。香气的格调也可以说是香气的个性和特点，它与葡萄品种和酒种关系密切，是区别不同品种的葡萄酒、不同产地葡萄酒以及不同类型葡萄酒最主要的特征。例如霞多丽干白葡萄酒和长相思干白葡萄酒香气的格调是完全不同的，这是由葡萄品种决定的；同是赤霞珠干红葡萄酒，年轻的和陈年的香气格调也不同。要区分香气的格调，必须经过反复地学习和训练，将每一种香气特征与生活中记忆的某一些香气联系起来。一个好的葡萄酒，香气格调必须与标称的葡萄品种、酒的类型以及年份等信息相符，否则，这些信息就可能不真实，甚至可能是虚假的。

2. 检验方法

在检验葡萄酒的香气时，通常需要按下列步骤进行。

（1）第一次闻香　在品酒杯中倒入 1/3 容积的葡萄酒，在静止状态下闻葡萄酒的香气。闻香时，将鼻孔置于酒杯口部，慢慢地吸进酒杯中的空气。第一次闻香闻到的气味很淡，因为此时只闻到了扩散性最强的那一部分香气，因此，第一次闻香的结果不能作为评价葡萄酒香气的主要依据。

（2）第二次闻香　在第一次闻香后，摇动酒杯，使葡萄酒呈圆周运动，促使挥发性弱的物质进一步释放。第二次闻香包括两个阶段：第一阶段是在液面静止的"圆盘"被破坏后立即闻香，这一摇动可以扩大葡萄酒与空气的接触面，从而促进香味物质的释放；第二阶段是摇动结束后闻香，葡萄酒的圆周运动使葡萄酒杯内壁湿润，并使其上部充满了挥发性物质，使其香气最为浓郁。第二次闻香可以重复进行，直至得到一致的结果。

（3）第三次闻香　如果说第二次闻香所闻到的是使人舒适的香气的话，第三次闻香则主要用于鉴别香气中的缺陷。这次闻香前，先使劲摇动酒杯，使葡萄酒剧烈转动，这样可加强葡萄酒比较难挥发气味的挥发，一些不愉快的气味如醋酸味、氧化味、霉味、苯乙烯味、硫化氢味等进一步释放，从而找出香气中存在的不足。

在完成上述步骤后，应记录所感觉到的气味的种类、持续性和浓度等，并努力去区分、鉴别所闻到气味的个性，最终对香气质量进行综合判定。一个香气合格的葡萄酒，最基本的要求应该是香气纯正，无异味，向高质量的方向发展，应该具备优雅、愉悦、协调、平衡、馥郁、持久的香气，并且，香气的格调与产品标注的品种、类型相符。任何有异香的葡萄酒，包括霉味、木塞味、烂木头味、醋酸味、化学味、药味、硫臭味、酒脚味、氧化味、矿物油味等都是不正常的，当这些气味严重时，就是质量检验不能接受的；对于香气格调的判断应该更加慎重，因为格调的鉴别与检验者的经验、喜好以及产品格调的典型性有关，在这方面要下否定的结论，一般应该由经验丰富的检验者来承担，最好是经多人集体共同做出结论。

三、 滋味检验

1. 滋味质量

葡萄酒的滋味质量或称口感质量，是葡萄酒感官质量中占比最多的质量特征，它直接决定了葡萄酒能不能喝、好不好喝这个关键的问题。凡是质量上乘的葡萄酒都是喝起来让人感到舒适、愉快、享受的。从口感特征上讲，它应该具备纯正、优雅、怡爽、复杂、协调、持久、令人愉悦的香味，同时拥有平衡、流畅、圆润、醇厚、完整的酒体，以及余香绵延的后味。而异味、甜腻、尖酸、淡薄、粗糙、苦涩、失衡、刺口等都是口感质量的缺陷，是令人难以接受的。不同类型的葡萄酒应该有不同的滋味特征，这些滋味特征应该与香气特征有一定的联系，二者应是相辅相成的，如果产生分离，则证明该产品存在一定的缺陷，甚至是重大缺陷；葡萄酒的酒体应该与干浸出物含量的高低有一定的联系，干浸出物高，酒体相对醇厚，干浸出物低；酒体相对淡薄，如果出现相反的情况，就是不正常的，需要进一步分析原因。

通过以上分析可以得出：葡萄酒的滋味纯正、愉悦，酒体舒顺，有后味是可以通过检验的基本要求，而任何异味、严重失衡、酒体寡淡都是致命的缺陷。

2. 检验方法

滋味也称口感，是葡萄酒在口腔中留下的刺激。滋味检验的方法，简单地讲，就是吸入—搅动—停留—咽下—吐出，并将这些动作连贯地进行，根据口腔中获得的信息，对葡萄酒的滋味进行判定。首先，将酒杯举起，杯口放在嘴唇之间，并压住下唇，头部稍往后仰，就像平时喝酒一样，但应避免像喝水那样，将酒依靠重力的作用流入口中，而应轻轻地向口中吸气，并控制吸入的酒量，使葡萄酒均匀地分布在平展的舌头表面，然后将葡萄酒控制在口腔前部。每次吸入的酒量不能过多，也不能过少，应在 6~10mL。酒量过多，不仅需要较长的加热时间，而且很难在口腔内保持住，迫使品尝过程中摄入过量的葡萄酒。相反，如果吸入的酒量过少，则不能湿润口腔和舌头的整个表面，而且由于唾液的稀释而不能代表葡萄酒本身的口味。除此之外，每次吸入的酒量应一致，否则，在品尝不同酒样时就没有可比性。当葡萄酒进入口腔后，闭上双唇，头微向前倾，利用舌头和面部肌肉的运动，搅动葡萄酒，也可将口微张，轻轻地向内吸气，这样不仅可防止葡萄酒从口中流出，还可使葡萄酒香气进入到鼻腔后部，最后咽下少量葡萄酒，将其余部分吐出，进一步鉴别葡萄酒留下的尾味。

在滋味检验的过程中，吸入酒液的量、搅动的时间、停留的时间、咽下酒液的量以及吐出酒液的量，理论上有一些参考，但最重要的是应按照个人不同的灵敏度和习惯来确定，找出最适合自己的数量和方法，并且在品尝不同样品时都保持基本一致的数量和方法。

四、 风格判定

通过对一支葡萄酒外观、香气、口感的检验，对这支葡萄酒的感官质量获得了一些信息，有了初步的认识，将这些信息加以整理，与已知的标准进行比较，得出综合的结论，是感官检验的最终目的，因此，对葡萄酒的综合判定，是葡萄酒感官检验中非常重要的步骤。

葡萄酒感官质量的高低，就是它给人们带来的感官满意程度的高低，是色、香、味的综合体现，通常称之为风格。葡萄酒的风格是一种葡萄酒区别于另一种葡萄酒的令人舒适的独有特征和个性。只有当葡萄酒的色、香、味相互平衡、相得益彰时，才有宜人的风格。可以说，平衡是葡萄酒感官质量的灵魂。对葡萄酒感官质量的综合判定，就是根据已获得的所有感官信息进行综合比较，判断它们相互平衡的程度，找出它们的典型风格。

不同类型的葡萄酒应该有不同的典型风格，这是由于众多的葡萄品种、各种土壤、气候等生态条件的不同，以及各具特色的酿造方法所造成的。不同葡萄品种酿成的葡萄酒，应具备品种的典型特征，包括色泽、香气、酒体和口感；不同酒龄的葡萄酒应该具有与酒龄相联系的典型特征，体现出果香特征或酒香特征抑或是陈酿香特征；干白葡萄酒的典型风格应该是芳香的、未氧化的、新鲜的、清爽的、不含或微含单宁的、口中回味足够长的；干红葡萄酒的典型风格应该是醇厚的、有骨架的、酒香、橡木香协调的（陈酿型酒）、具单宁感的、回味悠长的；桃红葡萄酒的典型风格应该是有花香和果香的、未氧化的、新鲜的、柔顺的、口中后味长的；起泡葡萄酒的典型风格应该是有气泡的、芳香的、未氧化的、新鲜的、清爽的、有 CO_2 刺口感的、有后味的；甜葡萄酒的典型风格应该是有果香和酒香的、醇厚的、圆润的、酸甜适口的、协调的、丰满的、有质感的、回味悠长的；加香葡萄酒的典型风格应该是果香酒香及加香协调的、纯正的、和谐的、流畅的、平衡的、回味悠长的。

第五节　检验准备及记录

感官检验是一项复杂的工作，特别是对样品数量比较多的竞赛性检验品尝，除了要由专业水平较高的检验人员（品酒员）承担检验任务以外，品尝的组织工作、准备工作以及使用的场所、器皿等都是十分重要的，它们会对检验结果产生直接的影响，弄得不好，会得出错误的结论。

一、 感官检验室

感官检验室也称为品酒室，是葡萄酒感官检验的场所。根据检验目的不同，可以使用不同设施、布局、面积等的品酒室。

葡萄酒生产企业自己进行的工艺品尝、分析品尝和检验品尝，可以在专业的品酒室中进行，为了简化程序、提高效率、快速指导生产，也可以在生产现场、车间或化验室中进行，但这些场所必须具有清洁、卫生的环境，有良好的照明，没有明显的气味干扰，以保证检验结果准确无误。

对于竞赛品尝和第三方的检验品尝，一般应在专业的品酒室中进行。品酒室应建在通风良好、空气新鲜、无噪声、无异味的地方；室内应有柔和充足的光线；应保持使人舒适的温度和湿度，一般温度控制在 20~22℃，湿度控制在 60%~70%；品酒室中应设品酒桌，为每一位品酒员提供一个相对独立的工作空间，必要时可用隔板隔开；每一个品酒桌上应有良好的照明，以便观察葡萄酒的外观；应配备给水和排水设施，便于漱口、洗杯和吐酒；品酒室的面积根据容纳的品酒人员数量而定，但最少不能低于 7 人。除了品酒室以外，附近还应设独立的样品准备室、办公室和品酒员休息室。样品准备室的面积应满足样品摆放、酒温调整、开启酒瓶、醒酒等准备工作的需要，应配备控温酒柜，具备给水、排水功能。办公室是统计处理品酒结果的场所，应配备计算机、打印机等统计打印工具。品酒员休息室是品酒员工作期间小憩的场所，可以配备一些味道清淡的小食品、茶饮，供品酒员补充能量，恢复体力之用。所有这些场所都应相对独立，保持私密性，特别是样品准备室，应能避免非样品准备人员特别是品酒员进入。

二、 人员

感官检验就是要对葡萄酒质量做出准确的判断，因此，从事感官检验人员的素质和专业技能很重要。除了市场品尝以外，葡萄酒的感官检验都应由有品尝经验的人员来完成，特别是检验品尝、竞赛品尝，除了有经验，还应有资质。为了保证品评结果的准确，参加品尝的人数一般应尽量多，但最少不得低于 7 人。

三、 酒杯

酒杯是葡萄酒感官检验的主要工具，其形状、大小、材质以及加工质量都会影响到葡萄酒感官品评的结论。葡萄酒酒杯必须晶亮、透明、无气泡、无杂质，这样能够清楚地观察葡萄酒的外观，给出准确的判断。葡萄酒酒杯有各种不同的规格和形状，但基本都是肚大口细，类似郁金香花的形状，这样的形状有利于葡萄酒气味的释放和富集，能够最大限度地察觉到葡萄酒的香气特征；葡萄酒酒杯都是高脚杯，有可以持杯的玻璃柱，这样可以在端杯时，避免手与杯体接触，传导热量。另外，酒杯的质量和规格应完全统一，特别是在品尝检验一组葡萄酒时，杯与杯的大小、形状、透明度、玻璃厚度等都应完全一致，以消除由酒杯不同而产生的差异。

目前国际上普遍采用的是法国标准化协会制定的标准品酒杯，它由无色透明含铅量为 9% 左右的结晶玻璃制成。要求杯体不应有任何印迹和气泡，杯口平滑、一致，且为圆边，能承受 0~100℃ 的温度变化，容量为 210~225mL。我国葡萄酒、果酒通用分

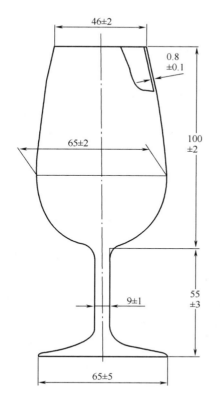

图 6-2　葡萄酒、果酒品酒杯（满口容量为 215mL）

析方法标准中也采用了这种酒杯，如图 6-2 所示。

四、调温

葡萄酒温度的高低，直接影响葡萄酒气味和口感的质量，要使葡萄酒表现出最佳的感官状态，就必须在其最佳的温度下进行品尝检验。不同类型的葡萄酒有不同的适饮温度，开瓶检验前应将葡萄酒置于选定的温度环境下调整酒温，所有葡萄酒的品尝温度都在 9~20℃，因此，一般应将葡萄酒置于冰箱或冷藏酒柜中存放一定的时间，使其温度逐渐改变并达到规定的温度范围。国家标准 GB/T 15038—2006《葡萄酒、果酒通用分析方法》对温度调整规定为：起泡葡萄酒 9~10℃；白葡萄酒 10~15℃；桃红葡萄酒 12~14℃；红葡萄酒、果酒 16~18℃；甜红葡萄酒、甜果酒 18~20℃。

需要强调的是，葡萄酒感官检验前的调温是最大限度表现葡萄酒感官特征的需要，温度调整的关键是同一组样品，或需要彼此进行比较的同类样品，必须调整至相同的温度，避免因温度不同，影响感官特性的表现，从而产生错误的检验结果。一般情况下，将酒温调整至 15~20℃ 的某一温度进行品评是切实可行的，可将待品尝的样品置于选定的温度下平衡 24h。

五、分组和顺序

当需要进行感官检验的样品有多种类型时，就要对样品进行分组、编号，确定品评的先后顺序。分组基本原则是同种类型、同种颜色、同一品种、相近年份、相近酒度、相近糖度的样品分在一起，需要时还可将价位相近的样品分在一起，每一组样品数量一般不超过 5 个，多者可分作多组。每一个样品的编号都由组别号和样品编号组成，如第一组中的第三个酒样，可编作 1-3 等。

当品评样品的组别分好后，就要编排品评的顺序，科学的品评顺序为：先白后红，先干后甜，先淡后浓，先新后老，先低度后高度。也就是说，当有白葡萄酒和红葡萄酒时，应先品评白葡萄酒；在白葡萄酒中有干型葡萄酒和甜型葡萄酒时，应先品评干型葡萄酒；在干型葡萄酒中有不同年份的葡萄酒时，应先品评年轻的葡萄酒等。

六、 倒酒

小心开启调整好酒温的葡萄酒，不使任何异物落入，需要醒酒的样品，应倒入醒酒器中按要求的时间醒酒。将准备好的酒样倒入酒杯中，每一个酒杯都应有一个编号，与酒样编号有对应的关系，需要对酒样进行保密时，也就是需要盲评时，应该遮蔽酒瓶信息，或换用另外的容器倒酒。倒酒的量一般掌握为酒杯高度的 1/4 ~ 1/3，总量为 50mL 左右，要注意一组品酒杯倒入的酒量应尽量一致，避免因数量不同引起外观和气味的差异。

七、 记录

记录是品酒员工作的重要组成部分，将感官获得的信息用文字进行描述，并将感官质量进行量化，以分数表示，这些都是记录的内容。感官检验的记录，除了对感官质量进行描述外，还可对样品进行统计分析，是对样品进行排序或分等分级的客观依据。

对葡萄酒感官特性的描述，就是用语言对葡萄酒感官特性进行的客观总结，因此，必须做到准确、客观、使用科学的术语，表述的顺序通常也是品酒的顺序，即外观、香气、滋味和典型风格。通过某一款葡萄酒文字描述的解读，能够准确了解这款葡萄酒的个性，识别一款葡萄酒与其他葡萄酒不同的独特之处，是感官描述应达到的目的。

一款葡萄酒无论它有怎样的优点或有怎样的缺陷，都有一个程度的问题，要体现这个程度的不同，就要用分数来表示，将感官质量这一主观描述转化为可以量化的客观分数，就可以实现葡萄酒感官质量相互之间的比较。

为了提高工作效率，在最短的时间内将感官品评得到的信息无一遗漏地记录下来，不同国家、不同的葡萄酒组织都根据需要，对感官品评记录设计了不同形式的记录表格，同时规定了不同的计分标准。目前，国际上没有统一的葡萄酒感官品评计分标准规定，有采用百分制的，也有采用二十分制的，还有采用扣分制的，等。如美国葡萄酒协会对平静葡萄酒采用的品评记录表格见表 6 - 5，它是采用 20 分制，即满分为 20 分，分数在 18 ~ 20 分为完美，15 ~ 17 分为优秀，12 ~ 14 分为良好，9 ~ 11 分为合格，6 ~ 8 分为差，0 ~ 5 分为很差。表 6 - 6 为美国葡萄酒协会葡萄酒品评单项评分标准；表 6 - 7 为国际葡萄与葡萄酒组织对平静葡萄酒的评分表格式，它是采用 100 分制；表 6 - 8 也是国际葡萄与葡萄酒组织对平静葡萄酒的评分表，它是采用扣分制，即分数越高，质量越差。

表 6 - 5　　　　　　　美国葡萄酒协会葡萄酒品尝记录表

姓名：　　　　　　　　　　　　　　　时间：
地点：　　　　　　　　　　　　　　　目的：

序号	葡萄酒	外观 3	香气 6	口感 6	后味 3	总印象 2	总分 20
1							
2							

续表

序号	葡萄酒	外观3	香气6	口感6	后味3	总印象2	总分20
3							
4							
5							

表6－6　　　　　　　　　　美国葡萄酒协会葡萄酒品评单项评分标准

项目	分数	级别	特　征
外观和颜色	3	优秀	有光泽、明显的典型颜色
	2	好	透明、典型颜色
	1	差	轻微雾状和/或略失光
	0	很差	浑浊和/或失光
香气	6	完美	非常典型的品种香气或果香，醇香浓郁，极其协调
	5	优秀	典型果香，醇香浓郁，协调
	4	好	典型果香，醇香突出
	3	合格	轻微的果香和醇香，令人舒适
	2	差	无果香或酒香，或略有异味
	1	很差	有异味
	0	淘汰	令人生厌的气味
口感	6	完美	极典型品种或酒种味感，极其平衡，圆润、丰满而醇厚
	5	优秀	典型品种或酒种味感，平衡，圆润、丰满，较醇厚
	4	好	典型品种或酒种味感，平衡，圆润、较丰满
	3	合格	无典型性，但舒适，欠平衡，略瘦弱或粗糙
	2	差	无典型性，不平衡，粗糙
	1	很差	有不愉快味道，不平衡
	0	淘汰	令人生厌的味道，不平衡
余味	3	优秀	余味悠长
	2	好	余味愉快
	1	差	无余味或轻微的余味
	0	很差	余味不良
总体印象	2	优秀	具有几乎完美的典型特征
	1	好	具有基本的典型特征
	0	差	缺乏应有的典型特征

表6-7　　　　　　国际葡萄与葡萄酒组织葡萄酒品尝记录表（百分制）

项目			优	良好	好	一般	较差	差	很差
外观	澄清度		6	5	4	3	2	1	0
	颜色	色调	6	5	4	3	2	1	0
		色度	6	5	4	3	2	1	0
香气	纯正度		6	5	4	3	2	1	0
	浓郁度		8	7	6	5	4	2	0
	优雅度		8	7	6	5	4	2	0
	协调度		8	7	6	5	4	2	0
口感	纯正度		6	5	4	3	2	1	0
	浓郁度		8	7	6	5	4	2	0
	结构		8	7	6	5	4	2	0
	协调度		8	7	6	5	4	2	0
	香气持续性		8	7	6	5	4	2	0
	余味		6	5	4	3	2	1	0
总体评价			8	7	6	5	4	2	0

表6-8　　　　　　国际葡萄与葡萄酒组织葡萄酒品尝记录表（扣分制）

项目		优0	很好1	好2	一般4	淘汰∞	系数	结果
外观							1	
香气	浓度						1	
	质量						2	
口感	浓度						2	
	质量						3	
协调度							3	
总分								

我国品酒记录表先前采用较多的是原轻工部组织葡萄酒评优时使用的记录表，满分为100分，记录表格式见表6-9。

表6-9　　　　　　　　中国葡萄酒品评记录表（百分制）

编号	产品名称	色泽 5分	澄清度 5分	香气 30分	滋味 40分	典型性 20分	总分 100分	评语
1								

续表

编号	产品名称	色泽 5分	澄清度 5分	香气 30分	滋味 40分	典型性 20分	总分 100分	评语
2								
3								
4								
5								

  GB 15037—2006《葡萄酒》中规定了葡萄酒感官质量的要求，在其附录 A 中给出了葡萄酒感官分级评价描述，见表6－10。在国家质量监督检验检疫总局组织的国家葡萄酒质量监督抽查感官品评中采用的记录表格式见表6－11。

表6－10   **葡萄酒感官分级描述及评分表**

等级	感官描述
优级品	具有该产品应有的色泽，自然、悦目、澄清（透明）、有光泽；具有纯正、浓郁、优雅和谐的果香（酒香），诸香协调，口感细腻、舒顺、酒体丰满、完整、回味绵长、具该产品应有的怡人的风格
优良品	具有该产品的色泽；澄清透明，无明显悬浮物，具较纯正和谐的果香（酒香），口感纯正，较舒顺，较完整，优雅，回味较长，具良好的风格
合格品	与该产品应有的色泽略有不同，缺少自然感，允许有少量沉淀，具有该产品应有的气味，无异味，口感尚平衡，欠协调、完整，无明显缺陷
不合格品	与该产品应有的色泽明显不符，严重失光或浑浊，有明显异香、异味，酒体寡淡、不协调，或有其他明显的缺陷（除色泽外，只要有其中一条，则判为不合格品）
劣质品	不具备应有的特征

表6－11   **国家监督抽查葡萄酒感官质量记录表**

项目	品 评 记 录			其他描述
外观 5~10分	色泽： □澄清 □透明 □有光泽	□微失光 □失光 □浑浊	□严重浑浊 □有杂质 □已发酵	
香气 15~30分	□果香 □酒香 □木香 □陈香 □异香	□新鲜 □浓郁 □纯正 □细腻 □优雅 □协调	□平淡 □欠协调 □欠浓郁 □欠纯正 □有异味 □有恶臭	

续表

项目	品 评 记 录			其他描述
滋味 20～40分	□浓郁 □丰满 □圆润 □醇厚 □爽净 □幽雅 □舒顺	□细腻悦怡 □酒体完整 □结构感强 □酸甜适口 □平衡协调 □后味绵长	□欠纯正 □欠协调 □酒体淡 □后味短 □有异味 □苦涩感 □不堪入口	
典型性 10～20分	□具有本品应有的怡人风格 □典型明确，风格良好 □具应有的风格 □失去应有的典型风格			
综合结论				总分： 50～100分
	品评人签名： 年 月 日			

注：请在相应的□中画"√"并写出综合结论。

根据《葡萄酒》国家标准对感官质量的要求，GB/T 15038—2006《葡萄酒、果酒通用分析方法》中规定了葡萄酒、山葡萄酒感官评定要求，即标准中附录 F，对葡萄酒、山葡萄酒的评分标准及用语、评分细则都给出了参照，见表 6-12、表 6-13 和表 6-14。

表 6-12 评分标准用语

分 数 段		特 点
葡萄酒	山葡萄酒	
90 分以上	85 分以上	具有该产品应有的色泽，悦目协调、澄清（透明）、有光泽；果香、酒香浓馥幽雅，协调悦人；酒体丰满，有新鲜感，醇厚协调，舒服，爽口，回味绵延；风格独特，优雅无缺
89～80 分	84～75 分	具有该产品的色泽，澄清透明，无明显悬浮物，果香、酒香良好，尚怡悦；酒质柔顺，柔和爽口，甜酸适当；典型明确，风格良好
79～70 分	74～65 分	与该产品应有的色泽略有不同，澄清，无夹杂物；果香、酒香较少，但无异香；酒体协调，纯正无杂；有典型性，不够怡雅
69～65 分	64～60 分	与该产品应有的色泽明显不符，微浑，失光或人工着色；果香不足，或不悦人，或有异香；酒体寡淡、不协调，或有其他明显的缺陷（除色泽外，只要有其中一条，则判为不合格品）

表 6–13　　　　　　　　　　　　　　　　葡萄酒评分细则

项　目			要　求
外观 10 分	色泽 5 分	白葡萄酒	近似无色，浅黄色，禾秆黄，绿禾秆黄色，金黄色
		红葡萄酒	紫红，深红，宝石红，瓦红，砖红，黄红，棕红，黑红色
		桃红葡萄酒	黄玫瑰红，橙玫瑰红，玫瑰红，橙红，浅红，紫玫瑰红色
	其他 5 分	澄清程度	澄清透明、有光泽、无明显悬浮物（使用软木塞封的酒允许有 3 个以下不大于 1mm 的木渣）
		起泡程度	起泡葡萄酒注入杯中时，应有细微的串珠状气泡升起，并有一定的持续性，泡沫细腻、洁白
香气 30 分	非加香葡萄酒		具有纯正、优雅、愉悦和谐的果香与酒香
	加香葡萄酒		具有优美纯正的葡萄酒香与和谐的芳香植物香
滋味 40 分	干葡萄酒、半干葡萄酒（含加香葡萄酒）		酒体丰满，醇厚协调，舒服，爽口
	甜葡萄酒、半甜葡萄酒（含加香葡萄酒）		酒体丰满，酸甜适口，柔细轻快
	起泡葡萄酒		口味优美、醇正、和谐悦人，有杀口力
	加气起泡葡萄酒		口味清新、愉快、纯正，有杀口力
典型性 20 分			典型完美、风格独特，优雅无缺

国家葡萄酒质量监督抽查的感官检验，最关注的是产品的感官质量是否合格。对于葡萄酒，70 分是合格与否的界限，对于山葡萄酒，65 分是合格与否的界限。低于合格分数界限的产品都是有明显缺陷的产品，不宜饮用，应该被淘汰。

表 6–14　　　　　　　　　　　　　　　　山葡萄酒评分细则

项　目			要　求
外观 10 分	色泽 5 分	桃红葡萄酒（含加香葡萄酒）	黄玫瑰红，橙玫瑰红，玫瑰红，橙红，浅红，紫玫瑰红色
		红葡萄酒（含加香葡萄酒）	紫红，深红，宝石红，鲜红，瓦红，砖红，黄红，棕红，黑红色
	其他 5 分	澄清程度	澄清透明、无明显悬浮物。用软木塞封口的酒，允许有 3 个以下不大于 1mm 的软木渣
		起泡程度	山葡萄酒注入杯中时，应有洁白或微带红色的气泡
香气 30 分	山葡萄酒		具有纯正、优雅、和谐的果香与酒香
	加香山葡萄酒		具有和谐的芳香植物香与山葡萄酒香

续表

项　目		要　求
滋味 40 分	干山葡萄酒、半干山葡萄酒（含加香葡萄酒）	酒体丰满，醇厚协调，舒服，爽口
	甜山葡萄酒、半甜山葡萄酒（含加香葡萄酒）	酒体丰满，酸甜适口，柔细轻快
	山葡萄汽酒	口味优美、醇正、和谐悦人，有杀口力
典型性 20 分		典型完美、风格独特，优雅无缺

第七章 理化检验

葡萄酒的理化检验，是指对葡萄酒某些物理特性和化学成分的检验，这些物理特性和化学成分都是反映葡萄酒生产工艺进程或参与葡萄酒质量构成的指标。因此，准确检验和科学控制这些指标，是葡萄酒生产过程必不可少的一项工作，也是保证最终产品质量符合相关规定的基本要求，更是评判产品质量的科学依据。

我国现行葡萄酒国家标准（GB 15037—2006）中规定的葡萄酒理化指标有：酒精度、总糖、干浸出物、挥发酸、柠檬酸、二氧化碳（起泡葡萄酒）、铁、铜、甲醇、苯甲酸或苯甲酸钠、山梨酸或山梨酸钾、二氧化硫等，这些指标都有明确的含量规定，是判断产品质量合格与否的客观依据，生产中必须严格控制。除此以外，葡萄酒中的单宁、总酚、苹果酸、pH、色度、滴定酸等项目也是影响葡萄酒质量和特性的指标，这些指标虽然没有统一的国家标准规定，但它们对产品质量的控制，特别是对工艺进程的控制是十分重要的，许多生产企业都把这些指标作为内部控制指标，按照各自的内控标准进行检验和判定。随着科学技术的进步以及人们对食品安全的重视，葡萄酒中可能存在的微量有害成分，如人工色素等禁止添加的物质、农药残留、氨基甲酸乙酯、赭曲霉毒素 A 等，已经引起了人们高度的关注，正在被纳入葡萄酒安全控制的范围。

第一节 酒精度

酒精，即乙醇（C_2H_5OH），相对分子质量40.07，是无色、透明、易挥发、易燃烧的液体，有酒的气味和刺激的辛辣滋味，微甘，可与水及甲醇、乙醚、丙酮、氯仿等多数有机物以任意比例混溶，常压（760mmHg，101325Pa）下沸点为78.3℃，20℃时的密度为0.7893g/mL。

葡萄酒的酒精度是指在20℃时，100mL葡萄酒中含有乙醇的体积（mL），通常用"% vol"表示。酒精是葡萄酒中除水以外含量最多的化学成分（含糖量高的甜型酒除外），是葡萄酒中重要的特征成分，对葡萄酒的质量有显著的影响。葡萄酒中的酒精是由葡萄浆果中的糖分经发酵转化而来，即葡萄中的葡萄糖和果糖在酵母作用下发生生化反应，产生了酒精。对普通葡萄酒而言，其酒精含量应完全来自于葡萄原料，而不能人为添加，因此，酒精含量的多少与葡萄浆果中糖含量的多少有关，也就是与葡萄的成熟度有关，更与葡萄汁的含量有关。葡萄酒中酒精度的高低，直接影响葡萄酒的质量，适度的酒精含量，会给葡萄酒带来丰富、协调的香气，醇厚、有骨架的酒体及均衡、绵延的口感，同时对葡萄酒的贮藏和陈酿有非常积极的作用。

酒精度的检验方法有很多，近年来专用仪器分析方法发展得很快，如数字密度计法、酶法、葡萄酒自动分析仪法等。传统的分析方法主要有密度瓶法和酒精计法。GB/T 15038—2006《葡萄酒、果酒通用分析方法》国家标准中对酒精度的检验选用了三种方法：第一法为密度瓶法，第二法为气相色谱法，第三法为酒精计法。

一、密度瓶法

1. 原理

以蒸馏法去除样品中的不挥发性物质，用密度瓶测馏出液（酒精水溶液）的密度，查表，得出20℃时乙醇的体积分数，即酒精度。

密度是物质本身的一种物理属性，指的是单位体积物质的质量，即，$\rho = m/V$，单位为千克每立方米 、克每升、克每毫升等，相应的单位符号分别为 kg/m^3、g/L、g/mL 等。

2. 仪器

（1）分析天平　感量0.1mg。

（2）全玻璃蒸馏器　500mL。

（3）恒温水浴　精度 ± 0.1℃。

（4）附温度计密度瓶　25mL 或 50mL（图7－1）。

（5）恒温干燥箱。

（6）容量瓶　100mL。

（7）玻璃温度计　0 ~ 100℃。

（8）玻璃珠。

（9）冰浴。

3. 试样制备

用一洁净的 100mL 容量瓶，准确量取 100mL 待测酒样（液温20℃）于500mL 蒸馏瓶中，用50mL 水分三次冲洗容量瓶，洗液全部并入蒸馏瓶中，再加几颗玻璃珠，连接冷凝器，以取样用的容量瓶作接收器（外加冰浴）。开启冷却水，缓慢加热蒸馏。收集馏出液接近刻度，取下容量瓶，盖塞。于20℃ ±0.1℃水浴中保温30min，补加水至刻度，混匀，备用。

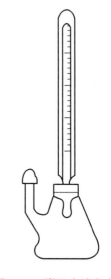

图7－1　附温度计密度瓶

4. 检验步骤

（1）密度瓶质量的测定　将密度瓶清洗干净，在 35 ~ 40℃的干燥箱中干燥、完全驱除水分，冷却，然后称重。重复干燥和称重，直至恒重，得到密度瓶的质量（m）。

（2）蒸馏水质量的测定 将煮沸冷却至15℃左右的蒸馏水注满密度瓶，插上温度计，瓶中不得有气泡。将密度瓶浸入（20.0 ± 0.1）℃的恒温水浴中，待内容物温度达20℃并保持10min不变后，用滤纸吸去侧管溢出的液体，使侧管中的液面与侧管管口齐平，盖好侧孔帽，取出密度瓶，用滤纸彻底擦干瓶壁上的水，立即称量。得出密度瓶加蒸馏水的质量（m_1）。

（3）试样质量的测定 用制备好的试样将密度瓶冲洗2~3次，然后注满，外壁用蒸馏水冲洗干净，按蒸馏水质量的测定同样操作，称量，得出密度瓶加试样的质量（m_2）。

5. 结果计算

试样的密度按公式（7-1）、（7-2）进行计算：

$$\rho_{20}^{20} = \frac{m_2 - m + A}{m_1 - m + A} \times \rho_0 \tag{7-1}$$

$$A = \rho_a \times \frac{m_1 - m}{997.0} \tag{7-2}$$

式中 ρ_{20}^{20}——试样馏出液在20℃时的密度，g/L

$\quad\quad m$——密度瓶的质量，g

$\quad\quad m_1$—— 20℃时密度瓶与充满密度瓶蒸馏水的总质量，g

$\quad\quad m_2$—— 20℃时密度瓶与充满密度瓶试样馏出液的总质量，g

$\quad\quad \rho_0$——20℃时蒸馏水的密度（998.20g/L）

$\quad\quad A$——空气浮力校正值

$\quad\quad \rho_a$——干燥空气在20℃、1013.25hPa 时的密度值（≈1.2g/L）

997.0——在20℃时蒸馏水与干燥空气密度值之差，g/L

根据试样馏出液的密度 ρ_{20}^{20}，查表（附录F），求得样品中的酒精含量。

所得结果表示至一位小数。在重复性条件下获得的两次独立测定结果的绝对差值不得超过算术平均值的1%。

6. 实验讨论

（1）温度的影响 密度是与温度有密切关系的物理量，温度的变化会对密度产生直接的影响，因此控制好温度对获得准确的实验结果至关重要。酒精水溶液密度与酒精度对照表（附录F）是20℃时的对照数据，只有20℃时的密度数值查表才能得出准确的结果，因此称量水的质量和试液质量时，必须保证其温度是20℃，波动幅度不得超过 ± 0.1℃。为了满足这个条件，必须使用高精度恒温水浴锅，温度可控制在20℃± 0.1℃，而天平室的环境温度应控制在20℃左右，以保证准确进行称量。另外取样温度和定容温度也应准确控制，以保证酒精水溶液的浓度与样品中的酒精浓度完全一致，可在20℃时取样和定容，也可在室温下取样和定容，但必须控制两者温度相同。

（2）蒸馏的影响 蒸馏是为了将待测样品的酒精混合液，变成酒精水溶液，消除其他物质的干扰，但酒精水溶液中乙醇的浓度必须与待测样品中乙醇的浓度相同，因此蒸馏过程中必须保证所有的乙醇都进入馏出液，任何漏气或冷却不完全都将导致检验结果偏低。

（3）称量的影响　密度瓶法测定酒精度是以称量为基础的实验，一切影响称量准确度的因素都会对检验结果产生影响。称量必须用感量 0.1mg 的分析天平。在外界条件基本不变的情况下，密度瓶的质量和蒸馏水的质量基本恒定，可作为一个常数使用，但至少一个季节需标定一次。

（4）方法误差　除了操作产生误差以外，实验方法本身也存在误差。在蒸馏过程中，一些非酒精挥发成分如碳酸、亚硫酸、醋酸等也被蒸出，进入馏出液，这些物质的存在将使密度增加，从而导致结果偏低。为了消除这种误差，可在蒸馏前将样品加碱中和。

二、 气相色谱法

1. 原理

试样被气化后，随同载气进入色谱柱，利用被测定的各组分在流动相和固定相中具有不同的分配系数，在柱内产生迁移速度的差异而使不同的组分得到分离。分离后的组分先后流出色谱柱，进入氢火焰离子化检测器，根据色谱图上各组分峰的保留值与标样相对照进行定性；利用峰面积（或峰高），以内标法定量。

2. 试剂

（1）乙醇　色谱纯，作标样用。

（2）4 - 甲基 - 2 - 戊醇　色谱纯，作内标用。

（3）乙醇标准溶液（10%）　取色谱纯乙醇 5.00mL，置于 50mL 容量瓶中，用水稀释至刻度，摇匀。

（4）乙醇标准系列溶液　取 5 个 10mL 容量瓶，分别吸入 2.00mL、3.00mL、3.50mL、4.00mL、4.50mL 乙醇，再分别用水定容至 10mL，乙醇的浓度（体积分数）分别为 2.0%、3.0%、3.5%、4.0% 和 4.5%，再分别加入 0.20mL 4 - 甲基 - 2 - 戊醇内标溶液，混匀。该溶液用于标准曲线的绘制。

3. 仪器

（1）气相色谱仪　配有氢火焰离子化检测器（FID）。

（2）色谱柱（不锈钢或玻璃）　2m × 2mm 或 3m × 3mm，固定相：Chromosorb 103，60 ~ 80 目。或采用同等分析效果的其他柱材料。

（3）恒温水浴。

（4）微量进样器：1μL。

（5）刻度吸管　1mL、5mL。

（6）全玻璃蒸馏器　500mL。

（7）玻璃珠。

（8）冰浴。

（9）容量瓶　10mL、50mL、100mL。

（10）玻璃温度计　0 ~ 100℃。

4. 试样制备

用一洁净的100mL容量瓶，准确量取100mL待测酒样（液温20℃）于500mL蒸馏瓶中，用50mL水分三次冲洗容量瓶，洗液全部并入蒸馏瓶中，再加几颗玻璃珠，连接冷凝器，以取样用的容量瓶作接收器（外加冰浴）。开启冷却水，缓慢加热蒸馏。收集馏出液接近刻度，取下容量瓶，盖塞。于20℃水浴中保温30min，补加水至刻度，混匀。将上述样品用水准确稀释，使其酒精度为3%vol左右，然后注入10mL容量瓶至刻度，准确加入0.20mL 4-甲基-2-戊醇内标溶液，混匀。

5. 检验步骤

（1）色谱条件（参考）

柱温：200℃。

气化室和检测器温度：240℃。

载气流量（氮气）：40mL/min。

氢气流量：40mL/min。

空气流量：500mL/min。

载气、氢气、空气的流速等色谱条件随仪器的不同而确定，应通过试验选择最佳操作条件，以内标峰与试样中其他组分峰完全分离为准，并使乙醇在1min左右流出。

（2）标准曲线的绘制 分别取不同浓度的乙醇标准系列溶液0.3μL，快速从进样口注入色谱仪，计算或读取标样峰面积和内标峰面积，以两个峰面积的比值，对应酒精浓度做标准曲线（或建立相应的回归方程）。

（3）试样的测定 取制备好的试样0.3μL，快速从进样口注入色谱仪，计算或读取试样峰面积和内标峰面积，计算出两个峰面积的比值，从标准曲线上查得试样中乙醇的含量。

6. 结果计算

样品中乙醇的含量按公式（7-3）进行计算：

$$X = C \times F \tag{7-3}$$

式中 X——样品中乙醇的含量，%

C——从标准曲线求得测定溶液中乙醇的含量，%

F——样品的稀释倍数

所得结果应表示至一位小数，在重复性条件下获得的两次独立测定结果的绝对差值不得超过算术平均值的1%。

7. 实验讨论

气相色谱法测定酒精度是基于乙醇的分子结构，其测试结果就是葡萄酒中所含乙醇的量，而密度瓶法测定酒精度是基于试液的密度，通过蒸馏所获得的试液并不完全是酒精水溶液，其中还含有非乙醇的挥发性成分，由于这些成分的存在，会导致试液的密度比纯酒精水溶液的密度偏高，因而使检验结果（酒精含量）偏低。对同一个葡萄酒样品，分别用气相色谱法和密度瓶法测其酒精度，得到的结果见表7-1。

表7-1 气相色谱法与密度瓶法检验结果对照表

样品编号	气相色谱法	密度瓶法	绝对误差
1	11.30	10.66	+0.64
2	17.00	15.73	+1.27
3	13.78	13.31	+0.47
4	12.20	11.37	+0.83
5	14.10	13.37	+0.73
6	15.00	14.58	+0.42
7	15.75	15.81	+0.14
8	14.80	14.46	+0.16

三、 酒精计法

1. 原理

以蒸馏法去除样品中的不挥发性物质，用酒精计测得试样的酒精体积分数示值，查表对温度加以校正，求得20℃时乙醇的体积分数，即酒精度。

2. 仪器

（1）酒精计　分度值为0.1°。

（2）全玻璃蒸馏器　1000mL。

（3）量筒　250mL或500mL。

（4）玻璃温度计　0～100℃。

（5）容量瓶　250mL或500mL。

（6）玻璃珠。

（7）冰浴。

3. 试样制备

用一洁净的500mL容量瓶准确量取500mL待测酒样，（液温20℃）于1000mL蒸馏瓶中，用100mL水分三次冲洗容量瓶，洗液全部并入蒸馏瓶中，再加几颗玻璃珠，连接冷凝器，以取样用的容量瓶作接收器（外加冰浴）。开启冷却水，缓慢加热蒸馏。收集馏出液接近刻度，取下容量瓶，盖塞。于20℃±0.1℃水浴中保温30min，补加水至刻度，混匀，备用。

4. 检验步骤

将试样倒入洁净的500mL量筒中，静置数分钟，待其中气泡消失后，放入洗净、干燥的酒精计，再轻轻按一下，使酒精计不接触量筒壁，平衡2min，水平观测，读取试液弯月面与酒精计相切处的刻度示值，同时测量并记录试液的温度。根据测得的酒精计示值和温度，查表（附录G），换算成20℃时的酒精度。

所得结果表示至一位小数。在重复性条件下获得的两次独立测定结果的绝对差值

不得超过算术平均值的 1% 。

5. 实验讨论

（1）酒精计法是测酒精度比较简单、快速、经济的方法，常用于工艺过程的控制。

（2）取样数量和使用的量筒规格应根据酒精计的外形尺寸而定，即液体的量能使酒精计完全自由浮起，不产生任何方向的触碰。

（3）严格控制蒸馏，不得产生任何的漏气和冷却不完全的现象，保证样品中的挥发性成分完全进入蒸馏液中。

（4）酒精计应保持清洁、干燥，取用时应用手指捏住酒精计顶端，浸入试液的浮泡部分可用细软干净的绸布小心擦拭。

第二节　总糖和还原糖

糖是人类赖以生存的主要营养源之一，普遍存在于植物中。作为化学概念的糖是一类物质的总称，其中包括单糖、双糖、多糖和聚糖。人们日常生活中提到的糖主要是指蔗糖，属于化学概念中的双糖。蔗糖在一定条件下水解，可产生一分子葡萄糖和一分子果糖。葡萄浆果中含有葡萄糖、果糖及少量的蔗糖、阿拉伯糖和木糖等。葡萄糖和果糖是葡萄浆果中最重要的糖，它们可在酵母的作用下转化为酒精，因此它们是可发酵糖。由于葡萄糖和果糖都具有还原性，所以也称它们为还原糖，而葡萄酒中的总糖是指葡萄糖、果糖和蔗糖三者的总和，通常以葡萄糖表示。对于没有添加蔗糖的葡萄酒而言，其中所含的糖基本是葡萄糖和果糖，因此这些葡萄酒中的总糖含量和还原糖的含量没有明显差异，而为了提高甜度添加了蔗糖的葡萄酒，总糖含量和还原糖的含量就会有较大差异。

对于葡萄和葡萄酒，分析检测其含糖量具有十分重要的意义，它不仅可区分葡萄酒的类型，反映葡萄酒的风味，同时还是控制生产、决定工艺进程的重要参数。对葡萄果实的含糖量进行检测，可了解果实成熟度的变化，从而确定最佳的采收期；对葡萄汁的含糖量进行测定，可以预期最终产品的类型和特点，从而确定最适宜的加工方案；对发酵液的含糖量进行测定，可以适时掌握酒精发酵的进程，从而确定最准确的工艺操作；对成品酒的含糖量进行测定，可以客观反映产品类型，从而保证产品达到标准要求。

测定糖含量的方法很多，主要有物理法、化学法和仪器法。物理法是根据糖所具有的物理性质进行的检测，如旋光法、折光法、密度法等，这些方法适用于比较纯净的蔗糖水溶液。化学法是基于糖具有的化学性质而进行的测定，如斐林法、高锰酸钾法、碘量法、铁氰化钾法等，这些方法主要是利用了糖的还原性，采用不同的氧化剂与其进行定量反应，从而得出糖的含量。利用氧化还原反应得到的总糖和还原糖的含量，更确切地讲应为总还原物的含量，但习惯上把两者等同起来。仪器分析法主要是液相色谱法，它可以根据糖分子结构的不同，把它们一一分离，分别检测出不同化学结构的糖的含量，这种方法检验出的糖含量较氧化还原法检出的糖含量更加真实准确。

一、 斐林滴定法

1. 原理

斐林溶液与还原糖共沸，其中斐林溶液中的二价铜离子被还原糖还原，生成红色的氧化亚铜沉淀，以次甲基蓝为指示液，达到终点时，稍微过量的还原糖将蓝色的次甲基蓝还原为无色，使试液由蓝色变为红色以指示终点。根据样品消耗量求得还原糖的含量。

有关的化学反应方程式如下：

（1）葡萄酒中的蔗糖可通过酸水解转化为还原糖。

$$C_{12}H_{22}O_{11} + H_2O \Longleftrightarrow C_6H_{12}O_6 + C_6H_{12}O_6$$

（2）斐林 A 液硫酸铜（$CuSO_4$）与 B 液酒石酸钾钠（$C_4H_4KNaO_6 \cdot NaOH$）混合，先生成天蓝色的氢氧化铜沉淀，再与酒石酸钾钠反应生成深蓝色的酒石酸钾钠铜。

$$CuSO_4 + 2NaOH \Longleftrightarrow Cu(OH)_2\downarrow + Na_2SO_4$$

$$\begin{array}{l}COOK\\ |\\ CHOH\\ |\\ CHOH\\ |\\ COONa\end{array} + Cu(OH)_2 \Longleftrightarrow \begin{array}{l}COOK\\ |\\ CHO\\ \quad\diagdown\\ \qquad Cu + 2H_2O\\ \quad\diagup\\ CHO\\ |\\ COONa\end{array}$$

（3）当斐林溶液与还原糖共沸时，酒石酸钾钠铜被还原为红色的氧化亚铜。

$$\begin{array}{l}COOK\\ |\\ CHO\\ \quad\diagdown\\ \qquad Cu\\ \quad\diagup\\ CHO\\ |\\ COONa\end{array} + \begin{array}{l}CHO\\ |\\ (CHOH)_4\\ |\\ CH_2OH\end{array} + H_2O \Longleftrightarrow \begin{array}{l}COOK\\ |\\ CHOH\\ |\\ CHOH\\ |\\ COONa\end{array} + \begin{array}{l}CHO\\ |\\ (CHOH)_4\\ |\\ CH_2OH\end{array} + Cu_2O\downarrow$$

（4）当加入的还原糖过量时，过量的还原糖与溶液中加入的次甲基蓝作用，使次甲基蓝由蓝色变为无色，溶液显示出氧化亚铜的鲜红色，指示出反应终点。

蓝色氧化态　　　　　　　　　　　　　　　无色还原态

2. 试剂

（1）盐酸溶液（1+1）　量取 100mL 盐酸，缓慢倒入 100mL 水中，摇匀。

（2）氢氧化钠溶液（200g/L）　称取 100g 氢氧化钠试剂，加水溶解并定容至 500mL，摇匀，贮于塑料瓶中。

（3）葡萄糖标准溶液（2.5g/L）　称取 2.5g（称准至 0.0001g）经 100~105℃烘箱内烘干至恒重的葡萄糖，用水溶解并定容至 1000mL。

（4）次甲基蓝指示液（10g/L）　称取 1.0g 次甲基蓝，用水溶解并定容至 100mL。

（5）酚酞指示液（10g/L）　称取1.0g酚酞，溶于乙醇（95%），并用乙醇（95%）稀释至100mL。

（6）斐林溶液

A液：称取34.7g硫酸铜（$CuSO_4 \cdot 5H_2O$），溶于水，稀释至500mL。

B液：称取173.0g酒石酸钾钠（$C_4H_4KNaO_6 \cdot 4H_2O$）和50g氢氧化钠，溶于水，稀释至500mL。

标定：吸取斐林A、B液各5.00mL于250mL三角烧瓶中，加50mL水，2~3颗玻璃珠，摇匀，在电炉上加热至沸，在沸腾状态下用制备好的葡萄糖标准溶液滴定，当溶液的蓝色将消失呈红色时，加2滴次甲基蓝指示液，继续滴至蓝色消失，记录消耗的葡萄糖标准溶液的体积。

另吸取斐林A、B液各5.00mL于250mL三角烧瓶中，加50mL水，加2~3颗玻璃珠，摇匀，再加比上述试验少0.5~1mL的葡萄糖标准溶液，加热至沸，并保持2min，加2滴次甲基蓝指示液，在沸腾状态下于1min内用葡萄糖标准溶液以1滴/3~4s的速度滴定至终点，如果达不到滴定速度与时间的要求，则需调整预先加入葡萄糖标准溶液的数量，重新进行试验，直到符合要求，同时做平行试验，记录消耗的葡萄糖标准溶液的总体积。

斐林A、B液各5mL相当于葡萄糖的克数按公式（7-4）进行计算：

$$F = \frac{m}{1000} \times V \tag{7-4}$$

式中　F——斐林A、B液5mL相当于葡萄糖的克数，g

　　　m——称取葡萄糖的质量，g

　　　V——消耗葡萄糖标准溶液的总体积，mL

3. 仪器

（1）分析天平　感量0.1mg。

（2）恒温干燥箱。

（3）架盘天平　50g、200g。

（4）酸式滴定管　25mL。

（5）三角烧瓶　250mL。

（6）移液管　5mL。

（7）玻璃珠。

（8）电炉　1000W，可调。

（9）恒温水浴。

（10）烧杯　100mL。

（11）容量瓶　100~500mL。

4. 试样制备

（1）测总糖用试样　准确吸取一定量的样品（V_1）于100mL烧杯中，加水至25mL，再加5mL盐酸溶液（1+1），搅匀。放置于（68±1）℃水浴中水解15min，取出，冷却。加入 2 滴酚酞指示剂，用氢氧化钠溶液（200g/L）中和至酚酞指示剂变为红色，将试液完全转入容量瓶中并定容至刻度（V_2），摇匀。通过调整 V_1 和 V_2 使试液中还原糖的含量为 2～4g/L。

（2）测还原糖用试样　准确吸取一定量的样品（V_1）于一定量的容量瓶中，加水定容至刻度（V_2），摇匀。试液中还原糖的含量应控制在 2～4g/L 范围。

5. 检验步骤

（1）用试样直接滴定　以试样代替葡萄糖标准溶液，按标定斐林溶液的方法同样操作，记录消耗试样的总体积（V_3）。

（2）用葡萄酒标准溶液滴定　对于含糖量低的样品（制备的试样还原糖浓度低于 2g/L），按上述步骤进行操作，但在滴定时用葡萄糖标准溶液代替试液滴定至终点，加入试样的体积（V_3），滴定消耗葡萄糖标准溶液的体积（V）。

6. 结果计算

用试样直接滴定时，样品中的含糖量按式（7－5）进行计算，用葡萄糖标准溶液滴定时，样品中的含糖量按公式（7－6）进行计算：

$$X = \frac{F}{(V_1/V_2) \times V_3} \times 1000 \qquad (7-5)$$

$$X = \frac{F - G \times V}{(V_1/V_2) \times V_3} \times 1000 \qquad (7-6)$$

式中　X——样品中总糖或还原糖的含量，g/L

　　　　F——斐林 A、B 液各 5mL 相当于葡萄糖的克数，g

　　　　V_1——吸取样品的体积，mL

　　　　V_2——样品稀释后或水解定容的体积，mL

　　　　V_3——消耗试样的体积，mL

　　　　G——葡萄糖标准溶液的准确浓度，g/mL

　　　　V——消耗葡萄糖标准溶液的体积，mL

所得结果应表示至一位小数。在重复性条件下获得的两次独立测定结果的绝对差值不得超过算术平均值的 2%。

7. 实验讨论

（1）还原糖与斐林溶液的反应不是定量进行的，不同的还原糖对二价铜的还原能力不同，而且反应条件不同也影响反应结果，因此不能通过计算得出斐林溶液相当于还原糖的滴定度（F），而只能通过实验得出。

（2）滴定度（F）是该实验的基础，F 值准确与否，直接影响到检验结果的准确性。由于 F 值是依据实验所得，因此所有的实验条件都将对 F 值的准确程度产生影响，包括试液温度、滴定速度、反应时间、溶液浓度、指示剂用量等。为了减少条件改变所引起的误差，标定溶液和测试试样应尽可能在相同的条件下进行。

（3）此反应是在沸腾状态下进行，采用的热源应使试液在 2min 内沸腾，并能保证试液处于稳定的沸腾状态，这样既可以提供所需的反应温度，又可以防止空气进入，还可以保证试液的蒸发量相同。

（4）滴定速度对该实验有较大的影响，必须保证滴定连续进行，并控制滴定速度为 1 滴/3 ~ 4s。

（5）次甲基蓝指示剂的变色是可逆的，它由蓝色变为无色要消耗一定的还原糖，因此每一个实验加入的次甲基蓝指示剂的量应保持一致，并在相同的实验进程中加入。

（6）斐林 A、B 液是氧化还原试剂，必须单独存放，临用时混合。为了使 F 值准确无误，应经常用葡萄糖标准溶液进行标定。

（7）用斐林滴定法可以测定葡萄酒中蔗糖的含量，其方法步骤为：首先按斐林滴定法测定出葡萄酒中总糖含量（X_1）和还原糖含量（X_2），然后按公式（7 – 7）计算样品中蔗糖的含量（X）。

$$X = (X_1 - X_2) \times 0.95 \tag{7 - 7}$$

式中　X——样品中蔗糖的含量，g/L

　　　X_1——样品中总糖的含量，g/L

　　　X_2——样品中还原糖的含量，g/L

　0.95——还原糖换算为蔗糖的系数

（8）为了便于滴定终点的准确判断，可采用电位滴定。

二、 高效液相色谱法

1. 原理

样品在流动相的带动下进入色谱柱，利用样品中各组分在液 – 固两相分配系数的不同，使果糖、葡萄糖、蔗糖等组分得到分离，再用示差折光检测器进行鉴定，用外标法定量。

2. 试剂

（1）糖标准储备溶液（葡萄糖 2.000g/L，果糖 2.000g/L，蔗糖 2.000g/L）　分别称取经过干燥的葡萄糖、果糖、蔗糖各 0.2000g，移入 100mL 容量瓶中，用超纯水定容至刻度，摇匀。

（2）糖标准使用溶液　分别吸取糖标准储备溶液 0.5mL、1.0mL、2.0mL、3.0mL 于 100mL 容量瓶中，用超纯水定容至刻度，摇匀，此标准使用溶液分别相当于葡萄糖、果糖和蔗糖的浓度各为 0.01g/L、0.02g/L、0.04g/L 和 0.06g/L。

（3）乙腈　色谱纯。

（4）乙腈 – 水（75 + 25）　将色谱纯乙腈和超纯水按 75∶25 的比例混合（或根据仪器状况调整该比例至分离效果最佳），用脱气装置充分脱气后，再用 0.45μm 的油系过滤膜过滤，用作流动相。

3. 仪器

（1）高效液相色谱仪　配有示差折光检测器。

（2）色谱柱　300mm × 6.5mm，sugar – PAKI 柱，用超纯水作流动相；或者 150mm × 5.0mm，shim – packCLC – NH$_2$ 柱，用乙腈 – 水（75 + 25）作流动相。

（3）微过滤膜　0.45μm，水系，油系。

（4）脱气装置（或超声波装置）。

（5）微量进样器　50μL。

（6）分析天平　感量0.1mg。

（7）容量瓶　100mL。

（8）刻度吸管　5mL。

4. 试样制备

用超纯水将试样稀释至总糖含量为0.03g/L左右，并用0.45μm水系微过滤膜过滤，备用。

5. 检验步骤

（1）色谱条件（参考）

柱温：室温。

流动相：乙腈＋水。

流速：2mL/min。

进样量：20μL。

（2）测试　根据所使用的液相色谱仪和色谱柱，调整至最佳仪器参数，待基线稳定后，分别进糖标准溶液20μL，得到相应的色谱数据，以标样浓度对峰面积分别作标准曲线；在相同条件下进制备好的试样20μL，根据标准糖溶液的保留时间对样品中的葡萄糖、果糖和蔗糖进行定性，并根据峰面积查标准曲线进行定量。

6. 结果计算

样品中各组分的含量按公式（7-8）进行计算：

$$X_i = C_i \times F \tag{7-8}$$

式中　X_i——样品中葡萄酒、果糖、蔗糖的含量，g/L

　　　C_i——从标准曲线上查得的试样中葡萄酒、果糖、蔗糖的含量，g/L

　　　F——样品的稀释倍数

如果要计算样品中总糖的含量，则应在按上述公式分别计算出葡萄糖、果糖和蔗糖的含量后，再按公式（7-9）计算总糖的含量：

$$总糖（以葡萄糖计）= 葡萄糖 + 果糖 + 1.05 蔗糖 \tag{7-9}$$

所得结果表示至一位小数。平行试验测定结果绝对值之差：干型、半干型葡萄酒，不得超过0.5g/L，半甜型、甜型葡萄酒，不得超过1g/L。

第三节　干浸出物

浸出物是指在不破坏任何非挥发性物质的条件下测得的葡萄酒中所有非挥发性物质的总和，而干浸出物则是除去糖以后的所有非挥发性物质的总和，主要包括不挥发的酸（固定酸）及其金属盐、甘油、单宁、色素、果胶、矿物质、高级醇、高级酯等。干浸出物是葡萄酒中十分重要的技术指标，它的含量高低与葡萄的品种、成熟度、树龄、单位面积产量以及葡萄酒的加工工艺、贮存方式等有密切的关系，在无人为添加的情况下，可以通过干浸出物的高低，大致判断葡萄酒酒体的浓郁程度，进而预测葡萄酒的质量优劣，甚至预测是否加水勾兑。一般来说，香气成熟、饱满，口感浓郁，酒体醇厚，后味绵长的葡萄酒干浸出物含量相对较高，而与之相反的葡萄酒，干浸出物含量相对偏低；葡萄树龄较长，单位面积产量适宜的葡萄酒，干浸出物含量相对较高，反之，含量较低。

由于干浸出物是不挥发物（除糖）的总和，不可能依据某一物质的化学性质进行定量检测，目前普遍采用的方法是利用总浸出物含量与溶液密度的对应关系，通过测定试液的密度，换算出总浸出物的含量，再减去糖含量，得到葡萄酒中干浸出物的含量。

一、 原理

用密度瓶法测定样品或蒸出酒精后的样品的密度，然后用其密度值查表，求得总浸出物的含量。再从中减去总糖的含量，即得干浸出物的含量。

二、 仪器

1. 分析天平
感量 0.1mg。
2. 瓷蒸发皿
200mL。
3. 恒温水浴
精度 ±0.1℃。
4. 附温度计密度瓶
25mL 或 50mL。
5. 容量瓶
100mL。

三、 试样制备

用 100mL 容量瓶量取 20℃的待测葡萄酒样品，倒入 200mL 瓷蒸发皿中，于水浴上蒸发至约为原体积的 1/3 取下，冷却后，将残液小心地移入取样用的 100mL 容量瓶中，用水多次荡洗蒸发皿，洗液并入容量瓶中，于 20℃定容至刻度。也可使用酒样蒸出酒精后的残液，在 20℃时以水定容至 100mL。

四、 检验步骤

1. 密度瓶质量的测定
按本章第一节一中 4（1）的方法，得到密度瓶的质量（m）。
2. 蒸馏水质量的测定
按本章第一节一中 4（2）的方法，得出密度瓶加蒸馏水的质量（m_1）。

3. 试样质量的测定

用上述制备好的脱醇试样将密度瓶冲洗 2~3 次，然后注满，外壁用蒸馏水冲洗干净，按蒸馏水质量的测定同样操作，称量，得出密度瓶加脱醇试样的质量（m_2）。

五、 结果计算

1. 密度计算

试样的密度按公式（7-10）和公式（7-11）进行计算：

$$\rho_{20}^{20} = \frac{m_2 - m + A}{m_1 - m + A} \times \rho_0 \tag{7-10}$$

$$A = \rho_a \times \frac{m_1 - m}{997.0} \tag{7-11}$$

式中　ρ_{20}^{20}——脱醇试液在 20℃ 时的密度，g/L

　　m——密度瓶的质量，g

　　m_1——20℃ 时密度瓶与充满密度瓶蒸馏水的总质量，g

　　m_2——20℃ 时密度瓶与充满密度瓶试液的总质量，g

　　ρ_0——20℃ 时蒸馏水的密度（998.20g/L）

　　A——空气浮力校正值

　　ρ_a——干燥空气在 20℃、1013.25hPa 时的密度值（≈1.2g/L）

　　997.0——在 20℃ 时蒸馏水与干燥空气密度值之差，g/L

2. 总浸出物计算：

以公式（7-10）计算所得试液的密度 $\rho_{20}^{20} \times 1.0018$ 的值，查附表（附录 H），得出试样的总浸出物含量（X_z），单位为 g/L，1.0018 可作为一个常数，是 20℃ 时为密度瓶体积的修正系数。

3. 干浸出物计算

样品中的干浸出物含量按公式（7-12）进行计算：

$$X = X_z - T \tag{7-12}$$

式中　X——样品中干浸出物的含量，g/L

　　X_z——查附表（附录 H）得出的样品中总浸出物的含量，g/L

　　T——样品中总糖的含量，g/L

总糖 T = 葡萄糖 + 果糖 + 蔗糖 = 还原糖 + 蔗糖

所得结果表示至一位小数，在重复性条件下获得的两次独立测定结果的绝对差值不得超过算术平均值的 2%。

六、 实验讨论

（1）干浸出物的测定是基于试液密度的测定，因此影响密度的各种因素对实验数据的准确度都有影响，其中最重要的影响因素有液体的温度、密度瓶的质量、水的质量等，必须严格控制，保证准确。

（2）总糖含量是参与干浸出物含量计算的一个重要参数，其准确与否直接影响到

干浸出物含量的准确度。

（3）当总糖含量由液相色谱法求得时，干浸出物（X）＝ 总浸出物（X_z）－ 总糖（T），总糖（T）＝ 葡萄糖（T_p）＋ 果糖（T_g）＋ 蔗糖（T_z），由于液相色谱法可直接测得葡萄糖、果糖和蔗糖的含量，则干浸出物（X）＝ 总浸出物（X_z）－［葡萄糖（T_p）＋ 果糖（T_g）＋ 蔗糖（T_z）］，即将检测出的各种糖的含量直接带入公式计算。

（4）当总糖含量由斐林滴定法求得时，干浸出物（X）＝ 总浸出物（T_z）－ 总糖（T），总糖（T）＝ 还原糖（T_h）＋ 蔗糖（T_z），还原糖（T_h）可直接测定，而蔗糖（T_z）是通过转化为还原糖测出的，由于0.95g 蔗糖可转化为1g 还原糖，因此蔗糖（T_z）＝［滴定总糖（T'）－ 还原糖（T_h）］× 0.95，总糖（T）＝ 还原糖（T_h）＋［滴定总糖（T'）－ 还原糖（T_h）］× 0.95 ＝ T' ＋ 0.05（T' － T_h），因此，干浸出物 $X = X_z - T' + 0.05 (T' - T_h)$。对蔗糖含量很低的葡萄酒，$T' - T_h$ 数值很小，对干浸出物的计算结果基本不产生影响，此时可将计算公式简化为：

$$X = X_z - T', \text{或} X = X_z - T_h$$

第四节　滴定酸

滴定酸是指葡萄酒中所有可与某种碱性物质发生中和反应、通过滴定方式得到的酸的总和，有时也称为总酸。葡萄酒中的总酸是一系列有机酸，主要包括酒石酸、苹果酸、柠檬酸、乳酸、醋酸和琥珀酸等，其中的酒石酸、苹果酸和柠檬酸来源于葡萄浆果，乳酸、醋酸和琥珀酸来源于发酵，各种酸的有关信息汇总于表7－2中。

表7－2　　　　　　　　　　　葡萄酒中主要有机酸汇总表

名称	化学名称	分子结构	分子式	相对分子质量	含量／（g/L）
酒石酸	2，3－二羟基丁二酸	HOOCCHOHCHOHCOOH	$C_4H_6O_6$	150.09	2～5
苹果酸	2－羟基丁二酸	HOOCCH$_2$CHOHCOOH	$C_4H_6O_5$	134.09	0～5
柠檬酸	2－羟基－1，2，3－丙基三羧酸	HOOCCH$_2$C（OH）（COOH）CH$_2$COOH	$C_6H_8O_7$	192.12	0～0.5
乳酸	2－羟基丙酸	HOOCCH（OH）CH$_3$	$C_3H_6O_3$	90.08	1～3
醋酸	乙酸	CH$_3$COOH	$C_2H_4O_2$	60.05	0.5～1.0
琥珀酸	1，4－丁二酸	HOOCCH$_2$CH$_2$COOH	$C_4H_6O_4$	118.09	0.5～1.5

酸是葡萄酒中重要的风味物质，对葡萄酒的口感平衡起着十分重要的作用。葡萄酒的酸度过高时，会使酒体变得瘦弱、粗糙；酸度过低时，又会使口感变得滞重，呆板。只有当酸度适宜时，才能使葡萄酒表现出清新、活泼、完整、舒顺、协调的感官特征。任何能酿造优质葡萄酒的葡萄原料，必须具备合适的糖酸比，因此，生产中准确检验酸的含量，有效控制酸度，对保证和提高葡萄酒的质量有十分重要的意义。

总酸的测定方法基本是利用酸碱中和反应的原理，采用传统的滴定方法，在终点确定上，可以采用电位指示法，也可以采用指示剂指示法。总酸是葡萄酒中可滴定酸的总和，对结果的表述，可采用以酒石酸的量表示，也有采用以硫酸的量表示，我国标准规定总酸的结果采用以酒石酸计，因此在比较总酸含量高低时，应换算为统一的表示方法后再进行比较。

一、 电位滴定法

1. 原理

利用酸碱中和原理，用氢氧化钠标准滴定溶液直接滴定样品中的有机酸，当 pH 为 8.2 时（以电位计或酸度计指示），即为滴定终点，记录氢氧化钠标准溶液消耗的体积，依此计算样品中总酸（以酒石酸计）的含量。化学反应方程式如下：

$$RCOOH + NaOH \rightleftharpoons RCOONa + H_2O$$

2. 试剂

（1）氢氧化钠标准滴定溶液 $[c(NaOH) = 0.05mol/L]$　按附录 A2.1 配制与标定，临用时准确稀释 1 倍。

（2）酚酞指示液（10g/L）　称取 1.0g 酚酞，溶于乙醇（95%），并用乙醇（95%）稀释至 100mL。

3. 仪器

（1）自动电位滴定仪（或酸度计）　精度 0.01 pH，附电磁搅拌器。

（2）恒温水浴。

（3）碱式滴定管　10mL。

（4）移液管　10mL。

（5）烧杯　100mL。

4. 检验步骤

（1）按电位滴定仪（或酸度计）使用说明书校正仪器至工作状态。

（2）吸取 20℃的葡萄酒样品 10.00mL 于 100mL 烧杯中，加 50mL 水，插入电极，放入一枚转子，置于电磁搅拌器上，开始搅拌，用氢氧化钠标准滴定溶液滴定。开始时滴定速度可稍快，当试液 pH 接近 8.0 时，放慢滴定速度，当试液 pH 达到 8.1 时，每次滴加半滴溶液直至 pH 8.2 为其终点，记录消耗氢氧化钠标准滴定溶液的体积。同时做空白试验。起泡葡萄酒和加气起泡葡萄酒需排除二氧化碳后，再行测定。

5. 结果计算

样品中总酸的含量按公式（7-13）进行计算：

$$X = \frac{c \times (V_1 - V_0) \times 75.0}{V_2} \tag{7-13}$$

式中　X——样品中总酸的含量（以酒石酸计），g/L

　　　c——氢氧化钠标准滴定溶液的物质的量浓度，mol/L

　　　V_0——空白试验消耗氢氧化钠标准滴定溶液的体积，mL

　　　V_1——样品滴定时消耗氢氧化钠标准滴定溶液的体积，mL

V_2——吸取样品的体积，mL

75.0——与 1.00mL 氢氧化钠标准溶液相当的以克表示的酒石酸的质量数值，g/mol

所得结果应表示至一位小数，在重复性条件下获得的两次独立测定结果的绝对差值不得超过算术平均值的 3%。

6. 实验讨论

（1）总酸的测定是基于酸碱中和反应的原理进行的，所有在实验条件下可与碱反应的酸性物质都将参与其中，因此样品中一些非有机酸的酸性物质将对实验结果产生干扰。葡萄酒中存在的最主要的干扰物质是二氧化碳，特别是起泡葡萄酒和加气起泡葡萄酒。对于这类样品总酸的测定，必须首先驱除二氧化碳，常用的方法是将倒入样品的烧杯置于 30~40℃ 水浴锅中，放置 30min 左右，并不断搅拌或振荡以排掉二氧化碳，待样品冷却到 20℃时，再取样检验。

（2）氢氧化钠标准滴定溶液是总酸测定实验中的基准物质，其浓度的准确与否直接影响到检验结果。准确标定好的氢氧化钠标准滴定溶液应妥善存放，特别要防止空气进入，保存期一般不超过两个月，而稀释至 0.05mol/L 氢氧化钠标准滴定溶液，最好在使用前进行准确稀释。

（3）自动电位滴定仪或酸度计的玻璃电极应在蒸馏水中浸泡 24h 以上才能使用，甘汞电极应用饱和氯化钠溶液充满，不得有气泡。测试样品前应调整好仪器零点并用标准缓冲溶液准确校准定位。

二、 指示剂法

1. 原理

利用酸碱中和原理，用氢氧化钠标准滴定溶液直接滴定样品中的有机酸，以酚酞作指示剂确定滴定终点，记录氢氧化钠标准溶液消耗的体积，依此计算样品中总酸（以酒石酸计）的含量。化学反应方程式如下：

$$RCOOH + NaOH \rightleftharpoons RCOONa + H_2O$$

2. 试剂

（1）氢氧化钠标准溶液 [c（NaOH）$= 0.05mol/L$]　按附录 A2.1 配制与标定，临用时准确稀释 1 倍。

（2）酚酞指示液（10g/L）　称取 1.0g 酚酞，溶于乙醇（95%），并用乙醇（95%）稀释至 100mL。

3. 仪器

（1）碱式滴定管　10mL。

（2）三角烧瓶　250mL。

（3）移液管　2mL、5mL。

4. 检验步骤

取 20℃的葡萄酒样品 2~5mL（取样量可根据酒的颜色深浅而增减），置于 250mL 三角瓶中，加入中性蒸馏水 50mL，同时加入 2 滴酚酞指示液，摇匀后，立即用氢氧化钠标准滴定溶液滴定至终点，并保持30s内不变色，记下消耗的氢氧化钠标准滴定溶液的体积（V_1）。同时做空白试验。起泡葡萄酒和加气起泡葡萄酒需排除二氧化碳后，再进行测定。

5. 结果计算

样品中总酸的含量按式（7 – 13）进行计算。

所得结果应表示至一位小数，在重复性条件下获得的两次独立测定结果的绝对差值不得超过算术平均值的5%。

第五节　挥发酸

葡萄酒中的挥发酸主要指甲酸、乙酸和丙酸，其中乙酸占挥发酸总量的90%以上，是挥发酸的主体。挥发酸主要来源于葡萄的发酵，正常工艺下生产的葡萄酒挥发酸都在0.6g/L左右，一般不超过1g/L。挥发酸含量的高低，取决于葡萄原料的新鲜程度、发酵过程的温度控制、使用酵母的种类、生产环境的卫生状况以及贮存环境等。挥发酸含量是葡萄酒健康状况的"体温表"，在生产过程中必须严格控制，适时监测。

挥发酸的检测可以采用色谱法，也可以采用化学法。水蒸气蒸馏法是生产控制常用的方法，它简便、快速，易于掌握，也是国家标准GB/T 15038—2006《葡萄酒、果酒通用分析方法》中规定使用的方法。

一、 原理

以水蒸气蒸馏的方式将样品中低沸点的酸类挥发酸蒸出，将收集到的流出液加热，去除非挥发酸物质的干扰，用碱标准溶液进行滴定，以消耗的碱标准溶液的量来计算样品中挥发酸的含量。

$$CH_3COOH + NaOH \rightleftharpoons CH_3COONa + H_2O$$

必要时，对馏出液中存在的游离二氧化硫和结合二氧化硫干扰进行修正。

二、 试剂

（1）氢氧化钠标准滴定溶液 $[c(NaOH) = 0.05mol/L]$　按附录A2.1配制与标定，临用时准确稀释1倍。

（2）酚酞指示液（10g/L）　称取1.0g酚酞，溶于乙醇（95%），并用乙醇（95%）稀释至100mL。

（3）盐酸溶液（1 + 4）　将100mL浓盐酸加入400mL蒸馏水中，混匀。

（4）碘标准滴定溶液 $[c(1/2\ I_2) = 0.005mol/L]$　先按附录A2.2制备硫代硫酸钠 $[c(1/2Na_2S_2O_3) = 0.1mol/L]$ 标准滴定溶液，再按附录A2.3配制与标定碘 $[c(1/2\ I_2) = 0.1mol/L]$ 标准滴定溶液，临用时准确稀释至0.005mol/L。

（5）碘化钾晶体。

（6）淀粉指示液（5g/L）　称取0.5g淀粉溶于50mL蒸馏水中，加热至沸，并持续搅拌 10min，冷却后定容至 100mL。

（7）硼酸钠饱和溶液 称取 5g 硼酸钠（$Na_2B_4O_7 \cdot 10H_2O$）溶于 100mL 热水中，冷却备用。

三、仪器

（1）挥发酸蒸馏装置 单沸式（图 7-2）或双沸式（图 7-3）。

（2）移液管 10mL。

（3）三角烧瓶 250mL。

（4）电炉。

（5）碱式滴定管 10mL。

（6）棕色酸式滴定管 1mL。

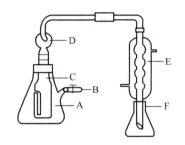

图 7-2 单沸式蒸馏装置

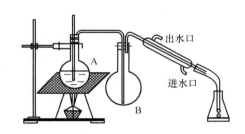

图 7-3 双沸式蒸馏装置

四、检验步骤

1. 挥发酸蒸馏

（1）单沸式装置 按图 7-2 连接好蒸馏装置，在蒸汽发生瓶（A）内加入中性蒸馏水，其液面应低于内芯（C）进汽口 3cm，高于（C）中样品液面。移取 10mL 待测样品于蒸馏装置样品瓶（C）中，把 C 插入（A）中，按上氮气球（D），连好冷凝器（E），将 250mL 三角瓶（F）置于冷凝器出液口接受馏出液。蒸馏装置安装妥当后，先打开蒸汽发生器的排气管（B），开启电炉，将蒸汽发生瓶（A）中的水加热至沸，2min 后夹紧（B），使蒸汽进入（C）中对样品进行蒸馏，待接收到 100mL 馏出液时，放松（B），停止蒸馏。

（2）双沸式装置 在蒸汽发生瓶（A）中加入瓶容积 2/3 的中性蒸馏水，加热至沸，取下样品瓶（B）加入待测样品 10mL，立即安装好蒸馏装置进行蒸馏，待收集到 100mL 馏出液时，停止蒸馏。

2. 滴定挥发酸（测定实测挥发酸）

取下三角瓶，将馏出液加热至沸，立即置水浴中冷却至室温，加入 2 滴酚酞指示剂，迅速用氢氧化钠标准滴定溶液滴定至粉红色，保持 30s 不变色即为终点，记下消耗的氢氧化钠标准滴定溶液的体积（V_1）。

3. 测定游离二氧化硫

于上述溶液中加入 1 滴盐酸溶液酸化，加 2mL 淀粉指示液和几粒碘化钾晶体，混匀后用 0.005mol/L 碘标准滴定溶液滴定，记录碘标准滴定溶液消耗的体积（V_2）。

4. 测定结合二氧化硫

在测定完游离二氧化硫的溶液中加入饱和硼酸钠溶液，至溶液显粉红色，继续用 0.005mol/L 碘标准滴定溶液滴定，至溶液呈蓝色，记录碘标准滴定溶液消耗的体积（V_3）。

五、 结果计算

1. 实测挥发酸

样品中实测挥发酸的含量按公式（7-14）进行计算：

$$X_1 = \frac{c \times V_1 \times 60.0}{V} \tag{7-14}$$

式中　X_1——样品中实测挥发酸的含量（以乙酸计），g/L

　　　　c——氢氧化钠标准滴定溶液的浓度，mol/L

　　　　V_1——消耗氢氧化钠标准滴定溶液的体积，mL

　　60.0——乙酸的摩尔质量，g/mol

　　　　V——取样体积，mL

2. 真实挥发酸

当实测挥发酸含量接近或超过标准规定时，则有可能是二氧化硫的存在干扰了挥发酸的检验结果，这时应该对二氧化硫的干扰进行修正，修正后的挥发酸才是样品中真实挥发性的含量，真实挥发酸含量按公式（7-15）进行计算：

$$\text{真实挥发酸}(X) = \text{实测挥发酸}(X_1) - \text{修正挥发酸}(X_2)$$

$$\text{修正挥发酸}(X_2) = \frac{c_2 \times V_2 \times 32 \times 1.875}{V} + \frac{c_2 \times V_3 \times 32 \times 0.9375}{V}$$

$$X = X_1 - \frac{c_2 \times V_2 \times 32 \times 1.875}{V} - \frac{c_2 \times V_3 \times 32 \times 0.9375}{V} \tag{7-15}$$

式中　X——样品中真实挥发酸（以乙酸计）含量，g/L

　　　　X_1——实测挥发酸含量，g/L

　　　　X_2——修正挥发酸含量，g/L

　　　　c_2——碘标准滴定溶液的摩尔浓度，mol/L

　　　　V——取样体积，mL

　　　　V_2——测定游离二氧化硫消耗碘标准滴定溶液的体积，mL

　　　　V_3——测定结合二氧化硫消耗碘标准滴定溶液的体积，mL

　　　　32——二氧化硫的摩尔质量，g/mol

　1.875——1g 游离二氧化硫相当于乙酸的质量，g

　0.9375——1g 结合二氧化硫相当于乙酸的质量，g

所得结果应表示至一位小数，在重复性条件下获得的两次独立测定结果的绝对差值不得超过算术平均值的5%。

六、 实验讨论

1. 蒸馏装置

挥发酸主要是乙酸，其沸点为118℃，直接蒸馏不能将乙酸完全蒸出，因此必须采用水蒸气蒸馏的方法蒸馏。蒸馏挥发酸可以使用单沸式蒸馏装置，如图7-2所示，也可以使用双沸式蒸馏装置，如图7-3所示。但无论使用哪种装置，必须保证蒸馏效果。蒸馏效果的验证可以通过以下三个实验来检验。

（1）以10mL蒸馏水为样品进行蒸馏，收集100mL馏出液，加2滴酚酞指示剂，加0.1mol/L的氢氧化钠溶液1滴，粉红色应在10s内不变，用以验证蒸出的溶液不含二氧化碳。

（2）以10mL 0.1mol/L的乙酸溶液为样品进行蒸馏，收集100mL馏出液，加2滴酚酞指示剂，用0.1mol/L的氢氧化钠标准滴定溶液进行滴定，计算乙酸的含量，其回收率应大于或等于99.5%，用以验证挥发酸能被完全蒸出。

（3）以10mL 0.1mol/L的乳酸溶液为样品进行蒸馏，收集100mL馏出液，加2滴酚酞指示剂，用0.1mol/L的氢氧化钠标准滴定溶液进行滴定，计算乳酸的含量，其回收率应小于或等于0.5%，用以验证固定酸不能被蒸出。

满足上述条件的蒸馏装置可用于挥发酸的测定。

2. 加热至沸

对蒸馏液加热至沸的作用是消除馏出液中存在的少量CO_2等干扰性物质，这些物质的存在会参与酸碱滴定，使检验结果偏高。加热至沸可以消除干扰，但必须控制沸腾的时间，一般不超过5s，时间过长会造成挥发酸的损失，导致检验结果偏低。另外，加热煮沸后应立即进行冷却、滴定，否则，空气中的CO_2又会进入蒸馏液，影响检验结果的准确性。

3. 修正挥发酸

在挥发酸滴定过程中，试液中如果有游离二氧化硫或结合二氧化硫，都将参与中和反应，消耗一定的氢氧化钠标准滴定溶液，使检验结果出现正误差。体系中存在的反应有：

挥发酸与氢氧化钠的反应：

$$CH_3COOH + NaOH \rightleftharpoons CH_3COONa + H_2O$$

游离二氧化硫与氢氧化钠的反应：

$$SO_2 + 2NaOH \rightleftharpoons Na_2SO_3 + H_2O$$

结合二氧化硫与氢氧化钠的反应：

$$\begin{array}{ccccc} & R & & OH & & R' \\ & | & & | & & | \\ R'-C=O & + & O=S-OH & \longrightarrow & R-S-OH \\ & & & & | \\ & & & & SO_3H \end{array}$$

$$R-\underset{\underset{SO_3H}{|}}{\overset{\overset{R'}{|}}{S}}-OH + OH^- \longrightarrow R'-\overset{\overset{R}{|}}{C}=O + HSO_3^- + H_2O$$

由上述反应方程式可看出，游离二氧化硫、氢氧化钠与乙酸，结合二氧化硫、氢氧化钠与乙酸存在如下关系：

$$游离二氧化硫 \quad SO_2 \longleftrightarrow 2NaOH \longleftrightarrow 2CH_2COOH$$

1g 游离二氧化硫，相当于 $2 \times 60/64$g 乙酸，也就是 1.875g 乙酸。

$$结合二氧化硫 \quad SO_2 \longleftrightarrow NaOH \longleftrightarrow CH_2COOH$$

1g 结合二氧化硫，相当于 60/64g 乙酸，也就是 0.9375g 乙酸。

滴定游离二氧化硫消耗的碘标准滴定溶液的体积为 V_2，滴定结合二氧化硫消耗的碘标准滴定溶液的体积为 V_3，所以由于二氧化硫的存在而引起挥发酸（X_2）含量偏高的数值为 $\dfrac{c_2 \times V_2 \times 32 \times 1.875}{V} + \dfrac{c_2 \times V_3 \times 32 \times 0.9375}{V}$。

第六节 二氧化硫

二氧化硫是葡萄酒中十分重要的添加剂，对葡萄酒起到多种保护作用，适时、适量添加二氧化硫，对抑制杂菌生长、改善葡萄酒风味、增加葡萄酒的稳定性、提高葡萄酒质量都有显著的作用。但二氧化硫对人体有一定的危害，它有强烈的刺激性气味，对眼睛和呼吸道黏膜有一定的损伤，严重时还会使人窒息，因此必须严格控制使用量，并进行准确的监测。

我国食品添加剂标准规定，二氧化硫在葡萄酒中的最大使用量为 0.25g/L，甜型葡萄酒及果酒系列产品最大使用量为 0.4g/L，最大使用量以二氧化硫残留量计。葡萄酒中的二氧化硫以游离态和结合态两种形态存在，两者之和称为总二氧化硫。二氧化硫与水结合的各种形态的化合物称为游离二氧化硫，与醛基、酮基等基团结合形成的化合物称为结合二氧化硫。在葡萄酒中起防腐、护色、抑菌等作用并有刺激性气味的主要是游离二氧化硫。游离二氧化硫和结合二氧化硫之间存在着动态平衡，当游离二氧化硫挥发或消耗，浓度降低时，结合二氧化硫就会部分分解，形成游离状态，从而建立起新的平衡。

葡萄酒中二氧化硫的检验方法通常采用化学法，常用的有氧化法和直接碘量法。生产中除了监测、控制总二氧化硫含量，使之符合国家标准规定以外，同时也要监测、控制游离二氧化硫的含量，使之处于最有效的范围。

一、 氧化法

1. 原理

（1）游离二氧化硫 在低温条件下，试样用磷酸酸化，其中的游离二氧化硫与过量的过氧化氢反应生成硫酸，用碱标准滴定溶液滴定生成的硫酸，以甲基红和次甲基蓝混合指示剂确定滴定终点，由此可得到样品中游离二氧化硫的含量。反应方程式如下：

$$SO_2 + H_2O_2 \Longrightarrow H_2SO_4$$
$$H_2SO_4 + 2NaOH \Longrightarrow Na_2SO_4 + 2H_2O$$

（2）总二氧化硫 加热除去了游离二氧化硫的试样，使其中结合的二氧化硫被释放，并与过量的过氧化氢发生氧化还原反应生成硫酸，用碱标准滴定溶液滴定生成的硫酸，以甲基红和次甲基蓝混合指示剂确定滴定终点，得到样品中结合二氧化硫的含量，将该含量与游离二氧化硫含量相加，即得出样品中总二氧化硫的含量。

2. 试剂

（1）过氧化氢溶液（0.3%） 吸取1mL 30%过氧化氢，用水稀释至100mL。使用当天配制。

（2）磷酸溶液（25%） 量取295mL 85%磷酸，用水稀释至1000mL。

（3）氢氧化钠标准滴定溶液 $[c(NaOH) = 0.01mol/L]$ 准确吸取50mL 氢氧化钠标准溶液 $[c(NaOH) = 0.1mol/L]$（按附录A2.1配制和标定），以无二氧化碳蒸馏水定容至500mL。存放于装有钠石灰管的瓶中，最多可使用一周。

（4）甲基红 – 次甲基蓝混合指示液

A. 称取0.1g次甲基蓝，溶解于乙醇（95%），并稀释至100mL。

B. 称取0.1g甲基红溶解于乙醇（95%），并稀释至100mL。

取A液50mL、B液100mL混匀。

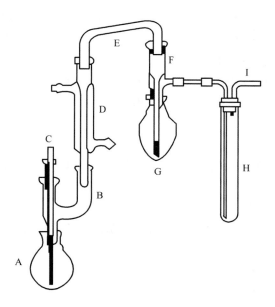

图7–4 二氧化硫测定装置

A – 短颈球瓶 B – 三通连接管 C – 通气管

D – 直管冷凝管 E – 弯管 F – 真空蒸馏接收管

G – 梨形瓶 H – 气体洗涤器 I – 直角弯管（接真空泵）

3. 仪器

（1）二氧化硫测定装置见图7–4。

（2）真空泵或抽气管。

（3）移液管 20mL。

（4）碱式滴定管 10mL。

（5）冰浴。

（6）电炉。

（7）刻度吸管 10mL。

4. 检验步骤

（1）游离二氧化硫

①按图7–4所示，将二氧化硫测定装置连接妥当，I管与真空泵相接，D管通入冷却水。取下梨形瓶（G）和气体洗涤器（H），在G瓶中加入20mL过氧化氢溶液、H管中加入5mL过氧化氢溶液，各加3滴混合指示液，溶液立即变为紫色，滴入氢氧化钠标准溶液，使其颜色恰好变为橄榄绿色，然后重新安

装妥当，将 A 瓶浸入冰浴中。

②吸取 20.00mL 样品，从 C 管上口加入 A 瓶中，随后吸取 10mL 磷酸溶液，也从 C 管上口加入 A 瓶。

③开启真空泵，使抽入空气流量为 1000~1500mL/min，抽气 10min。取下 G 瓶，用氢氧化钠标准滴定溶液滴定至重现橄榄绿色即为终点，记下消耗的氢氧化钠标准滴定溶液的体积（mL）。一般情况下，H 中溶液不应变色，如果溶液变为紫色，也需用氢氧化钠标准滴定溶液滴定至橄榄绿色，并将所消耗的氢氧化钠标准滴定溶液的体积与 G 瓶消耗的氢氧化钠标准滴定溶液的体积相加，作为测定游离二氧化硫消耗氢氧化钠标准滴定溶液的体积（V）。以水代替样品做空白试验，操作同上，记下消耗的氢氧化钠标准滴定溶液的体积（V_0）。

（2）总二氧化硫　将滴定游离二氧化硫结束后的 G 和 H 重新连接好，拆除 A 瓶下的冰浴，用温火小心加热 A 瓶，使瓶内溶液保持微沸。开启真空泵，以后操作同游离二氧化硫测定步骤，测定结合二氧化硫消耗的氢氧化钠标准滴定溶液的体积（V_1）。

5. 结果计算

样品中的游离二氧化硫、结合二氧化硫和总二氧化硫的含量分别按公式（7-16）、公式（7-17）和公式（7-18）进行计算：

$$X = \frac{c \times (V - V_0) \times 32}{20} \times 1000 \tag{7-16}$$

$$X_1 = \frac{c \times V_1 \times 32}{20} \times 1000 \tag{7-17}$$

$$X_2 = X + X_1 \tag{7-18}$$

式中　X——样品中游离二氧化硫的含量，mg/L

c——氢氧化钠标准滴定溶液的浓度，mol/L

V——测定游离二氧化硫时消耗的氢氧化钠标准滴定溶液的体积，mL

V_0——空白试验消耗的氢氧化钠标准滴定溶液的体积，mL

32——二氧化硫的摩尔质量，g/mol

20——吸取样品的体积，mL

V_1——测定结合二氧化硫时消耗的氢氧化钠标准滴定溶液的体积，mL

X_1——样品中结合二氧化硫的含量，mg/L

X_2——样品中总二氧化硫的含量，mg/L

所得结果表示至整数，在重复性条件下获得的两次独立测定结果的绝对差值不得超过算术平均值的 10%。

6. 实验讨论

（1）酸度控制　游离二氧化硫在葡萄酒中以不同的形态存在，各个形态之间存在着动态平衡。

$$SO_2{(气体)} \rightarrow SO_2{(溶解)} + H_2O \rightarrow H_2SO_3 \rightarrow H^+ + HSO_3^- \rightarrow H^+ + SO_3^{2-}$$

当试液酸度增加时，上述平衡向左移动，有利于游离二氧化硫以气体的形式向外逸出，加磷酸酸化的目的也就在于此。

（2）温度控制　二氧化硫的游离与结合也存在一个动态平衡。

$$R-\underset{\underset{SO_3H}{|}}{\overset{\overset{R'}{|}}{S}}-OH \longrightarrow R'-\overset{\overset{R}{|}}{C}=O + H_2SO_3$$

加热有利于平衡向右移动，使结合二氧化硫转化为游离二氧化硫被抽出，因此，测定结合二氧化硫时，需将试液加热至微沸状态；而在测定游离二氧化硫时，为了防止部分结合的二氧化硫转化逸出，必须对试液进行降温处理，用冰浴冷却试样，使温度控制在10℃以下，就可以有效避免结合二氧化硫释放。

（3）挥发酸控制　根据氧化法测定二氧化硫的原理可知，溶液中能与碱反应的其他酸性物质都将对检验结果产生干扰，挥发酸的存在是这类干扰物质的主要来源。为了防止挥发酸进入被滴定的试液，二氧化硫测定装置必须有足够的冷却能力，使被抽出的挥发酸及时冷凝，返回样品瓶中；在测定结合二氧化硫加热样品瓶时，不能使样品剧烈沸腾，以避免挥发酸进入被滴定试液；除此以外，以蒸馏水代替样品做空白实验，也是消除此类干扰的有效方法。

（4）抽气量控制　二氧化硫存在着气态和溶解态的平衡，外界压力的大小对平衡产生直接的影响，因此，测定装置抽气量的大小是影响该实验准确度的重要因素，也是影响实验结果精密度的关键因素，实验中应保证一定的抽气量，使二氧化硫能被完全抽出，为此可进行回收率实验，以验证实验的准确度，同时尽可能控制抽气量一致，使体系内的负压大小一致，以提高实验的精密度。

二、 直接碘量法

1. 原理

（1）游离二氧化硫　将样品用硫酸酸化，使水合二氧化硫解离，利用碘可以与二氧化硫发生氧化还原反应的性质，用碘标准滴定溶液作滴定剂，淀粉作指示剂，测定样品中游离二氧化硫的含量。

$$I_2 + SO_2 + 2H_2O \rightleftharpoons 2I^- + SO_4^{2-} + 4H^+$$

（2）总二氧化硫　样品用碱处理，使结合的二氧化硫转化为游离二氧化硫，再加硫酸酸化，使水合二氧化硫解离，利用碘可以与二氧化硫发生氧化还原反应的性质，用碘标准滴定溶液作滴定剂，淀粉作指示剂，测定样品中总二氧化硫的含量。

2. 试剂

（1）硫酸溶液（1+3）　取1体积浓硫酸缓慢注入3体积水中。

（2）碘标准滴定溶液［c（1/2 I_2）=0.02mol/L］　按附录A2.3配制与标定，临用时准确稀释5倍。

（3）淀粉指示液（10g/L）　称取1g淀粉，加5mL水使成糊状，在搅拌下将糊状物加到90mL沸腾的水中，煮沸1～2min，冷却，稀释至100mL，使用期不超过两周。

（4）氢氧化钠溶液（100g/L）　称取100g氢氧化钠，用水溶解并稀释至1L。

3. 仪器

（1）移液管　25mL、50mL。

（2）棕色酸式滴定管　10mL。

（3）碘量瓶　250mL。

（4）刻度吸管　10mL。

4. 检验步骤

（1）游离二氧化硫　吸取 50.00mL 20℃样品于 250mL 碘量瓶中，加入少量碎冰块，使温度降至 5~10℃，再加入 1mL 淀粉指示液、10mL 硫酸溶液，用碘标准滴定溶液迅速滴定至淡蓝色，保持 30s 不变即为终点，记下消耗的碘标准滴定溶液的体积（V）。

以水代替样品，做空白试验，操作同上，记下消耗的碘标准滴定溶液的体积（V_0）。

（2）总二氧化硫　吸取 25mL 氢氧化钠溶液（100g/L）于 250mL 碘量瓶中，再准确吸取 25.00mL 样品，并以吸管尖插入氢氧化钠溶液的方式，加入到碘量瓶中，摇匀，盖塞，静置 15min，使结合态二氧化硫完全转化为游离态二氧化硫，再加入少量碎冰块、1mL 淀粉指示液、10mL 硫酸溶液，摇匀，立即用碘标准滴定溶液滴定至淡蓝色，30s 内不变即为终点，记下消耗的碘标准滴定溶液的体积（V_1）。以水代替样品，做空白试验，操作同上，消耗的碘标准滴定溶液的体积（V_{01}）。

5. 结果计算

样品中游离二氧化硫和总二氧化硫含量按公式（7-19）和公式（7-20）进行计算：

$$X = \frac{c \times (V - V_0) \times 32}{50} \times 1000 \qquad (7-19)$$

$$X_1 = \frac{c \times (V_1 - V_{01}) \times 32}{25} \times 1000 \qquad (7-20)$$

式中　X——样品中游离二氧化硫的含量，mg/L

$\quad\ c$——碘标准滴定溶液的浓度，mol/L

$\quad\ V$——滴定游离二氧化硫时消耗的碘标准滴定溶液的体积，mL

$\quad\ V_0$——测游离二氧化硫空白试验消耗的碘标准滴定溶液的体积，mL

$\quad\ X_1$——样品中总二氧化硫的含量，mg/L

$\quad\ V_1$——滴定总二氧化硫时消耗的碘标准滴定溶液的体积，mL

$\quad\ V_{01}$——测总二氧化硫空白试验消耗的碘标准滴定溶液的体积，mL

$\quad$ 32——二氧化硫的摩尔质量，g/mol

$\quad$ 50——测游离二氧化硫时取样体积，mL

$\quad$ 25——测总二氧化硫时取样体积，mL

所得结果应表示至整数，在重复性条件下获得的两次独立测定结果的绝对差值不得超过算术平均值的 10%。

6. 实验讨论

（1）葡萄酒中的二氧化硫，特别是气体状态的二氧化硫，不稳定，易于逸出损失或被氧化，所以实验中不能对样品进行预处理，并尽量避免接触空气。

（2）由于二氧化硫和碘都是易挥发物质，所以滴定过程应使溶液保持较低的温度，滴定速度尽量要快。

（3）当样品中含有其他还原性物质，特别是添加了维生素 C（异 - 抗坏血酸）时，将对检验结果产生较大的干扰，应改用氧化法进行测定。

（4）直接碘量法测定二氧化硫比较快速、经济、简单，但对颜色较深的红葡萄酒，滴定终点不易辨认，这是该方法十分重要的一个缺陷。

第七节　铁

由于葡萄浆果中含有一定量的铁，所以葡萄酒中普遍含有铁元素，其含量的高低，受到葡萄品种、土壤状况、灌溉水质以及大气环境等因素的影响。一般情况下，由葡萄原料带入葡萄酒的铁，含量在 5mg/L 左右，但在葡萄酒加工过程中，葡萄醪液及成品接触到的设备、容器、管道、阀门等，如果有裸露的铁都可能将铁元素带入葡萄酒中，从而使铁的含量升高。

铁对人体来说是不可缺少的元素，缺铁会给人体带来某些疾患。但对葡萄酒而言，铁含量过高会产生破败病，使葡萄酒产生浑浊沉淀，严重影响葡萄酒的稳定性和质量。白葡萄酒中，铁含量超过 10mg/L，就有可能与磷酸盐结合生成难溶的化合物，形成白色破败病；在红葡萄酒中，铁含量超过 10mg/L，就有可能与单宁结合生成难溶的化合物，形成红色破败病，除此以外，铁还是一种催化剂，能够加速葡萄酒的氧化和衰败过程，因此严格控制铁含量，是保证葡萄酒质量稳定的重要措施之一，GB 15037—2006《葡萄酒》国家标准规定，葡萄酒中铁的含量应 ≤8.0mg/L。

测定铁的方法很多，传统的化学法多采用比色法，如邻菲罗啉比色法、磺基水杨酸比色法等，而现代的仪器分析方法可采用原子吸收分光光度法、电感耦合等离子发射光谱法等，其中原子吸收分光光度法相对比较实用，也是国家标准 GB 15037—2006《葡萄酒、果酒通用分析方法》中规定的仪器分析法。

一、原子吸收分光光度法

1. 原理

将处理后的试样导入原子吸收分光光度计中，在乙炔 - 空气火焰中，试样中的铁被原子化，基态铁原子吸收特征波长（248.3nm）的光，吸收量的大小与试样中铁原子浓度成正比，测其吸光度，与标准工作曲线比较，求得铁含量。

2. 试剂

（1）硝酸溶液（0.5%）　量取 8mL 硝酸，稀释至 1000mL。

（2）铁标准贮备液（0.1mg/mL）　称取 0.864g 硫酸铁铵 [$NH_4Fe(SO_4)_2 \cdot 12H_2O$] 或 0.702g 硫酸亚铁铵 [$(NH_4)_2Fe(SO_4)_2 \cdot 6H_2O$] 溶于水，加 1mL 硫酸，移入 1000mL 容量瓶中，稀释至刻度。

（3）铁标准使用液（10μg/mL）　吸取 10.00mL 铁标准贮备液于 100mL 容量瓶中，用 0.5% 硝酸溶液稀释至刻度。

（4）铁标准系列溶液　吸取铁标准使用液 0.00mL、1.00mL、2.00mL、4.00mL、5.00mL 分别置于 5 个 100mL 容量瓶中，用 0.5% 硝酸溶液稀释至刻度，混匀。铁离子浓度分别为 0.00mg/L、0.10mg/L、0.20mg/L、0.40mg/L、0.50mg/L，该系列用于标准工作曲线的绘制。

3. 仪器

（1）原子吸收分光光度计　备有铁空心阴极灯。

（2）分析天平　感量 0.1mg。

（3）容量瓶　100mL、1000mL。

（4）刻度吸管　5mL。

（5）移液管　2mL、10mL。

4. 试样制备

用 0.5% 硝酸溶液将待测样品准确稀释 5 ~ 10 倍，使试样中铁含量为 0.2mg/L 左右，摇匀，备用。

5. 检验步骤

（1）标准工作曲线的绘制　置仪器于合适的工作状态，调波长至 248.3nm，导入标准系列溶液，以零管调零，分别测定其吸光度。以铁的浓度对应吸光度绘制标准工作曲线（或者建立回归方程）。

（2）试样的测定　将准确稀释的试样导入仪器，测其吸光度，然后根据吸光度在标准曲线上查得铁的含量（或带入回归方程计算）。

6. 结果计算

样品中铁的含量按公式（7 - 21）进行计算：

$$X = C \times F \tag{7 - 21}$$

式中　X——样品中铁的含量，mg/L

　　　C——试样中铁的含量，mg/L

　　　F——样品稀释倍数

所得结果应表示至一位小数，在重复性条件下获得的两次独立测定结果的绝对差值不得超过算术平均值的 10%。

7. 实验讨论

（1）铁是自然界储量丰富、分布广泛的金属元素，实验过程极易产生外来污染，因此，所用试剂必须保证较高的纯度，一般应为优级纯试剂，所用水必须为重蒸蒸馏水，所用玻璃器皿必须经过 10% 硝酸溶液浸泡 24h 以上的处理。

（2）当样品基体复杂或黏度较大时，特别是含糖量较高的半甜型以上的葡萄酒，应对样品进行消化处理，破坏掉其中的有机质，以消除基体的干扰。

二、 邻菲罗啉比色法

1. 原理

样品经消化处理后，试样中的三价铁在酸性条件下被盐酸羟胺还原成二价铁，二价铁与邻菲罗啉作用生成红色螯合物，其颜色的深度与铁含量成正比，用分光光度计测定吸光值，与标准系列比较，求得样品中铁的含量。

（1）消化 将样品中的有机物分解为碳和水，然后变为气体逸出。

$$(C_6H_{10}O_5)_x \xrightarrow{H_2SO_4} 6xC + 5xH_2O$$

$$C + 2H_2SO_4 \longrightarrow 2H_2O\uparrow + CO_2\uparrow + 2SO_2\uparrow$$

（2）还原 消化后样品中的铁以三价铁离子（Fe^{3+}）形式存在，用盐酸羟胺将其还原为二价铁离子（Fe^{2+}）。

$$2Fe^{3+} + NH_2OH \cdot HCl \longrightarrow N_2\uparrow + 2Fe^{2+} + H_2O + 4H^+ + 2Cl^-$$

（3）显色 二价铁离子（Fe^{2+}）与邻菲罗啉发生显色反应，生成红色螯合物。

无色　　　　　　　　　　　　红色

2. 试剂

（1）浓硫酸。

（2）过氧化氢（30%）。

（3）氨水（25%~28%）。

（4）盐酸羟胺溶液（100g/L） 称取10g盐酸羟胺（$NH_2OH \cdot HCl$），用水溶解稀释至100mL，于棕色瓶中低温贮存。

（5）盐酸溶液（1+1） 取100mL浓盐酸，注入100mL水中，摇匀。

（6）乙酸-乙酸钠溶液（pH 4.8） 称取272g乙酸钠（$CH_3COONa \cdot 3H_2O$）溶解于500mL水中，加200mL冰乙酸，加水稀释至1 000mL。

（7）邻菲罗啉溶液（2g/L） 称取1,10-邻菲罗啉（$C_{12}H_8N_2 \cdot H_2O$）0.2g，[或邻菲罗啉盐酸盐（$C_{12}H_8N_2 \cdot HCl \cdot H_2O$）]，加少量水振摇至溶解（必要时加热），稀释至100mL。

（8）铁标准贮备液（0.1mg/mL） 同本章第七节一中1（2）。

（9）铁标准使用液（10μg/mL） 同本章第七节一中1（3）。

（10）刚果红试纸。

3. 仪器

（1）分光光度计。

（2）高温电炉（干法消化用）　（550±25）℃。

（3）瓷蒸发皿（干法消化用）　100mL。

（4）凯氏烧瓶（湿法消化用）　10mL 或 100mL。

（5）电炉或电热板（湿法消化用）。

（6）分析天平　感量 0.1mg。

（7）比色管　25mL。

（8）移液管　1mL、2mL、5mL、10mL。

（9）刻度吸管　5mL。

（10）容量瓶　50mL、100mL。

（11）架盘天平　100g。

4. 试样制备

实验室可根据各自条件选用干法消化或湿法消化对样品进行制备。

（1）干法消化　准确吸取 10.00mL 样品（V）于蒸发皿中，在水浴上蒸干，置于电炉上小心炭化，然后移入（550±25）℃高温电炉中灼烧，灰化至残渣呈白色，取出冷却，加入 10mL 盐酸溶液溶解，在水浴上蒸至约 2mL，再加入 5mL 水，加热煮沸后，移入 50mL 容量瓶中（V_1），用水洗涤蒸发皿，洗液并入容量瓶，加水稀释至刻度，摇匀。同时做空白试验。

（2）湿法消化　准确吸取 1.00mL 样品（V）（视含铁量增减）于 10mL 或 100mL 凯氏烧瓶中，置电炉上缓缓蒸发至近干，取下稍冷后，加 1mL 浓硫酸（根据含糖量增减）、1mL 过氧化氢，于通风橱内加热消化。如果消化液仍有颜色，继续滴加过氧化氢溶液，直至消化液无色透明。稍冷，加 10mL 水微火煮沸 3~5min，取下冷却。同时做空白试验。

5. 检验步骤

（1）标准工作曲线的绘制　吸取铁标准使用液（10μg/mL）0.00mL、0.20mL、0.50mL、1.00mL、1.50mL（铁含量为 0.0μg、2.0μg、5.0μg、10.0μg、15.0μg）分别于 5 个 25mL 比色管中，补加水至 10mL，加 5mL 乙酸－乙酸钠溶液（调 pH 至 3~5）、1mL 盐酸羟胺溶液，摇匀，放置 5min 后，再加入 1mL 1, 10－邻菲罗啉溶液，然后补加水至刻度，摇匀。将上述系列放置 30min，在 480nm 波长下，分别测定吸光度。根据吸光度及相对应的铁含量绘制标准工作曲线（或建立回归方程）。

（2）试样的测定

①干法消化的样品：准确吸取干法消化的试样 5~10mL（V_2）及试剂空白消化液分别于 25mL 比色管中，补加水至 10mL，然后按标准工作曲线的绘制同样操作，分别测其吸光度，从标准工作曲线上查出试液中铁的含量（c_1 和 c_0），或用回归方程计算。

②湿法消化的样品：将湿法消化的试样及空白试液分别转移至 25mL 比色管中，用少量水洗涤凯氏烧瓶，洗液并入比色管中，总体积应控制在 10mL，在每支管中加入一小片刚果红试纸，用氨水中和至试纸显蓝紫色，然后各加 5mL 乙酸－乙酸钠溶液（调 pH 至 3~5），以下操作同标准工作曲线的绘制。以测出的吸光度，从标准工作曲线上

查出试液中铁的含量（c_1 和 c_0），或用回归方程计算。

6. 结果计算

（1）干法消化样品中铁含量按公式（7-22）进行计算：

$$X = \frac{(C_1 - C_0) \times 1000}{V \times V_2/V_1 \times 1000} = \frac{(C_1 - C_0) \times V_1}{V \times V_2} \qquad (7-22)$$

式中　X——样品中铁的含量，mg/L

　　　C_1——测定用试液中铁的含量，μg

　　　C_0——试剂空白液中铁的含量，μg

　　　V——取样体积，mL

　　　V_1——样品消化溶液定容的总体积，mL

　　　V_2——吸取制备试样的体积，mL

（2）湿法消化样品中铁含量按公式（7-23）计算：

$$X = \frac{C_1 - C_0}{V} \qquad (7-23)$$

式中　X——样品中铁的含量，μg/L

　　　C_1——测定用样品中铁的含量，μg

　　　C_0——试剂空白液中铁的含量，μg

　　　V——取样体积，mL

所得结果应表示至一位小数，在重复性条件下获得的两次独立测定结果的绝对差值不得超过算术平均值的 10%。

7. 实验讨论

（1）邻菲罗啉测铁的方法是十分灵敏的，必须保证所用试剂的纯度及器皿的洁净。因此，所用试剂必须保证较高的纯度，一般应为优级纯试剂，所用水必须为重蒸蒸馏水，所用玻璃器皿必须经过 10% 硝酸溶液浸泡 24h 以上的处理。

（2）用湿法消化的样品必须经过加水煮沸处理，一方面可以将多余的酸去除，有利于试液 pH 的调整，保证显色反应顺利进行，另一方面可以消除烧瓶壁对铁离子的吸附，特别是铁含量较高的样品和加热消化剧烈的样品，铁离子被吸附的现象更严重。

（3）溶液的 pH 对显色反应有较大的影响，虽然邻菲罗啉在 pH 3～9 范围内都能与二价铁生成橘红色络合物，但实验证明在这么宽泛的 pH 范围内，检验结果的重复性很差，而只有当 pH 一致时才能保证检验结果的准确度和精密度。为了调整好试液的 pH，必须加入乙酸–乙酸钠缓冲溶液（pH 4.8）；而用湿法消化的样品，必须先用氨水调整 pH 至刚果红试纸显蓝紫色（变色范围 pH 3.5～5.2，由蓝色变为红色），然后再加乙酸–乙酸钠缓冲溶液，确保试样的 pH 相同。

三、磺基水杨酸比色法

1. 原理

样品经消化处理后，试液中的三价铁离子（Fe^{3+}）在氨溶液中（pH 8～10.5）与磺基水杨酸反应生成黄色络合物，可根据颜色的深浅进行目视比色测定。

$$Fe^{3+} + 3 \quad \text{(磺基水杨酸结构式，含 OH, HO}_3\text{S, COOH)} \quad + 6NH_4OH \longrightarrow$$

$$6(NH_4)\left[Fe\left(\text{(配合物结构，含 O}^-, ^-O_3S, COO^-)\right)\right] + 6H_2O + 3H^+$$

2. 试剂

（1）磺基水杨酸溶液（100g/L）　取 10g 磺基水杨酸（$C_7H_6O_6S_2 \cdot H_2O$）用水溶解，并稀释至 100mL。

（2）氨水（1 + 1.5）　取 100mL 氨水，注入 150mL 水中。

（3）铁标准贮备液（0.1mg/mL）　同本章第一节一中 1（2）。

（4）铁标准使用液（10μg/mL）　同本章第一节一中 1（3）。

3. 仪器

（1）高温电炉（干法消化用）　（550 ± 25）℃。

（2）瓷蒸发皿（干法消化用）　100mL。

（3）凯氏烧瓶（湿法消化用）　10mL 或 100mL。

（4）电炉或电热板（湿法消化用）。

（5）比色管　25mL。

（6）移液管　1mL、2mL、5mL、10mL。

（7）刻度吸管　5mL。

（8）容量瓶　50mL、100mL。

（9）架盘天平　100g。

4. 试样制备

本章第七节二中 4。

5. 检验步骤

（1）标准系列制备　吸取铁标准使用液 0.00mL、0.50mL、1.00mL、1.50mL、2.00mL、2.50mL（铁含量分别为 0.0μg、5.0μg、10.0μg、15.0μg、20.0μg、25.0μg）分别于 6 支 25mL 比色管中，分别加入 5mL 磺基水杨酸溶液，用氨水中和至溶液呈黄色时，再多加 0.5mL，以水稀释至刻度，摇匀。

（2）样品的测定　根据铁含量吸取干法消化的试样 2.0 ~ 5.0mL（V_2）和同量空白消化液分别于 25mL 比色管中，或者将湿法消化的试样及空白消化液洗入 25mL 比色管中，然后按标准系列制备的方法同样操作，用得到的样品比色管与标准系列进行目视比色，记下与试样溶液颜色深浅相同的标准管中铁的含量。

6. 结果计算

同本章第七节二中 6，其中由标准曲线上查得的含铁量（C_1 和 C_0），用目测的含铁量代替。

所得结果应表示至整数，在重复性条件下获得的两次独立测定结果的绝对差值不得超过算术平均值的 10% 。

7. 实验讨论

（1）磺基水杨酸与铁形成的有色络合物，随溶液的 pH 不同而变化。在 pH 4 ~ 8 的溶液中，络合物的颜色为褐色；在 pH 8 ~ 11.5 的溶液中，络合物的颜色为黄色；当 pH > 12 时，则生成氢氧化铁沉淀。因此，添加氨水时应缓慢操作，并迅速摇匀，当颜色变为黄色时，再多加的 0.5mL 必须准确，以保证每一个比色管中溶液的 pH 相同。

（2）磺基水杨酸比色法测定铁含量，可以采用目视比色法，也可以用分光光度计比色，其他的操作完全相同，只是标准曲线的绘制和样品的测定改用分光光度计，其测定波长为 420nm。

第八节 铜

葡萄酒中的铜主要来源于葡萄原料，依葡萄品种、地域等不同而有所差异，正常的葡萄酒中铜含量一般在 0.5mg/L 左右，但使用波尔多液防治病害的葡萄，特别是在葡萄采收前使用过含铜的农药时，铜的含量会大大提升。在酿造过程中，一部分铜会随酒泥一起被分离去除。

铜虽然是人体内必须的微量元素之一，但对葡萄酒来说，过量的铜会影响葡萄酒的稳定性，导致产生浑浊沉淀，即铜破败病。此外，铜还是一种催化剂，可以诱发铁的沉淀，显著降低葡萄酒的质量。铜含量控制在 1mg/L 以下被认为是安全的。

铜的检验方法很多，最常用的有原子吸收分光光度法、二乙基二硫代氨基甲酸钠比色法等。电感耦合等离子发射光谱法也越来越多地被用于铜含量的测定。

一、 原子吸收分光光度法

1. 原理

将处理后的试样导入原子吸收分光光度计中，在乙炔 – 空气火焰中样品中的铜被原子化，基态原子吸收特征波长（324.7nm）的光，其吸收量的大小与试样中铜的含量成正比，测其吸光度，与标准工作曲线比较，求得样品中铜的含量。

2. 试剂

（1）硝酸溶液（0.5%） 量取 8mL 浓硝酸，用水稀释至 1000mL。

（2）铜标准贮备液（0.1mg/mL） 称取 0.393g 硫酸铜（$CuSO_4 \cdot 5H_2O$），溶于水，移入 1000mL 容量瓶中稀释至刻度。

（3）铜标准使用液（10μg/mL） 吸取 10.00mL 铜标准贮备液于 100mL 容量瓶中，用硝酸溶液（0.5%）稀释至刻度。

（4）铜标准系列溶液 吸取铜标准使用液 0.00mL、0.50mL、1.00mL、2.00mL、5.00mL，分别置于 5 个 50mL 容量瓶中，用硝酸溶液（0.5%）稀释至刻度，摇匀，各容量瓶中铜的浓度分别为 0.0mg/L、0.1mg/L 、0.2mg/L、0.4mg/L 和 1.0mg/L。该系列用于标准工作曲线的绘制。

3. 仪器

（1）原子吸收分光光度计　备有铜空心阴极灯。

（2）分析天平　感量 0.1mg。

（3）容量瓶　50mL。

（4）刻度吸管　5mL。

（5）移液管　2mL、10mL。

4. 试样制备

吸取 2~5mL 样品，用硝酸溶液准确稀释，使试液中铜的含量为 0.2mg/L 左右，摇匀，备用。

5. 检验步骤

（1）标准工作曲线的绘制　置仪器于合适的工作状态下，调波长至 324.7nm，导入标准系列溶液，以零管调零，分别测其吸光度，以铜的含量对应吸光度绘制标准工作曲线（或建立回归方程）。

（2）样品测定　将制备好的试样导入原子吸收分光光度计，测其吸光度，然后根据吸光度在标准工作曲线上查得铜的含量（或者用回归方程计算）。

6. 结果计算

样品中铜的含量按公式（7-24）进行计算：

$$X = C \times F \tag{7-24}$$

式中　X——样品中铜的含量，mg/L

C——试样中铜的含量，mg/L

F——样品稀释倍数

所得结果应表示至一位小数，在重复性条件下获得的两次独立测定结果的绝对差值不得超过算术平均值的 10%。

二、 二乙基二硫代氨基甲酸钠比色法

1. 原理

在碱性溶液中铜离子与二乙基二硫代氨基甲酸钠（DDTC）作用生成棕黄色络合物，用四氯化碳萃取后比色，与标准系列比较得出样品中铜的含量。

2. 试剂

（1）四氯化碳。

（2）硫酸溶液 [c（1/2 H_2SO_4）= 2mol/L] 　量取浓硫酸 60mL，缓缓注入 1000mL 水中，摇匀，冷却。

（3）乙二胺四乙酸二钠（EDTA）柠檬酸铵溶液　称取 5g 乙二胺四乙酸二钠及 20g 柠檬酸铵，用水溶解并稀释至 100mL。

（4）氨水（1+1）　取100mL氨水，注入100mL水中，摇匀。

（5）氢氧化钠溶液（0.05mol/L）　称取2g氢氧化钠，用水溶解并稀释至1000mL。

（6）二乙基二硫代氨基甲酸钠（铜试剂）溶液（1g/L）　称取0.1g二乙基二硫代氨基甲酸钠（铜试剂），溶于水，稀释至100mL，贮于冰箱中。

（7）硝酸溶液（0.5%）　量取8mL浓硝酸，用水稀释至1000mL。

（8）铜标准贮备液（0.1mg/mL）　同本章第八节一中2（2）。

（9）铜标准使用液（10μg/mL）　同本章第八节一中2（3）。

（10）麝香草酚蓝指示液（1g/L）　称取0.1g麝香草酚蓝于4.3mL氢氧化钠（0.05mol/L）溶液中，用水稀释至100mL。

（11）无水硫酸钠或脱脂棉。

3. 仪器

（1）分光光度计。

（2）高温电炉（干法消化用）　（550±25）℃。

（3）瓷蒸发皿（干法消化用）　100mL。

（4）凯氏烧瓶（湿法消化用）　10mL或100mL。

（5）电炉或电热板（湿法消化用）。

（6）分液漏斗　125mL。

（7）分析天平　感量0.1mg。

（8）架盘天平　100g。

（9）容量瓶　100mL、1000mL。

（10）刻度吸管　5mL、10mL。

（11）移液管　10mL。

4. 试样制备

同本章第七节二中4。

5. 检验步骤

（1）标准工作曲线的绘制　吸取铜标准使用液（10μg/mL）0.00mL、0.50mL、1.00mL、2.00mL、3.00mL（铜含量分别为0.0μg、5.0μg、10.0μg、20.0μg、30.0μg）分别于5支125mL分液漏斗中，各补加2mol/L硫酸溶液至20mL。然后再加入10mL乙二胺四乙酸二钠柠檬酸铵溶液和3滴麝香草酚蓝指示液，混匀，用氨水调pH（溶液的颜色由黄至微蓝色），补加水至总体积约40mL，再各加2mL二乙基二硫代氨基甲酸钠溶液（铜试剂）和10.00mL四氯化碳，剧烈振摇萃取2min，待静置分层后，将四氯化碳层经无水硫酸钠或脱脂棉滤入2cm比色杯中，用分光光度计在440nm波长处，分别测其吸光度，根据吸光度及相对应的铜含量绘制标准曲线（或建立回归方程）。

（2）样品的测定　吸取干法处理的试样10.00mL和同量空白消化液分别于125mL分液漏斗中，或者将湿法处理的全部试样及空白消化液，分别洗入125mL分液漏斗中。

然后按标准曲线绘制的方法同样操作（湿法处理的试样，以水代替 2mol/L 硫酸溶液，补加体积至 20mL，以后步骤不变），分别测其吸光度，从标准工作曲线上查出铜的含量（或用回归方程计算）。

6. 结果计算

（1）干法消化样品中铜含量按公式（7-25）进行计算：

$$X = \frac{(C_1 - C_0) \times 1000}{V \times V_2/V_1 \times 1000} = \frac{(C_1 - C_0) \times V_1}{V \times V_2} \qquad (7-25)$$

式中 X——样品中铜的含量，mg/L

      C_1——测定用试样消化液中铜的含量，μg

      C_0——试剂空白液中铜的含量，μg

      V——取样体积，mL

      V_1——试样消化液的总体积，mL

      V_2——测定用试样消化液的体积，mL

（2）湿法消化样品中铜含量按公式（7-26）计算：

$$X = \frac{(C_1 - C_0)}{V} \qquad (7-26)$$

式中 X——样品中铜的含量，mg/L

      C_1——测定用试样中铜的含量，μg

      C_0——空白试验中铜的含量，μg

      V——取样体积，mL

所得结果应表示至一位小数，在重复性条件下获得的两次独立测定结果的绝对差值不得超过算术平均值的 10%。

第九节　电感耦合等离子发射光谱法同时测定多种金属离子

一、原理

将处理后的试样导入电感耦合等离子发射光谱仪中，通过测试各种金属离子的特征谱线和光谱强度，分别与金属离子标准溶液的特征谱线和光谱强度对照，确定样品中各种金属离子的含量。

二、试剂

（1）超纯水。

（2）硝酸溶液（1%）　取 10mL 浓硝酸，用超纯水溶解稀释至 1000mL，混匀。

（3）乙醇（95%）。

（4）标准金属离子储备液（1mg/mL）　分别将市售的标准物质钾、钙、镁、钠、铁、铜、锌、锰、锶、铝、钡，用 1% 的硝酸配制成 1mg/mL 的标准储备液或直接购买有证书的标准溶液。

（5）铁、钾、钙、钠、镁金属离子标准使用液（0.1mg/mL） 分别吸取铁、钾、钙、钠、镁金属离子标准储备液 10.00mL 于 5 个 100mL 容量瓶中，用 1% 硝酸溶液稀释至刻度。

（6）铜、锌、锰、锶、铝、钡金属离子标准使用液（0.01mg/mL） 分别吸取铜、锌、锰、锶、铝、钡金属离子标准储备液 1.00mL 于 6 个 100mL 容量瓶中，用 1% 硝酸溶液稀释至刻度。

（7）钾、钙、钠、镁金属离子标准系列溶液 分别吸取钾金属离子标准使用液 0.0mL、2.5mL、5.0mL、10.0mL、25.0mL，钙、镁、钠金属离子标准使用液 0.0mL、0.5mL、1.0mL、2.0mL、5.0mL 于 5 个 100mL 容量瓶中，各加入乙醇（95%）2.5mL，用 1% 硝酸稀释至刻度，得到钾、钙、钠、镁混合标准系列溶液，各种离子的浓度分别是：钾 0.0μg/mL、2.5μg/mL、5.0μg/mL、10.0μg/mL 和 25.0μg/mL；钙、镁、钠为 0.0μg/mL、0.5μg/mL、1.0μg/mL、2.0μg/mL 和 5.0μg/mL。

（8）铁、铜、锌、锰、锶、铝、钡金属离子标准系列溶液 分别吸取铁金属离子标准使用液 0.0mL、0.25mL、0.5mL、1.0mL、2.5mL，铜、锌、锰、锶、铝、钡金属离子标准使用液 0.0mL、0.5mL、1.0mL、2.0mL、5.0mL 于 5 个 100mL 容量瓶中，各加入乙醇（95%）2.5mL，用 1% 硝酸稀释至刻度，得到铁、铜、锌、锰、锶、铝、钡混合标准系列溶液，各种离子的浓度分别是：铁 0.0μg/mL、0.25μg/mL、0.5μg/mL、1.0μg/mL、2.5μg/mL；铜、锌、锰、锶、铝、钡 0.0μg/mL、0.05μg/mL、0.1μg/mL、0.2μg/mL 和 0.5μg/mL。

三、 仪器

（1）电感耦合等离子发射光谱仪（ICP）。

（2）分析天平 0.1mg。

（3）容量瓶 100mL。

（4）刻度吸管 5mL、10mL。

（5）移液管 1mL、2mL、20mL、25mL。

（6）微过滤膜 0.45μm。

四、 检验步骤

1. 仪器参数（参考）

（1）功率 1.1kW。

（2）工作气流量 15.0L/min。

（3）辅助气流量 1.5L/min。

（4）雾化气压 200kPa。

（5）稳定时间 20s。

（6）吸样时间 5s。

（7）冲洗时间 30s。

（8）泵速 1.5r/min。

2. 试样制备

（1）用于测定钾、钠、钙、镁的试样 取待测葡萄酒样品 1~5mL（V_1），加乙醇（95%）2.5mL，用硝酸溶液（1%）定容至 100mL，用 0.45μm 滤膜过滤，备用。

（2）用于测定铁、铜、锌、钡、锶、锰、铝的试样 取待测葡萄酒样品 20mL（V_1），用硝酸溶液（1%）定容至 100mL（V_2），用 0.45μm 滤膜过滤，备用。

3. 测试

开启仪器，用1%硝酸清洗后，调整仪器各个参数，以空白液调整仪器空白，分别进标准系列溶液和制备好的样品。以标准系列中离子的浓度对应光强度作工作曲线（或建立回归方程），在工作曲线上查得样品中金属离子的浓度。

五、 结果计算

样品中各种金属离子的含量按公式（7-27）进行计算。

$$X_i = C_i \times F \tag{7-27}$$

式中　X_i——样品中各种金属离子的含量，mg/L

　　　C_i——从标准曲线查求得试液中各种金属离子的含量，mg/L

　　　F——样品的稀释倍数

计算结果保留一位小数，在重复性条件下获得的两次独立测定结果的绝对差值不得超过算术平均值的10%。

六、 实验讨论

（1）实验中用到的玻璃器皿应在 10% 硝酸溶液中浸泡 24h 以上，然后用水冲洗，最后用超纯水淋洗干净，以防污染。

（2）样品的稀释倍数应根据样品中离子的含量进行适当调整，使之在工作曲线的浓度范围内。

（3）当样品含糖量较高时，例如甜型葡萄酒，测试前必须对样品进行消化处理，去除有机质。消化处理的方法详见本章第七节二中4。

（4）采用直接对样品稀释进行测定，可以减轻葡萄酒样品基质对金属离子测定的影响，但不能完全消除影响。因此要更大程度消除葡萄酒基质的干扰或对含量很低的元素进行检验时，应对样品进行消化处理之后，再进行测定。标准系列溶液中加入乙醇（95%）2.5mL，是为模拟葡萄酒中乙醇的影响，采用消化处理的方式测定时，标准系列溶液中则不需加入乙醇。

第十节　总酚和单宁

羟基（—OH）连在苯环（又称芳香环）上的化合物称为酚。多酚是指分子结构中含有一个以上酚官能团的物质。

葡萄酒中的酚类物质包括色素和单宁两大类。色素包括花色素和黄酮两大类，都属于类黄酮化合物，其分子结构中都含有"黄烷构架"，即由一个有 3 个"C"和 1 个"O"构成的杂环连接 a、b 两个芳香环。它们是多酚，含有 3 个以上的羟基，它们也是杂多糖苷，含有一个或多个糖，可有单糖苷、双糖苷和多糖苷；花色素多以糖苷（称花色苷）的形式存在，构成五彩缤纷的色彩，其结构式见图 7 – 5。

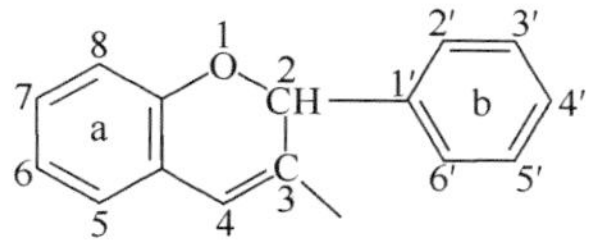

图 7 – 5　类黄酮类化合物的"黄烷构架"

单宁是一类特殊的酚类化合物，类黄酮和非类黄酮的聚合物统称为单宁，根据其化学结构的不同可分为水解单宁（hydrolytictannin，HT）和缩合单宁（condensedtannin，CT）。由非类黄酮聚合成的水解单宁在酸性条件下易水解，由类黄酮聚合成的缩合单宁以共价键结合在一起，在同等条件下较水解单宁相对稳定。

在葡萄酒成熟过程中酚类物质也在逐渐变化，小分子单宁比例逐渐下降、聚合物的比例逐渐上升，单宁与其他大分子的多糖、肽的缩合物逐渐上升，游离花色苷逐渐消失，其中一部分逐渐与单宁结合。红葡萄酒的颜色取决于不同形态花色苷的比例，即游离花色苷与花色苷 – 单宁复合物的比例。在葡萄酒的成熟过程中，随着游离花色苷的下降，单宁 – 花色苷复合物是决定红葡萄酒颜色的主体部分。在葡萄酒中酚类或多酚类物质会产生苦味与涩味，单宁 – 多糖苷复合物则是构成红葡萄酒"圆润""肥硕"等质量特征的要素，这些物质在葡萄酒中起着重要的作用，正是由于它们的存在才使葡萄酒具有颜色，具有复杂的味感。

一、总酚

1. 原理

利用酚类化合物可以将钨钼酸还原生成蓝色化合物，生成物颜色的深浅与多酚含量呈正相关，蓝色化合物在 765nm 附近有最大吸收，可比色测定其含量。

2. 试剂

（1）福林 – 肖卡（Folin – Ciocalteu）试剂　称取 100g 钨酸钠和 25g 钼酸钠，将二者溶解于 700mL 水中，倒入 2L 圆底烧瓶中，再加入 50mL 85% 磷酸和 100mL 浓盐酸，连接回流冷凝器，回流 10h（不一定连续），回流后用 50mL 水冲洗冷凝器，然后取下，加 150g 硫酸锂和几滴溴，在通风橱中煮沸 15min，最后颜色应该是黄色（不带丝毫的蓝色），冷却后转移到 1L 的容量瓶中用水定容，过滤并储存于一个棕色瓶中备用。

（2）碳酸钠溶液（20%）　称取 200g 无水碳酸钠，溶于 1L 沸水中，冷却到室温，24h 后过滤。

（3）酚标准储备液（5g/L）　称取 0.500g 干没食子酸（$C_7H_6O_5 \cdot H_2O$，在 120℃下烘干 3h），用水溶解，定容于 100mL 的容量瓶中备用。

（4）酚标准使用液（50mg/L）　吸取酚标准储备液 1.00mL 于 100mL 容量瓶中用水定容至刻度。

（5）磷酸。

（6）盐酸。

3. 仪器

（1）紫外 - 可见分光光度计。

（2）分析天平　感量 0.1mg。

（3）恒温水浴。

（4）架盘天平　500g。

（5）全玻璃回流装置　2L。

（6）刻度吸管　1mL、10mL。

（7）容量瓶　100mL、1000mL。

4. 检验步骤

（1）标准工作曲线绘制　吸取酚标准使用液 0.0mL、1.0mL、2.0mL、5.0mL 和 10.0mL 分别置于 100mL 容量瓶中用水定容，溶液中酚的浓度分别为 0.0mg/L、0.5mg/L、1.0mg/L、2.5mg/L 和 5.0mg/L。取上述浓度的溶液各 1mL，分别置于 5 个 100mL 容量瓶中，各加水 60mL、福林 - 肖卡试剂 5mL，充分混合，放置 30 s 后，在 8min 内各加 15mL 20% 的碳酸钠溶液，用水定容至刻度（酚含量分别为 0.0μg、0.5μg、1.0μg、2.5μg 和 5.0μg），在 20℃ 下放置 2h，然后用 1cm 的比色杯，以零管调节零点，于波长 765nm 处测吸光度，根据吸光度及相对应的酚含量绘制标准曲线（或建立回归方程）。

（2）样品测试　吸取白葡萄酒 0.5 ~ 1mL、红葡萄酒 0.1 ~ 0.5mL 于 100mL 的容量瓶中，加入 60mL 水，福林 - 肖卡试剂 5mL，其他操作与标准曲线绘制步骤相同，测出样品的吸光度。

5. 结果计算

样品中总酚的含量按公式（7 - 28）进行计算：

$$X = CP \qquad\qquad (7-28)$$

式中　X ——样品中总酚的含量，mg/L

　　　C ——测定试样中总酚的含量，μg

　　　P ——样品稀释倍数

6. 实验讨论

糖的存在对酚的测定有一定影响，可通过表 7 - 3 进行修正，但对于干型葡萄酒不必进行修正。

表7-3	不同含糖量下对总酚的修正表
糖浓度/（g/L）	用下列系数除总酚含量
1.0 ~ 2.5	1.03
2.5 ~ 10.0	1.06
10.0 ~ 20.0	1.10

二、单宁

1. 原理

单宁类化合物分子上有易被氧化的羟基，在碱性溶液中能将磷钼酸和磷钨酸盐类还原成蓝色化合物，蓝色的深浅程度与单宁含酚基的数目成正比，在可见光范围内有稳定而强烈的吸收峰，且在一定条件下浓度与吸收峰成线性。因此，可选择合适的标准品绘制标准曲线后测定单宁的含量。

2. 试剂

（1）福林-丹尼斯（Folin-Denis）试剂　在750mL水中加入100g钨酸钠、20g磷钼酸以及50mL磷酸，回流2h冷却稀释至1000mL。

（2）碳酸钠饱和溶液　每100mL水中加入20g无水碳酸钠，在70~80℃溶解放置过夜，次日加入少许碳酸钠（$Na_2CO_3 \cdot 10H_2O$）到此溶液中作晶种，使结晶析出，用玻璃棉过滤后备用。若温度过高可将该溶液放于低于20℃的环境中降温，以使结晶析出。

（3）单宁酸标准储备溶液（5g/L）　称取120℃下烘干3h的单宁酸（$C_{76}H_{52}O_{46}$）0.500g，定容至100mL。

（4）单宁酸标准使用液（50mg/L）　吸取单宁酸（$C_{76}H_{52}O_{46}$）标准储备液1.0mL于100mL容量瓶中用水定容至刻度。

3. 仪器

（1）分析天平　感量0.1mg。

（2）分光光度计。

（3）全玻璃回流装置　2L。

（4）恒温水浴。

（5）刻度吸管　1mL、10mL。

（6）容量瓶　100mL、1000mL。

4. 检验步骤

（1）标准工作曲线绘制　分别吸取0.0mL、1.0mL、2.0mL、5.0mL、7.5mL、单宁酸标准使用溶液于100mL容量瓶中，加入70mL水、5mL福林-丹尼斯试剂及10mL碳酸钠饱和溶液，加水至刻度（单宁酸含量分别为0.0mg、0.050mg、0.10mg、0.25mg、0.375mg），充分混匀，30min后以空白做参比在波长760nm处测定吸光度，根据吸光度及相对应的单宁酸含量绘制标准曲线（或建立回归方程）。

（2）样品测试　吸取 0.1mL 红葡萄酒或 1mL 白葡萄酒试样于盛有 70mL 水的 100mL 容量瓶中，加入 5.00mL 福林 – 丹尼斯试剂及 10.00mL 饱和碳酸钠溶液，加水至刻度，充分混匀，30min 后以空白作参比，在波长 760nm 处测定吸光度。

5. 结果计算

样品中单宁的含量按公式（7 – 29）进行计算：

$$X = \frac{C}{V_1} \times 1000 \tag{7-29}$$

式中　X——样品中单宁的含量，mg/L

　　　C——测定试样中单宁的含量，mg

　　　V_1——吸取样品的体积，mL

6. 实验讨论

（1）本法在室温下显色，25min 后颜色达最大深度，且于 3h 内稳定，在波长 650nm 处与 760nm 处比色，结果基本相同。

（2）单宁标准溶液的配制应使用纯干品单宁酸。

第十一节　柠檬酸

柠檬酸是葡萄酒中重要的有机酸之一，对葡萄酒的风味有十分重要的影响。柠檬酸是源于葡萄浆果的一种酸，通常的含量不超过 1g/L。当葡萄含酸量不足时，在加工过程中需要对葡萄汁的酸度进行调整，一般采用的方法是：用含酸量高的葡萄汁勾兑，或者直接添加有机酸来提高酸度。按照有关规定，葡萄酒中允许添加酒石酸来增酸，而不允许添加柠檬酸增酸，因此，通过检验柠檬酸的含量，可以判断是否人为添加了柠檬酸。

柠檬酸的检验方法早期多采用层析法，它对准确定量有一定困难，近年来，随着色谱技术的发展和普及，用液相色谱法测定有机酸已经成为普遍使用的方法。国际葡萄与葡萄酒组织（OIV）在《国际葡萄酒与葡萄汁分析方法汇编》（2014 版）中，将离子交换分离后的样品氧化，用分光光度法定量测定柠檬酸的方法，作为常规分析方法并称做化学法。

一、液相色谱法

1. 原理

进入色谱柱的各组分，由于在流动相和固定相之间作用不同，迁移速度也不同，经过一定长度的色谱柱后，彼此分离开来，按顺序流出色谱柱，进入信号检测器，在记录仪上或数据处理装置上显示出各组分的色谱峰数值，根据保留时间与标准样品对照进行定性，用外标法定量。

2. 试剂

（1）磷酸。

（2）氢氧化钠溶液（0.01mol/L）　称取 0.4g 氢氧化钠于 1000mL 容量瓶中，加水溶解定容至刻度。

（3）磷酸二氢钾溶液（0.02mol/L）　称取 2.72g 磷酸二氢钾（KH_2PO_4），用水定容至 1000mL，用磷酸调 pH 2.5，经 0.45μm 微孔滤膜过滤。

（4）柠檬酸标准储备溶液（1g/L）　准确称取无水柠檬酸 0.0500g，用 0.01mol/L 的 NaOH 溶解后定容至 50mL。

3. 仪器

（1）高效液相色谱仪　配二极管阵列检测器。

（2）色谱分离柱　Inertsil ODS3，柱尺寸：φ4.6mm×250mm，填料粒径：5μm，或其他分析效果类似的色谱柱。

（3）微量进样器　10μL。

（4）流动相真空抽滤脱气装置。

（5）微孔膜　0.2μm 或 0.45μm。

（6）分析天平　感量 0.1mg。

（7）架盘天平　100g。

（8）容量瓶　50mL、100mL、1000mL。

（9）移液管　5mL。

（10）刻度吸管　5mL。

4. 试样制备

吸取 5mL 酒样于 50mL 容量瓶中，加水定容，经 0.45μm 微孔滤膜过滤后，备用。

5. 检验步骤

（1）色谱条件（参考）

柱温：室温。

流动相：0.02mol/L 磷酸二氢钾溶液，pH 2.5。

流速：0.5mL/min。

检测波长：214nm。

进样量：10μL。

（2）标准曲线绘制　分别吸取柠檬酸标准贮备溶液（1g/L）0.00mL、0.50mL、1.00mL、2.00mL、5.00mL 于 50mL 容量瓶中，用 0.01mol/L NaOH 稀释分别稀释至刻度，经 0.45μm 微孔滤膜过滤，此标准系列溶液中柠檬酸的浓度分别为 0.00g/L、0.01g/L、0.02g/L、0.04g/L、0.10g/L。按上述要求调整好液相色谱仪，待仪器稳定后对标准系列分别进样 10μL，确定柠檬酸的保留时间，并根据色谱峰面积与对应的柠檬酸含量绘制标准曲线（或建立回归方程）。

（3）样品测定　在与绘制标准曲线同样的色谱条件下，对处理好的样品进样 10μL，根据标准品的保留时间定性样品中柠檬酸的色谱峰。根据柠檬酸的峰面积，查标准曲线得出柠檬酸含量。

6. 结果计算

样品中柠檬酸的含量按公式（7-30）进行计算：

$$X = C \times F \tag{7-30}$$

式中　X——样品中柠檬酸的含量，g/L

　　　C——从标准曲线求得测定溶液中柠檬酸的含量，g/L

　　　F——样品的稀释倍数

计算结果保留一位小数，在重复性条件下获得的两次独立测定结果的绝对差值不得超过算术平均值的 5%。

二、 化学法

1. 原理

将待测样品通过一种阴离子交换树脂，使柠檬酸与其他酸一起固定，再将柠檬酸洗脱分离出来。分离出的柠檬酸被氧化为丙酮，用碘量法测定生成的丙酮，由丙酮的量计算出样品中柠檬酸的含量。

（1）柠檬酸被氧化为丙酮

$$\begin{array}{c} CH_2COOH \\ | \\ COHCOOH \\ | \\ CH_2COOH \end{array} \xrightarrow{\text{氧化}} \begin{array}{c} CH_2COOH \\ | \\ CO \\ | \\ CH_2COOH \end{array} \xrightarrow{\text{氧化}} \begin{array}{c} CH_3 \\ | \\ CO \\ | \\ CH_3 \end{array}$$

（2）丙酮与碘反应

$$CH_3COCH_3 + 3I_2 + 4NaOH \longrightarrow CH_3COONa + CHI_3 + 3NaI + 3H_2O$$

（3）过量的碘与硫代硫酸钠反应

$$I_2 + 2Na_2S_2O_3 \longrightarrow 2NaI + Na_2S_4O_6$$

2. 试剂

（1）离子交换树脂　Dowexl×2，50~100 目。

（2）乙酸溶液（4mol/L）　取 235mL 冰醋酸，稀释至 1000mL。

（3）乙酸溶液（2.5mol/L）　取 147mL 冰醋酸，稀释至 1000mL。

（4）氢氧化钠溶液（1mol/L）　称取 40g 氢氧化钠，溶解于 1000mL 水中，混匀，置于塑料瓶中存放。

（5）氢氧化钠溶液（2mol/L）　称取 80g 氢氧化钠，溶解于 1000mL 水中，混匀，置于塑料瓶中存放。

（6）氢氧化钠溶液（5mol/L）　称取 200g 氢氧化钠，溶解于 1000mL 水中，混匀，置于塑料瓶中存放。

（7）盐酸溶液（1mol/L）　取 90mL 盐酸，用水稀释至 1000mL，摇匀。

（8）硫酸溶液（1+5）　取 1 体积浓硫酸，缓缓注入 5 体积水中，混匀。

（9）硫酸溶液（1+3）　取 1 体积浓硫酸，缓缓注入 3 体积水中，混匀。

（10）缓冲溶液（pH3.2~3.4）　称取磷酸二氢钾（KH_2PO_4）150g，加水溶解，再加入浓磷酸 5mL，用水定容至 1000mL。

（11）硫酸锰溶液（50g/L）　称取 50g 硫酸锰（$MnSO_4 \cdot H_2O$），定容至 1000mL 水中。

（12）高锰酸钾溶液（0.01mol/L）　称取 1.58g 高锰酸钾，溶解至 1000mL。

（13）高锰酸钾溶液（0.4mol/L）　称取 63.2g 高锰酸钾，溶解至 1000mL。

（14）硫酸亚铁溶液（400g/L）　称取硫酸亚铁（$FeSO_4 \cdot H_2O$）400g，定容至 1000mL。

（15）碘标准滴定溶液 $[c(1/2 I_2) = 0.01mol/L]$　按附录 A2.3 配制与标定，临用时准确稀释 10 倍。

（16）硫代硫酸钠标准滴定溶液 $[c(1/2Na_2S_2O_3) = 0.02mol/L]$　按附录 A2.2 配制与标定，临用时准确稀释 5 倍。

（17）淀粉指示液（10g/L）　称取 1g 淀粉，加 5mL 水使成糊状，在搅拌下将糊状物倒入 90mL 沸腾的水中，煮沸 1～2min，冷却，稀释至 100mL。使用期为两周。

3. 仪器

（1）阴离子交换柱　在一个带旋塞的 25mL 滴定管内，先放入一团玻璃棉，再注入 20mL Dowex1×2 树脂。用 1mol/L 盐酸和氢氧化钠溶液交替对树脂进行两个周期的再生处理，用 50mL 蒸馏水漂洗，再用 250mL 4mol/L 醋酸溶液通过交换柱，使树脂为醋酸离子饱和，使用前用 100mL 蒸馏水漂洗离子交换柱。

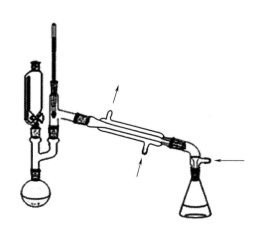

图 7-6　氧化蒸馏装置

（2）氧化蒸馏装置　见图 7-6，也可以使用具有同等效果的蒸馏冷却装置，主要是在 500mL 蒸馏烧瓶上留有带活塞的漏斗，能控制高锰酸钾的添加量。

（3）分析天平　感量 0.1mg。

（4）架盘天平　100g、500g。

（5）移液管　25mL。

（6）量筒　50mL。

（7）容量瓶　100mL、1000mL。

（8）碘量瓶　250mL、500mL。

（9）酸式滴定管　25mL。

（10）三角烧瓶　250mL。

（11）电热板或电炉。

（12）氧化蒸馏装置。

4. 检验方法

（1）柠檬酸分离　吸取待测的葡萄酒样品 25mL，以 1.5mL/min 的流速通过制备好的离子交换柱，用 20mL 蒸馏水洗涤离子交换柱 3 次。然后用 200mL 的醋酸溶液（2.5mol/L）以 1.5mL/min 的速度分离有机酸，洗脱液中可能含有丁二酸、乳酸、半乳糖醛酸、甲基苹果酸及苹果酸。再用 100mL 的氢氧化钠溶液（2mol/L）通过离子交换柱，将此洗脱液全部收集到氧化装置的烧瓶中。

（2）柠檬酸氧化　在装有洗脱液的烧瓶中加硫酸溶液（1+5）约 20mL，使 pH 在 3.2~3.8，再加 25mL pH3.2~3.4 的缓冲溶液、1mL 硫酸锰溶液（50g/L）和几粒沸石。将试液加热至沸，弃去开始蒸出的 50mL 蒸馏液。

以 1 滴/s 的速度向蒸馏烧瓶中加入高锰酸钾溶液（0.01mol/L），保持溶液沸腾的状态，以预先加入数毫升水的 500mL 带磨口塞的烧瓶接收馏出液，直至蒸馏液呈现棕色。

（3）丙酮分离　将馏出液补加水至 90mL（或 180mL），加 5mL 硫酸（1+3）和 5mL 高锰酸钾溶液（0.4mol/L）[补水至 180mL 时，需加 10mL 硫酸（1+3）和 10mL 浓度为 0.4mol/L 高锰酸钾溶液]。塞好瓶塞，在室温下静置 45min，加入硫酸亚铁溶液（400g/L），除去过量的高锰酸钾。

连接好蒸馏装置，将上述带磨口塞烧瓶中的试液进行蒸馏，以预先加入 5mL 氢氧化钠溶液（5mol/L）的碘量瓶接收馏出液约 50mL。

（4）丙酮定量　向上述馏出液中加入 25mL 碘标准滴定溶液 $[c_1 (1/2\ I_2) = 0.01mol/L]$，摇匀，加塞，暗处放置 20min，加入 8mL 硫酸溶液（1+5），几滴淀粉指示剂，用硫代硫酸钠标准滴定溶液 $[c_2 (Na_2S_2O_3) = 0.02mol/L]$ 滴定至蓝色消失为终点，记下消耗的硫代硫酸钠标准溶液的体积（V）。用 50mL 蒸馏水代替馏出液，在相同条件下做空白试液，记录消耗的硫代硫酸钠标准溶液的体积（V_0）。

5. 结果计算

试样中柠檬酸的含量按公式（7-31）进行计算：

$$X = \frac{c_1 \times (V_0 - V) \times 192.14}{2 \times 3 \times V_1} = 25.6(V_0 - V) \tag{7-31}$$

式中　X——样品中柠檬酸的含量，mg/L

　　　V——试样消耗硫代硫酸钠标准溶液的体积，mL

　　　V_0——空白消耗硫代硫酸钠标准溶液的体积，mL

　　　V_1——样品溶液的体积，0.025L

　　　c_1——硫代硫酸钠标准滴定溶液的浓度，0.02mol/L

　　2、3——化学反应换算系数

　192.14——柠檬酸的摩尔质量，g/mol

6. 实验讨论

（1）用氢氧化钠溶液处理树脂时，会使树脂收缩，再用水洗会发生膨胀，从而阻止液体流动。为避免此现象发生，在最初数毫升水通过离子交换柱时，尽快对树脂进行搅拌。

（2）在柠檬酸氧化和丙酮分离过程中进行的蒸馏，要将冷凝管底端插入接收液中，以防蒸出组分挥发损失。

（3）试样中加入的碘标准滴定溶液必须是过量的，试样中柠檬酸含量超过 0.6g/L 时，应适当增加碘标准溶液的加入量，直至溶液呈现出黄色。

（4）洗脱出柠檬酸的离子交换柱，应用醋酸溶液饱和，以备下次使用，其方法是：

用 50mL 蒸馏水漂洗交换柱，再使 200mL 4mol/L 醋酸溶液通过交换柱，最后再用 100mL 蒸馏水漂洗。

第十二节　苹果酸

苹果酸是葡萄浆果的主要有机酸之一，在葡萄酒的酿造过程中，苹果酸通过苹果酸－乳酸发酵过程逐渐减少。苹果酸－乳酸发酵是在葡萄酒酒精发酵结束后，乳酸菌以 L-苹果酸为底物，在苹果酸－乳酸酶催化下转变成 L-乳酸和二氧化碳的过程。二元酸向一元酸的转化使葡萄酒总酸下降，酸涩感降低，酸降幅度取决于葡萄酒中苹果酸的含量及其与酒石酸的比例。当葡萄酒的总酸尤其是苹果酸含量较高时，苹果酸－乳酸发酵就成为理想的降酸方法。通常，苹果酸－乳酸发酵可使总酸下降 1~3g/L。另外乳酸菌的代谢活动改变了葡萄酒中的醛类、酯类、氨基酸等微量成分的浓度及呈香物质的含量，主要副产物双乙酰等给予葡萄酒以良好的风味，有利于葡萄酒风味复杂性的形成。苹果酸－乳酸发酵还可提高葡萄酒的稳定性，避免在贮存过程中和装瓶后可能发生的再发酵。

但是如果苹果酸－乳酸发酵完成后没有立即采取终止措施，几乎所有的乳酸细菌都可变为病原菌，从而引起葡萄酒病害，使之败坏。因此，对苹果酸－乳酸发酵过程的监测和控制是非常重要的。

苹果酸的检验可以采用比色法、液相色谱法、酶法和层析分析法等。比色法、液相色谱法、酶法可以准确检验出苹果酸的含量，其中液相色谱法可以将各种有机酸都定性、定量地给出检验结果，详见本章第十五节。而作为企业生产工艺控制，目前普遍采用的是纸层析分析法，它可以快速、有效地监测到发酵工艺过程中苹果酸－乳酸发酵是否触发，以及苹果酸含量的变化，确知苹果酸是否消失，苹果酸－乳酸发酵是否结束等。

一、　原理

将葡萄酒以小圆点（直径 3mm 左右）的形式分布在沃特曼滤纸上，使滤纸的一端浸入一特殊展开剂中，随着展开剂在滤纸上的移动，葡萄酒中各种有机酸会以特有的速度随展开剂向上移动，从而将它们分开。

对于选定的展开剂，各有机酸的移动情况为：酒石酸的速度最慢，它离葡萄酒小圆点最近；乳酸和琥珀酸速度最快，被展开剂带到滤纸的顶端；苹果酸则处于它们两者之间。这些酸可以与溴酚蓝作用，在滤纸上呈现出相应的黄斑。

二、　试剂

（1）乙酸（50%）　量取 52mL 冰乙酸，稀释至 100mL。

（2）溴酚蓝－丁醇溶液　在 1L 丁醇中加入 1g 溴酚蓝，溶解后（不能加热）即得。

（3）展开剂　取 50mL 溴酚蓝－丁醇溶液与 25mL 50% 乙酸混合即得展开剂，展开剂可重复使用几次。

（4）苹果酸、乳酸、酒石酸混合标样　称取苹果酸、乳酸、酒石酸标准品各0.2g，用水定容至100mL。

三、 仪器

（1）滤纸　沃特曼1号或新华1号，20cm×20cm（长度应小于层析缸的高度，宽度应比层析缸的周长短10cm左右）。

（2）层析缸　2L。

（3）毛细管。

（4）电吹风。

（5）烧杯　50mL。

（6）容量瓶　100mL。

（7）架盘天平　100g。

四、 检验步骤

（1）将配制好的展开剂装入层析缸内，其数量应使液面距层析缸底部2~3cm，封严防止挥发。

（2）在离滤纸下端4~5cm处滴上待分析的样品，每滴样品之间的间距为3~4cm，最中间的一滴为苹果酸混合标样，用作对照；每滴样品在滤纸上的直径不能超过3mm（电吹风可使滤纸迅速干燥，并重新滴上样品，这样可重复5~10次）。

（3）将滤纸卷成筒状，并用两个夹子固定住，滤纸的两端不能相互接触。

（4）将滤纸轻轻放入层析缸内，使滤纸不能触及层析缸的内壁，样品滴也不能浸入展开剂，然后盖严密封。

（5）当展开剂移动到离滤纸顶部1~2cm时（需3~4h），将滤纸取出并用夹子固定在一铁丝上进行干燥。在干燥过程中，滤纸的颜色由黄变绿再变蓝，一些黄色斑点就是相应的有机酸。

五、 实验讨论

（1）将滤纸裁剪成需要尺寸时，应顺着纤维排列的方向。裁剪时，要把周边裁剪整齐，不能有毛边，还要注意防止手垢或汗渍等杂质污染滤纸。

（2）点样量不能过多，否则会造成拖尾现象。点样直径<3mm。

（3）若滤纸上含有Cu^{2+}、Ca^{2+}、Mg^{2+}等杂质，会与被分离的物质形成络合物，从而形成拖尾现象，因此应保持滤纸不受这些成分污染。

（4）应控制标样和试样用量一致，根据标样和试样层析斑点的大小估测样品中各种有机酸的含量。

（5）注意显色时间，避免展开剂前沿过头。

（6）点样的毛细管应专用，避免混淆。根据样品数和标样数准备，每种样品需要固定的毛细管，以免样品之间的污染。

第十三节 抗坏血酸（维生素C）

抗坏血酸，又称维生素C。L–抗坏血酸，是人体维持正常生理活动不可缺少的物质，人体缺少维生素C，会导致坏血病，这也是抗坏血酸名称的由来。抗坏血酸是一种水溶性的化合物，在蔬菜、水果中的含量比较丰富，人体通过膳食来摄取自身所需的维生素C。抗坏血酸除了具药用价值、参与人体生理代谢的作用以外，还是一种很好的抗氧化剂，对食品的保鲜、护色、抗氧化都起积极的作用。

异抗坏血酸也称D–异抗坏血酸，是抗坏血酸的异构体，与抗坏血酸比，它不参与人体的生理代谢，不作为抗坏血病的药物使用，但它却具有更强的抗氧化性能。近年来，异抗坏血酸作为一种新型的食品添加剂得到了越来越广泛的使用。葡萄浆果中含有一定量的抗坏血酸，加工成葡萄酒后可添加一定量的异抗坏血酸作为抗氧化剂，进一步保证葡萄酒的稳定性，GB 2760—2014《食品安全国家标准 食品添加剂使用标准》规定，可在葡萄酒中添加0.15g/kg D–异抗坏血酸及其钠盐，用作抗氧化剂和护色剂（以抗坏血酸计）。

抗坏血酸的分析方法很多，主要有氧化还原滴定法、比色法、荧光法、液相色谱法等。氧化还原滴定法、比色法和荧光法只能检验总抗坏血酸及其钠盐，即抗坏血酸与异抗坏血酸及其钠盐的总含量，而高效液相色谱法可以同时分别检测抗坏血酸和异抗坏血酸的含量。

一、高效液相色谱法

1. 原理

样品中抗坏血酸和其他成分进入色谱柱后，由于在流动相和固定相之间作用不同，迁移速度也不同，经过一定长度的色谱柱后，彼此分离开来，按顺序流出色谱柱，进入信号检测器，在记录仪上或数据处理装置上显示出各组分的色谱峰数值，根据保留时间与标准样品对照进行定性，用外标法定量。

2. 试剂

（1）L–抗坏血酸和D–异抗坏血酸，纯度大于99%。

（2）乙腈（色谱纯）。

（3）磷酸水溶液（0.1%） 吸取磷酸1mL，加水定容至1000mL。

（4）流动相 乙腈–0.1%磷酸水溶液（90：10，体积比）。

（5）抗坏血酸标准储备溶液（1mg/mL） 分别称取L–抗坏血酸和D–异抗坏血酸标准品100mg用流动相（乙腈–0.1%磷酸水溶液）溶解，转移至100mL棕色容量瓶中，加流动相定容至刻度，得L–抗坏血酸和D–异抗坏血酸浓度各为1mg/mL的标准储备溶液。

（6）抗坏血酸标准系列溶液 分别吸取抗坏血酸标准储备溶液（1mg/mL）

0.1mL、0.3mL、0.5mL、1.0mL 和 2.0mL 于 5 个 10mL 容量瓶中，用流动相定容至刻度，摇匀。用 0.45μm 一次性微孔滤膜过滤至 2mL 进样瓶中，待测。此标准系列溶液中 L - 抗坏血酸和 D - 异抗坏血酸的浓度分别为 10μg/mL、30μg/mL 、50μg/mL、100μg/mL 和 200μg/mL。

3. 仪器

（1）高效液相色谱仪　配有二极管阵列检测器。

（2）色谱分离柱　HPLC 亲水色谱柱（250mm ×4.6mm，5μm，10nm），或其他分析效果类似的色谱柱。

（3）微量进样器　10μL。

（4）真空抽滤脱气装置。

（5）微孔膜　0.2μm 或 0.45μm。

（6）分析天平　感量 0.1mg。

（7）超声波清洗器。

（8）容量瓶　10mL、100mL、1000mL。

（9）刻度吸管　1mL、10mL。

4. 试样制备

吸取 10mL 酒样于 100mL 容量瓶中，加水定容，经 0.45μm 微孔滤膜过滤后，备用。

5. 检验步骤

（1）色谱条件（参考）

柱温：35℃。

流动相：乙腈 - 0.1% 磷酸水溶液（90∶10，体积比）。

流速：0.8mL/min。

检测波长：243nm。

进样量：10μL。

（2）标准曲线绘制　按上述要求调整好液相色谱仪，待仪器稳定后对标准系列分别进样 10μL，并根据色谱峰面积与对应的抗坏血酸和异抗坏血酸含量绘制标准曲线（或建立回归方程）。

（3）样品测定　在与绘制标准曲线同样的色谱条件下，对处理好的样品进样 10μL，根据标准品的保留时间定性样品中抗坏血酸的色谱峰。根据样品中抗坏血酸的峰面积，查标准曲线得出其含量。

6. 结果计算

样品中抗坏血酸的含量按公式（7 - 32）进行计算：

$$X = (C_1 + C_2) \times F \qquad\qquad (7 - 32)$$

式中　X——样品中抗坏血酸的总含量，μg/mL

　　　C_1——从标准曲线求得测定溶液中抗坏血酸的含量，μg/mL

　　　C_2——从标准曲线求得测定溶液中异抗坏血酸的含量，μg/mL

F——样品的稀释倍数

计算结果保留一位小数，在重复性条件下获得的两次独立测定结果的绝对差值不得超过算术平均值的5%。

二、2，6-二氯靛酚滴定法

1. 原理

还原型抗坏血酸能还原2，6-二氯靛酚染料，本身氧化成脱氢抗坏血酸。2，6-二氯靛酚在酸性溶液中呈红色，在碱性或中性溶液中呈蓝色；氧化态为红色，被还原后变为无色。用2，6-二氯靛酚滴定样品中还原型抗坏血酸，当样品中的抗坏血酸完全被氧化后，滴加过量的2，6-二氯靛酚使溶液变为红色指示终点。在没有杂质干扰时，一定量的样品提取液还原标准染料的量与样品中所含抗坏血酸的量成正比。

（化学反应式）

2. 试剂

（1）草酸溶液（10g/L）　称取10g结晶草酸于700mL水中，然后稀释至1000mL。

（2）碘酸钾标准溶液 $[c (1/6\ KIO_3)=0.1mol/L]$　按附录A2.4的方法配制与标定。

（3）碘酸钾标准滴定溶液（0.001mol/L）　吸取1mL 0.1mol/L碘酸钾溶液，用水稀释至100mL。此溶液1mL相当于0.088μg抗坏血酸。

（4）碘化钾溶液（60g/L）　称取6g碘化钾，用水溶解并稀释至100mL。

（5）抗坏血酸标准储备溶液（0.2g/L）　称取0.02g（准确至0.001g）的抗坏血酸，溶于10g/L草酸溶液中，定容至100mL（置冰箱中保存）。

（6）抗坏血酸标准使用溶液（0.020g/L）　吸取10mL抗坏血酸标准储备溶液，用10g/L草酸溶液定容至100mL。

标定：吸取抗坏血酸标准使用溶液5mL于三角烧瓶中，加入0.5mL碘化钾溶液、3滴淀粉指示液，用碘酸钾标准滴定溶液滴定至淡蓝色，30s内不变色为其终点，抗坏血酸标准使用溶液的准确浓度按公式（7-33）进行计算：

$$c_1 = \frac{V_1 \times 0.088}{V_2} \quad (7-33)$$

式中　c_1——抗坏血酸标准使用溶液的准确浓度，g/L

　　　　V_1——滴定时消耗的碘酸钾标准滴定溶液的体积，mL

　　　　V_2——抗坏血酸标准使用溶液的体积，mL

　　0.088——1mL 碘酸钾标准溶液相当于抗坏血酸的量，g/L

　　（7）2，6 - 二氯靛酚溶液　称取 0.052g 碳酸氢钠，溶解在 200mL 热蒸馏水中，然后加入 0.05g 2，6 - 二氯靛酚，混匀，冷却定容至 250mL 过滤至棕色瓶内，置于冰箱中保存。每星期至少标定 1 次。

　　标定：吸取 5mL 抗坏血酸标准使用溶液，加入 10g/L 草酸溶液 10mL，摇匀，用 2，6 - 二氯靛酚溶液滴定至溶液呈粉红色，15s 不褪色为其终点，每毫升 2，6 - 二氯靛酚溶液相当于抗坏血酸的毫克数按公式（7 - 34）进行计算：

$$c_2 = \frac{c_1 \times V_1}{V_2} \tag{7 - 34}$$

式中　c_2——每毫升 2，6 - 二氯靛酚溶液相当于抗坏血酸的毫克数（滴定度），g/L

　　　　c_1——抗坏血酸标准使用溶液的浓度，g/L

　　　　V_1——滴定用抗坏血酸标准使用溶液的体积，mL

　　　　V_2——标定时消耗的 2，6 - 二氯靛酚溶液体积，mL

　　（8）淀粉指示液（10g/L）　称取 1g 淀粉，加 5mL 水使成糊状，在搅拌下浆糊状物倒入 90mL 沸腾的水中，煮沸 1～2min，冷却，稀释至 100mL。

　　3. 仪器

　　（1）分析天平　感量 0.1mg。

　　（2）架盘天平　100g。

　　（3）移液管　5mL、10mL。

　　（4）容量瓶　50mL、100mL、250mL、1000mL。

　　（5）三角烧瓶　100mL。

　　（6）酸式滴定管　10mL。

　　4. 检验步骤

　　准确吸取 5.00mL 待测葡萄酒于 100mL 三角瓶中，加入 15mL 草酸溶液、摇匀，立即用 2，6 - 二氯靛酚溶液滴定，至溶液恰成粉红色，15s 不褪色即为终点。

　　注：样品颜色过深影响终点观察时，可用白陶土脱色后再进行测定。

　　5. 结果计算

　　样品中抗坏血酸的含量按公式（7 - 35）进行计算：

$$X = \frac{V \times c}{V_1} \tag{7 - 35}$$

式中　X——样品中抗坏血酸的含量，g/L

　　　　c——每毫升 2，6 - 二氯靛酚溶液相当于抗坏血酸的毫克数（滴定度），g/L

　　　　V——滴定时消耗的 2，6 - 二氯靛酚溶液的体积，mL

　　　　V_1——取样体积，mL

　　所得结果表示至整数，在重复性条件下获得的两次独立测定结果的绝对差值不得超过算术平均值的 10% 。

6. 实验讨论

（1）2，6 – 二氯靛酚滴定法测得的是样品中还原型抗坏血酸，适合于白葡萄酒中抗坏血酸含量的检验，对于红葡萄酒，由于样品自身的颜色干扰滴定终点的判断，可在样品中加入适量的白陶土，以吸附样品中的色素而消除干扰，使终点易于辨认。

（2）暴露在空气中的还原型抗坏血酸易被氧化，因此实验操作应尽量迅速，滴定操作一般不超过 2min。

（3）样品中其他还原性物质也可与 2，6 – 二氯靛酚发生氧化还原发应而影响结果的准确性，但一般速度较慢，所以滴定操作开始时，滴定的速度尽量快一些，当红色不能立即消失时，再一滴一滴地加入滴定剂，不断摇动三角瓶，至粉红色 15s 内不褪去为终点。

第十四节　苯甲酸和山梨酸

苯甲酸（C_6H_5COOH），又称安息香酸，常被用作食品和药物制剂的防腐剂，但 GB 2760—2014《食品安全国家标准　食品添加剂使用标准》中规定，葡萄酒中不允许添加苯甲酸及其钠盐进行防腐。在葡萄酒的发酵过程中，会产生少量的苯甲酸，因此，正常情况下，葡萄酒中存在少量苯甲酸是合理的。基于这个原因，国家标准中规定，葡萄酒中的苯甲酸含量应 ≤50mg/L，换言之，葡萄酒中苯甲酸含量 ≤50mg/L 是被允许的，但超出此界限值，就有人为添加的嫌疑，就要作为不合格产品论处。

山梨酸（C_5H_7COOH），化学名称为 2，4 – 己二烯酸，是一种不饱和脂肪酸，被广泛用作食品的防腐剂。由于山梨酸的溶解度小，实际使用时，常用山梨酸的钾盐，即山梨酸钾。葡萄酒中允许添加山梨酸及其钾盐作为防腐剂，国家标准规定，在葡萄酒中的添加量应 ≤200mg/L（以山梨酸计），过量使用也是不允许的。

目前，苯甲酸和山梨酸的检验多采用气相色谱法或高压液相色谱法，这两种方法都可同时对苯甲酸和山梨酸进行定性、定量分析。

一、气相色谱法

1. 原理

样品酸化后，用乙醚提取山梨酸、苯甲酸，用附氢火焰离子化检测器的气相色谱仪进行分离测定，与标准系列比较定量。

2. 试剂

（1）乙醚。

（2）石油醚　沸程 30 ~ 60℃ 。

（3）乙醚 – 石油醚（1 + 3）　100mL 乙醚与 300mL 石油醚混合摇匀。

（4）盐酸。

（5）无水硫酸钠。

（6）盐酸（1+1）　取100mL盐酸，加100mL水稀释，混匀。

（7）氯化钠酸性溶液（40g/L）　称取4g氯化钠，用水溶解并定容至100mL，然后滴加盐酸（1+1），使溶液酸化。

（8）苯甲酸、山梨酸标准溶液（2mg/mL）　准确称取苯甲酸、山梨酸各0.2000g，置于100mL容量瓶中，用乙醚-石油醚（1+3）混合溶剂溶解并稀释至刻度。

（9）苯甲酸、山梨酸标准系列溶液　分别吸取苯甲酸、山梨酸标准溶液0.10mL、0.20mL、0.50mL、1.00mL和1.50mL于10mL容量瓶中，各加乙醚-石油醚（1+3）混合溶剂至刻度，标准系列溶液中苯甲酸和山梨酸的含量分别为0.2mg、0.4mg、1.0mg、2.0mg和3.0mg。

3. 仪器

（1）气相色谱仪，配氢火焰离子化检测器。

（2）色谱柱　玻璃柱，内径3mm，长2m，内装涂以5% DEGS+1%磷酸固定液60~80目Chromosorb WAW。

（3）微量进样器　10μL。

（4）分析天平　感量0.1mg。

（5）恒温水浴。

（6）具塞量筒　25mL。

（7）容量瓶　10mL、25mL、100mL、200mL。

（8）刻度吸管　1mL、5mL。

（9）移液管　5mL。

（10）试管　10mL。

4. 检验步骤

（1）试样制备　吸取待测酒样2.5mL，置于25mL具塞量筒中，加盐酸（1+1）0.5mL酸化，分别用10mL、15mL乙醚提取两次，每次振摇1min，将上层提取液吸入另一25mL具塞量筒中，合并两次提取液。用3mL氯化钠酸性溶液（40g/L）洗涤两次，静置15min，用滴管将乙醚层通过无水硫酸钠滤于25mL容量瓶中，加乙醚至刻度，混匀。准确吸取5mL乙醚提取液于10mL试管中，在40℃水浴上挥干，准确加入2mL乙醚-石油醚（1+3）混合溶剂溶解残渣，摇匀，备用。

（2）色谱条件（参考）

载气：氮气，流速50mL/min。

进样口温度：230℃。

检测器温度：230℃。

柱温：170℃。

（3）检测　按要求调整好气相色谱仪，待仪器稳定后，分别取标准系列溶液各2μL依次进样，得到不同浓度下苯甲酸和山梨酸的峰高，以含量为横坐标，峰高为纵坐标，分别绘制苯甲酸和山梨酸的标准工作曲线（或建立回归方程）。在同样条件下，取制备好的样品溶液 2μL，进样，用标准系列溶液苯甲酸和山梨酸的保留时间对照，确定样品中的苯甲酸和山梨酸的色谱峰，并依据两个组分的峰高从标准曲线上查得苯甲酸和山梨酸的含量。

5. 结果计算

样品中苯甲酸或山梨酸的含量按公式（7-36）进行计算：

$$X = \frac{C \times 1000}{V \times 5/25 \times V_2/V_1} \tag{7-36}$$

式中　X——样品中苯甲酸或山梨酸的含量，mg/L

　　　C——测定用样品中苯甲酸或山梨酸的含量，mg

　　　V——取样体积，mL

　　　V_1——加入乙醚-石油醚（1+3）混合溶剂的总体积，mL

　　　V_2——测定时进样的体积，mL

　　　5——吸取乙醚提取液的体积，mL

　　　25——试样乙醚提取液的总体积，mL

计算结果保留两位有效数字，在重复性条件下获得的两次独立测定结果的绝对差值不得超过算术平均值的 10%。

二、 液相色谱法

1. 原理

样品加热去除二氧化碳和乙醇，调 pH 至近中性，过滤后进高效液相色谱仪，经反相色谱分离后，根据保留时间和峰面积与标准样品比较进行定性和定量。

2. 试剂

（1）甲醇　色谱纯。

（2）氨水（1+1）　氨水加水等体积混合。

（3）乙酸铵溶液（0.02mol/L）　称取 1.54g 乙酸铵，用水溶解并定容至 1000mL，经 0.45μm 滤膜过滤。

（4）碳酸氢钠溶液（20g/L）　称取 2g 碳酸氢钠（优级纯），加水 100mL，振摇溶解。

（5）苯甲酸标准储备溶液（1mg/mL）　准确称取 0.1000g 苯甲酸，加碳酸氢钠溶液（20g/L）5mL，加热溶解，移入 100mL 容量瓶中，用水定容至刻度。

（6）山梨酸标准储备溶液（1mg/mL）　准确称取 0.1000g 山梨酸，加碳酸氢钠溶液（20g/L）5mL，加热溶解，移入 100mL 容量瓶中，用水定容至刻度。

（7）苯甲酸、山梨酸标准混合系列溶液　分别取苯甲酸和山梨酸标准储备溶液 0.2mL、0.5mL、1.0mL、1.5mL 和 2.0mL 置于 5 个 10mL 容量瓶中，加水至刻度，混匀，经 0.45μm 滤膜过滤。溶液中苯甲酸和山梨酸的含量分别为 0.2mg、0.5mg、1.0mg、1.5mg 和 2.0mg。

3. 仪器

（1）液相色谱仪　配紫外检测器。

（2）分析天平　感量 0.1mg。

（3）架盘天平　100g。

（4）恒温水浴。

（5）容量瓶　10mL、50mL、100mL、1000mL。

（6）微量进样器　50μL。

（7）移液管　10mL。

（8）刻度吸管　5mL。

（9）烧杯　50mL。

（10）微孔膜　0.45μm。

4. 检验步骤

（1）试样制备　吸取 10.0mL 待测的葡萄酒样品于小烧杯中，水浴加热去除乙醇，用氨水（1＋1）调 pH 约为 7，转移至 50mL 容量瓶中，加水至刻度，摇匀，经 0.45μm 滤膜过滤，备用。

（2）色谱条件（参考）

色谱柱：YWG－C_{18}，4.6mm×250mm，10μm 不锈钢柱。

流动相：甲醇：乙酸铵溶液（0.02mol/L）＝（5∶95）。

流速：1mL/min。

进样量：10μL。

检测器：230nm 波长。

（3）检测　按要求调整好液相色谱仪，仪器稳定后分别取标准混合系列溶液各 10μL 进样，得到不同浓度下苯甲酸和山梨酸的峰高，以含量为横坐标，对应的峰高为纵坐标绘制工作曲线（或建立回归方程）。在同样的色谱条件下，取制备好的样品 10μL 进行测定，根据标准混合系列溶液的保留时间定性，根据峰面积定量。

5. 结果计算

样品中苯甲酸和山梨酸的含量按公式（7－37）进行计算：

$$X = \frac{C \times 1000}{V \times V_2 / V_1} \qquad (7-37)$$

式中　X——样品中苯甲酸或山梨酸的含量，mg/L

C——测定用样品在标准曲线上查得的苯甲酸或山梨酸的含量，mg

V——取样体积，mL

V_1——取样处理后定容的体积，mL

V_2——测定时进样的体积，mL

计算结果保留两位有效数字，在重复性条件下获得的两次独立测定结果的绝对差值不得超过算术平均值的 10%。

第十五节 液相色谱法同时测定多种有机酸

一、 原理

一定量的葡萄酒样品经液相色谱柱分离，各种有机酸以不同的时间流出色谱柱，进入检测器，根据保留时间与标准品对照进行定性，用外标法进行定量。分别可检测出草酸、酒石酸、苹果酸、乳酸、柠檬酸、琥珀酸等有机酸的含量。

二、 试剂

（1）超纯水。

（2）标准物质 柠檬酸、酒石酸、苹果酸、琥珀酸、乳酸、草酸。

（3）有机酸标准储备溶液（1g/L） 分别称取柠檬酸、酒石酸、苹果酸、琥珀酸、乳酸、草酸各 0.05g，精确至 0.1mg，用超纯水定容至 50mL。

（4）有机酸标准系列溶液 分别吸取有机酸标准储备溶液 0.50mL、1.00mL、2.00mL 和 4.00mL 于 4 个 10mL 容量瓶中，用超纯水稀释至刻度，各种有机酸的浓度分别为 0.05g/L、0.10g/L、0.20g/L 和 0.40g/L。

（5）磷酸二氢钾溶液（0.02mol/L） 称取磷酸二氢钾（KH_2PO_4）2.72g，用超纯水溶解并定容至 1000mL，用磷酸调整 pH 为 2.5，经 0.45μm 微孔滤膜过滤。

三、 仪器

（1）高效液相色谱仪 配有二极管阵列检测器。

（2）色谱分离柱 Inertsil ODS3，柱尺寸：ϕ4.6mm × 250mm，填料粒径：5μm，或其他分析效果类似的色谱柱。

（3）微量进样器 10μL。

（4）真空抽滤脱气装置。

（5）微孔膜 0.45μm。

（6）分析天平 感量 0.1mg。

（7）架盘天平 100g。

（8）容量瓶 10mL、50mL、100mL、1000mL。

（9）刻度吸管 5mL。

四、 样品制备

取葡萄酒样品，经 0.45μm 微孔膜过滤，备用。

五、 检验步骤

1. 色谱条件（参考）

柱温：20℃。

流动相：磷酸二氢钾溶液（0.02mol/L）。

流速：0.8~1.1mL/min。

流动相洗脱梯度：按表7-4要求设定。

表7-4　　　　　　　　　　　　　　流动相洗脱梯度表

时间/min	流量/（mL/min）	时间/min	流量/（mL/min）
0	0.8	33	1.1
24	0.8	35	1.0
26	1.0	37	0.8
27	1.0	45	0.8
28	1.1		

检测波长208nm。

进样量：5μL。

2. 测定

按要求开启液相色谱仪，调柱温至20℃，以0.8mL/min的流速通入流动相平衡。待系统稳定后按上述色谱条件依次进标准品5μL，以标样浓度对峰面积做标准曲线。在相同条件下将制备好的试液进样5μL。根据保留时间定性，根据峰面积，以外标法定量。

六、 结果计算

样品中各组分的含量按公式（7-38）进行计算：

$$X_i = C_i \times F \qquad (7-38)$$

式中　X_i——样品中各组分的含量，g/L

　　　C_i——从标准曲线求得样品溶液中各组分的含量，g/L

　　　F——样品的稀释倍数

计算结果保留一位小数，在重复性条件下获得的两次独立测定结果的绝对差值不得超过算术平均值的10%。

第十六节　白藜芦醇

白藜芦醇，又名芪三酚，3，4′，5-三羟基芪，3，4′，5-三羟基二苯乙烯，分子式：$C_{14}H_{12}O_3$，相对分子质量为228.25，白色针状无味晶体，难溶于水，易溶于乙醚、

图 7 - 7 反式白藜芦醇

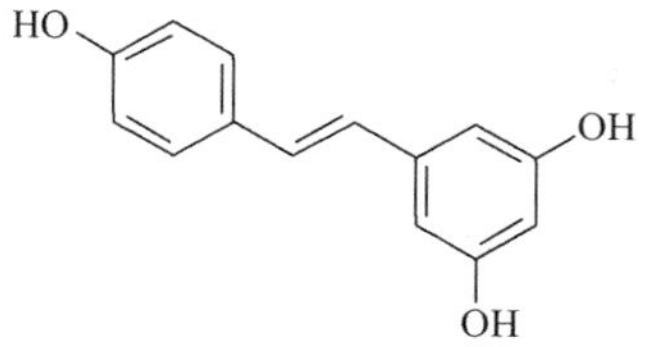

氯仿、甲醇、乙醇、丙酮、乙酸乙酯等有机溶剂，在波长 254nm 的紫外光照射下能产生荧光，并能和三氯化铁 - 铁氰化钾起显色反应。白藜芦醇是一种天然的多酚类化合物，主要存在于葡萄（红葡萄酒）、虎杖、花生、桑葚等植物中，它能以游离态（顺式、反式）和糖苷结合态（顺式、反式）4 种形式存在，且均具有抗氧化性能，其中反式异构体的生物活性强于顺式。反式白藜芦醇的结构式见图 7 - 7。

研究表明，白藜芦醇是一种天然的抗氧化剂，可降低血液黏稠度，抑制血小板凝结，保持血液畅通，可预防癌症的发生及发展，具有抗动脉粥样硬化、冠心病、缺血性心脏病和高血脂的作用。

作为植物抗毒素，白藜芦醇主要存在于葡萄皮中，在发酵过程中，白藜芦醇糖苷可转化为白藜芦醇，从而使葡萄酒中的含量高于葡萄中的含量，并且，带皮发酵的红葡萄酒，比不带皮发酵的白葡萄酒含量更高。检测数据显示，红葡萄酒中白藜芦醇含量在 5mg/L 左右，白葡萄酒的含量仅为红葡萄酒含量的 15% 左右。

一、 高效液相色谱法

1. 原理

葡萄酒中白藜芦醇经过乙酸乙酯提取，Cle - 4 型柱净化，然后用高效液相色谱法测定。

2. 试剂

（1）无水乙醇、95% 乙醇、乙酸乙酯、甲醇。

（2）乙腈 色谱纯。

（3）无水硫酸钠、氯化钠。

（4）反式白藜芦醇。

（5）反式白藜芦醇标准储备溶液（1.0mg/mL） 称取 10.0mg 反式白藜芦醇于 10mL 棕色容量瓶中，用甲醇溶解并定容至刻度，存放在冰箱中备用。

（6）反式白藜芦醇标准中间溶液（0.1mg/mL） 准确吸取反式白藜芦醇标准储备溶液 1mL 于 10mL 棕色容量瓶中，用甲醇定容至刻度。

（7）反式白藜芦醇标准系列溶液 分别吸取反式白藜芦醇标准中间溶液 0.10mL 、0.20mL 、0.50mL 和 1.00mL 于 4 个 10mL 容量瓶中，用甲醇稀释至刻度，反式白藜芦醇的浓度分别为 1.0μg/mL、2.0μg/mL、5.0μg/mL 和 10.0μg/mL。

（8）顺式白藜芦醇标准溶液 将反式白藜芦醇标准储备溶液在 254nm 波长下照射 30min，然后按本方法测定反式白藜芦醇含量，同时计算转化率，得顺式白藜芦醇含量，此含量为顺式白藜芦醇标准储备溶液的浓度。

（9）顺式白藜芦醇标准系列溶液 按反式白藜芦醇标准系列溶液的配制方法配制

顺式白藜芦醇标准系列溶液。

3. 仪器

（1）高效液相色谱仪，配有紫外检测器。

（2）旋转蒸发仪。

（3）色谱柱 ODS－C18，或其他具有同等分析效果的色谱柱。

（4）Cle－4 型净化柱（1.0g/5mL），或等效净化柱。

（5）照射灯箱　254nm。

（6）微量进样器　50μL。

（7）分析天平　感量 0.1mg。

（8）容量瓶　10mL。

（9）刻度吸管　1mL、5mL。

（10）移液管　2mL、5mL、20mL。

（11）分液漏斗　125mL。

4. 试样制备

（1）葡萄酒中白藜芦醇的提取　取 20.0mL 葡萄酒，加 2.0g 氯化钠溶解后，再加 20.0mL 乙酸乙酯振荡萃取，分出有机相过无水硫酸钠，重复一次，在 50℃ 水浴中真空蒸发，氮气吹干。加 2.0mL 乙醇溶解剩余物，移到试管中。

（2）葡萄酒中白藜芦醇的分离　先用 5mL 乙酸乙酯淋洗 Cle－4 型净化柱，然后移入制备好的试样，接着用 5mL 乙酸乙酯淋洗除杂，然后用 10mL 95% 乙醇洗脱收集，氮气吹干。准确加入 5mL 或 10mL 流动相溶解吹干后的试样，备用。

5. 检验步骤

（1）色谱条件（参考）

色谱柱：ODS－C18 柱，4.6mm×250mm，5μm。

柱温：室温。

流动相：乙腈＋重蒸水＝30 ＋ 70。

流速：1.0mL/min。

检测波长：306nm。

进样量：20μL。

（2）标准曲线绘制　根据所使用的液相色谱仪和色谱柱，调整至最佳仪器参数，待基线稳定后，取顺、反式白藜芦醇标准系列溶液分别进样 20μL，以标样浓度对峰面积做标准曲线（或建立回归方程）。

（3）样品测试　在相同的色谱条件下，进制备好的试样 20μL，可调整进样量使样品中的白藜芦醇含量在标准系列范围内。根据标准品的保留时间定性样品中顺式白藜芦醇和反式白藜芦醇的色谱峰。根据样品的峰面积，以外标法计算顺、反式白藜芦醇的含量之和。

6. 结果计算

样品中顺式或反式白藜芦醇的含量按公式（7－39）、公式（7－40）进行计算：

$$X_i = C_i \times F \tag{7-39}$$

$$X = X_顺 + X_反 \tag{7-40}$$

式中　X_i——样品中顺式或反式白藜芦醇的含量，g/L

　　　C_i——从标准曲线求得样品溶液中顺式或反式白藜芦醇的含量，g/L

　　　F——样品的稀释倍数

　　　X——样品中总白藜芦醇含量，g/L

计算结果保留一位小数，在重复性条件下获得的两次独立测定结果的绝对差值不得超过算术平均值的 10%。

7. 实验讨论

（1）将流动相改为乙腈 +0.1% 冰乙酸 = 20 + 80，其他条件不变，可直接取葡萄酒样品经 0.45μm 微孔膜过滤，进样 5μL，检验白藜芦醇的含量。

（2）在上述实验条件下，可增加反式白藜芦醇糖苷标准品，用相同的方法配制成反式白藜芦醇糖苷和顺式白藜芦醇糖苷标准溶液及标准系列溶液，在相同条件下测试，可得到样品中白藜芦醇糖苷的含量，总白藜芦醇含量可为顺、反式白藜芦醇和顺、反式白藜芦醇糖苷之和。

二、气质联用色谱法

1. 原理

葡萄酒中白藜芦醇经过乙酸乙酯提取，Cle‑4 型柱净化，然后用 BSTFA + 1%（φ）TMCS 衍生后，采用 GC‑MS 进行定性、定量分析，定量离子为 444。

2. 试剂

（1）BSTFA（双三甲基硅基三氟乙酰胺）+1%（φ）TMCS（三甲基氯硅烷）。

（2）无水乙醇、95% 乙醇、乙酸乙酯、甲醇。

（3）乙腈　色谱纯。

（4）无水硫酸钠、氯化钠。

（5）反式白藜芦醇。

（6）反式白藜芦醇标准储备溶液（1.0mg/mL）　称取 10.0mg 反式白藜芦醇于 10mL 棕色容量瓶中，用甲醇溶解并定容至刻度，存放在冰箱中备用。

（7）反式白藜芦醇标准中间溶液（0.1mg/mL）　准确吸取反式白藜芦醇标准储备溶液 1mL 于 10mL 棕色容量瓶中，用甲醇定容至刻度。

（8）反式白藜芦醇标准系列溶液　分别吸取反式白藜芦醇标准中间溶液 0.10mL、0.20mL、0.50mL 和 1.00mL 于 4 个 10mL 容量瓶中，用甲醇稀释至刻度，反式白藜芦醇的浓度分别为 1.0μg/mL、2.0μg/mL、5.0μg/mL 和 10.0μg/mL。

（9）顺式白藜芦醇标准溶液　将反式白藜芦醇标准储备溶液在 254nm 波长下照射 30min，然后按本方法测定反式白藜芦醇含量，同时计算转化率，得顺式白藜芦醇含量，此含量为顺式白藜芦醇标准储备溶液的浓度。

（10）顺式白藜芦醇标准系列溶液　按反式白藜芦醇标准系列溶液的配制方法配制

顺式白藜芦醇标准系列溶液。

3. 仪器

（1）气相色谱–质谱联用仪。

（2）旋转蒸发仪。

（3）色谱柱　HP–5 MS 5%苯基甲基聚硅氧烷弹性石英毛细管柱（30m×0.25mm×0.25μm），或其他具有同等效果的色谱柱。

（4）Cle–4型净化柱（1.0g/5mL），或其他具有同等效果的净化柱。

（5）微量进样器　2μL或5μL。

（6）分析天平　感量0.1mg。

（7）容量瓶　10mL。

（8）刻度吸管　1mL、5mL。

（9）移液管　2mL、5mL、20mL。

（10）分液漏斗　125mL。

4. 试样及标准品制备

（1）试样提取　取20.0mL葡萄酒，加2.0g氯化钠溶解后，再加20.0mL乙酸乙酯振荡萃取，分出有机相过无水硫酸钠，重复一次，在50℃水浴中真空蒸发，氮气吹干。

（2）试样衍生化　将上述处理的样品加0.1mL BSTFA＋1% TMCS，加盖瓶于旋涡混合器上振荡，在80℃下加热0.5h，氮气吹干，加1.0mL甲苯溶解。

（3）标准品衍生化　取适量的白藜芦醇标准溶液，氮气吹干，加0.1mL BSTFA＋1% TMCS，加盖瓶于旋涡混合器上振荡，在80℃下加热0.5h，氮气吹干，加1.0mL甲苯溶解。

5. 检验步骤

（1）仪器条件（参考）

柱温程序：初温150℃，保持3min，然后以10℃/min升至280℃，保持10min。

进样口温度：300℃。

载气（高纯氦气99.999%），流速0.9mL/min。

分流比：20∶1。

EI源源温：230℃。

电子能量：70eV。

接口温度：280℃。

电子倍增器电压：1765V。

质量扫描范围（Scan mode m/z）：35～450 amu。

定量离子：444。

溶剂延迟：5min。

进样量：1.0μL。

根据所使用的色–质联用仪和色谱柱，调整至最佳仪器参数，待基线稳定后，依次进样。

（2）标准品测试 用顺、反式白藜芦醇标准系列溶液分别进样后，以标样浓度对峰面积作标准曲线。

（3）样品测试 进制备好的试样 $20\mu L$，可调整进样量使样品中的白藜芦醇含量在标准系列范围内。根据标准品的保留时间定性样品中顺式白藜芦醇和反式白藜芦醇的色谱峰。根据样品的峰面积，以外标法计算顺、反式白藜芦醇的含量之和。

6. 结果计算

样品中顺式或反式白藜芦醇的含量按公式（7－39）、（7－40）进行计算：

$$X_i = C_i \times F \qquad\qquad (7-39)$$
$$X = X_{顺} + X_{反} \qquad\qquad (7-40)$$

式中　　X_i——样品中顺式或反式白藜芦醇的含量，g/L

　　　　C_i——从标准曲线求得样品溶液中顺式或反式白藜芦醇的含量，g/L

　　　　F——样品的稀释倍数

　　　　X——样品中总白藜芦醇含量，g/L

在重复性条件下获得的两次独立测定结果的绝对差值不得超过算术平均值的10%。

第十七节　液相色谱法同时测定多种酚类化合物

酚类物质是一类大而复杂的化合物，主要有非类黄酮和类黄酮两大类，是葡萄生长过程中重要的次生代谢产物，对其生长发育起着重要的作用。葡萄果实中的酚类物质，主要分布在果皮、种子和果梗中，在果皮中的含量尤高，这些酚类物质在葡萄酒酿造过程中被浸渍到其中，使得葡萄酒中含有丰富的多酚类物质而具有很强的生理活性。大量研究表明，酚类物质与葡萄酒的色泽、风味等品质指标密切相关（如咖啡酸、儿茶素等）。另外，葡萄与葡萄酒中的酚类物质具有抗氧化、抗癌、预防心血管疾病等生物活性功能，对人体健康十分有益。因此，检测并分析葡萄酒中酚类物质的种类及含量具有重要的意义。

目前，高效液相色谱法由于具有分辨率高、分析速度快、重复性好、定量定性分析准确等优点，被广泛应用于葡萄酒中酚类物质的分析。

一、 原理

葡萄酒样品中酚类物质经乙酸乙酯提取后，进入液相色谱柱，混合物中各种酚类组分与固定相发生相互作用，随着流动相的移动，各组分在两相间经过反复多次的分配平衡，使酚类化合物以不同的时间流出色谱柱，然后进入检测器检测，根据保留时间与标准品对照进行定性，用外标法进行定量。

二、 试剂

（1）酚类物质标准品 儿茶素、没食子酸、芦丁、安息香酸、咖啡酸、丁香酸、阿魏酸、槲皮酮、水杨酸、香豆酸，纯度大于 99%。

（2）甲醇、乙腈、乙酸（色谱纯）。

（3）乙酸、乙酸乙酯（分析纯）。

（4）酚类物质混合标准溶液（1mg/mL） 分别称取 10mg 没食子酸、安息香酸、儿茶素、咖啡酸、丁香酸、槲皮酮、阿魏酸、水杨酸、香豆酸、芦丁标样，用色谱纯甲醇定容于 10mL 容量瓶中，配成混合溶液，在 4℃ 下保存备用。

（5）氢氧化钠溶液（1mol/L） 称取氢氧化钠 40g，用水定容至 1000mL，摇匀。

（6）流动相 A 水：乙酸（98：2）。

（7）流动相 B 乙腈。

三、 仪器

（1）高效液相色谱仪，配二极管阵列检测器。

（2）真空抽滤器。

（3）超声波脱气机。

（4）分析天平 感量 0.1mg。

（5）旋转蒸发器。

（6）容量瓶 10mL、100mL。

（7）移液管 10mL。

（8）刻度吸管 5mL。

（9）微过滤膜 0.45μm。

（10）微量进样器 25μL。

四、 检验步骤

1. 样品制备

取 10mL 葡萄酒，先用 1mol/L NaOH 调节至 pH7.0，然后用乙酸乙酯萃取三次（每次 20mL），合并有机相并减压蒸馏浓缩至干，残渣用甲醇定容至 2mL，置于 4℃ 下避光保存，待液相分析。测定前样品经 0.45μm 微孔滤膜过滤。

2. 色谱条件（参考）

（1）色谱柱 C18 柱（250mm×4.0mm，5μm）。

（2）梯度洗脱条件如表 7−5 所示：

表 7−5　　　　　　　　　　　　流动相梯度洗脱表

时间/min	乙腈/%	时间/min	乙腈/%
0	20	25	40
10	20	30	0

（3）流速 1.0mL/min。

（4）柱温　35℃。

（5）进样量　10μL。

（6）检测波长　280nm。

3. 标准工作曲线绘制

酚类物质标准系列溶液：吸取酚类物质混合标准溶液 1mL 用色谱纯甲醇配制成 100μg/mL 的混合溶液，然后用甲醇逐级稀释成 0.1μg/mL，0.5μg/mL，2μg/mL，10μg/mL 和 20μg/mL 标准系列溶液。

4. 样品测试

待测样品在上述仪器条件下进行测定。

五、 结果计算

试样中单体酚类化合物 i 的浓度按公式（7-41）进行计算：

$$X_i = C_i \times F_i \tag{7-41}$$

式中　X_i——试样中单体酚类化合物的浓度，μg/mL

$\quad\quad C_i$——测试溶液中单体酚类的浓度，μg/mL

$\quad\quad F_i$——浓缩倍数

检测结果以两次测定值的算术平均值表示 。计算结果表示到小数点后 1 位 。

在重复性条件下获得的两次独立测定结果的绝对差值不得超过算术平均值的 10% 。

第十八节　甲醇

甲醇，又名木醇、木精，为无色透明液体，分子式 CH_3OH，相对分子质量 32.04，沸点 64.7℃，易燃，剧毒。

甲醇是葡萄酒中有害的有机化合物，它与乙醇虽然在结构上仅有一碳之差，但其毒性却大相径庭，必须加以严格控制。事实上饮料酒（包括蒸馏酒和发酵酒）中都含有微量的甲醇，它是酿酒原料中所含的果胶质经分解而产生的，对于葡萄酒而言，由于葡萄浆果的皮上果胶含量更丰富，因此红葡萄酒中甲醇含量普遍比白葡萄酒高，国家标准中也规定，白葡萄酒、桃红葡萄酒甲醇限量为≤250mg/L，而红葡萄酒甲醇限量为≤400mg/L。

采用合格的原料按照正常工艺生产的葡萄酒，甲醇含量一般不会超过标准规定，可以放心饮用，但作为食品安全监控，必须对甲醇含量进行监测，以确保人身的健康和安全。葡萄酒中甲醇的检验方法通常有气相色谱法和比色法。

一、 气相色谱法

1. 原理

试样被气化后，随同载气进入色谱柱，利用被测定的组分在气液两相中具有不同的分配系数，在柱内形成迁移速度的差异而得到分离。分离后的组分先后流出色谱柱，进入氢火焰离子化检测器，根据色谱图上甲醇峰的保留时间与标样相对照进行定性；利用峰面积（或峰高），以外标法定量。

2. 试剂

（1）乙醇溶液（10%，体积分数）　色谱纯，取色谱纯乙醇 10mL，与 90mL 重蒸水混匀。

（2）甲醇标准溶液（2mg/mL）　色谱纯，作标样用。称取 20℃ 的色谱纯甲醇 2.00g（或取色谱纯甲醇 1.26mL），用同温度下的乙醇溶液（10%，体积分数）定容至 100mL，再取此溶液 1mL 用乙醇溶液（10%，体积分数）定容至 10mL。

3. 仪器

（1）气相色谱仪，配有氢火焰离子化检测器（FID）。

（2）毛细管柱　HP - INNOWAX（30m × 0.32mm，0.5μm）。

（3）微量进样器　2μL。

（4）全玻璃蒸馏装置　500mL。

（5）电炉。

（6）架盘天平　50g。

（7）容量瓶　10mL、100mL。

（8）恒温水浴。

（9）冰浴。

（10）玻璃珠。

（11）移液管　1mL、2mL、10mL。

4. 检验步骤

（1）色谱条件（参考）

色谱柱：HP - INNOWAX（30m × 0.32mm，0.5μm）。

载气（高纯氮）：流速 1.5mL/min，分流比：10:1。

空气流量：400mL/min。

氢气流量：30mL/min。

进样口温度：200℃。

检测器温度：230℃。

进样量：1μL。

柱温：初始 50℃，保持 3min，15℃/min 升至 120℃，30℃/min 升至 200℃，保持 2min。

（2）试样制备　用一洁净的 100mL 容量瓶准确量取 100mL 样品（液温 20℃）于 500mL 蒸馏瓶中，用 50mL 水分三次冲洗容量瓶，洗液并入蒸馏瓶中，再加几颗玻璃珠，连接冷凝器，以取样用的容量瓶作接收器（外加冰浴）。开启冷却水，缓慢加热蒸馏。收集馏出液接近刻度，取下容量瓶，盖塞。于 20℃ 水浴中保温 30min，补加水至刻度，混匀，备用。

（3）标准工作曲线绘制 分别吸取甲醇标准溶液（2mg/mL）0.5mL、1.0mL、1.5mL、2.0mL 于四个 10mL 容量瓶中，加乙醇溶液（10%，体积分数）至刻度，甲醇的浓度分别为 100mg/L、200mg/L、300mg/L 和 400mg/L。按要求调整好气相色谱仪，待仪器稳定后分别进甲醇标准系列溶液各 1μL，得到不同浓度标准溶液的峰高。以甲醇浓度为横坐标，峰高为纵坐标，绘制标准工作曲线（或建立回归方程）。

（4）样品测试 在相同色谱条件下，将制备好的试样进样 1μL，记录与标准曲线中甲醇色谱峰相同保留时间的色谱峰峰高。

5. 结果计算

样品中甲醇的含量按公式（7－42）进行计算：

$$X_i = C \times F \tag{7-42}$$

式中 X_i——样品中甲醇的含量，mg/L

C——从标准曲线求得测定溶液中甲醇的含量，mg/L

F——样品的稀释倍数

所得结果应表示至整数，在重复性条件下获得的两次独立测定结果的绝对差值不得超过算术平均值的 10%。

二、 品红－亚硫酸比色法

1. 原理

甲醇在磷酸溶液中被高锰酸钾氧化成甲醛，过量的高锰酸钾及反应中生成的二氧化锰用草酸－硫酸溶液除去，甲醛与品红亚硫酸作用生成蓝紫色化合物，颜色的深浅与甲醇含量相关，根据颜色与标准系列比较定量。

甲醇在磷酸介质中被高锰酸钾氧化为甲醛：

$$5CH_3OH + 2KMnO_4 + 4H_3PO_4 \rightleftharpoons 2MnHPO_4 + 5CH_2O + 2KH_2PO_4 + 8H_2O$$

过量的高锰酸钾被草酸还原：

$$5C_2H_2O_4 + 2KMnO_4 + 3H_2SO_4 \rightleftharpoons 2MnSO_4 + K_2SO_4 + 10CO_2 + 8H_2O$$

甲醛与亚硫酸品红的反应：

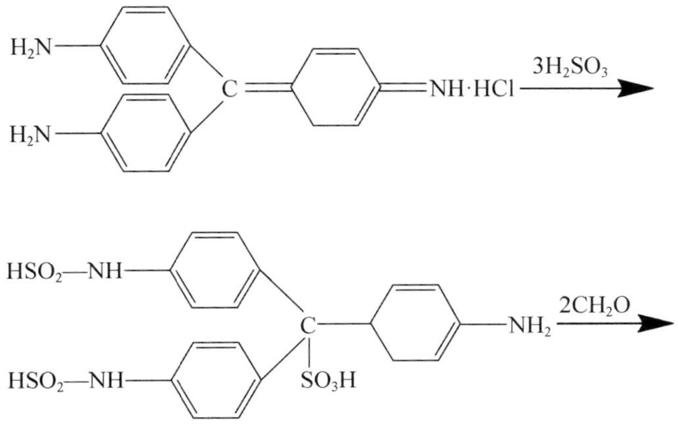

（蓝紫色复合物）

2. 试剂

（1）高锰酸钾－磷酸溶液　称取 3g 高锰酸钾，加入 15mL 磷酸（85%）与 70mL 水的混合液中，溶解后加水至 100mL。贮于棕色瓶内，防止氧化力下降，保存时间一般不超过 10d。

（2）硫酸溶液（1＋1）　取 100mL 浓硫酸缓缓注入 100mL 水中。

（3）草酸－硫酸溶液　称取 5g 无水草酸（$H_2C_2O_4$）或 7g 含 2 分子结晶水草酸（$H_2C_2O_4 \cdot 2H_2O$），溶于硫酸（1＋1）中至 100mL。

（4）亚硫酸钠溶液（100g/L）　称取 10g 亚硫酸钠（$Na_2SO_3 \cdot H_2O$），用水溶解并定容至 100mL。

（5）品红－亚硫酸溶液　称取 0.1g 碱性品红研细后，分次加入共 60mL 80℃ 的水，边加入水边研磨使其溶解，用滴管吸取上层溶液滤于 100mL 容量瓶中，冷却后加 10mL 亚硫酸钠溶液（100g/L）、1mL 盐酸，再加水至刻度，充分混匀，放置过夜，如溶液有颜色，可加少量活性炭搅拌后过滤，贮于棕色瓶中，置暗处保存，溶液呈红色时应弃去重新配制。

（6）甲醇标准溶液（10mg/mL）　称取 1.000g 甲醇，置于 100mL 容量瓶中，加水稀释至刻度，置于低温下保存。

（7）甲醇标准使用溶液（0.2mg/mL）　吸取 10.0mL 甲醇标准溶液，置于 100mL 容量瓶中，加水稀释至刻度。再取 10.0mL 稀释液置于 50mL 容量瓶中，加水至刻度。

3. 仪器

（1）分光光度计。

（2）全玻璃蒸馏装置　500mL。

（3）分析天平　感量 0.1mg。

（4）架盘天平　100g。

（5）容量瓶　25mL、50mL、100mL。

（6）移液管　1mL、2mL、10mL。

（7）刻度吸管　2mL、5mL。

（8）电炉。

（9）冰浴。

（10）玻璃珠。

4. 试样制备

用一洁净的 100mL 容量瓶准确量取 100mL 样品（液温 20℃）于 500mL 蒸馏瓶中，用 50mL 水分三次冲洗容量瓶，洗液并入蒸馏瓶中，再加几颗玻璃珠，连接冷凝器，以取样用的容量瓶作接收器（外加冰浴）。开启冷却水，缓慢加热蒸馏。收集馏出液接近刻度，取下容量瓶，盖塞。于 20℃水浴中保温 30min，补加水至刻度，混匀，备用。

5. 检验步骤

（1）标准工作曲线的绘制　吸取甲醇标准使用液 0.0mL、0.20mL、0.50mL、1.00mL、1.50mL（甲醇含量分别为 0.0mg、0.04mg、0.10mg、0.20mg、0.30mg），分别置于 5 个 25mL 容量瓶中，各加水至 5mL，再依次各加 2mL 高锰酸钾－磷酸溶液，混匀，放置 10min，各加 2mL 草酸－硫酸溶液，混匀使之褪色，再各加 5mL 品红－亚硫酸溶液，混匀，于 20℃以上静置 30min，用 2cm 比色杯，以零管调节零点，于波长590nm 处测吸光度，根据吸光度及相对应的甲醇含量绘制标准曲线（或建立回归方程）。

（2）样品的测定　吸取上述制备好的试样 1～2mL，调整甲醇含量为 0.1mg 左右，置于 25mL 容量瓶中，补加水至 5mL，以下操作与标准工作曲线的绘制相同，测出样品的吸光度，从标准工作曲线上查出测定试样中甲醇的含量（或用回归方程计算）。

6. 结果计算

样品中甲醇的含量按公式（7－43）进行计算：

$$X = \frac{C}{V} \times 1000 \qquad\qquad (7-43)$$

式中　X ——样品中甲醇的含量，mg/L

　　　C ——测定试样中甲醇的含量，mg

　　　V ——吸取样品的体积，mL

所得结果保留至整数，在重复性条件下获得的两次独立测定结果的绝对差值不得超过算术平均值的 10%。

7. 实验讨论

（1）甲醇的沸点是 64.7℃，是样品处理过程中首先被蒸出的成分，因此蒸馏过程中应注意必须将蒸馏装置连接好，不能有任何漏气，在冷却有效的情况下才能开始加热蒸馏，否则会导致甲醇损失，使检测结果偏低。

（2）对于颜色较浅的白葡萄酒，可不蒸馏，直接取原样进行比色测定。

第十九节　氨基甲酸乙酯

氨基甲酸乙酯，分子式为 $C_3H_7NO_2$，是葡萄酒发酵过程中产生的不良代谢产物，是被公认对人体有害的物质。氨基甲酸乙酯纯品是无色结晶或白色粉末，易燃，具有清凉味，在 103℃ 时迅速升华，加热时发生分解放出有毒烟气，具有酯和酰胺的化学性质。

葡萄酒中的氨基甲酸乙酯（EC）主要是由尿素和乙醇反应形成的，其次由氨甲酰磷酸和瓜氨酸与乙醇反应生成，世界卫生组织对软饮料中 EC 制定了限量标准。1985 年加拿大的卫生与预防部门规定佐餐葡萄酒中 EC 质量浓度不得超过 $30\mu g/L$；美国食品和药品管理局（US FDA）规定，1988 年以后生产的佐餐葡萄酒（酒精度 ≤14% vol），EC 质量浓度不能超过 $15\mu g/L$。

一、　原理

试样加 D_5 – 氨基甲酸乙酯内标后，经过碱性硅藻土固相萃取柱净化、洗脱，洗脱液浓缩后，用气相色谱 – 质谱仪进行测定，内标法定量。

二、　试剂

（1）无水硫酸钠（Na_2SO_4）　450℃烘 4h，冷却后贮存于干燥器中备用。

（2）氯化钠。

（3）正己烷　色谱纯。

（4）乙酸乙酯 – 乙醚溶液（5%）　取 5mL 乙酸乙酯（色谱纯），用乙醚（色谱纯）稀释到 100mL，混匀。

（5）甲醇　色谱纯。

（6）乙醚　色谱纯。

（7）氨基甲酸乙酯标准储备溶液（1.00mg/mL）　称取氨基甲酸乙酯标准品（$C_3H_7O_2N$，纯度大于 99.0%）0.05g（精确到 0.1mg），用甲醇溶解、定容至 50mL，4℃ 以下保存，保存期 3 个月。

（8）氨基甲酸乙酯标准中间溶液（10.0μg/mL）　准确吸取氨基甲酸乙酯储备液（1.00mg/mL）1.00mL，用甲醇定容至 100mL，4℃ 以下保存，保存期 1 个月。

（9）氨基甲酸乙酯标准使用溶液（0.50μg/mL）　准确吸取氨基甲酸乙酯中间液（10.0μg/mL）5.00mL，用甲醇定容至 100mL，现配现用。

（10）D_5 – 氨基甲酸乙酯储备溶液（1.00mg/mL）　准确称取 0.01g（精确到 0.1mg）D_5 – 氨基甲酸乙酯标准品（$C_3H_2D_5NO_2$，CAS：73962 – 07 – 9 纯度大于 98.0%），用甲醇溶解、定容至 10mL，4℃ 以下保存。

（11）D_5 – 氨基甲酸乙酯使用溶液（2.00μg/mL）　准确吸取 D_5 – 氨基甲酸乙酯储备溶液（1.00mg/mL）0.10mL，用甲醇定容至 50mL，4℃ 以下保存。

（12）标准系列溶液　分别准确吸取氨基甲酸乙酯标准使用溶液（0.50μg/mL）20.0μL、50.0μL、100.0μL、200.0μL、400.0μL 于 5 个 1mL 容量瓶中，各加 D₅ - 氨基甲酸乙酯使用液（2.00μg/mL）100μL，用甲醇定容至刻度，氨基甲酸乙酯的浓度分别为 10.0 ng/mL、25.0 ng/mL、50.0 ng/mL、100.0 ng/mL、200.0 ng/mL，此标准系列溶液应现配现用。

三、 仪器

（1）气相色谱 - 质谱仪，带电子轰击源（EI）源。
（2）涡旋混匀器。
（3）氮吹仪。
（4）固相萃取装置，配真空泵。
（5）超声波清洗机。
（6）马弗炉。
（7）天平　感量 0.1mg、1mg。
（8）碱性硅藻土固相萃取柱　填料 4g、柱容量 12mL。
（9）刻度吸管　1mL、5mL。
（10）容量瓶　1mL、10mL、50mL、100mL。
（11）刻度试管　10mL。
（12）微量进样器　5μL、100μL、500μL。

四、 检验步骤

1. 试样制备

样品摇匀，称取 2g（精确至 0.001g）样品，加 100.0μL 2.00μg/mL D₅ - 氨基甲酸乙酯使用液、氯化钠 0.3g，超声溶解、混匀后，加样到碱性硅藻土固相萃取柱上，在真空条件下，将样品溶液缓慢渗入萃取柱中，并静置 10min。经 10mL 正己烷淋洗后，用 10mL 5% 乙酸乙酯 - 乙醚溶液以约 1mL/min 流速进行洗脱，洗脱液经装有 2g 无水硫酸钠的玻璃漏斗脱水后，收集于 10mL 刻度试管中，室温下用氮气缓缓吹至约 0.5mL，用甲醇定容至 1.00mL 制成测定液，供 GC/MS 分析用。

2. 仪器条件（参考）

毛细管色谱柱：DB - INNOWAX，30m × 0.25mm（内径）× 0.25μm（膜厚）或相当性能的色谱柱。

进样口温度：220℃。

柱温：初温 50℃，保持 1min，然后以 8℃/min 升至 180℃，程序运行完成后，240℃后运行 5min。

载气：氮气，纯度≥99.999%，流速 1mL/min。

电离模式：电子轰击源（EI），能量为 70eV。

四极杆温度：150℃。

离子源温度：230℃。

传输线温度：250℃。

溶剂延迟：11min。

进样方式：不分流进样。

进样量：1～2μL。

检测方式：选择离子监测（SIM）。

氨基甲酸乙酯选择监测离子（m/z）44、62、74、89，定量离子62。

D_5 - 氨基甲酸乙酯选择监测离子（m/z）64、76，定量离子64。

3. 定性测定

按上述仪器条件测定标准系列溶液和试样，低浓度试样定性可以减少定容体积，试样的质量色谱峰保留时间与标准物质保留时间的允许偏差小于±2.5%；定性确证时相对离子丰度的最大允许偏差见表7-6。

表7-6   定性确证时相对离子丰度的最大允许偏差

相对离子丰度/%	>50	20～50	10～20	≤10
允许的最大偏差/%	±20	±25	±30	±50

4. 定量测定

（1）标准曲线的绘制　将氨基甲酸乙酯标准系列溶液（内含200ng/mL D_5 - 氨基甲酸乙酯）分别进样1～2μL进行测定，以氨基甲酸乙酯浓度为横坐标，标准系列溶液中氨基甲酸乙酯峰面积与内标 D_5 - 氨基甲酸乙酯的峰面积之比为纵坐标，绘制标准工作曲线。

（2）试样测定　将制备好的试样溶液同标准曲线工作溶液同样进行测定，根据工作曲线查得试液中氨基甲酸乙酯的含量，计算试样中氨基甲酸乙酯的含量。

五、 结果计算

试样中氨基甲酸乙酯的含量按公式（7-44）进行计算：

$$X = \frac{c \times V}{m} \qquad\qquad (7-44)$$

式中　X——样品中氨基甲酸乙酯含量，μg/kg

$\quad\;\;c$——测定试液中氨基甲酸乙酯的含量，ng/mL

$\quad\;\;V$——样品测定液的定容体积，mL

$\quad\;\;m$——样品质量，g

计算结果以重复性条件下获得的两次独立测定结果的算术平均值表示，保留3位有效数字，在重复性条件下获得的两次独立测定结果的相对偏差，当含量≤50μg/kg时，不得超过算术平均值的15%；当含量>50μg/kg时，不得超过算术平均值的10%。

六、 实验讨论

当试样取2g时，本方法氨基甲酸乙酯检出限为2.0μg/kg，定量限为5.0μg/kg。

第二十节　赭曲霉毒素 A

赭曲霉毒素是一类霉菌（包括疣孢青霉菌、赭曲霉以及炭黑曲霉）的次级代谢产物的总称，产赭曲霉毒素霉菌感染谷物、咖啡、葡萄等产品后，在适宜的条件下，会产生赭曲霉毒素。赭曲霉毒素是异香豆素连接到 β – 苯基丙氨酸上的衍生物，有 A、B、C、D 四种化合物，而赭曲霉毒素 A（OTA）是其中分布最广、毒性最强、对人类威胁最大的毒素之一，存在于谷物、咖啡、食物和饮料（葡萄酒、啤酒、葡萄汁）中。2005 年欧盟规定葡萄酒以及用于饮料制作的葡萄酒或者葡萄中赭曲霉毒素 A 的限量为 2.0μg/kg。国际葡萄与葡萄酒组织（OIV）也将葡萄酒中 OTA 的限量标准定为小于等于 2μg/kg。

葡萄感染了曲霉和青霉菌产生的赭曲霉毒素 A，一旦进入葡萄酒中就无法去除，因此对有病烂的葡萄进行分拣，防止病烂葡萄进入加工环节是减少赭曲霉毒素 A 含量的有效途径。

一、　原理

用提取液提取试样中的赭曲霉毒素 A，经免疫亲和柱净化后，用高效液相色谱分离，荧光检测器测定，外标法定量。

二、　试剂

（1）甲醇　色谱纯。

（2）乙腈　色谱纯。

（3）冰乙酸　色谱纯。

（4）提取液　称取 150g 氯化钠、20g 碳酸氢钠溶于约 950mL 水中，定容至 1L。

（5）冲洗液　称取 25g 氯化钠、5g 碳酸氢钠溶于约 950mL 水中，定容至 1L。

（6）赭曲霉毒素 A 标准储备溶液（0.1mg/mL）　准确称取一定量的赭曲霉毒素 A 标准品，用甲醇 + 乙腈（1 + 1）溶解，配成 0.1mg/mL 的标准储备液，在 –20℃ 保存，可使用 3 个月。

（7）赭曲霉毒素 A 标准系列溶液　根据使用需要，准确吸取一定量的赭曲霉毒素 A 储备溶液，用流动相稀释，分别配成相当于 1ng/mL、5ng/mL、10ng/mL、20ng/mL、50ng/mL 的标准系列溶液，4℃保存，可使用 7d。

三、　仪器

（1）天平　感量 1mg。

（2）液相色谱仪　配有荧光检测器。

（3）玻璃注射器　10mL。

（4）赭曲霉毒素 A 免疫亲和柱。

（5）玻璃纤维滤纸　直径 11cm，孔径 1.5μm，无荧光特性。

（6）超声波发生器　功率大于 180W。

（7）容量瓶　1mL、25mL、100mL。

（8）刻度吸管　1mL、10mL。

（9）微量进样器　100μL。

四、 检验步骤

1. 试样制备

（1）样品处理　称取脱气葡萄酒试样（含二氧化碳的样品使用前先置于 4℃ 冰箱冷藏 30min，过滤或超声脱气）20g（精确到 0.01g），置于 25mL 容量瓶中，加提取液定容至刻度，混匀，用玻璃纤维滤纸过滤至滤液澄清，收集滤液于干净的容器中。

（2）净化　将免疫亲和柱连接于 10mL 玻璃注射器下，准确移取上述制备的滤液 10.0mL，注入玻璃注射器中。将空气压力泵与玻璃注射器相连接，调节压力，使溶液以约 1 滴/s 的流速通过免疫亲和柱，直至空气进入亲和柱中，依次用 10mL 冲洗液、10mL 水淋洗免疫亲和柱，流速约为 12 滴/s，弃去全部流出液，抽干小柱。

（3）洗脱　准确加入 1.0mL 甲醇洗脱，流速约为 1 滴/s，收集全部洗脱液于干净的 1mL 容量瓶中，用甲醇定容至刻度，供 HPLC 测定。

2. 测试

（1）色谱条件（参考）

色谱柱：C_{18}柱，5μm，150mm ×4.6mm 或性能相当的色谱柱。

流动相：乙腈 + 冰乙酸 = 99 +1。

流速：0.9mL/min。

柱温：35℃。

进样量：10 ~ 100μL。

检测波长：激发波长 333nm，发射波长 477nm。

（2）标准工作曲线绘制　按要求调整好仪器的各项参数，待基线稳定后，分别进赭曲霉毒素 A 标准系列溶液进行测试，以赭曲霉毒素 A 标准系列溶液浓度为横坐标，以峰面积参数为纵坐标，绘制标准工作曲线，用标准工作曲线对试样进行定量，标准系列溶液和试样溶液中赭曲霉毒素 A 的响应值均应在仪器检测线性范围内。

（3）样品测试　待测样品在上述仪器条件下进行测定，同时做空白试验。

五、 结果计算

试样中赭曲霉毒素 A 的含量按公式（7 – 45）进行计算：

$$X = \frac{(C_1 - C_0) \times V}{m} \times F \qquad (7 – 45)$$

式中　X——试样中赭曲霉毒素 A 的含量，μg/kg

　　　　C_1——试样溶液中赭曲霉毒素 A 的浓度，ng/mL

C_0——空白试样溶液中赭曲霉毒素 A 的浓度，ng/mL

V——甲醇洗脱液体积，mL

m——试样的质量，g

F——样品稀释倍数

检测结果以两次测定值的算术平均值表示，计算到小数点后 1 位。在重复性条件下，获得的赭曲霉毒素 A 的两次独立测试结果的绝对差值不大于其算术平均值的 10%。

第八章　微生物检验

葡萄酒是有生命的饮料，它是微生物的产物也容易受微生物的作用而变质。

引起葡萄酒病害的微生物可分为两大类，即好气性微生物和厌气性微生物。与空气接触一定时间后，葡萄酒中的好气性微生物，如假丝酵母和醋酸菌会分别引起葡萄酒的酒花病和变酸病。与好气性微生物病害相反，厌气性微生物在还原条件下可分解葡萄酒的其他成分如残糖、某些发酵副产物（如甘油）、有机酸等。如葡萄酒中的残糖可由酵母菌引起再发酵，使葡萄酒浑浊、形成沉淀和变质。乳酸菌可将甘油分解为乳酸、乙酸等，引起葡萄酒的苦味病及色素沉淀等。

葡萄酒灌装前必须对其进行除菌过滤和微生物检验。装瓶后也要进行微生物检验，防止因灌装线路灭菌不彻底而造成微生物污染，保证葡萄酒装瓶后的生物稳定性。通常需要检测的微生物有菌落总数和酵母菌，并要求做到逐批检验。大肠菌群、沙门菌和金黄色葡萄球菌可根据生产需要进行不定期抽检。

各种微生物检验所用培养基可以直接采购商品培养基，也可以按附录 B 给出的方法自行制备。

第一节　菌落总数

菌落总数主要是作为判定食品被污染程度的标志，也可以用于观察细菌在食品中繁殖的动态，以便对被检验样品进行卫生学评价提供依据。

菌落总数检验的是葡萄酒中能在平板计数琼脂培养基上生长发育的需氧和兼性厌氧菌的总数，可以直观地看出葡萄酒中微生物的数量。灌装后的葡萄酒中菌落总数要控制在 50cfu/mL。

葡萄酒灌装前都经过杀菌和过滤，正常情况下微生物数量很低或没有，待测葡萄酒样不需要稀释，直接在无菌环境下取样 1mL，按下面的操作步骤进行检验。

一、　设备和材料

除微生物实验室常规灭菌及培养设备外，其他设备和材料如下：

（1）恒温培养箱　36℃±1℃。

（2）冰箱　2~5℃。

（3）恒温水浴　46℃±1℃。

（4）天平　感量0.1g。

（5）无菌吸管　1mL（具0.01mL刻度）或微量移液器及吸头。

（6）无菌培养皿　90mm。

二、　检验步骤

在无菌室中用1mL无菌吸管分别吸取待测酒样加入两个无菌平皿内，及时将15~20mL冷却至46℃的平板计数琼脂培养基（可按附录B中B.1制备），倾注平皿，并转动平皿使其混合均匀，同时倒两个空白平皿进行对照。琼脂凝固后，将平板翻转，36℃±1℃培养48h±2h。

三、　菌落计数

可用肉眼观察，必要时用放大镜或菌落计数器，菌落计数以菌落形成单位cfu（colony–forming units）表示。低于30cfu的平板，记录具体菌落数，大于300cfu的平板，可记录为多不可计，菌落总数应采用两个平板的平均值。若空白对照上有菌落生长，则此次检验结果无效，应查找原因，重新进行检验。

四、　菌落总数的报告

菌落总数在100cfu以内时，按"四舍五入"原则修约，采用两位有效数字报告；大于或等于100cfu时，第三位数字采用"四舍五入"原则修约后，取前两位数字，后面用"0"代替位数；若平板无菌落生长，则以小于1表示；若平板上为蔓延菌落而无法计数，则报告菌落蔓延，无法计数；菌落总数表示单位为cfu/mL。

第二节　大肠菌群

大肠菌群是在一定培养条件下能发酵乳糖、产酸产气的需氧和兼性厌氧革兰隐性无芽孢杆菌，该菌群主要来源于人畜粪便，作为粪便污染指标评价食品的卫生状况，推断食品中肠道致病菌污染的可能。

葡萄酒中大肠菌群的检验一般采用"大肠菌群MPN计数法"。

一、　设备和材料

除微生物实验室常规灭菌及培养设备外，其他设备和材料如下：

（1）恒温培养箱　36℃±1℃。

（2）冰箱　2~5℃。

（3）恒温水浴箱　46℃±1℃。

（4）天平　感量0.1g。

（5）无菌吸管　1mL（具0.01mL刻度）、10mL（具0.1mL刻度）或微量移液器及吸头。

（6）无菌锥形瓶　500mL。

（7）无菌培养皿　90mm。

（8）pH计或pH比色管或精密pH试纸。

（9）无菌试管　25mL。

二、检验步骤

1. 样品的稀释

用无菌吸管或微量移液器吸取1mL葡萄酒样品，沿管壁缓缓注入盛有9mL磷酸盐缓冲液（附录B中B.2）或生理盐水（附录B中B.3）的无菌试管中（注意吸管或吸头尖端不要触及稀释液面），振摇试管或换用一支1mL无菌吸管反复吹打，使其混合均匀，制成1:10的样品匀液。

用1mL无菌吸管或微量移液器吸取1:10样品匀液1mL重复上述操作，制成1:100的样品匀液。

从制备样品匀液至样品接种完毕，全过程不得超过15min。

2. 初发酵试验

葡萄酒原样、1:10样品匀液和1:100样品匀液各接种3管月桂基硫酸盐胰蛋白胨（LST）肉汤（附录B中B.4），每管接种1mL（如接种量超过1mL，则用双料LST肉汤），36℃±1℃培养24h±2h，观察倒管内是否有气泡产生，如未产气则继续培养至48h±2h。记录在24h和48h内产气的LST肉汤管数。未产气者为大肠菌群阴性，产气者则进行复发酵试验。

3. 复发酵试验

用接种环从所有48h±2h内发酵产气的LST肉汤管中分别取培养物1环，移种于煌绿乳糖胆盐（BGLB）肉汤（附录B中B.5）管中，36℃±1℃培养48h±2h，观察产气情况，产气者，计为大肠菌群阳性管。

三、大肠菌群最可能数（MPN）报告

根据大肠菌群阳性管数，检索MPN表，报告每毫升葡萄酒中大肠菌群的MPN值。

四、大肠杆菌最可能数（MPN）检索表

最可能数MPN（most probable number）是基于泊松分布的一种间接计数方法。

每1mL检样中大肠菌群最可能数（MPN）的检索见表8-1。

表 8 – 1　　　　　　　　　　大肠菌群最可能数（MPN）检索表

阳性管数			MPN	95%可信限		阳性管数			MPN	95%可信限	
0.10	0.01	0.001		下限	上限	0.10	0.01	0.001		下限	上限
0	0	0	<3.0	—	9.5	2	2	0	21	4.5	42
0	0	1	3	0.15	9.6	2	2	1	28	8.7	94
0	1	0	3.0	0.15	11	2	2	2	35	8.7	94
0	1	1	6.1	1.2	18	2	3	0	29	8.7	94
0	2	0	6.2	1.2	18	2	3	1	36	8.7	94
0	3	0	9.4	3.6	38	3	0	0	23	4.6	94
1	0	0	3.6	0.17	18	3	0	1	38	8.7	110
1	0	1	7.2	1.3	18	3	0	2	64	17	180
1	0	2	11	3.6	38	3	1	0	43	9	180
1	1	0	7.4	1.3	20	3	1	1	75	17	200
1	1	1	11	3.6	38	3	1	2	120	37	420
1	2	0	11	3.6	42	3	1	3	160	40	420
1	2	1	15	4.5	42	3	2	0	93	18	420
1	3	0	16	4.5	42	3	2	1	150	37	420
2	0	0	9.2	1.4	38	3	2	2	210	40	430
2	0	1	14	3.6	42	3	2	3	290	90	1000
2	0	2	20	4.5	42	3	3	0	240	42	1000
2	1	0	15	3.7	42	3	3	1	460	90	2000
2	1	1	20	4.5	42	3	3	2	1100	180	4100
2	1	2	27	8.7	94	3	3	3	>1100	420	—

注1：本表采用3个稀释度［0.1g（mL）、0.01g（mL）和0.001g（mL）］，每个稀释度接种3管。

注2：表内所列检样量如改用1g（mL）、0.1g（mL）和0.01g（mL）时，表内数字应相应降低10倍；如改用0.01g（mL）、0.001g（mL）、0.0001g（mL）时，则表内数字应相应增高10倍，其余类推。

第三节　酵母菌

葡萄或葡萄汁能转化为葡萄酒主要靠酵母的作用。酵母菌将葡萄浆果中的糖转化为乙醇、二氧化碳以及其他副产物，才有了葡萄酒这个产物，但灌装后葡萄酒中的酵母也可利用葡萄酒中的残糖引起再发酵，使葡萄酒产生浑浊、沉淀和气泡，因此酵母菌的检验至关重要。一般装瓶后每瓶葡萄酒中的酵母菌要控制在 10cfu 以内。

一、 设备和材料

除微生物实验室常规灭菌及培养设备外，其他设备和材料如下：

（1） 冰箱 2～5℃。

（2） 恒温培养箱 28℃±1℃。

（3） 电子天平 感量0.1g。

（4） 微孔滤膜过滤装置 孔径0.8μm。

（5） 无菌培养皿 90mm。

二、 检验步骤

在无菌室采用微孔滤膜装置将整瓶葡萄酒通过孔径0.8μm滤膜过滤，将该滤膜放置在培养皿中，倒入15～20mL冷却至46℃左右的"孟加拉红"培养基（附录B中B.6）（可放置于46℃±1℃恒温水浴箱中保温），待琼脂凝固后，倒置于25～28℃培养箱中，三天后开始观察，共观察培养五天。

三、 结果报告

酵母菌菌落的计数方法见本章第一节四，报告结果以每瓶葡萄酒中所含酵母数（cfu/瓶）表示。

第四节　致病菌

致病菌不要求每批次葡萄酒都检测，如果葡萄酒中的菌落总数或大肠菌群超标，或怀疑葡萄酒被污染时需检测致病菌。葡萄酒中的致病菌一般指沙门菌和金黄色葡萄球菌。

一、 金黄色葡萄球菌

金黄色葡萄球菌是人类的一种重要病原菌，隶属于葡萄球菌属，有"嗜肉菌"的别称，是革兰阳性菌的代表，可引起许多严重感染。金黄色葡萄球菌在自然界中无处不在，空气、水、灰尘及人和动物的排泄物中都可找到。因此，食品受到该菌污染的机会很多。

1. 设备和材料

除微生物实验室常规灭菌及培养设备外，其他设备和材料如下：

（1） 恒温培养箱 36℃±1℃。

（2） 冰箱 2～5℃。

（3） 恒温水浴箱 37～65℃。

（4） 天平 感量0.1g。

（5） 无菌吸管 1mL（具0.01mL刻度）、10mL（具0.1mL刻度）或微量移液器及吸头。

（6）无菌锥形瓶　100mL、500mL。

（7）无菌培养皿　90mm。

（8）注射器　0.5mL。

（9）pH 计或 pH 比色管或精密 pH 试纸。

2. 检验步骤

（1）样品处理　吸取 25mL 葡萄酒样品至盛有 225mL 7.5% 氯化钠肉汤（附录 B 中 B.7）或 10% 氯化钠胰酪胨大豆肉汤（附录 B 中 B.8）的无菌锥形瓶中（瓶内可预置适当数量的无菌玻璃珠），振荡混匀。

（2）增菌和分离培养　将上述样品匀液于 36℃±1℃ 培养 18~24h。金黄色葡萄球菌在 7.5% 氯化钠肉汤中呈浑浊生长，污染严重时在 10% 氯化钠胰酪胨大豆肉汤内呈浑浊生长。

将上述培养物，分别划线接种到 Baird - Parker 平板（附录 B 中 B.9）和血琼脂平板（附录 B 中 B.10），血平板 36℃±1℃ 培养 18~24h。Baird - Parker 平板 36℃±1℃ 培养 18~24h 或 45~48h。

金黄色葡萄球菌在 Baird - Parker 平板上，菌落直径为 2~3mm，颜色呈灰色到黑色，边缘为淡色，周围为一浑浊带，在其外层有一透明圈。用接种针接触菌落有似奶油至树胶样的硬度，偶然会遇到非脂肪溶解的类似菌落；但无浑浊带及透明圈。在血平板上，形成菌落较大，圆形、光滑凸起、湿润、金黄色（有时为白色），菌落周围可见完全透明溶血圈。挑取上述菌落进行革兰染色（附录 B 中 B.11）镜检及血浆凝固酶试验。

（3）鉴定

染色镜检：金黄色葡萄球菌为革兰阳性球菌，排列呈葡萄球状，无芽孢，无荚膜，直径为 0.5~1μm。

血浆凝固酶试验：挑取 Baird - Parker 平板或血平板上可疑菌落 1 个或几个，分别接种到 5mL BHI（附录 B 中 B.12）和营养琼脂小斜面（附录 B 中 B.13），36℃±1℃ 培养 18~24h。取新鲜配制兔血浆（附录 B 中 B.14）0.5mL，放入小试管中，再加入 BHI 培养物 0.2~0.3mL，振荡摇匀，置 36℃±1℃ 温箱或水浴箱内，每半小时观察一次，观察 6h，如呈现凝固（即将试管倾斜或倒置时，呈现凝块）或凝固体积大于原体积的一半，被判定为阳性结果。同时以血浆凝固酶试验阳性和阴性葡萄球菌菌株的肉汤培养物作为对照。也可用商品化的试剂，按说明书操作，进行血浆凝固酶试验。

结果如可疑，挑取营养琼脂小斜面的菌落到 5mL BHI，36℃±1℃ 培养 18~48h，重复试验。

3. 结果报告

在 25mL 样品中检出或未检出金黄色葡萄球菌。

二、　沙门菌

沙门菌属肠杆菌科，革兰阴性肠道杆菌。感染沙门菌的人或带菌者的粪便污染食品，可使人发生食物中毒。据统计在世界各国的各种细菌性食物中毒中，沙门菌引起的食物中毒常列榜首。

1. 设备和材料

除微生物实验室常规灭菌及培养设备外，其他设备和材料如下：

（1）冰箱　2～5℃。

（2）恒温培养箱　36℃±1℃，42℃±1℃。

（3）电子天平　感量0.1g。

（4）无菌锥形瓶　250mL、500mL。

（5）无菌吸管　1mL（具0.01mL刻度）、10mL（具0.1mL刻度）或微量移液器及吸头。

（6）无菌培养皿　90mm。

（7）pH计或pH比色管或精密pH试纸。

（8）均质器。

（9）振荡器。

2. 检验步骤

（1）前增菌　吸取25mL葡萄酒样品放入盛有225mL缓冲蛋白胨水（BPW）（附录B中B.15）的无菌均质杯中，振荡混匀。如需测定pH，用1mol/mL无菌NaOH或HCl调pH至6.8±0.2。无菌操作将样品转至500mL锥形瓶中，如使用均质袋，可直接进行培养，于36℃±1℃培养8～18h。

（2）增菌　轻轻摇动培养过的样品混合物，移取1mL，转种于10mL四硫磺酸钠煌绿增菌液（TTB）（附录B中B.16）内，于42℃±1℃培养18～24h。同时，另取1mL，转种于10mL亚硒酸盐胱氨酸增菌液（SC）（附录B中B.17）内，于36℃±1℃培养18～24h。

（3）分离　分别用接种环取增菌液1环，划线接种于一个亚硫酸铋琼脂（BS）（附录B中B.18）平板和一个木糖赖氨酸脱氧胆盐琼脂（XLD）（附录B中B.19）平板［或HE琼脂平板（附录B中B.20）或市售的沙门菌属显色培养基平板］。于36℃±1℃分别培养18～24h（XLD琼脂平板、HE琼脂平板、沙门菌属显色培养基平板）或40～48h（BS琼脂平板），观察各个平板上生长的菌落，各个平板上的菌落特征见表8－2。

表8－2　　　　　　　沙门菌属在不同选择性琼脂平板上的菌落特征

选择性琼脂平板	沙门菌
BS琼脂	菌落为黑色有金属光泽、棕褐色或灰色，菌落周围培养基可呈黑色或棕色；有些菌株形成灰绿色的菌落，周围培养基不变
HE琼脂	蓝绿色或蓝色，多数菌落中心黑色或几乎全黑色；有些菌株为黄色，中心黑色或几乎全黑色
XLD琼脂	菌落呈粉红色，带或不带黑色中心，有些菌株可呈现大的带光泽的黑色中心，或呈现全部黑色的菌落；有些菌株为黄色菌落，带或不带黑色中心
沙门菌属显色培养基	按照显色培养基的说明进行判定

（4）生化试验　自选择性琼脂平板上分别挑取 2 个以上典型或可疑菌落，接种三糖铁琼脂（TSI）（附录 B 中 B.21），先在斜面划线，再于底层穿刺；接种针不要灭菌，直接接种赖氨酸脱羧酶试验培养基（附录 B 中 B.22）和营养琼脂平板，于 36℃±1℃ 培养 18~24h，必要时可延长至 48h。在三糖铁琼脂和赖氨酸脱羧酶试验培养基内，沙门菌属的反应结果见表 8-3。

表 8-3　　　　　　　　　沙门菌属在不同培养基内的反应结果

三糖铁琼脂				赖氨酸脱羧酶试验培养基	初步判断
斜面	底层	产气	硫化氢		
K	A	+（-）	+（-）	+	可疑沙门菌属
K	A	+（-）	+（-）	-	可疑沙门菌属
A	A	+（-）	+（-）	+	可疑沙门菌属
A	A	+/-	+/-	-	非沙门菌
K	K	+/-	+/-	+/-	非沙门菌

注：K：产碱，A：产酸；+：阳性，-：阴性；+（-）：多数阳性，少数阴性；+/-：阳性或阴性。

接种三糖铁琼脂和赖氨酸脱羧酶试验培养基的同时，可直接接种蛋白胨水〔（附录 B 中 B.23）（供做靛基质试验）（附录 B 中 B.24）〕、尿素琼脂〔（pH7.2）（附录 B 中 B.25）〕、氰化钾培养基（附录 B 中 B.26），也可在初步判断结果后从营养琼脂平板上挑取可疑菌落接种。于 36℃±1℃ 培养 18~24h，必要时可延长至 48h，按表 8-4 判定结果。将已挑菌落的平板储存于 2~5℃ 或室温至少保留 24h，以备必要时复查。

表 8-4　　　　　　　　　沙门菌属生化反应初步鉴别表

反应序号	硫化氢（H_2S）	靛基质	pH 7.2 尿素	氰化钾（KCN）	赖氨酸脱羧酶
A1	+	-	-	-	+
A2	+	+	-	-	+
A3	-	-	-	-	+/-

注：+阳性；-阴性；+/-阳性或阴性。

①反应序号 A1：典型反应判定为沙门菌属。如尿素、氰化钾和赖氨酸脱羧酶 3 项中有 1 项异常，按表 8-5 可判定为沙门菌。如有 2 项异常为非沙门菌。

表 8-5　　　　　　　　　沙门菌属生化反应初步鉴别表

pH 7.2 尿素	氰化钾（KCN）	赖氨酸脱羧酶	判定结果
-	-	-	甲型副伤寒沙门菌（要求血清学鉴定结果）
-	+	+	沙门菌Ⅳ或Ⅴ（要求符合本群生化特性）
+	-	+	沙门菌个别变体（要求血清学鉴定结果）

注：+表示阳性；-表示阴性。

②反应序号 A2：补做甘露醇和山梨醇试验，沙门菌靛基质阳性变体两项试验结果均为阳性，但需要结合血清学鉴定结果进行判定。

③反应序号 A3：补做 β – 半乳糖苷酶试验（ONPG）。ONPG 阴性为沙门菌，同时赖氨酸脱羧酶阳性，甲型副伤寒沙门菌为赖氨酸脱羧酶阴性。

3. 结果报告

综合以上生化试验结果，报告 25mL 样品中检出或未检出沙门菌。

三、 志贺菌

志贺菌属是一类革兰阴性杆菌，是人类细菌性痢疾最为常见的病原菌，通称痢疾杆菌。它耐寒，能在普通培养基上生长，形成中等大小、半透明的光滑型菌落。在肠道杆菌选择性培养基上形成无色菌落。

1. 设备和材料

除微生物实验室常规灭菌及培养设备外，其他设备和材料如下：

（1）恒温培养箱　36℃ ±1℃。

（2）冰箱　2~5℃。

（3）膜过滤系统。

（4）厌氧培养装置　41.5℃ ±1℃。

（5）电子天平　感量0.1g。

（6）显微镜　10 × ~100 ×。

（7）均质器。

（8）振荡器。

（9）无菌吸管　1mL（具0.01mL刻度）、10mL（具0.1mL刻度）或微量移液器及吸头。

（10）无菌均质杯或无菌均质袋　500mL。

（11）无菌培养皿　90mm。

（12）pH 计或 pH 比色管或精密 pH 试纸。

（13）全自动微生物生化鉴定系统。

2. 检验步骤

（1）增菌　以无菌操作取葡萄酒样品25mL，加入装有225mL灭菌志贺菌增菌肉汤（附录 B 中 B.27）的均质杯中，或加入装有225mL志贺菌增菌肉汤的均质袋中，于41.5℃ ±1℃，厌氧培养16~20h。

（2）分离　取增菌后的志贺增菌液分别划线接种于木糖赖氨酸脱氧胆盐（XLD）琼脂平板（附录 B 中 B.19）和麦康凯（MAC）琼脂平板（附录 B 中 B.28）或志贺菌显色培养基（市售）平板上，于36℃ ±1℃培养20~24h，观察各个平板上生长的菌落形态。宋内志贺菌的单个菌落直径大于其他志贺菌。若出现的菌落不典型或菌落较小不易观察，则继续培养至48h再进行观察。志贺菌在不同选择性琼脂平板上的菌落特征见表8-6。

表8-6　　　　　　　　　　　志贺菌在不同选择性琼脂平板上的菌落特征

选择性琼脂平板	志贺菌的菌落特征
MAC 琼脂	无色至浅粉红色，半透明、光滑、湿润、圆形、边缘整齐或不齐
XLD 琼脂	粉红色至无色，半透明、光滑、湿润、圆形、边缘整齐或不齐
志贺菌显色培养基	按照显色培养基的说明进行判定

（3）初步生化试验

①自选择性琼脂平板上分别挑取 2 个以上典型或可疑菌落，分别接种三糖铁（TSI）琼脂（附录 B 中 B.29）、营养琼脂斜面（附录 B 中 B.30）和半固体琼脂（附录 B 中 B.31）各一管，置36℃ ±1℃培养20~24h，分别观察结果。

②凡是三糖铁琼脂中斜面产碱、底层产酸（发酵葡萄糖，不发酵乳糖，蔗糖）、不产气（福氏志贺菌 6 型可产生少量气体）、不产硫化氢、半固体管中无动力的菌株，挑取营养琼脂斜面上生长的菌苔，进行生化试验和血清学分型。

（4）生化试验及附加生化试验

①生化试验：用营养琼脂斜面上生长的菌苔，进行生化试验，即 β - 半乳糖苷酶（附录 B 中 B.32）、尿素琼脂（附录 B 中 B.25）、氨基酸脱羧酶试验（附录 B 中 B.33）、鸟氨酸脱羧酶以及水杨苷和七叶苷的分解试验。除宋内志贺菌、鲍氏志贺菌 13 型的鸟氨酸阳性；宋内菌和痢疾志贺菌 1 型，鲍氏志贺菌 13 型的 β - 半乳糖苷酶为阳性以外，其余生化试验志贺菌属的培养物均为阴性结果。另外由于福氏志贺菌 6 型的生化特性和痢疾志贺菌或鲍氏志贺菌相似，必要时还需加做靛基质、甘露醇、棉籽糖、甘油试验，也可做革兰染色检查和氧化酶试验，应为氧化酶阴性的革兰阴性杆菌。生化反应不符合的菌株，即使能与某种志贺菌分型血清发生凝集，仍不得判定为志贺菌属。志贺菌属生化特性见下表8-7。

表8-7　　　　　　　　　　　志贺菌生化特征表

生化反应	A 群 痢疾志贺菌	B 群 福氏志贺菌	C 群 鲍氏志贺菌	D 群 宋内志贺菌
β - 半乳糖苷酶	$-^a$	-	$-^a$	-
尿素	-	-	-	-
赖氨酸脱羧酶	-	-	-	-
鸟氨酸脱羧酶	-	-	$-^b$	+
水杨苷	-	-	-	-
七叶苷	-	-	-	-
靛基质	-/+	(+)	-/+	-
甘露醇	-	$+^c$	+	+

续表

生化反应	A 群 痢疾志贺菌	B 群 福氏志贺菌	C 群 鲍氏志贺菌	D 群 宋内志贺菌
棉籽糖	−	+	−	+
甘油	(+)	−	(+)	d

注：+表示阳性；−表示阴性；−/+表示多数阴性；（+）表示迟缓阳性；d 表示有不同生化型。

a 痢疾志贺 1 型和鲍氏 13 型为阳性。

b 鲍氏 13 型为鸟氨酸阳性。

c 福氏 4 型和 6 型常见甘露醇阴性变种。

②附加生化实验：由于某些不活泼的大肠埃希菌（anaerogenic *E. coli*）、A－D（Alkalescens－D isparbiotypes 碱性－异型）菌的部分生化特征与志贺菌相似，并能与某种志贺菌分型血清发生凝集；因此前面生化实验符合志贺菌属生化特性的培养物还需另加葡萄糖铵培养基（附录 B 中 B.34）、西蒙柠檬酸盐培养基（附录 B 中 B.35）、黏液酸盐培养基（附录 B 中 B.36）试验（36℃培养 24～48h）。志贺菌属和不活泼大肠埃希菌、A－D 菌的生化特性区别见表 8－8。

表 8－8 生化特性区别表

生化 反应	A 群 痢疾志贺菌	B 群 福氏志贺菌	C 群 鲍氏志贺菌	D 群 宋内志贺菌	大肠埃希菌	A－D 菌
葡萄糖铵	−	−	−	−	+	+
西蒙柠檬酸盐	−	−	−	−	d	d
黏液酸盐	−	−	−	d	+	d

注 1：+表示阳性；−表示阴性；d 表示有不同生化型。

注 2：在葡萄糖胺、西蒙柠檬酸盐、黏液酸盐试验三项反应中志贺菌一般为阴性，而不活泼的大肠埃希菌、A－D（碱性－异型）菌至少有一项反应为阳性。

（5）血清学鉴定

①抗原的准备：志贺菌属没有动力，所以没有鞭毛抗原。志贺菌属主要有菌体（O）抗原。菌体 O 抗原又可分为型和群的特异性抗原。一般采用 1.2%～1.5% 琼脂培养物作为玻片凝集试验用的抗原。

注 1：一些志贺菌如果因为 K 抗原的存在而不出现凝集反应时，可挑取菌苔于 1mL 生理盐水做成浓菌液，100℃煮沸 15～60min 去除 K 抗原后再检查。

注 2：D 群志贺菌既可能是光滑型菌株也可能是粗糙型菌株，与其他志贺菌群抗原不存在交叉反应。与肠杆菌科不同，宋内志贺菌粗糙型菌株不一定会自凝。宋内志贺菌没有 K 抗原。

②凝集反应：在玻片上划出 2 个约 1cm×2cm 的区域，挑取一环待测菌，各放 1/2 环于玻片上的每一区域上部，在其中一个区域下部加 1 滴抗血清，在另一区域下部加

入 1 滴生理盐水，作为对照。再用无菌的接种环或针分别将两个区域内的菌落研成乳状液。将玻片倾斜摇动混合 1min，并对着黑色背景进行观察，如果抗血清中出现凝结成块的颗粒，而且生理盐水中没有发生自凝现象，那么凝集反应为阳性。如果生理盐水中出现凝集，视作为自凝。这时，应挑取同一培养基上的其他菌落继续进行试验。

3. 结果报告

综合以上生化试验和血清学鉴定的结果，报告 25mL 样品中检出或未检出志贺菌。

第九章　原辅料检验

葡萄酒的酿造离不开原料和辅料，原料和辅料质量的好坏直接关系到葡萄酒的质量。原辅料的使用贯穿葡萄酒生产的各个环节，各种辅料的使用起到了改良葡萄酒原料、对葡萄酒杀菌澄清、推动工艺进程顺利完成、保证葡萄酒质量等作用。

近几年来随着市场竞争的日益加剧，食品安全事故时有发生，引起了全社会的高度重视。消费者对食品安全问题，特别是原辅材料的质量以及添加剂的使用都十分关注，为保证让消费者喝上安全放心的葡萄酒，从源头上把好质量关，葡萄酒生产企业必须加大对原辅料质量的检验控制，避免有害成分进入酒中，酿成灭顶之灾。

第一节　葡萄

葡萄酒来源于葡萄发酵，葡萄酒的一切质量首先存在于葡萄原料当中，因此控制好葡萄的质量，做好葡萄原料的检验尤为重要。

葡萄的质量，不仅取决于葡萄品种、栽培方式、气候条件、土壤状况等先天因素，而且与采摘时机有密切的关系，同时还与植保措施是否得当、病虫害防治是否合理以及是否受到外来污染等因素有关。在先天条件确定以后，这些可人为控制的因素直接关系到产品的最终质量。对葡萄质量的控制，一方面希望把葡萄最好的潜质表现出来，即控制好葡萄的采收期，使葡萄中有益的成分达到最佳比例；另一方面要尽量降低其有害成分，起码应满足人身健康的要求，达到标准规定可接受的范围。对葡萄质量的检验主要是外观、成熟度、农药残留、重金属污染等。其中成熟度的检验可在葡萄生长期进行快速跟踪检验，根据糖酸含量快速确定最佳采收期。而农药残留及重金属含量等有害成分的检验是决定葡萄原料是否可投料生产的先决条件，对于不符合相关标准规定的葡萄原料决不能用于葡萄酒的生产。

葡萄浆果从坐果开始至完全成熟，要经过幼果期、转色期、成熟期和过熟期，在葡萄生长过程中糖度不断增加，酸度不断降低，果皮中的色素和单宁含量不断积累。葡萄酒的质量取决于浆果中各种成分的含量及其比例，而且不同类型的葡萄酒对各种物质的含量有不同要求，如对于果香味浓的干白葡萄酒和起泡葡萄酒，应在葡萄完全成熟以前即芳香物质含量最高时采收；而对于红葡萄酒，应在葡萄完全成熟时，色素物质含量最高但酸度不过低时采收。

一、成熟度

葡萄浆果的成熟度决定着葡萄酒的质量和种类，是影响葡萄酒品质的主要因素之一。为了科学地确定葡萄浆果的成熟和采收时间，了解葡萄原料的状况，就必须对葡萄进行成熟度控制。葡萄在生长过程中糖度、有机酸含量不断发生变化，其含量比（糖酸比）称为成熟系数，一般认为，要获得优质葡萄酒，成熟系数必须≥20。因此，一般在葡萄采收前 3 周开始，每 3～4d 取样一次，分析含糖量和含酸量，并绘出糖酸的变化曲线，再辅以酿酒师的品尝，确定最佳采收时间。

1. 取样

为确定最佳采收期，就要取葡萄样品进行跟踪检验。取样最基本的要求是所取样品的质量特性能够最大限度地代表整体取样地块全部葡萄的质量特性，这就要求进行随机取样，使全部葡萄中的每一粒有同等的机会被取作样品。通常采用的方法是在田间（相同品种、相同种植方式、连续成片的地块）均匀布点，各点之间间距相当，在每一个确定的点上选取葡萄植株，在每植株上随机摘取葡萄粒（或小穗），在不同植株上要注意更换所取葡萄的着生方向，取样数量应满足检验项目的需要。

葡萄样品送至实验室后，应尽快对其进行处理和检验。如果检验前的时间多于几个小时，应将样品放置于冷凉的环境中（5～10℃），通常不应过夜。如果葡萄样品已在冷凉环境中放置过，在进行检验处理前，应使其回温至20℃。

2. 糖度

葡萄糖度要当天检验，将采摘的葡萄样品逐粒用手挤碎，用力要均匀，制成葡萄浆，注意不能留有整粒葡萄。用滤网将皮渣过滤掉，取过滤后的葡萄汁进行糖度和总酸的测定。糖度检验的取样量根据葡萄的含糖量确定，一般取葡萄汁 2～5mL，按第七章第二节的方法进行检验。

3. 总酸

取 2mL 上述制备的葡萄汁，按第七章第四节检验总酸含量。

二、外观验收

用目测法对葡萄外观进行检验验收，要求葡萄果穗典型而完整，颗粒大小均匀、发育良好，着色均匀，无病虫、腐烂、杂质等，具有品种特征与典型性。

三、农药残留量

葡萄酒中的农药残留来源于葡萄，葡萄在生长过程中会根据需要不同程度地使用农药，控制好葡萄中的农药残留量是保证葡萄酒中农药残留量符合标准规定最根本的措施。

国家目前没有酿酒葡萄的农药残留标准，食品安全国家标准 GB 2763—2014《食品中农药最大残留限量》中规定了鲜食葡萄中 105 项农药限量要求，酿酒葡萄可参照此标准。企业可根据基地葡萄的用药情况重点监控所用农药。

葡萄农药残留检测要在葡萄采摘前 3 ~ 5d 取样，葡萄样品的摘取应最大限度反映葡萄上农药的含量，因此取样要有代表性，能覆盖全地块，取样点至少为五点，即一地块的东、西、南、北、中五个点，每个点要不同植株不同方向，保证样品的代表性，一个地块的样品量不低于 500g。如需复检，样品要在同地块"九点式"取样，即再增加东北、西北、东南、西南四个点。

农药残留不合格的葡萄不能采收，应该进行复检，若复检仍不合格，则该地块葡萄不能用于葡萄酒的酿造。

农药残留检验多采用液相色谱 – 串联质谱法或气相色谱 – 质谱法。

1. 液相色谱 – 串联质谱法

（1）原理　试样用乙腈匀浆提取，盐析离心，Sep – Pak Vac 柱净化，用乙腈 + 甲苯（3 + 1）洗脱农药及相关化学品，液相色谱 – 串联质谱仪测定，外标法定量。

（2）试剂

①乙腈：色谱纯。

②氯化钠：优级纯。

③甲苯：色谱纯。

④甲醇：色谱纯。

⑤无水硫酸钠：用前 650℃灼烧 4h。

⑥农药标准品（多菌灵、对硫磷、辛硫磷、敌百虫、乙酰甲胺磷、嘧菌酯、丙环唑、咪鲜胺、腈菌唑、苯醚甲环唑、噁唑烷酮、烯酰吗啉、马拉硫磷等）：100mg/L。

⑦农药标准储备溶液（10mg/L）：分别准确移取 1.00mL 农药标准品于 10mL 容量瓶中，用色谱纯甲醇定容到刻度。

⑧农药标准系列溶液：用移液器分别准确移取 0.05mL、0.10mL、0.25mL、0.50mL、1.00mL 农药标准储备液于 5 个 50mL 容量瓶中，用色谱纯甲醇定容，配成 $10\mu g/L$、$20\mu g/L$、$50\mu g/L$、$100\mu g/L$、$200\mu g/L$ 的标准系列溶液。

⑨磷酸盐缓冲溶液（0.50mol/L）：准确称取 7.70g 氢氧化钠和 37.00g 磷酸二氢钠，用二次蒸馏水溶解后，定容于 1000mL 容量瓶中。

（3）仪器

①液相色谱 – 串联质谱仪：配有电喷雾离子源（ESI）。

②分析天平：感量 0.1mg 和 0.01g。

③均质器：转速不低于 20000 r/min。

④鸡心瓶：100mL。

⑤移液器：1mL。

⑥离心机：最大转速为 4200 r/min。

⑦旋转蒸发仪。

⑧氮气吹干仪。

⑨Sep - pak NH$_2$固相萃取柱：6mL，0.5g。

⑩容量瓶：10mL、50mL、1000mL。

⑪微量进样器：2μL。

（4）试样制备

①提取：将待测葡萄的全部葡萄颗粒摘下，放入破碎机打碎成葡萄浆，准确称取均匀的葡萄浆样品20g（精确到0.01g）于250mL离心杯中，加入约50mL磷酸缓冲溶液，混匀，将pH调至中性，加入20.0g氯化钠，混合。加入80mL乙腈，玻璃棒搅匀后均质器均质2min；离心5min，转速4500r/min；取上清液20mL（相当于5.0g样品），用无水硫酸钠过滤，滤液集中于100mL鸡心瓶中，浓缩至约1mL，待净化。

②净化：将Sep - pak NH$_2$柱放置在固相萃取装置上，加入高约2cm的无水硫酸钠，加样前先用6mL乙腈 + 甲苯（3 + 1）预洗柱，当液面达到硫酸钠顶部时，迅速将样品浓缩液转移至净化柱上，每次用2mL乙腈 + 甲苯（3 + 1）三次洗涤样液瓶，并将洗涤液转入柱中，在净化柱上装上50mL贮液器，用25mL乙腈 + 甲苯（3 + 1）洗涤，收集所有流出物于鸡心瓶中，40℃水浴减压旋转浓缩至约0.5mL，氮气吹干，用乙腈 + 水（3 + 2）定容至1mL，混匀，用于液相色谱 - 质谱测定。

（5）色谱条件

色谱柱：Atlantis T3 3μm × 2.1mm × 100mm。

流动相及洗脱条件见表9 - 1。

表9 - 1　　　　　　　　　　　　　流动相及洗脱条件

时间/min	流速/（mL/min）	流动相 A （0.05%甲酸/水）/%	流动相 B （乙腈）/%
0.00	300	95	5
8.00	300	45	55
15.00	300	1	99
15.10	300	95	5
20.00	300	95	5

柱温：40℃。

进样量：1μL。

离子源：ESI。

扫描方式：正离子扫描。

（6）测定　本方法采用外标 - 校准曲线法定量测定。

（7）结果计算　样品中各种农药残留量，按公式（9 - 1）进行计算：

$$X_i = C_i \times \frac{V}{m}$$

（9 - 1）

式中　X_i——试样中被测组分残留量，mg/kg

　　　C_i——从标准曲线上得到的被测组分浓度，μg/kg

　　　V——样品溶液定容体积，mL

　　　m——样品溶液所代表试样的质量，g

计算结果应扣除空白值。

（8）实验讨论

①葡萄酒样品经处理后，基质效应不明显，可以不考虑基质对定量测定结果的影响。

②为保证结果的准确性，所测样品中农药及相关化学品的响应值均要在仪器的线性范围内。

2. 气相色谱–质谱法

（1）原理　试样用乙腈匀浆提取，盐析离心后，取上清液，经固相萃取柱净化，用乙腈＋甲苯（3＋1）洗脱农药及相关化学品，溶剂交换后用气相色谱–质谱仪检测，内标法定量。

（2）试剂

①乙腈：色谱纯。

②正己烷：色谱纯。

③二氯甲烷：色谱纯。

④丙酮：色谱纯。

⑤氯化钠：优级纯。

⑥甲苯：色谱纯。

⑦无水硫酸钠：用前650℃灼烧4h。

⑧农药标准品（甲霜灵、百菌清、滴滴涕、敌敌畏、六六六、乐果、百菌清、杀螟硫磷、倍硫磷、三唑酮、克菌丹、腐霉利、氟硅唑、甲氰菊酯、氯菊酯及氰戊菊酯等）：100mg/L。

⑨农药混合标准溶液（10mg/L）：准确移取1.00mL各标准储备溶液于10mL容量瓶中，用正己烷定容至刻度。

⑩环氧七氯内标溶液（50mg/L）：准确称取5.0mg环氧七氯于100mL容量瓶中，用甲苯定容至刻度。

⑪基质混合标准工作溶液：取与待测样品基质相同或相似但不含待测农药及相关化学品的样品20g，按样品前处理方法"4"进行处理，得到基质空白溶液。准确移取20μL混合标准溶液于1.0mL的样品基质空白溶液中，混匀后即为基质混合标准工作溶液，其各种农药标准溶液浓度为100μg/L。

⑫磷酸缓冲溶液（0.50mol/L）：准确称取7.70g氢氧化钠和37.00g磷酸二氢钠于1000mL容量瓶中，二次蒸馏水定容至刻度。

（3）仪器

①气相色谱–质联仪：配有电子轰击源（EI）。

②分析天平：感量 0.1mg 和 0.01g。

③均质器：转速不低于 20000r/min。

④鸡心瓶：100mL。

⑤移液管：1mL。

⑥氮气吹干仪。

⑦Sep – pak NH$_2$ 固相萃取柱：6mL，0.5g。

⑧容量瓶：1mL、100mL、1000mL。

⑨微量进样器：2μL。

（4）样品制备

①提取：准确称取葡萄样品 20g（精确到 0.01g）于 250mL 离心杯中，加入约 50mL 磷酸缓冲溶液，混匀，将 pH 调至中性，后加入 40.0g 氯化钠，混合使溶解。加入 80mL 乙腈，玻璃棒搅匀后均质 2min，然后用 4500r/min 离心 5min，取上清液 20mL（相当于 5.0g 样品），用无水硫酸钠过滤，滤液集中于 100mL 鸡心瓶中，浓缩至约 1mL，待净化。

②净化：将 Sep – pak NH$_2$ 柱放置在固相萃取装置上，加入约 2cm 的无水硫酸钠，加样前先用 6mL 乙腈 + 甲苯（3 +1）预洗柱，当液面达到硫酸钠顶部时，迅速将样品浓缩液转移至净化柱上，每次再用 2mL 乙腈 + 甲苯（3 +1）三次洗涤样液瓶，并将洗涤液转入柱中，在净化柱上加入 50mL 贮液器，用 25mL 乙腈 + 甲苯（3 +1）洗涤，收集所有流出物于鸡心瓶中，40℃水浴减压旋转浓缩至约 0.5mL，然后分两次加入 5mL 正己烷，水浴减压旋转浓缩至 0.5mL，加入 10μL 内标溶液，用正己烷定容至 1mL，混匀，用于气相色谱 – 质谱测定。

（5）色谱条件（参考）

色谱柱：30m × 0.32mm × 0.25μm、Rtx – 5，石英毛细管柱。

载气：氦气，纯度≥99.99%，1mL/min。

色谱柱温度：40℃，1min，30℃/min 至 130℃，保持 1min，5℃/min 250℃，保持 1min，10℃/min 至 300℃，保持 5min。

进样口温度：280℃。

接口温度：280℃。

离子源温度：200℃。

进样量：1μL。

进样方式：不分流进样。

质谱采集方式：sim 模式。

（6）测定　根据选择离子出峰保留时间定性、内标定量离子峰面积法定量。

（7）结果计算　气相色谱 – 质谱仪测定结果可由计算机按内标法自动计算，也可按公式（9 – 2）进行计算：

$$X = C_s \times \frac{A}{A_s} \times \frac{C_i}{C_{si}} \times \frac{A_{si}}{A_i} \times \frac{V}{m} \qquad (9-2)$$

式中　　X——试样中被测物残留量，mg/kg

　　　　C_s——基质标准工作溶液中被测物的浓度，$\mu g/mL$

　　　　A——试样溶液中被测物的色谱峰面积

　　　　A_s——基质标准工作溶液中被测物的色谱峰面积

　　　　C_i——试样溶液中内标物的浓度，$\mu g/mL$

　　　　C_{si}——基质标准工作溶液中内标物的色谱峰面积

　　　　A_{si}——基质标准工作溶液中内标物的色谱峰面积

　　　　A_i——试样溶液中内标物的色谱峰面积

　　　　V——试样最终定容体积，mL

　　　　m——试样溶液所代表试样的质量，g

（8）实验讨论

①定性时，在扣除背景后的样品质谱图中，所选择的离子均应出现，且所选择的离子丰度比与标准品的离子丰度比相一致，则可判断样品中存在这种农药残留组分。

②采用内标单离子定量测定，内标为环氧七氯。为减少基质的影响，定量用标准溶液采用的为基质混合标准工作溶液。

四、有害无机离子

葡萄中的有害无机离子主要有铅、镉和砷，大多来源于土壤、灌溉用水和含这些离子的农药。这些无机离子对人体健康十分有害，对食品安全构成严重威胁，必须严格控制。对有害无机离子含量高的葡萄要追踪到地块，对相应地块的土壤及附近水源应进行追踪检测，找出这些有害离子的来源。

酿酒葡萄中有害无机离子的限量可以参照相关的国家标准，食品安全国家标准GB 2762—2012《食品中污染物限量》规定了葡萄中铅、镉的限量分别为≤0.2mg/kg、≤0.01mg/kg。农业部绿色葡萄标准 NY/T 428—2000《绿色食品 葡萄》中规定：砷含量≤0.2mg/kg。

葡萄中铅、镉和砷的检验可用测农药残留粉碎均匀的葡萄浆样品。

1. 铅—石墨炉原子吸收光谱法

（1）原理　试样经灰化或酸消解后，注入原子吸收分光光度计石墨炉中，电热原子化后吸收283.3nm共振线，在一定浓度范围，其吸收值与铅含量成正比，与标准系列比较定量。

（2）试剂

①硝酸：优级纯。

②过氧化氢（30%）。

③高氯酸：优级纯。

④硝酸（1+1）：取50mL硝酸慢慢加入50mL水中。

⑤磷酸二氢铵溶液（20g/L）：称取2.0g磷酸二氢铵，以水溶解定容至100mL。

⑥铅标准储备溶液（1mg/mL）：准确称取1.000g金属铅（99.99%），分次加少量

硝酸（1＋1），加热溶解，总量不超过37mL，移入1000mL容量瓶，加水至刻度，混匀。

⑦铅标准使用溶液（1μg/mL）：吸取铅标准储备液1.0mL于100mL容量瓶中，加硝酸（1mol/L）至刻度，摇匀，此溶液浓度为10μg/mL；取10μg/mL的铅标准溶液10mL于100mL容量瓶中，加硝酸（1mol/L）至刻度，摇匀，此溶液浓度为1μg/mL。

（3）仪器

①原子吸收分光光度计，附石墨炉及铅空心阴极灯。

②马弗炉。

③天平：感量1mg。

④恒温干燥箱。

⑤压力消解罐或微波消解仪。

⑥可调式电热板、可调式电炉。

⑦容量瓶：10mL、50mL、100mL、1000mL。

⑧移液管：1mL、5mL、10mL。

⑨微量进样器：10μL或20μL。

（4）检验步骤

①试样制备（压力消解罐消解法）：称取1~2g粉碎均匀的葡萄浆样品于聚四氟乙烯内罐中，加硝酸2~4mL浸泡过夜。再加过氧化氢2~3mL（总量不能超过罐容积的1/3）。盖好内盖，旋紧不锈钢外套，放入恒温干燥箱，120~140℃保持3~4h，在箱内自然冷却至室温，用滴管将消化液洗入或过滤入（视消化后试样的盐分而定）10~25mL容量瓶中，用水少量多次洗涤聚四氟乙烯内罐，洗液合并于容量瓶中并定容至刻度，混匀备用，同时做试剂空白实验。

②样品检验

a. 仪器条件（参考）：

波长：283.3nm。

狭缝：0.2~1.0nm。

灯电流：5~7mA。

干燥温度：120℃，20s。

灰化温度：450℃，持续15~20s。

原子化温度：1700~2300℃，持续4~5s。

背景校正：氘灯或塞曼效应。

b. 标准曲线绘制：分别吸取铅标准使用液（1μg/mL）0.5mL、1.0mL、2.0mL、3.0mL、4.0mL于5个50mL容量瓶中，加硝酸（1mol/L）至刻度，摇匀，此溶液浓度分别为10.0ng/mL、20.0ng/mL、40.0ng/mL、60.0ng/mL和80.0ng/mL。分别取上述溶液10μL注入石墨炉，测得其吸光值，以浓度对应的吸光值绘制标准工作曲线（或建立回归方程）。

c. 试样测定：分别吸取样液和试剂空白液各10μL，注入石墨炉，测得其吸光值，从标准曲线上查到试液中铅的含量或代入回归方程中计算出试液中铅含量。

（5）结果计算　葡萄样品中铅的含量按公式（9–3）进行计算：

$$X = \frac{(C_1 - C_0) \times V}{m \times 1000} \tag{9-3}$$

式中　X——样品中铅含量，mg/kg 或 mg/L

C_1——测定试样中铅含量，ng/mL

C_0——空白液中铅含量，ng/mL

V——试样消化液定量总体积，mL

m——试样质量或体积，g 或 mL

以重复性条件下获得的两次独立测定结果的算术平均值表示，结果保留两位有效数字，在重复性条件下获得的两次独立测定结果的绝对差值不得超过算术平均值的20%。

（6）实验讨论

①基体改进剂的使用：基体改进剂是用化学的方法改变样品的基体组成，以改变被分析元素的挥发性和/或基体结构，降低干扰，或将被分析元素以特定形态隔离出来，从而分离出背景信号和被分析元素的原子吸收信号，使检测结果更加准确。葡萄酒的成分非常复杂，在铅含量测定过程中易受到基体成分的干扰。用磷酸二氢铵作为基体改进剂可减少或消除葡萄酒其他成分对铅测定的干扰。

②基体改进剂磷酸二氢铵溶液（20g/L）的用量一般为5μL或与试样同量。

③绘制铅标准曲线时也要加入与试样测定时等量的基体改进剂磷酸二氢铵溶液。

2. 砷——氢化物原子荧光光度法

（1）原理　试样经湿消解或干灰化后，加入硫脲使五价砷预还原为磷酸铵三价砷，再加入硼氢化钾使还原生成砷化氢，由氩气载入石英原子化器中分解为原子态砷，在特制砷空心阴极灯的发射光激发下产生原子荧光，其荧光强度在固定条件下与被测液中的砷浓度成正比，与标准系列比较定量。

（2）试剂

①氢氧化钠溶液（2g/L）：称取氢氧化钠2.0g，用水定容到1L。

②硼氢化钠溶液（10g/L）：称取硼氢化钠（$NaBH_4$）10.0g，溶于1000mL氢氧化钠溶液（2g/L）中，混匀。此溶液于冰箱中可保存10d，取出后应当日使用。

③硫脲溶液（50g/L）：称取5g硫脲（CN_2H_4S），定容到100mL。

④硫酸溶液（1+9）：量取硫酸100mL，小心倒入900mL水中，混匀。

⑤氢氧化钠溶液（100g/L）：称取10g氢氧化钠，定容到100mL。

⑥砷标准储备溶液（0.1mg/mL）：精确称取于100℃干燥2h以上的三氧化二砷（As_2O_3）0.1320g，加100g/L氢氧化钠10mL溶解，用适量水转入1000mL容量瓶中，加硫酸（1+9）25mL，用水定容至刻度。

⑦砷标准使用溶液（1μg/mL）：吸取1.00mL砷标准储备液于100mL容量瓶中，用水稀释至刻度。此液应当日配制使用。

⑧湿消解试剂：硝酸、硫酸、高氯酸。

（3）仪器

①原子荧光分光光度计。

②分析天平：感量0.1mg。

③架盘天平：100g。

④电热恒温干燥箱。

⑤可调电热板或可调电炉。

⑥刻度吸管：5mL、10mL。

⑦容量瓶：25mL、100ml、1000mL。

⑧三角烧瓶：50mL或100mL。

（4）检验步骤

①试样消解：称取粉碎均匀的葡萄浆样品1~2.5g（精确至小数点后第二位），置入50mL或100mL锥形瓶中，加硝酸20~40mL，硫酸1.25mL，摇匀后放置过夜，置于电热板上加热消解。若消解液处理至10mL左右时仍有未分解物质或者色泽变深，取下放冷，补加硝酸5~10mL，再消解至10mL左右观察，如此反复两三次，注意避免炭化。如仍不能消解完全，则加入高氯酸1~2mL，继续加热至消解完全后，再持续蒸发至高氯酸的白烟散尽，硫酸的白烟开始冒出。冷却，加水25mL，再蒸发至冒硫酸白烟。冷却，用水将内容物转入25mL容量瓶或比色管，加入50g/L硫脲2.5mL，补水至刻度并混匀，备测。同时做两份试剂空白。

②标准系列制备：取25mL容量瓶或比色管5支，依次准确加入1μg/mL砷标准使用液0.00mL、0.05mL、0.2mL、0.5mL、2.0mL，各加硫酸（1+9）12.5mL，50g/L硫脲2.5mL，补加水至刻度，混匀备用。溶液中砷的浓度分别为0.0ng/mL、2.0ng/mL、8.0ng/mL、20.0ng/mL、80.0ng/mL。

③测定：仪器参考条件。

光电倍增管电压：400V。

砷空心阴极灯电流：35mA。

原子化器：温度820~850℃，高度7mm。

氩气流速：600mL/min。

测量方式：荧光强度或浓度直读。

读数方式：峰面积。

读数延迟时间：1s。

读数时间：15s。

硼氢化钠溶液加入时间：5s。

标液或样液加入体积：2mL。

浓度方式测量：如直接测荧光强度，则在开机并设定好仪器条件后，预热稳定约20min，按操作软件上的"B"键进入空白值测量状态，连续用标准系列的"0"管进样，待读数稳定后，按空挡键记录下空白值（即让仪器自动扣除本底）即可开始测量。

先依次测标准系列（可不再测"0"管）。标准系列测完后应仔细清洗进样器（或更换一支），并再用"0"管测试使读数基本回零后，才能测试剂空白和试样，每测不同的试样前都应清洗进样器，记录（或打印）测量数据。

仪器自动方式：利用仪器提供的软件功能可进行浓度直读测定，为此在开机、设定条件和预热后，还需输入必要的参数，即试样量（g 或 mL）、稀释体积（mL）、进样体积（mL）、结果的浓度单位、标准系列各点的重复测量次数、标准系列的点数（不计零点）及各点的浓度值。首先进入空白值测量状态，连续用标准系列的"0"管进样以获得稳定的空白值并执行自动扣除本底后，再依次测标准系列（此时"0"管需再测一次）。在测试样溶液前，需再进入空白值测量状态，先用标准系列"0"管测试使读数复原并稳定后，再用两个试剂空白各进一次样，让仪器取其均值作为扣除本底的空白值，随后即可依次测试样。

（5）结果计算　采用荧光强度测量方式按公式（9-4）计算样品中砷的含量：

$$X = \frac{C_1 - C_0}{m} \times \frac{25}{1000} \qquad (9-4)$$

式中　X——试样的砷含量，mg/kg 或 mg/L

C_1——试样被测液的浓度，ng/mL

C_0——试剂空白液的浓度，ng/mL

25——试样定容的体积，mL

m——试样的质量或体积，g 或 mL

（6）实验讨论

①采用荧光强度测量方式，需先对标准系列的结果进行回归运算。由于测量时"0"管强制为0，故零点值应该输入以占据一个点位，然后根据回归方程求出试剂空白溶液和被测试样溶液的砷浓度，再按公式（9-4）计算样品中的砷含量。

②计算结果保留两位有效数字，湿消解法在重复性条件下获得的两次独立测定结果的绝对差值不得超过算术平均值的10%，湿消解法测定的回收率为90%~105%。

3. 镉——石墨炉原子吸收光谱法

（1）原理　试样经灰化或酸消解后，注入原子吸收分光光度计石墨炉中，电热原子化后吸收228.8nm 共振线，在一定浓度范围，其吸收值与镉含量成正比，与标准系列比较定量。

（2）试剂

①硝酸；硫酸；过氧化氢（30%）；高氯酸。

②硝酸（1+1）：取 50mL 硝酸慢慢加入 50mL 水中。

③硝酸（0.5mol/L）：取 3.2mL 硝酸加入 50mL 水中，稀释至 100mL。

④盐酸（1+1）：取 50mL 盐酸慢慢加入 50mL 水中。

⑤磷酸铵溶液（20g/L）：称取 2.0g 磷酸铵，以水溶解稀释至 100mL。

⑥混合酸：硝酸 + 高氯酸（4+1），取 4 份硝酸与 1 份高氯酸混合。

⑦镉标准储备溶液（1.0mg/mL）：准确称取 1.000g 金属镉（99.99%）分次加

20mL 盐酸（1+1）溶解，加 2 滴硝酸，移入 1000mL 容量瓶，加水至刻度。

⑧镉标准使用溶液（100ng/mL）：每次吸取镉标准储备液 10.0mL 于 100mL 容量瓶中，加硝酸（0.5mol/L）至刻度。如此经多次稀释成每毫升含 100.0ng 镉的标准使用液。

（3）仪器

①原子吸收分光光度计，附石墨炉及镉空心阴极灯。

②马弗炉。

③天平：感量 1mg。

④恒温干燥箱。

⑤压力消解罐或微波消解仪。

⑥可调式电热板或可调式电炉。

⑦容量瓶：10mL、50mL、100mL、1000mL。

⑧移液管：1mL、5mL、10mL。

⑨微量进样器：10μL 或 20μL。

（4）检验步骤

①试样制备：压力消解罐消解法：称取 1.00～2.00g 粉碎均匀的葡萄浆试样于聚四氟乙烯内罐，加硝酸 2～4mL 浸泡过夜。再加过氧化氢（30%）2～3mL（总量不能超过罐容积的 1/3）。盖好内盖，旋紧不锈钢外套，放入恒温干燥箱，120～140℃保持 3～4h，在箱内自然冷却至室温，用滴管将消化液洗入或过滤入（视消化液有无沉淀而定）10～25mL 容量瓶中，用水少量多次洗涤罐，洗液合并于容量瓶中并定容至刻度，混匀备用；同时做试剂空白。

②测定

a. 仪器条件（参考）

波长：228.8nm。

狭缝：0.5～1.0nm。

灯电流：8～10mA。

干燥温度：120℃，20s。

原子化温度：1700～2300℃，4～5s。

背景校正：氘灯或塞曼效应。

b. 标准曲线绘制：准确吸取镉标准使用液（100ng/mL）0.0mL、1.0mL、2.0mL、5.0mL、8.0mL 于 5 个 100mL 容量瓶中，加硝酸（0.5mol/L）至刻度，摇匀，容量瓶中镉的浓度分别为 0.0ng/mL、1.0ng/mL、2.0ng/mL、5.0ng/mL、8.0ng/mL。依次各吸取 10μL 注入石墨炉，测得其吸光值，以溶液浓度对应吸光值绘制工作曲线（或建立回归方程）。

c. 试样测定：分别吸取样品溶液和试剂空白溶液各 10μL 注入石墨炉，测得其吸光值，从工作曲线上查得试样中镉的含量（或代入回归方程计算试样中镉的含量）。

（5）结果计算 葡萄样品中镉的含量按公式（9-5）进行计算：

$$X = \frac{(C_1 - C_2) \times V}{m} \qquad\qquad (9-5)$$

式中　　X——试样中镉含量，$\mu g/kg$

　　　　C_1——测定试样消化液中镉含量，ng/mL

　　　　C_2——空白液中镉含量，ng/mL

　　　　V——试样消化液总体积，mL

　　　　m——试样质量或体积，g

　　计算结果保留两位有效数字，在重复性条件下获得的两次独立测定结果的绝对差值不得超过算术平均值的20%。

　　（6）实验讨论　对有干扰试样，则注入适量的基体改进剂磷酸铵溶液（$20g/L$），磷酸铵溶液用量一般 $<5\mu L$，绘制镉标准曲线时也要加入与试样测定时等量的基体改进剂。

第二节　白砂糖

　　随着人们对葡萄原料质量重视程度的提高，控制葡萄的成熟度，发酵中不添加其他糖源已经成为普遍的共识。但对于某些人力所不能改变的原因导致的含糖量过低的葡萄原料，就需要人为地提高原料的含糖量，从而适当提高葡萄酒的酒精度。从理论上讲，加入 $17g/L$ 蔗糖可使酒精度提高1%（体积分数），但在实践中由于发酵过程中的损耗（如挥发、蒸发等），提高1%（体积分数）酒度加入的糖量应稍大于 $17g/L$。国际葡萄与葡萄酒组织（OIV）规定靠加入蔗糖提高的酒精度不能大于2%（体积分数）。发酵工艺中添加的糖必须是蔗糖，一般用蔗糖含量 $>99\%$ 的结晶白砂糖（甘蔗糖或甜菜糖）。按照 GB 317—2006《白砂糖》国家标准的规定，白砂糖分为精制、优级、一级和二级四个级别，二级糖可以满足葡萄酒发酵工艺的需要。作为对白砂糖质量验收的检验，主要检验外观、蔗糖含量、螨虫和重金属铅、砷。GB 317—2006《白砂糖》标准规定二级糖的蔗糖含量 $\geq 99.5\%$，螨不得检出。砷和铅是卫生指标，按相关国家标准规定，砷 $\leq 0.5mg/kg$，铅 $\leq 0.5mg/kg$。

一、感官

　　取若干白砂糖置白色瓷盘中，于光亮处观察其色泽、结晶形状，并嗅闻、品尝有无其他异味，继而用手触摸其疏散性。白砂糖的晶粒应均匀，干燥松散，颜色自然洁白，无带色糖粒、糖块。糖的晶粒或水溶液味甜，纯正，无异臭味，无异物。

二、蔗糖分

　　准确检验蔗糖分应按 GB 317—2006《白砂糖》国家标准中的方法进行，采用专用的检糖计，通过测试规定试样溶液的旋光度来得出样品中的蔗糖含量，当需要精确测试蔗糖含量或产品质量产生争议时，必须采用标准规定的方法。作为通常的进货验收，可以采用斐林溶液滴定法来检验蔗糖含量。方法为：称取白砂糖样品 $10g$，加蒸馏水溶

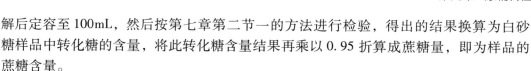

解后定容至 100mL，然后按第七章第二节一的方法进行检验，得出的结果换算为白砂糖样品中转化糖的含量，将此转化糖含量结果再乘以 0.95 折算成蔗糖量，即为样品的蔗糖含量。

三、　螨

白砂糖中常有螨虫寄生，螨是一种全身长毛的小寄生虫，肉眼看不见，在糖中繁殖很快。

取白砂糖 250g 放入 1000mL 的三角瓶中，加 20～25℃的蒸馏水到三角瓶的 2/3 处，用洁净的玻璃棒不断搅拌至充分溶解，补充温水至瓶口处，不使水溢出为止。用洁净的玻片盖在瓶口上，使玻片与液面接触，静置 15min 左右，取下玻片镜检。这一操作重复若干次，以镜检所有的漂浮物。检出螨的数目即为 250g 白砂糖中的总螨数。

四、　铅和砷

试样不需处理，直接称取 50g 均匀的白砂糖样品，加 50mL 水溶解后移入 100mL 容量瓶中，加水稀释至刻度，再吸取 20.0mL 试样稀释液，按本章第一节四 1 的方法直接进样检验铅的含量。另取 20.0mL 上述糖稀释液测定，按本章第一节四 2 的方法直接进样检验砷的含量。

第三节　亚硫酸

二氧化硫在葡萄酒中具有杀菌、澄清、抗氧化、增酸和溶解等多种作用，是迄今为止在葡萄酒中使用最广泛的食品添加剂，它的使用贯穿葡萄酒工艺的各个环节。

常用的 SO_2 添加剂有固体、液体和气体三种形式。最常用的固体 SO_2 为偏重亚硫酸钾（$K_2S_2O_5$），使用时先将偏重亚硫酸钾用水溶解。气体二氧化硫是一种无色、不燃、带刺激性与令人窒息气味的气体，在一定压力（20 MPa，常温）或冷冻（－15℃，常压），可以成为液体。液体 SO_2 一般贮藏在高压钢制容器或很厚的玻璃罐内，其使用最为方便。生产上较多采用的是二氧化硫的水溶液即亚硫酸，对亚硫酸的质量要求通常为：二氧化硫的含量为 5.9%～6.1%（质量分数），铁≤5mg/kg，砷≤0.2mg/kg，重金属≤0.2mg/kg。

一、　外观

亚硫酸溶液应为澄清透明的无色均匀液体，无明显悬浮物和杂质。

二、　二氧化硫含量

1. 原理

在弱酸性溶液中，用碘将亚硫酸根离子氧化成硫酸根离子，以淀粉为指示剂，用硫代硫酸钠标准滴定溶液滴定过量的碘，根据过量碘换算出二氧化硫的含量。

2. 试剂

（1）碘标准滴定溶液 $[c (1/2 I_2) = 0.1 mol/L]$ 按附录 A2.3 制备。

（2）硫代硫酸钠标准滴定溶液 $[c (1/2 Na_2S_2O_3) = 0.1 mol/L]$ 按附录 A2.2 制备。

（3）可溶性淀粉溶液（5g/L） 称取 0.5g 淀粉，加热溶解，冷却后定容到 100mL。

3. 仪器

（1）碘量瓶 250mL。

（2）滴定管 50mL。

（3）天平 感量 1mg。

（4）移液管 50mL。

4. 检验步骤

（1）取 50mL 碘标准滴定溶液于 250mL 碘量瓶中，用 0.1mol/L 的硫代硫酸钠标准滴定溶液滴定至淡黄色，加 5% 淀粉溶液 2mL，滴定至蓝色消失，记录消耗硫代硫酸钠标准溶液的体积（V_1）。

（2）取 50mL 碘标准滴定溶液于 250mL 碘量瓶中，加 2.0g 亚硫酸样品，加塞，在暗处放置 5min，用 0.1mol/L 的硫代硫酸钠标准滴定溶液滴定至淡黄色，加 5% 淀粉溶液 2mL，滴定至蓝色消失，记录消耗硫代硫酸钠标准滴定溶液的体积（V_2）。

5. 结果计算

样品中二氧化硫含量按公式（9-6）进行计算：

$$X = \frac{(V_1 - V_2) cM/1000}{m_1} \times 100\% \tag{9-6}$$

式中　X——测试样品中二氧化硫含量，%

V_1——空白试验所消耗的硫代硫酸钠标准滴定溶液的体积，mL

V_2——滴定试样溶液所消耗的硫代硫酸钠标准滴定溶液的体积，mL

m_1——试样的质量，g

c——硫代硫酸钠标准溶液的浓度，mol/L

M——二氧化硫的摩尔质量 $[M (1/2 SO_2) = 32.04]$，g/mol

1000——换算因子

试验结果以平行测定结果的算术平均值表示。在重复性条件下获得的两次独立测定结果的绝对差值不大于 0.2%。

三、铁

称取 2g±0.001g 试样，加入 10mL 水，按第七章第七节一方法检验。

四、砷

1. 试样制备

称取 40g 试样，精确至 0.01g，置于烧杯中在电炉上加热保持微沸至试液体积约为

5mL，稍冷却后移至沸水浴上继续加热近干，用5mL硫酸溶液（1+1）溶解残渣，置于电炉上加热至产生白烟后冷却，转移至100mL容量瓶中，用水稀释至刻度。

2. 测定

取上述样品制备液10mL，按本章第一节四2的方法进行砷的检验。

五、 重金属

取10mL上述样品制备液，按本章第十三节进行重金属检验。

第四节 玻璃瓶

玻璃瓶是承载葡萄酒的容器，与葡萄酒直接接触，因此，玻璃瓶的质量，特别是它的颜色、形状和可溶出物都对葡萄酒的质量有不可忽视的影响。

酒瓶的颜色对保护葡萄酒不受光线的影响非常重要，因此，应根据葡萄酒的种类不同，选择酒瓶的颜色。透明或浅色玻璃瓶给人一种清新透亮的感觉，可以最直接地将葡萄酒诱人的色彩展现在消费者面前，所以那些需要给人清爽感觉的葡萄酒，如白葡萄酒和桃红葡萄酒，经常会采用透明或浅色玻璃瓶，不过这种玻璃瓶一般来说只会用于装瓶后一到两年内饮用的葡萄酒，不然葡萄酒很容易被氧化。那些需要长时间陈酿的葡萄酒多会装在深色玻璃瓶中。

葡萄酒瓶的容量有125mL、250mL、500mL、750mL和1000mL等几种，但以750mL的最为常用。

一、 物理项目

玻璃瓶需要检验的物理项目及要求见表9-2。

表9-2　　　　　　　　　　玻璃瓶物理检验项目表

项目	标准要求	检验方法
颜色	同一种瓶颜色应该基本一致	目测与标准样比较
外观	对玻璃瓶的气泡、沙粒进行观测和测量；观测有无炸裂纹等	目测或借助刻度尺测量
规格尺寸	按图纸标注	卡尺或测瓶仪测量
瓶口	内径允许差±0.5mm，内棱应为光滑圆角，不许有立棱，封合面上不许有影响密封性的褶皱	内径表或内径量规测量 目测
满口容量	按图纸标注，750mL瓶允许偏差为±5mL	水、量筒测量
料重	按图纸标注	天平称重
底均匀度	瓶身厚薄均匀一致≥2mm，瓶底厚薄差≤1倍	破碎后目测或借助刻度尺测量

二、 安全性指标

玻璃瓶安全性指标要符合 GB 19778—2005《包装玻璃容器铅、镉、砷、锑溶出允许限量》标准的要求，750mL 的玻璃瓶（浸泡液）中铅、镉、砷和锑的限量分别为 ≤ 0.75mg/L、0.25mg/L、0.2mg/L 和 0.7mg/L。

1. 铅、砷、镉

将待测玻璃瓶内装满 4%（体积分数）乙酸溶液，在 22℃ ±2℃浸泡 24h，然后检测浸泡后乙酸溶液中的铅、砷、镉含量。

取上述乙酸浸泡液 1~2mL，分别按照本章第一节四的方法直接进样进行铅、砷、镉的检验。

2. 锑

（1）原理　将锑还原成三价锑，然后再氧化成五价锑，五价锑离子在 pH7 时能与孔雀绿作用形成绿色络合物，生成的络合物用苯提取后与标准系列比较定量。

（2）试剂

①苯。

②磷酸（1+1）：取 50mL 磷酸与 50mL 水混匀。

③盐酸（5+1）：取 500mL 盐酸与 100mL 水混匀。

④过氧化氢（30%）。

⑤氯化亚锡-盐酸溶液（100g/L）：称取 10g 氯化亚锡，用浓盐酸溶解并定容至 100mL。

⑥亚硝酸钠溶液（200g/L）：称取 20g 亚硝酸钠，用水定容到 100mL。

⑦尿素溶液（500g/L）：称取 50g 尿素，用水定容到 100mL。

⑧孔雀绿溶液（2g/L）：称取 2g 孔雀绿（$C_{23}H_{25}ClN_2$），用水定容到 1L。

⑨锑标准储备溶液（100μg/mL）：精确称取 0.1000g 纯锑于 250mL 烧杯中，加入 100mL 盐酸（5+1），并滴加少量 30% 过氧化氢溶液加速溶解，再加热除去溶液中过氧化氢后冷却，移入 1000mL 容量瓶中以盐酸（5+1）稀释至刻度，混匀。

⑩锑标准使用溶液（10μg/mL）：吸取 10.0mL 锑标准溶液于 100mL 容量瓶中，加盐酸（5+1）至刻度，混匀。

（3）仪器

①分光光度计。

②分析天平：感量 0.1mg。

③架盘天平：100g。

④恒温水浴。

⑤分液漏斗：125mL。

⑥容量瓶：100mL、1000mL。

⑦蒸发皿：150mL。

⑧刻度吸管：2mL、10mL。

⑨移液管：50mL。

（4）检验步骤

①取50.00mL试样浸泡液于蒸发皿中，加盐酸1滴，置沸水浴上蒸干，冷却后以6mL盐酸（5+1）分两次洗涤，将洗液移于125mL分液漏斗中，并以6mL水洗蒸发皿，洗液并入分液漏斗中，滴加2滴氯化亚锡-盐酸溶液（100g/L）混匀后，静置5min。

②吸取0.0mL、1.00mL、2.00mL、4.00mL、6.00mL锑标准使用溶液（相当于0.0μg、10.0μg、20.0μg、40.0μg和60.0μg锑），分别置于125mL分液漏斗中，各加6mL盐酸（5+1）及6mL水混匀，再各加2滴氯化亚锡-盐酸溶液（100g/L）混匀后，静置5min。

③于样品和标准品各分液漏斗中加1mL亚硝酸钠溶液（200g/L）混匀，再加2mL尿素溶液（500g/L），振摇直至气泡逸完。再各准确加入10.0mL苯、5mL磷酸（1+1）、0.5mL孔雀绿溶液及10mL水，振摇2min。静置分层后，弃去水层，用干燥脱脂棉过滤苯层至1cm比色杯内，以零管调节零点，于波长620nm处测吸光度，绘制标准曲线比较定量。

（5）结果计算　玻璃瓶浸泡液中锑的含量按公式（9-7）进行计算：

$$X = \frac{m}{V} \tag{9-7}$$

式中　X——浸泡液中锑的含量，mg/L

　　　m——测定时所取试样浸泡液中锑的质量，μg

　　　V——测定时所取试样浸泡液的体积，mL

计算结果表示到两位有效数字，在重复性条件下获得的两次独立测定结果的绝对差值不得超过算数平均值的10%。

第五节　软木塞

软木塞是由栓皮栎的树皮加工而成，具有柔软性和弹性，用软木塞封装葡萄酒，有保持或提升葡萄酒品质的作用。软木塞的细密小孔，可让极少量的空气进入瓶内，使葡萄酒达到呼吸和成熟的目的。优质软木塞接触酒液膨胀防止酒液渗漏，可隔热、隔离细菌。因此，软木塞直接与酒接触并影响葡萄酒的储存和质量。软木塞执行国家标准GB/T 23778—2009《酒类及其他食品包装用软木塞》。

一、感官

1. 色泽

同一批软木塞表面色泽应基本一致、柔和、无水渍痕迹。色泽的检验应在光线充足的地方目测。

2. 气味

取 10 个软木塞分别置于 10 个盛有 100mL 蒸馏水的密闭容器中，浸泡 24h 后经鼻嗅，软木塞不应有霉味和其他异味。

二、 微生物

软木塞的微生物限量指标是菌落总数、霉菌和酵母菌。标准规定软木塞中菌落总数≤5cfu/只，霉菌≤5cfu/只，酵母菌≤3cfu/只。

1. 菌落总数

（1）操作步骤　将使用的器皿、吸管、营养琼脂培养基（附录 B 中 B.1）、100mL 生理盐水（附录 B 中 B.3）过滤装置和直径 50mm、孔径 0.45μm 滤膜等试验用品高压灭菌。

以 4 只软木塞作为一组，取两组做平行试验。在无菌条件下，将每组软木塞放入盛有 100mL 生理盐水的无菌容器中，密封。在振荡器上摇动 0.5h，用孔径为 0.45μm 的无菌滤膜过滤，把滤膜放入培养皿，倒入温度为 46℃±1℃的营养琼脂培养基，待琼脂凝固后，翻转平板，置 36℃±1℃的温箱内培养 48h±2h。同时用 100mL 生理盐水做空白对照。

（2）计数方法　做平板菌落计数时，可用肉眼观察，必要时用放大镜检查，以防遗漏。记下各平板的菌落总数，除以 4 即为每只试样的菌落总数。计算两组试样的算数平均值，结果保留至整数位。

2. 霉菌和酵母菌

（1）操作步骤　将所使用的器皿、吸管、孟加拉红培养基（附录 B 中 B.6）、100mL 生理盐水（附录 B 中 B.3）、过滤装置和直径 50mm、孔径 0.45μm 滤膜等试验用品高压灭菌。

以 4 只软木塞作为一组，取两组做平行试验。在无菌条件下，将成品软木塞放入盛有 100mL 生理盐水的无菌容器中，密封。在振荡器上摇动 0.5h，用孔隙为 0.45μm 的无菌滤膜过滤，把滤膜放入培养皿，倒入 46℃±1℃的孟加拉红培养基，待琼脂凝固后，翻转平板，置 25~28℃的温箱内培养。从第三天起开始观察，共培养 5 天。同时用 100mL 生理盐水做空白对照。

（2）计数方法　做平板菌落计数时，可用肉眼观察，必要时用放大镜检查，以防遗漏。分别记下各平板的霉菌菌落数和酵母菌数，除以 4 即为每只样品的霉菌数和酵母菌数。计算两组试样的算数平均值，结果保留至整位数。

三、 2，4，6 – 三氯苯甲醚 （TCA）

2，4，6 – 三氯苯甲醚（TCA），是软木塞在霉菌的作用下产生的一种化合物。这种化合物对感官影响很大，阈值很低。木塞污染是葡萄酒灌瓶后通过与软木塞接触而进入葡萄酒的，目前发现多种化合物可导致木塞污染，其中最主要的是 TCA，占木塞污染的 80% 以上，因此木塞污染也被广泛称为 TCA 污染。TCA 进入酒中，对葡萄酒的质量及口感会产生严重不良的影响。

一般将 25 只木塞在 400mL 酒精水溶液（12%）中浸泡 24h，浸泡液 TCA 的含量应≤4ng/L。

1. 原理

软木塞在乙醇–水溶液中浸泡一定时间，取一定量的浸泡液到密闭容器中加入内标，采用固相微萃取法进行 2，4，6–三氯苯甲醚浓缩富集，在气相色谱进样口解析，用气相色谱仪测定，内标法定量。

2. 试剂

（1）2，4，6–三氯苯甲醚　纯度≥99%。

（2）2，6–二氯苯甲醚（内标）　纯度≥99%。

（3）氯化钠　分析纯。

（4）乙醇　色谱纯。

（5）乙醇（12%，体积分数）　取 12mL 色谱纯乙醇，用水定容到 100mL。

（6）2，6–二氯苯甲醚内标储备溶液（500mg/L）　称取 0.05g 2，6–二氯苯甲醚，用色谱纯乙醇溶液溶解，转移至 100mL 容量瓶中，定容至刻度。

（7）2，6–二氯苯甲醚内标工作溶液（2.0μg/L）　将 2，6–二氯苯甲醚内标储备液，用 12% 乙醇溶液逐级稀释，配制成 2.0μg/L。

（8）TCA 标准储备溶液（500mg/L）　称取 0.050g TCA 标准品，用适量色谱纯乙醇溶解并定容到 100mL。

（9）TCA 标准中间溶液（50μg/L）　将 TCA 标准储备溶液，用 12% 乙醇溶液逐级稀释，配制成 50.0μg/L 的中间溶液。

（10）TCA 标准使用溶液（1.0μg/L）　取 1.0mL TCA 标准中间溶液，用 12% 乙醇溶液定容至 50mL。

（11）TCA 标准系列溶液　分别取 0.0mL、0.5mL、1.0mL、1.5mL、2.0mL TCA 标准使用溶液（1.0μg/L），用 12%（体积分数）乙醇溶液定容到 100mL，配制成浓度分别为 0ng/L、5.0ng/L、10ng/L、15ng/L、20ng/L 的标准系列溶液。

3. 仪器

（1）气相色谱仪　备有 ECD 检测器。

（2）分析天平　感量 0.1mg。

（3）色谱柱　DB–5。

（4）PDMS 萃取头。

（5）磁力搅拌器。

（6）萃取瓶　15mL。

（7）烧杯　1000mL。

（8）容量瓶　50mL、100mL。

（9）刻度吸管　1mL、5mL、10mL。

（10）微量进样器　5μL。

4. 检验步骤

（1）色谱条件（参考）

载气：氮气，流速 1mL/min。

检测器温度：300℃。

进样口温度：250℃。

柱温：起始温度 50℃，恒温 2min，以 10℃/min 程序升温至 180℃，以 20℃/min 继续升温至 220℃，恒温 2min。

进样方式：不分流进样。

进样量：2μL。

（2）绘制标准曲线　分别量取 8mL 标准系列溶液于 15mL 萃取瓶中，加入 2，6 - 二氯苯甲醚内标工作液（2.0μg/L）100μL，加入 3.0g 氯化钠，封口，置磁力搅拌器上（40℃）加热搅拌，PDMS 萃取头萃取 30min，分别进样，按色谱条件进行分析，根据 2，4，6 - 三氯苯甲醚和内标的峰面积（或峰高）之比与 2，4，6 - 三氯苯甲醚的含量建立标准工作曲线（或建立回归方程）。

（3）样品检验　取 25 个软木塞于 1000mL 烧杯中，加入 400mL 12% 的乙醇溶液，使塞子浸入液面以下，浸泡 24h ± 2h。取 8mL 浸泡液于 15mL 萃取瓶中，加入 3.0g 氯化钠，100μL 2，6 - 二氯苯甲醚内标工作液（2.0μg/L），封口，置磁力搅拌器上（40℃）加热搅拌，PDMS 萃取头萃取 30min，按色谱条件进行分析，根据 2，4，6 - 三氯苯甲醚和内标的峰面积（或峰高）之比，由标准曲线计算样品中 2，4，6 - 三氯苯甲醚的含量。

（4）空白试验　准确吸取 8.00mL 12% 乙醇溶液于 15mL 萃取瓶中，加入 3.0g 氯化钠，100μL 2，6 - 二氯苯甲醚内标工作液（2.0μg/L），按上述步骤同时完成空白试验。

（5）结果计算　样品中 2，4，6 - 三氯苯甲醚的含量按公式（9 - 8）进行计算：

$$X = C - C_0 \qquad\qquad (9-8)$$

式中　X——样品中 2，4，6 - 三氯苯甲醚的含量，ng/L

　　　C——从标准曲线求得的样品中 2，4，6 - 三氯苯甲醚的含量，ng/L

　　　C_0——从标准曲线求得的试剂空白中 2，4，6 - 三氯苯甲醚的含量，ng/L

测定结果表示至小数点后 2 位，在重复性测定条件下获得的两次独立测定结果的绝对差值不超过其算术平均值的 20%。

第六节　橡木桶

经过长期的生产实践，人们发现在自然界的各种树木中，橡木对葡萄酒的作用是其他树木无法比拟的。橡木不仅具有良好的韧性和强度，适宜的透气性和弯曲性以及独特的防水性和密封性，便于制成贮酒容器，用于陈酿型酒种的运输和贮存，更重要的是某些橡木中的成分能给贮于其中的酒带来奇妙的质量提升，使香气变得优雅、怡人、和谐、深邃，酒体变得丰满、醇厚、圆润、紧致。可以说橡木桶是葡萄酒的家园，是酝酿和成熟葡萄酒的摇篮，质量优异的陈酿型葡萄酒都离不开橡木桶的贡献。橡木桶赋予葡萄酒的质量与橡木的种类、产地、制桶工艺、烘烤程度、规格及桶龄等因素有关。不同个性的葡萄酒选择不同特性的橡木桶陈酿，以表现出葡萄酒最优异的质量，是酿酒师技术水平最好的体现。当橡木桶上述内在质量因素确定后，对其进行物理、化学以及食品安全方面的检验是必不可少的。对于新进的橡木桶，一般要检验外观尺寸、密封性能及有害成分等。

一、 外观及尺寸

采用目测、手摸对橡木桶的外观进行检验，采用通用量具对橡木桶的结构尺寸进行检验。

橡木桶大小、形状应均匀一致，各类橡木桶的外形尺寸应符合规定的要求。木桶表面洁净光滑，无霉斑、疤结、裂缝、毛刺等。桶板无开裂、泡疤，桶板之间结合紧密，无明显缝隙。

二、 容积

将橡木桶盛满水，采用称重法，根据水的密度按公式（9-9）计算出橡木桶的容积。

$$X = \frac{m_1 - m_2}{\rho} \tag{9-9}$$

式中　X——橡木桶的容积，L

ρ——水的密度，kg/dm^3

m_1——盛满水木桶质量，kg

m_2——空桶质量，kg

三、 密封性

向橡木桶中注入 30～40L 热水（80～90℃），加压到 0.08MPa，并使木桶在试漏机滚轮上滚动 15～20min，观察渗漏情况。橡木桶经注水、密封、加压、旋转后，漏点≤2 个且无较为严重的渗漏情况（≤600 滴/h）为合格。每批木桶不合格数量即发生较为严重渗漏（漏点超过 2 个或 >600 滴/h）的，不超过该批木桶总数的 2%。

四、 有害成分

22℃±2℃ 条件下，在木桶中加入乙醇溶液（10%，体积分数）至满桶，浸泡 10d，浸出液用于卤代苯甲醚类化合物及铅、砷含量的检验。分析结果折算成单位质量木材中的含量。

取 8mL 上述浸泡液，按本章第五节三、检验 TCA 的含量。

取 2mL 上述浸泡液，按本章第一节四、1. 检验铅的含量。

取 2mL 上述浸泡液，按本章第一节四、2. 检验砷的含量。

根据橡木桶的质量和加入的乙醇溶液质量，将上述结果分别换算为单位质量木材中 TCA、铅和砷的含量。

第七节　活性干酵母

酿酒用活性干酵母是经过培养、浓缩、干燥后制得的粉末状的、用于葡萄汁或葡萄酒的酵母。尽管在大型葡萄酒企业均有专业人员进行自有酵母扩培工作，但是普遍采用的是在葡萄汁中接种活性干酵母，这是一种简便的方法。葡萄酒用酵母应从葡萄、葡萄汁或葡萄酒中提取，也要符合 GB/T 20886—2007《食品加工用酵母》标准对酿酒酵母的卫生要求。标准规定酿酒活性干酵母的活细胞率要≥80%，铅≤2.0mg/kg，总砷≤2.0mg/kg。

一、　酵母活化

称取 0.1g 活性干酵母，准确加入 20mL 无菌生理盐水（附录 B 中 B.3），在 32℃ 恒温水浴中活化 1h。

二、　活细胞率

将活化液振荡摇匀，吸取酵母活化液 0.1mL，加入次甲基蓝染色液（附录 B 中 B.37）0.9mL，摇匀，室温下染色 10min，立刻在显微镜下用血球计数板计数。无色透明的细胞为酵母活细胞，被染为蓝色的为酵母死细胞。

$$活细胞率（\%）=[（活酵母数）/（活酵母数+死酵母数）]\times100$$

三、　铅和砷

称取 1~2g 活性干酵母，按本章第一节四、1. 进行铅的检验。
称取 1~2g 活性干酵母，按本章第一节四、2. 进行砷的检验。

四、　致病菌

对购进的活性干酵母需要进行全面的质量验收，或产品质量出现某些异常时，应对酵母进行致病菌检验，以免由此带入葡萄酒中。酿酒酵母要控制的致病菌有沙门菌、金黄色葡萄球菌和志贺菌。

称取 25g 活性干酵母分别按第八章第四节一、第八章第四节二和第八章第四节三进行金黄色葡萄球菌、沙门菌和志贺菌的检验。

第八节　果胶酶

果胶酶是现代葡萄酒酿造中的重要辅料，大多数是由黑曲霉经特殊工艺制成的液体果胶酶或固体果胶酶。葡萄酒中常用的果胶酶通常是复合果胶酶，含有果胶裂解酶、果胶酯酶和聚半乳糖醛酸酯酶等。通常，葡萄中含有大量果胶会导致澄清困难、出汁率低、过滤效率低下等。同时，在浸渍过程中，这些存在于果皮和果肉中的大量果胶会阻碍色素和单宁浸提、溶解和稳定。用复合果胶酶对葡萄汁和葡萄酒进行处理，可以达到提高出汁率、澄清葡萄汁和葡萄酒、提高品种香气、加深并稳定葡萄酒颜色等目的。一般情况下，果胶酶在葡萄破碎后添加，如果需要长时间浸提或对于难以压榨的品种，在葡萄收获时果胶酶可以直接加入到收获的葡萄中。

果胶酶制剂有固态和液态两种，固体果胶酶为浅黄色粉末，易溶于水；液体果胶酶为棕褐色，允许微混有少量凝聚物。果胶酶制剂必须按照良好的生产规范进行生产，不得产生或明显增加酒品中的含菌量及其他污染物，其理化和卫生指标要符合相关标准的规定：酶制剂的重金属含量≤40mg/kg，铅含量≤10mg/kg，砷含量≤3mg/kg。固体酶的酶活性现在一般为50000U/g，液体酶的酶活性一般为4000U/mL。

一、　酶活性

1. 原理

果胶酶水解果胶产生半乳糖醛酸，半乳糖醛酸具有还原性糖醛基，可用碘量法定量测定，以此表示果胶酶的活性。

2. 试剂

（1）果胶粉水溶液（10g/L）　称取果胶粉（Sigma 公司出品）1.0000g，精确至0.0002g，加水溶解，煮沸，冷却。如有不溶物则需进行过滤。调 pH 至 3.5，用水定容至 100mL，在冰箱中贮存备用。使用时间不超过 3d。

（2）硫代硫酸钠标准溶液 $[c\ (1/2\ Na_2S_2O_3)\ =0.05mol/L]$　按附录 A 中 A2.2配制，使用时准确稀释一倍。

（3）碳酸钠溶液（1mol/L）　称取 5.3g 碳酸钠，溶解于水，稀释至 100mL。

（4）碘标准溶液 $[c\ (1/2\ I_2)\ =0.1mol/L]$　按附录 A 中 A2.3 制备，贮存于棕色瓶中。

（5）硫酸溶液（2mol/L）　取浓硫酸 5.6mL，缓慢加入适量水中，冷却后用水定容至 100mL，摇匀。

（6）可溶性淀粉指示液（10g/L）　称取 1g 可溶性淀粉，溶于热水中，冷却后定容到 100mL。

（7）柠檬酸-柠檬酸钠缓冲液（0.1mol/L，pH3.5）。

甲液：称取柠檬酸（$C_6H_8O_7 \cdot H_2O$）21.01g，用水溶解并定容至 1000mL。

乙液：称取柠檬酸三钠（$C_6H_5Na_3O_7 \cdot 2H_2O$）29.41g，用水溶解并定容至 1000mL。

取甲液 140mL、乙液 60mL，混匀，缓冲液的 pH 应为 3.5（用 pH 计调试）。

3. 仪器

（1）分析天平　感量 0.1mg。

（2）架盘天平　100g。

（3）恒温水浴　50℃±0.2℃。

（4）比色管　25mL。

（5）容量瓶　25mL、50mL、100mL、200mL、250mL、1000mL。

（6）碘量瓶　250mL。

（7）吸管　1mL、5mL。

（8）烧杯　50mL。

（9）滴定管　25mL。

4. 检验步骤

（1）制备酶液

固体酶：用已知质量的 50mL 小烧杯，称取样品 1.0000g，精确至 0.0002g，以少量柠檬酸 – 柠檬酸钠缓冲液（pH3.5）溶解，并用玻璃棒捣研，将上清液小心倾入适当的容量瓶中，沉渣再加少量缓冲液，反复捣研 3~4 次，最后全部移入容量瓶，用缓冲液定容，摇匀，以四层纱布过滤，滤液供测试用。

液体酶：准确吸取浓缩酶液 1.00mL 于一定体积的容量瓶中，用柠檬酸 – 柠檬酸钠缓冲液（pH3.5）稀释定容。

（2）测定

①于甲、乙两支比色管中，分别加入 10g/L 果胶溶液 5mL，在（50±0.2）℃水浴中预热 5~10min。

②向甲管（空白）中加柠檬酸 – 柠檬酸钠缓冲液（pH3.5）5mL；乙管（样品）中加稀释酶液 1mL、柠檬酸 – 柠檬酸钠缓冲液（pH3.5）4mL，立刻摇匀，计时。在此温度下准确反应 0.5h，立即取出，加热煮沸 5min 终止反应，冷却。

③取上述甲、乙管反应液各 5mL 放入碘量瓶中，准确加入 1mol/L 碳酸钠溶液 1mL、0.1mol/L 碘标准溶液 5mL，摇匀，于暗处放置 20min。

④在碘量瓶中分别加入 2mol/L 硫酸溶液 2mL，用 0.05mol/L 硫代硫酸钠标准溶液滴定至浅黄色，加淀粉指示液 3 滴，继续滴定至蓝色刚好消失为其终点，记录甲管（空白）、乙管（样品）反应液消耗硫代硫酸钠标准溶液的体积。

5. 结果计算

1g 酶粉或 1mL 酶液在 50℃、pH3.5 的条件下，1h 分解果胶产生 1mg 半乳糖醛酸为一个酶活性单位，酶活性单位用 U 表示，这样酶的含量就可用每克酶制剂或每毫升酶制剂含有多少酶活性单位来表示（U/g 或 U/mL）。

样品的酶活性按公式（9–10）进行计算：

$$X = (A - B) \times c \times 0.51 \times 194.14 \times n \times \frac{10}{5 \times 1 \times 0.5} = (A - B) \times c \times n \times 396.05 \quad (9-10)$$

式中　X——样品的酶活性，U/g（U/mL）

　　　A——空白消耗硫代硫酸钠标准溶液的体积，mL

　　　B——样品消耗硫代硫酸钠标准溶液的体积，mL

　　　c——硫代硫酸钠标准溶液的浓度，mol/L

0.51——1mmol 硫代硫酸钠相当于 0.51mmol 的游离半乳糖醛酸

194.14——半乳糖醛酸的毫摩尔质量，mg/mmol

n——酶液稀释倍数

10——反应液总体积，mL

5——滴定时取反应混合物的体积，mL

1——反应时加入稀释酶液的体积，mL

0.5——反应时间，h

所得结果应表示至整数，平行试验，滴定时消耗硫代硫酸钠标准溶液的体积不得超过 0.05mL。

6. 实验讨论

（1）制备酶液时，固体酶或浓缩酶液均须准确稀释至一定倍数，酶液浓度应控制在消耗 0.05mol/L 硫代硫酸钠标准溶液（$A-B$）之差在 0.5~1.0mL 范围内，必要时可先做预备试验。

（2）果胶粉一般用 Sigma 公司产品为标准底物，若使用其他公司产品时，必须和 Sigma 公司的果胶粉做对照试验。

二、 化学污染物

1. 重金属

固体酶称取 5.0g，精确至 0.001g；液体酶，吸取 5.0mL；用湿法消解，定容至 50mL，取 2.5mL 按本章第十三节进行检验。

2. 铅

固体酶称取 1.0g，液体酶吸取 1.0mL，按本章第一节四、1. 进行铅的检验。

3. 砷

固体酶称取 1.0g，液体酶吸取 1.0mL，按本章第一节四、2. 进行砷的检验。

三、 微生物

固体酶称取 25.0g，液体酶吸取 25.0mL，按第八章第二节进行大肠菌群检验。

固体酶称取 25.0g，液体酶吸取 25.0mL，按第八章第四节二进行沙门菌检验。

第九节 偏酒石酸

偏酒石酸（$C_6H_{10}O_{10}$）也称为重酒石酸，其主要组成是酒石酸的单酯及二酯，它们是由酒石酸的两个分子脱水酯化而成。偏酒石酸是国际葡萄与葡萄酒组织（OIV）允许葡萄酒添加的添加剂，偏酒石酸在葡萄酒中的添加量为≤100mg/L。

在葡萄酒中，能引起结晶沉淀的主要有两种物质，即酒石酸氢钾和酒石酸钙，其中酒石酸氢钾较容易通过冷处理达到稳定，而酒石酸钙是一种很不稳定的盐，易在装瓶后产生沉淀，影响酒的感官质量。在葡萄酒中加入一定量的偏酒石酸，当葡萄酒中刚刚有微小晶体生成时，由于吸附作用，这些微小晶体表面吸满了偏酒石酸，偏酒石酸布满在酒石酸盐的晶体表面，从而包围酒石酸盐晶体，使其无法再进一步结晶，避免那些微小酒石酸盐相互结合而变成更大的晶体沉淀。这是一种广泛使用的防止酒石酸钙结晶沉淀的方法。

一、 外观

偏酒石酸呈结晶块状，或呈粉状，白色，或多少带有黄色，略带焦面包或焦糖气味，非常容易潮解，极易溶于水及酒精。10%偏酒石酸的水溶液应是清澈的，几乎没有颜色，或略带琥珀色。

二、 定性鉴别

（1）取少量偏酒石酸（1~10mg），放入一个试管中，加 2mL 纯硫酸和 2 滴磺基间苯二酚试剂，通过 150℃下加热，出现深紫色。

（2）在 100mL 烧杯中，放入 10g/100mL 的酒石酸溶液 2.50mL 及 20%酒精 5mL，再加 10mg 偏酒石酸（0.5mL 的 2%溶液）、40mL 水、250g/L 的醋酸钙溶液 1mL，摇动。在 24h 之内不应出现任何结晶沉淀，将同样的制剂混合而不加偏酒石酸，几分钟后就出现结晶状沉淀。

三、 含量

1. 检验步骤

在一个 250mL 的三角瓶中，放入新配制的 2%的偏酒石酸溶液 50mL，加入 3 滴 0.4%溴酚蓝溶液，用 1mol/L 氢氧化钠溶液滴定，直至溶液变为蓝绿色，所消耗的氢氧化钠溶液的体积为 V（mL）；再加入 1mol/L 氢氧化钠溶液 20mL，盖上瓶塞，在常温下静置 2h，用 1mol/L（$1/2H_2SO_4$）溶液滴定多余的碱溶液，所消耗体积为 V_1（mL）。

2. 结果计算

1mol/L 氢氧化钠溶液 1mL 相当于 0.075g 酒石酸。

$$总酸含量（游离酸和酯化酸，\%）= 7.5(V + 20 - V_1)$$

$$酯化酸占总酸的比例（\%）= \frac{20 - V_1}{V + 20 - V_1}$$

酿酒用的偏酒石酸中至少应含有 105%总酒石酸及 32%的酯化酸。

第十节　活性炭

葡萄酒用的活性炭是一种植物活性炭，具有较高的吸附能力，常用于白葡萄酒的脱色。

活性炭的用量一般为 100~500mg/L，最大用量不得大于 1000mg/L。活性炭使用时，应先进行试验，以确定实际使用量。其使用方法为，先将活性炭与 2 倍的水混合搅拌成浓厚糊状物，然后倒入葡萄酒中并进行搅拌。活性炭处理的效果取决于活性炭与葡萄酒的混合程度。活性炭在酒中应经过较长时间的作用，并要多次搅拌，以免炭沉淀。处理结束后，应下胶、过滤，以除去悬浮在葡萄酒中的炭粒。

一、 外观鉴定

活性炭为黑色粉末，没有气味和味道，可以烧成红色而没有火苗。

二、 对碘的吸收能力

在离心机试管中，放入 10mL 0.05mol/L（1/2 I_2）碘溶液、25mg 干活性炭、1 滴纯醋酸，摇动 30min，离心处理，提取 5mL 上层的清澈液体，用 0.05mol/L 的硫代硫酸钠溶液滴定残留的碘，滴定消耗体积用 V（mL）表示。

$$活性炭对碘的吸附能力（\%）= 20（5 - V）。$$

植物活性炭对碘的吸附能力在这种情况下至少应为 30%。

第十一节　硅藻土

硅藻土是天然形成的矿物质。它主要是由硅藻及其他单细胞微小生物遗骸沉积物的硅质部分组成，经过加工成为产品。主要成分为 $SiO_2 \cdot nH_2O$，颜色呈白色、灰白、黄色、灰色等。它的内部有很多孔隙，质轻而软，孔隙度可达 90% 左右，易研成粉末。硅藻土具有很强的吸附能力，有良好的过滤性和化学稳定性，作为助滤剂，用于葡萄酒过滤。

由于硅藻土是一种天然矿物质烧结而成的食品加工助剂，因此必须具备应有的物理特性、稳定的化学特性和必须的安全特性。用于葡萄酒助滤剂的硅藻土应有特定的外观性状；铅（以 Pb 计）不超过 4.0mg/kg；砷（以 As 计）不超过 5.0mg/kg。

一、 外观

硅藻土是白色、浅黄或玫瑰色粉末，不溶于酸。硅藻土内部有很多微孔，显微镜可见，用至少放大 500 的显微镜检查，可以很容易鉴别这种物质。

二、 理化

1. 试剂

盐酸（0.5mol/L）：量取 45mL 盐酸，注入到 1000mL 水中，摇匀。

2. 样品处理

称取 10g 在 105℃ ±1℃ 温度下干燥 4h 的硅藻土，放入 250mL 锥形瓶中，加入 50mL 0.5mol/L 盐酸，在 70℃ 水浴中边搅拌边加热 15min，冷却，然后用定量慢速滤纸减压过滤，并用 0.5mol/L 盐酸三次洗涤残留物，每次 10mL，将滤液和洗涤液合并，加水定容到 100mL。

3. 测定

取 10mL 上述制备液，按第一节四、1. 进行铅含量的检验。

取 10mL 上述制备液，按第一节四、2. 进行砷含量的检验。

第十二节 下胶材料

下胶，就是在葡萄酒中加入亲水物质，使之与葡萄酒中的胶体物质和单宁、蛋白质以及金属复合物、某些色素、果胶质等发生絮凝反应，并将这些物质除去，使葡萄酒澄清、稳定。

一、皂土

皂土又称膨润土，是天然硅酸铝，主要由微晶高岭土（$Al_2O_3 \cdot 4SiO_2 \cdot nH_2O$）组成，它是一种带负电荷的黏土，它可固定水而明显增加自身体积，在电解质溶液中可吸附带正电荷的蛋白质和色素而产生胶体的凝集作用，因此，皂土可用于葡萄酒的稳定和澄清处理。澄清就是为了获得葡萄酒的澄清度，而稳定则是为了保持这一澄清度并且无新的沉淀物产生。

国际葡萄酿酒药典《葡萄酿酒辅料标准》中规定了皂土中重金属含量≤20mg/kg，砷≤4mg/kg。

1. 外观

皂土应为白色、灰白色或淡黄色的粉末或颗粒状，无任何异味。

2. 理化

（1）试样制备　取 10g 皂土，放入 500mL 的广口磨口瓶中，加入 100mL 蒸馏水，不断搅拌。静置 15min 后，加入 100mL 20g/L 柠檬酸溶液，塞上瓶塞，用力摇动 5min，再静置 24h，用离心机分离沉淀，如有必要可进行过滤，以便得到至少 50mL 的清澈液体。

（2）砷的检验　取 5mL 制备的清澈试样，按本章第一节四、2. 进行砷的检验。

（3）重金属的检验　取 20mL 制备的清澈试样，按本章第十三节进行重金属的检验。

二、阿拉伯树胶

阿拉伯树胶是来源于豆科的金合欢树属的树干渗出物，可形成保护性胶体，本身很稳定，可阻止非稳定胶体的凝结。早在 4000 年以前，古埃及人就开始将阿拉伯树胶用于他们的香料中，因为最早的贸易起源于阿拉伯世界，所以称为"阿拉伯树胶"。

阿拉伯树胶是由自然渗出形成，或者剥下尚且发黄的光滑的树皮得到，这是一些圆形的树脂，形状不规则、坚硬，或多或少有些脆，裂纹明显，光滑而透明。完整的树脂常常中间有一个小孔，是干燥过程中形成的，没有气味，味道略带黏液感。

阿拉伯树胶可防止澄清葡萄酒的胶体性浑浊和沉淀，用于澄清葡萄酒。阿拉伯树

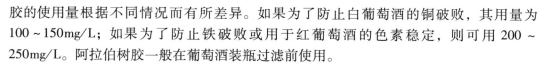

胶的使用量根据不同情况而有所差异。如果为了防止白葡萄酒的铜破败，其用量为100~150mg/L；如果为了防止铁破败或用于红葡萄酒的色素稳定，则可用200~250mg/L。阿拉伯树胶一般在葡萄酒装瓶过滤前使用。

国际葡萄酿酒药典《葡萄酿酒辅料标准》中规定了阿拉伯树胶中重金属含量≤20mg/kg，砷≤2mg/kg，铁≤60mg/kg。

1. 试样制备

取5g阿拉伯树胶于坩埚中，在550~600℃温度下煅烧，得到的灰分中加上2mL纯盐酸，然后放沸腾的水浴锅上，用搅拌器搅拌残渣，以促进溶解。将溶解液倒入50mL容量瓶中，用洗涤坩埚的水定容到刻度。

2. 重金属检验

取10mL上述制备试样，按本章第十三节检验重金属含量。

3. 砷的检验

取1mL上述制备的试样溶液，按本章第一节四、2.检验砷含量。

4. 铁的检验

取10mL上述制备试样，按第七章第七节检验铁的含量。

三、　明胶

明胶是动物的皮、结缔组织和骨中的胶原通过部分水解获得的产品，是由蛋白质和多肽结构组成。明胶可作为澄清剂用于葡萄酒的生产，其作用机理是与单宁等酚类化合物生成絮状沉淀，静置后，呈絮状的胶体微粒可与浑浊物吸附、凝聚、成块而共沉淀，再经过滤去除。

明胶可吸附葡萄酒中的单宁、色素，因而能减少葡萄酒的粗糙感，不仅可用于葡萄酒的下胶，还可用于葡萄酒的脱色。

用于处理葡萄酒的明胶一般为片状，无色透明或略带黄色，而且必须无味，不含杂质。

国际葡萄酿酒药典《葡萄酿酒辅料标准》中规定了阿拉伯树胶中重金属含量≤50mg/kg，砷≤2mg/kg，铁≤120mg/kg。

1. 味觉实验

称粉碎呈小块的明胶1~2g两份，分别放入三角瓶中，一个瓶内加入蒸馏水20mL，另一个加入葡萄酒20mL，将二者用玻璃棒搅拌，盖塞放置24h或于35℃左右水浴中放置4h，然后取出振荡均匀，与原葡萄酒作对比嗅尝，有明胶的试样不应带任何异味。

2. 样品制备

在一个带盖的直径70mm石英蒸发皿中，放入2g左右准确称量的明胶，在100~105℃的烘箱中干燥6h，在干燥残渣上撒0.2~0.3g无灰石蜡，在隔焰炉上加热至500~550℃，得到的灰分溶解在2mL纯盐酸和10mL水中，加热促使溶解，加蒸馏水，直至25倍于干明胶重量的体积。

3. 重金属

取 10mL 上述制备试液，按本章第十三节检验重金属的含量。

4. 砷

取 1mL 上述制备试液，按本章第一节四、2. 检验砷的含量。

5. 铁

取 10mL 上述制备液，按第七章第七节检验铁的含量。

四、 酪蛋白

酪蛋白是白葡萄酒常用的下胶材料，可使葡萄酒澄清、脱色、脱味。酪蛋白含有磷，以钙盐形式存在于乳液中，它通过乳液的凝结脱脂获得。酪蛋白呈黄白色粉状，不定形，无气味，在纯水及各种有机溶剂中不溶解，在碱性溶液中膨胀并变成胶质溶液，在酸性溶液中产生沉淀。市场上可找到可溶性酪蛋白，它实际上是纯酪蛋白和碳酸钠或碳酸钾的"混合物"。

使用酪蛋白时，先将 1kg 酪蛋白在含有 50g 碳酸钠的 10L 水中用水浴加热溶解，再用水稀释至 2% ~3%，并立即使用。如果仅仅用于葡萄酒的澄清，酪蛋白的用量为 150~300mg/L，如果使用浓度较高（500~1000mg/L），它还可使变黄或氧化的白葡萄酒脱色，除去异味并增加清爽感，沉淀部分铁。此外，由于酪蛋白的沉淀是酸度的作用，所以不会下胶过量，因此，酪蛋白是白葡萄酒最好的下胶材料之一。

国际葡萄酿酒药典《葡萄酿酒辅料标准》中规定酪蛋白中重金属含量≤50mg/kg，砷≤5mg/kg，铁≤200mg/kg。

1. 试样制备

称取 2g 左右酪蛋白，在 500~550℃ 的温度下灰化，将其溶解于 2mL 纯盐酸溶液及 10mL 水中，加热以加速溶解，并定容到 50mL 容量瓶中。

2. 重金属

取 10mL 上述制备液，按本章第十三节进行重金属检验。

3. 砷

取 1mL 上述制备液，按本章第一节四、2. 进行砷的检验。

4. 铁

取 10mL 上述制备液，按第七章第七节进行铁的检验。

五、 聚乙烯聚吡咯烷酮

聚乙烯聚吡咯烷酮（PVPP）是人工合成的聚合物（N – 乙烯 – 2 – 吡咯烷酮的聚合物），用于白葡萄酒尤其是压榨汁中除去褐变和收敛性强的酚类物质，有时也用于桃红葡萄酒中。PVPP 不溶于葡萄酒，主要吸附小分子质量的酚类物质，尤其是花色素和儿茶酚，形成沉淀，从而可防止白葡萄酒颜色变深，并可使已氧化的葡萄酒重新具清爽感。PVPP 用量过大会导致颜色和风味物质的损失，应谨慎使用，PVPP 在葡萄酒中的最大用量为 800mg/L。

国际葡萄酿酒药典《葡萄酿酒辅料标准》中规定了 PVPP 中重金属含量≤20mg/kg，

砷≤2mg/kg。

1. 试样制备

PVPP 为浅黄到浅棕色轻细粉末，将 2g PVPP 放入直径为 70mm 的二氧化硅蒸发皿中，在 100~105℃ 的烘箱中干燥 6h，再在 500~550℃ 下缓慢灰化，将得到的灰分溶解于 1mL 的纯盐酸和 10mL 蒸馏水中，加热以促进溶解，用蒸馏水定容到 20mL。

2. 重金属

取 10mL 上述制备液，按本章第十三节检验重金属的含量。

3. 砷

取 1mL 上述制备液，按本章第一节四、2. 检验砷的含量。

第十三节 食品添加剂中重金属

重金属是指密度在 5.0 以上的金属元素，砷是非金属元素，但它的毒性及某些性质与重金属相似，所以在食品及相关产品的安全质量控制中也列入重金属污染物的范畴内。

葡萄酒中使用的一些添加剂，主要是加工助剂，大多数是由来自于矿山、化工产品和农副产品的各种无机物和有机物组成，这些物质都会或多或少含有一定量的重金属。另外由于生产的需要及人类生存环境的污染，在加工过程中也会受到一些人为的污染，因此，食品添加剂中存在被重金属污染的风险，必须进行严格的监控。

食品添加剂中所讲的重金属是指在 pH3~4 条件下能与硫化氢反应生成硫化物沉淀的金属元素和少量非金属元素的总称。

一、 原理

在弱酸性（pH3~4）条件下，试样中的重金属离子与硫化氢作用，生成棕黑色沉淀，与同法的铅标准溶液比较，做限量试验。

二、 试剂

（1）硝酸。

（2）硫酸。

（3）盐酸（6mol/L） 量取 50mL 盐酸，用水稀释至 100mL。

（4）盐酸（1mol/L） 量取 8.3mL 盐酸，用水稀释至 100mL。

（5）氨水（6mol/L） 量取 40mL 氨水，用水稀释至 100mL。

（6）氨水（1mol/L） 量取 6.7mL 氨水，用水稀释至 100mL。

（7）乙酸盐缓冲液（pH3.5） 称取 25.0g 乙酸铵溶于 25mL 水中，加 45mL 6mol/L 盐酸，用稀盐酸或稀氨水调节 pH 至 3.5，用水稀释至 100mL。

（8）饱和硫化氢 将硫化氢气体通入不含二氧化碳的水中，至饱和为止（此溶液临用前配制）。

（9）硝酸（1%） 取 1mL 硝酸加水稀释至 100mL。

（10）铅标准储备溶液（1mg/mL） 称取 0.1598g 高纯硝酸铅，溶于 10mL 1% 硝酸中，全部转移至 100mL 容量瓶中，用水稀释至刻度。

（11）铅标准使用溶液（10μg/mL） 取 1mL 铅标准储备液，用水稀释至 100mL。

（12）酚酞指示液（1%） 称取 1g 酚酞，用乙醇（95%）溶解并定容到 100mL。

三、 仪器

（1）分析天平 感量 0.1mg。

（2）架盘天平 100g。

（3）电热板（湿法消解）或高温电炉（干法消解）。

（4）容量瓶 50mL、100mL。

（5）刻度吸管 5mL、10mL。

（6）比色管 50mL。

（7）凯氏烧瓶（湿法消解） 250mL。

（8）坩埚（干法消解）。

四、 试样制备

1. 湿法消解

称取 5.0g 样品，置于 250mL 凯氏烧瓶或三角烧瓶中，加 10～15mL 硝酸浸润样品，放置片刻（或过夜）后，缓缓加热，待作用缓和后稍冷，沿瓶壁加入 5mL 硫酸，再缓缓加热，至瓶中溶液开始变成棕色，不断滴加硝酸（如有必要可滴加些高氯酸，在操作过程中应注意防止爆炸），至有机质分解完全，继续加热，至生成大量的二氧化硫白色烟雾，最后溶液应呈无色或微带黄色。冷却后加 20mL 水，煮沸除去残余的硝酸至产生白烟为止。如此重复处理两次，放冷。将溶液移入 50mL 容量瓶中，用水洗涤凯氏烧瓶或三角烧瓶，将洗液并入容量瓶中，加水至刻度，混匀。每 10mL 溶液相当于 1.0g 样品。

取同样量的硝酸、硫酸，按上述方法做试剂空白试验。

2. 干法消解

本法适用于不适合用湿法消解的样品。

称取样品 5.0g，置于坩埚中，加入适量硫酸浸润样品，小火炭化后，加 5 滴硫酸，小心加热，直到白色烟雾挥尽，移入高温炉中，于 550℃ 灰化完全，冷却后取出，加 2mL 6mol/L 盐酸湿润残渣，于水浴上慢慢蒸发至干。用 1 滴浓盐酸湿润残渣，并加 10mL 水，于水浴上再次加热 2min，将溶液移入 50mL 容量瓶中，如有必要可过滤，用少量水洗涤坩埚和滤器，洗滤液一并移入容量瓶中，混匀，每 10mL 该溶液相当于 1.0g 样品。

在样品灰化的同时，另取一坩埚，按上述方法做试剂空白试验。

五、 测定

取 A、B、C 三只 50mL 比色管，分别向 A 管中加入含铅量相当于指定的重金属限量的铅标准溶液和 10~20mL 试剂空溶液；向 B 管中加入 10~20mL 制备好的试液；向 C 管中加入与 B 管等量的试液和与 A 管等量的铅标准溶液。再向各管中补加水至 25mL，混匀。向各管中分别加 1 滴酚酞指示液，用 6mol/L 稀盐酸或 1mol/L 稀氨水调节 pH 至中性（酚酞红色刚褪去），加入 pH3.5 的乙酸盐缓冲液 5mL，混匀。向各管中加入 10mL 新鲜制备的硫化氢饱和液，并加水至 50mL 刻度，混匀，于暗处放置 5min 后，在白色背景下观察 A、B、C 各管中的色度。

六、 结果判定

B 管的色度不深于 A 管的色度；C 管的色度与 A 管的色度相当或深于 A 管的色度为合格，否则为不合格。

七、 实验讨论

（1）所用玻璃仪器需用 10%~20% 硝酸浸泡 24h 以上，用自来水反复冲洗，最后用水冲洗干净。

（2）一般试样可直接按本章第十三节五进行测定，如 A 管的色度深于 C 管的色度，应先进行试样处理。

（3）无机试样的处理可按各标准文本中规定的方法进行；有机试样一般可按湿法消解，但有些有机试样必须用干法消解，如苯甲酸钠用湿法消解后生成油状有机物，过滤纸板湿法消解不能溶解。

（4）含铅量相当于指定的重金属限量的铅标准溶液的取法：铅标准使用液浓度为 10μg/mL，如果取 20mL 铅标准溶液于 A 管，则该 A 管内铅的含量为 200μg；如果取待测样品 10mL 于 B 管，按上述操作结果是 B 管浅于 A 管，则该样品重金属含量小于 20mg/kg（200μg 除以 10mL 为 20mg/L，葡萄酒的密度可认为是 1，相当于 20mg/kg）。

第十章　质量监督管理

　　在我国，食品质量安全是人们普遍关注的问题，也是各级人民政府工作的重点之一。为了让消费者吃上安全健康的食品，喝上安全健康的饮料酒，国家成立了相关职能部门，对此项工作进行全面监督管理，同时在工作实践中不断总结经验，不断完善监督管理体系，不断调整相关部门的工作职能，逐步形成了对产品质量监督管理，包括食品安全监督管理的有效机制，使监督管理工作的规范性和有效性得到不断的提升。为了搞好质量监督管理，国家出台了一系列法律、法规、技术规范等，作为产品质量监督管理的法律依据和技术依据。

　　20 世纪 80 年代以来，国家出台了一系列与食品质量安全相关的法律、法规、条例和办法，如《中华人民共和国标准化法》《中华人民共和国产品质量法》《中华人民共和国食品安全法》《食品生产许可管理办法》《食品经营许可管理办法》等。

　　除了上述与葡萄酒质量监督管理相关的法律法规以外，针对葡萄酒的产品特点和我国的国情，适时出台了一系列的办法、规定和措施，颁布了一系列的标准。2002 年 11 月 14 日，按照国际葡萄酿酒法规的规定，由当时的中华人民共和国国家经济贸易委员会公布了《中国葡萄酿酒技术规范》，该规范中葡萄酒的定义、原料、酿造等方面的规定都与国际规定一致，对指导企业按照国际规定组织葡萄酒的生产，从根本上保证产品质量起到了积极的促进作用；2005 年 1 月，按照当时食品质量监管职能的划分，国家质量监督检验检疫总局启动了葡萄酒质量安全市场准入制度，发布了《葡萄酒及果酒生产许可证审查细则》，要求从 2007 年 1 月 1 日起，必须达到葡萄酒生产许可证审查细则规定条件才可生产葡萄酒，并在包装上加印 QS 标志；随着食品监督管理机制的调整和《中华人民共和国食品安全法》的实施，2015 年 8 月 31 日，国家食品药品监督管理总局颁布了《食品生产许可管理办法》（食药总局 16 号令），2015 年 10 月 1 日正式实施，新的食品生产许可证标号以 SC 开头，应在食品包装上标注。

　　与此同时，葡萄酒的产品标准以及与此相关的卫生标准、方法标准、管理标准等不断得到修订和发布，形成了基本完善的标准体系，有力促进了葡萄酒质量的提升。截止到 2015 年年底，国家颁布实施的有效标准主要有 GB 15037—2006《葡萄酒》、

GB/T 15038—2006《葡萄酒、果酒通用分析方法》、GB 2758—2012《食品安全国家标准 发酵酒及其配制酒》、GB 2760—2014《食品安全国家标准 食品添加剂使用标准》、GB 2761—2011《食品安全国家标准 食品中真菌毒素限量》、GB 2762—2012《食品安全国家标准 食品中污染物限量》、GB 2763—2014《食品安全国家标准 食品中农药最大残留限量》、GB 29921—2013《食品安全国家标准 食品中致病菌限量》、GB 7718—2011《食品安全国家标准 预包装食品标签通则》、GB/T 23543—2009《葡萄酒企业良好生产规范》、GB/T 25504—2010《冰葡萄酒》等。2014 年年底，《葡萄酒》国家标准列入修订计划，正在进行进一步修订。

第一节 中华人民共和国食品安全法

《中华人民共和国食品安全法》是在中华人民共和国境内从事食品生产、经营以及管理等相关各方都必须遵守的法律，该法首次于 2009 年 2 月 28 日经十一届全国人民代表大会常务委员会第七次会议审议通过，并于 2009 年 6 月 1 日起施行。为了进一步完善我国食品安全监管体制，以法治方式维护食品安全，《中华人民共和国食品安全法》在实施近五年后，又启动了修订工作，经过两次审议、三易其稿，现行的《中华人民共和国食品安全法》于 2015 年 4 月 24 日，经十二届全国人民代表大会常务委员会第十四次会议表决通过，于 2015 年 10 月 1 日起正式实施。

《中华人民共和国食品安全法》共分十章，一百五十四条。十章内容分别是：总则、食品安全风险监测和评估、食品安全标准、食品生产经营、食品检验、食品进出口、食品安全事故处置、监督管理、法律责任和附则。

围绕党的十八届三中全会决定关于建立最严格的食品安全监管制度这一总体要求，《中华人民共和国食品安全法》在修订思路上主要把握了以下几点：

一是更加突出预防为主、风险防范。进一步完善食品安全风险监测、风险评估和食品安全标准等基础性制度，增设生产经营者自查、责任约谈、风险分级管理等重点制度，重在消除隐患和防患于未然。

二是建立最严格的全过程监管制度。对食品生产、销售、餐饮服务等各个环节，以及食品生产经营过程中涉及的食品添加剂、食品相关产品等各有关事项，强化相关制度、提高标准、全程监管。

三是建立最严格的各方法律责任制度。综合运用民事、行政、刑事等手段，对违法生产经营者实行最严厉的处罚，对失职渎职的地方政府和监管部门实行最严肃的问责，对违法作业的检验机构等实行最严格的追责。

四是实行食品安全社会共治。充分发挥消费者、行业协会、新闻媒体等方面的监督作用，引导各方有序参与治理，形成食品安全社会共治格局。

一、 适用范围

《中华人民共和国食品安全法》明确规定，在中华人民共和国境内，从事下列活动，应当遵守本法：

（1）食品生产和加工（食品生产），食品销售和餐饮服务（食品经营）。

（2）食品添加剂的生产经营。

（3）用于食品的包装材料、容器、洗涤剂、消毒剂和用于食品生产经营的工具、设备（食品相关产品）的生产经营。

（4）食品生产经营者使用食品添加剂、食品相关产品。

（5）食品的贮存和运输。

（6）对食品、食品添加剂、食品相关产品的安全管理。

这就意味着，凡是在中华人民共和国境内从事食品和与食品有关产品的生产活动、经营活动、运输和贮存以及安全管理等活动都应遵守本法，与食品有关的产品是指食品添加剂、用于食品的包装物料、洗涤剂、消毒剂以及工具设备等。

二、 食品安全职责

依据"预防为主、风险管理、全程控制、社会共治，建立科学严格的监督管理制度"的总体思路，《中华人民共和国食品安全法》中明确规定了各级人民政府、各级政府相关管理部门以及食品生产经营企业的职责和责任。

1. 各级人民政府

落实食品安全管理责任，政府是责无旁贷的。《中华人民共和国食品安全法》规定：县级以上地方人民政府应统一领导、组织、协调本行政区域的食品安全监督管理工作以及食品安全突发事件应对工作，建立健全食品安全全程监督管理机制和信息共享机制，将食品安全工作纳入本级国民经济和社会发展规划，将食品安全工作经费列入本级政府财政预算，加强食品安全监督管理能力建设，为食品安全工作提供保障。

2. 职能部门

国务院设立食品安全委员会，其工作职责由国务院规定；国务院食品药品监督管理部门，负责对食品生产经营活动实施监督管理；国务院卫生行政部门组织开展食品安全风险监测和风险评估，会同国务院食品药品监督管理部门制定并公布食品安全国家标准；农业部门负责初级农产品的监督管理；质量监督部门负责食品相关产品的监督管理等。

3. 生产经营者

食品生产经营者是食品安全的第一责任人，要对生产、经营的食品、添加剂以及食品相关产品的安全性全面负责。具体来说，就是对生产经营活动承担管理责任，对生产经营的食品承担安全责任，对生产经营的食品造成的人身、财产或者其他损害承担赔偿责任，对社会造成严重危害的，依法承担其他法律责任。

三、 风险监测和风险评估

国家建立食品安全风险监测和风险评估制度，这是落实预防为主、风险管理的有效举措。风险监测是对食源性疾病、食品污染以及食品中的有害因素进行监测，由国务院卫生行政部门会同国务院食品药品监督管理、质量监督等部门，制定、实施国家食品安全风险监测计划；风险评估是运用科学方法，根据食品安全风险监测信息、科学数据以及有关信息，对食品、食品添加剂、食品相关产品中生物性、化学性和物理性危害因素进行的评估，由卫生行政部门组织医学、农业、食品、营养、生物、环境等方面专家进行。

食品风险监测结果表明可能存在食品安全隐患的，卫生行政部门应及时将相关信息通报同级食品药品监督管理等部门，并报告本级人民政府和上级人民政府卫生行政部门，食品药品监督管理等部门应当组织开展进一步调查。食品安全风险评估结果是制定、修订食品安全标准和实施食品安全监督管理的科学依据，对食品安全风险评估，得出不安全结论的食品、食品添加剂、食品相关产品，国务院相关监督部门应当依据各自职责立即向社会公告，并采取相应措施。对可能具有较高程度安全风险的食品，国务院食品药品监督管理部门应当及时提出食品安全风险警示，并向社会公布。

四、 食品安全标准

1. 内容

食品安全标准是强制执行的标准，以保障公众身体健康为宗旨。食品安全标准包括的内容有：

（1） 食品、食品添加剂、食品相关产品中的致病性微生物，农药残留、兽药残留、生物毒素、重金属等污染物质以及其他危害人体健康物质的限量规定。

（2） 食品添加剂的品种、使用范围、用量。

（3） 专供婴幼儿和其他特定人群的主辅食品的营养成分要求。

（4） 对与卫生、营养等食品安全要求有关的标签、标志、说明书的要求。

（5） 食品生产经营过程的卫生要求。

（6） 与食品安全有关的质量要求。

（7） 与食品安全有关的食品检验方法与规程。

（8） 其他需要制定为食品安全标准的内容。

2. 职责

国务院卫生行政部门会同国务院食品药品监督管理部门制定和公布食品安全国家标准，国务院标准化行政部门提供国家标准编号；食品中农药残留、兽药残留的限量规定及其检验方法与规程由国务院卫生行政部门、国务院农业行政部门会同国务院食品药品监督管理部门制定。屠宰畜、禽的检验规程由国务院农业行政部门会同国务院卫生行政部门制定。

3. 制定

制定食品安全国家标准，应当依据食品安全风险评估结果并充分考虑食用农产品安全风险评估结果，参照相关的国际标准和国际食品安全风险评估结果，并将食品安全国家标准草案向社会公布，广泛听取意见；食品安全国家标准应当经国务院卫生行政部门组织的食品安全国家标准审评委员会审查通过；食品安全国家标准审评委员会由医学、农业、食品、营养、生物、环境等方面的专家以及国务院有关部门、食品行业协会、消费者协会的代表组成，对食品安全国家标准草案的科学性和实用性等进行审查。

4. 分级

食品安全标准可分为国家标准、地方标准和企业标准。国家标准由国务院卫生行政部门会同国务院有关部门制定并公布，在全国范围内强制执行；对地方特色食品，没有食品安全国家标准的，省、自治区、直辖市人民政府卫生行政部门可以制定并公布食品安全地方标准，报国务院卫生行政部门备案，食品安全国家标准制定后，该地方标准即行废止；国家鼓励食品生产企业制定严于食品安全国家标准或者地方标准的企业标准，在本企业适用，并报省、自治区、直辖市人民政府卫生行政部门备案。

五、 食品生产经营

1. 基本要求

（1）场所　具有与生产经营的食品品种、数量相适应的食品原料处理和食品加工、包装、贮存等场所，保持该场所环境整洁，并与有毒、有害场所以及其他污染源保持规定的距离。

（2）设备　具有与生产经营的食品品种、数量相适应的生产经营设备或者设施，有相应的消毒、更衣、盥洗、采光、照明、通风、防腐、防尘、防蝇、防鼠、防虫、洗涤以及处理废水、存放垃圾和废弃物的设备或者设施。

（3）人员　有专职或者兼职的食品安全专业技术人员、食品安全管理人员。

（4）制度　有保证食品安全相关的规章制度。

（5）工艺　有合理的设备布局和工艺流程，防止待加工食品与直接入口食品、原料与成品交叉污染，避免食品接触有毒物、不洁物。

（6）容器　餐具、饮具和盛放直接入口食品的容器，使用前应当洗净、消毒，炊具、用具用后应当洗净，保持清洁。

（7）贮运　贮存、运输和装卸食品的容器、工具和设备应当安全、无害，保持清洁，防止食品污染，并符合保证食品安全所需的温度、湿度等特殊要求，不得将食品与有毒、有害物品一同贮存、运输。

（8）包材　直接入口的食品应当使用无毒、清洁的包装材料、餐具、饮具和容器。

（9）卫生　食品生产经营人员应当保持个人卫生，生产经营食品时，应当将手洗净，穿戴清洁的工作衣、帽等；销售无包装的直接入口食品时，应当使用无毒、清洁的容器、售货工具和设备。

（10）用水　用水应当符合国家规定的生活饮用水卫生标准。

（11）辅助品　使用的洗涤剂、消毒剂应当对人体安全、无害。

（12）其他　法律、法规规定的其他要求。

2. 禁止性行为

（1）用非食品原料生产的食品或者添加食品添加剂以外的化学物质和其他可能危

害人体健康物质生产的食品，或者用回收食品作为原料生产食品。

（2）致病性微生物，农药残留、兽药残留、生物毒素、重金属等污染物质以及其他危害人体健康的物质含量超过食品安全标准限量的食品、食品添加剂、食品相关产品。

（3）用超过保质期的食品原料、食品添加剂生产的食品、食品添加剂。

（4）超范围、超限量使用食品添加剂的食品。

（5）营养成分不符合食品安全标准的专供婴幼儿和其他特定人群的主辅食品。

（6）腐败变质、油脂酸败、霉变生虫、污秽不洁、混有异物、掺假掺杂或者感官性状异常的食品、食品添加剂。

（7）病死、毒死或者死因不明的禽、畜、兽、水产动物肉类及其制品。

（8）未按规定进行检疫或者检疫不合格的肉类，或者未经检验或者检验不合格的肉类制品。

（9）被包装材料、容器、运输工具等污染的食品、食品添加剂。

（10）标注虚假生产日期、保质期或者超过保质期的食品、食品添加剂。

（11）无标签的预包装食品、食品添加剂。

（12）国家为防病等特殊需要明令禁止生产经营的食品。

（13）其他不符合法律、法规或者食品安全标准的食品、食品添加剂、食品相关产品。

3. 管理规定

国家对食品的生产经营、食品添加剂的生产实行许可制度，由县级以上地方人民政府食品药品监督管理部门进行审核、批准；对直接接触食品的包装材料等具有较高风险的食品相关产品，按照国家有关工业产品生产许可证管理的规定实施生产许可，由质量监督部门进行监督管理；对利用新食品原料生产食品，或者生产食品添加剂新品种、食品相关产品新品种，应向国务院卫生行政部门提交相关产品的安全性评估材料，由其审查、批准；对在食品中添加既是食品又是中药材的物质时，要在国务院卫生行政部门会同国务院食品药品监督管理部门制定、公布的相关目录的物质中选取，不得添加药品。

4. 控制环节

食品生产企业应当对原料采购、原料验收、投料等原料进行控制；对生产工序、设备、贮存、包装等生产关键环节进行控制；对原料检验、半成品检验、成品出厂检验等进行控制；对运输和交付进行控制。

（1）采购控制

①食品生产者采购食品原料、食品添加剂、食品相关产品，应当查验供货者的许可证和产品合格证明，对无法提供合格证明的食品原料，应当按照食品安全标准进行检验；食品生产企业应当建立食品原料、食品添加剂、食品相关产品进货查验记录制度，如实记录食品原料、食品添加剂、食品相关产品的名称、规格、数量、生产日期或者生产批号、保质期、进货日期以及供货者名称、地址、联系方式等内容。

②食品经营者采购食品，应当查验供货者的许可证和食品出厂检验合格证或者其他合格证明；食品经营企业应当建立食品进货查验记录制度，如实记录食品的名称、规格、数量、生产日期或者生产批号、保质期、进货日期以及供货者名称、地址、联系方式等内容。

③食品添加剂经营者采购食品添加剂，应当依法查验供货者的许可证和产品合格证明文件，如实记录食品添加剂的名称、规格、数量、生产日期或者生产批号、保质期、进货日期以及供货者名称、地址、联系方式等内容。

④餐饮服务提供者应当制定并实施原料控制要求，学校、托幼机构等集中用餐单位从供餐单位订餐的应当从取得食品生产经营许可的企业订购，并按要求进行查验。

⑤食用农产品销售者应当建立食用农产品进货查验记录制度，如实记录食用农产品的名称、数量、进货日期以及供货者名称、地址、联系方式等内容。

（2）生产控制　食品生产经营者应对食品生产工序、设备、贮存、包装等关键环节进行有效控制，建立自查制度，定期对食品安全状况进行评价，对不符合食品安全要求的应该立即采取整改措施。国家鼓励食品生产经营企业按良好生产规范要求组织生产，提高安全管理水平。

（3）检验控制

①食品、食品添加剂、食品相关产品的生产者，应当按照食品安全标准对所生产的食品、食品添加剂、食品相关产品进行检验，检验合格后方可出厂或者销售。

②食品生产企业应当建立食品出厂检验记录制度，查验出厂食品的检验合格证和安全状况，如实记录食品的名称、规格、数量、生产日期或者生产批号、保质期、检验合格证号、销售日期以及购货者名称、地址、联系方式等内容。

③食品添加剂生产者应当建立食品添加剂出厂检验记录制度，查验出厂产品的检验合格证和安全状况，如实记录食品添加剂的名称、规格、数量、生产日期或者生产批号、保质期、检验合格证号、销售日期以及购货者名称、地址、联系方式等相关内容。

④餐具、饮具集中消毒服务单位应当对消毒餐具、饮具进行逐批检验，检验合格后方可出厂。

⑤食用农产品批发市场应当配备检验设备和检验人员或者委托符合《食品安全法》规定的食品检验机构，对进入该批发市场销售的食用农产品进行抽样检验。

⑥食品生产企业可以自行对所生产的食品进行检验，也可以委托符合规定的食品检验机构进行检验。

（4）记录控制　对生产经营过程中建立的相关记录，如食品生产企业的食品进货查验记录、出厂检验记录；食品经营企业的食品进货查验记录、食品销售记录；食品添加剂生产者的食品添加剂出厂检验记录、食品添加剂经营者的采购记录等应该进行妥善保管，保存期限应该不少于产品保质期满后六个月，没有明确保质期的，保存期限不得少于两年。

5. 食品召回

食品生产者和经营者发现其生产和经营的食品不符合食品安全标准或者有证据证明可能危害人体健康的，应当立即停止生产和经营，召回已经上市销售的食品，通知相关生产经营者和消费者，并记录召回和通知情况；食品生产经营者应当对召回的食品采取无害化处理、销毁等措施，防止其再次流入市场；食品生产经营者应当将食品召回和处理情况向所在地县级人民政府食品药品监督管理部门报告；需要对召回的食品进行无害化处理、销毁的，应当提前报告时间、地点。食品药品监督管理部门认为必要的，可以实施现场监督。

但对因标签、标志或者说明书不符合食品安全标准而被召回的食品，食品生产者在采取补救措施且能保证食品安全的情况下可以继续销售；销售时应当向消费者明示补救措施。

6. 其他规定

（1）食品生产经营企业应当建立健全食品安全管理制度，对职工进行食品安全知识培训，加强食品检验工作，依法从事生产经营活动；主要负责人应当落实企业食品安全管理制度，对本企业的食品安全工作全面负责；应当配备食品安全管理人员，加强对其培训和考核，考核不具备食品安全管理能力的，不得上岗；食品生产经营者应当建立并执行从业人员健康管理制度，患有国务院卫生行政部门规定的有碍食品安全疾病的人员，不得从事接触直接入口食品的工作，从事接触直接入口食品工作的食品生产经营人员应当每年进行健康检查，取得健康证明后方可上岗工作。

（2）食用农产品生产者应当按照食品安全标准和国家有关规定使用农药、肥料、兽药、饲料和饲料添加剂等农业投入品，严格执行农业投入品使用安全间隔期或者休药期的规定，不得使用国家明令禁止的农业投入品；禁止将剧毒、高毒农药用于蔬菜、瓜果、茶叶和中草药材等国家规定的农作物；食用农产品的生产企业和农民专业合作经济组织应当建立农业投入品使用记录制度。

（3）集中交易市场的开办者、柜台出租者和展销会举办者，应当依法审查入场食品经营者的许可证，明确其食品安全管理责任，定期对其经营环境和条件进行检查，发现其有违反本法规定行为的，应当及时制止并立即报告所在地县级人民政府食品药品监督管理部门。

（4）网络食品交易第三方平台提供者应当对入网食品经营者进行实名登记，明确其食品安全管理责任；依法应当取得许可证的，还应当审查其许可证；网络食品交易第三方平台提供者发现入网食品经营者有违反《食品安全法》规定行为的，应当及时制止并立即报告所在地县级人民政府食品药品监督管理部门；发现严重违法行为的，应当立即停止提供网络交易平台服务。

六、 标签和广告

1. 预包装食品

预包装食品的包装上应当有标签，标签应当标明下列事项：

（1）名称、规格、净含量、生产日期。

（2）成分或者配料表。

（3）生产者的名称、地址、联系方式。

（4）保质期。

（5）产品标准代号。

（6）贮存条件。

（7）所使用的食品添加剂在国家标准中的通用名称。

（8）生产许可证编号。

（9）法律、法规或者食品安全标准规定应当标明的其他事项。

专供婴幼儿和其他特定人群的主辅食品，其标签还应当标明主要营养成分及其含量；转基因食品应当按照规定显著标示。

2. 食品添加剂

食品添加剂应当有标签、说明书和包装，标签、说明书应当载明的事项：

（1）名称、规格、净含量、生产日期。

（2）成分或者配料表。

（3）生产者的名称、地址、联系方式。

（4）保质期。

（5）产品标准代号。

（6）贮存条件。

（7）生产许可证编号。

（8）法律、法规或者食品安全标准规定应当标明的其他事项。

除此以外，还应载明添加剂的适用范围、用量、使用方法和"食品添加剂"字样。

3. 散装食品

食品经营者销售散装食品，应当在散装食品的容器、外包装上标明食品的名称、生产日期或者生产批号、保质期以及生产经营者名称、地址、联系方式等内容。

4. 其他要求

食品和食品添加剂的标签、说明书和广告应当清楚、明显、容易辨认；内容应当真实合法，不得含有虚假内容，不得涉及疾病预防、治疗功能；县级以上人民政府食品药品监督管理部门和其他有关部门以及食品检验机构、食品行业协会不得以广告或者其他形式向消费者推荐食品。

七、 特殊食品

《食品安全法》中的特殊食品是指保健食品、特殊医学用途配方食品和婴幼儿配方食品，国家对特殊食品实行严格监督管理。生产企业应当按照良好生产规范的要求建立与所生产食品相适应的生产质量管理体系，定期对体系的运行情况进行自查，保证其有效运行，并向所在地县级人民政府食品药品监督管理部门提交自查报告。

1. 保健食品

生产保健食品所用原料和允许保健食品声称的保健功能，应依据国务院食品药品监督管理部门公布的相关目录，目录应由国务院食品药品监督管理部门会同国务院卫生行政部门、国家中医药管理部门制定、调整。列入保健食品原料目录的原料只能用于保健食品生产，不得用于其他食品生产。保健食品的标签、说明书除了标明食品应该标明的事项外，还应载明适宜人群和不适宜人群，并声明"本品不能代替药物"。

使用保健食品原料目录以外原料的保健食品和首次进口的保健食品应当经国务院食品药品监督管理部门注册。但是，首次进口的保健食品中属于补充维生素、矿物质等营养物质的，应当报国务院食品药品监督管理部门备案。其他保健食品应当报省、自治区、直辖市人民政府食品药品监督管理部门备案。

2. 特殊医学用途配方食品

特殊医学用途配方食品应当经国务院食品药品监督管理部门注册。注册时，应当提交产品配方、生产工艺、标签、说明书以及表明产品安全性、营养充足性和特殊医学用途临床效果的材料。

3. 婴幼儿配方食品

婴幼儿配方食品生产企业应当实施从原料进厂到成品出厂的全过程质量控制，对出厂的婴幼儿配方食品实施逐批检验。应当将生产所使用的食品原料、食品添加剂、产品配方及标签等事项向省、自治区、直辖市人民政府食品药品监督管理部门备案。婴幼儿配方乳粉的产品配方应当经国务院食品药品监督管理部门注册。不得以分装方式生产婴幼儿配方乳粉，同一企业不得用同一配方生产不同品牌的婴幼儿配方乳粉。

八、　食品检验

食品检验机构按照国家有关认证认可的规定取得资质认定后，方可从事食品检验活动。食品检验机构的资质认定条件和检验规范，由国务院食品药品监督管理部门规定。食品检验实行食品检验机构与检验人负责制，对出具的食品检验报告负责。县级以上人民政府食品药品监督管理部门应当对食品进行定期或者不定期的抽样检验。抽样检验，应当购买抽取的样品，不得向食品生产经营者收取检验费和其他费用。

对检验结论有异议的，食品生产经营者可以自收到检验结论之日起七个工作日内向实施抽样检验的食品药品监督管理部门或者其上一级食品药品监督管理部门提出复检申请，由受理复检申请的食品药品监督管理部门在公布的复检机构名录中随机确定复检机构进行复检。复检机构出具的复检结论为最终检验结论。复检机构与初检机构不得为同一机构。复检机构名录由国务院认证认可监督管理、食品药品监督管理、卫生行政、农业行政等部门共同公布。

九、　食品进出口

国家出入境检验检疫部门对进出口食品安全实施监督管理；收集、汇总有关进出口食品安全信息，及时通报相关部门、机构和企业；对境外发生的可能对我国造成影响的食品安全事件及时采取风险预警或者控制措施，并向有关部门通报；对国内市场上销售的进口食品，由县级以上人民政府食品药品监督管理部门实施监督管理，发现存在严重食品安全问题的，国务院食品药品监督管理部门应当及时向国家出入境检验检疫部门通报，国家出入境检验检疫部门应当及时采取相应措施。

1. 进口

进口的食品、食品添加剂、食品相关产品应当符合我国食品安全国家标准，尚无食品安全国家标准的，由境外出口商、境外生产企业或者其委托的进口商向国务院卫生行政部门提交所执行的相关国家（地区）标准或者国际标准，国务院卫生行政部门对相关标准进行审查。进口商应当建立境外出口商、境外生产企业审核制度，建立食品、食品添加剂进口和销售记录制度，如实记录食品、食品添加剂的名称、规格、数量、生产日期、生产或者进口批号、保质期、境外出口商和购货者名称、地址及联系方式、交货日期等内容，并保存相关凭证，记录和凭证保存期限应当符合第十章第一节五中4.（4）的规定。进口的预包装食品、食品添加剂应当有中文标签；依法应当有说明书的，还应当有中文说明书。标签、说明书应当符合《中华人民共和国食品安全法》以及我国其他有关法律、行政法规的规定和食品安全国家标准的要求，并载明食品的原产地以及境内代理商的名称、地址、联系方式。向我国境内出口食品的境外出口商或者代理商、进口食品的进口商应当向国家出入境检验检疫部门备案，食品生产企业应当经国家出入境检验检疫部门注册。国家出入境检验检疫部门应当定期公布已经备案的境外出口商、代理商、进口商和已经注册的境外食品生产企业名单。

2. 出口

出口食品生产企业应当保证其出口食品符合进口国（地区）的标准或者合同要求。出口食品生产企业和出口食品原料种植、养殖场应当向国家出入境检验检疫部门备案。

十、 事故处置

1. 应急预案

为了应对食品安全突发事件，县级以上各级人民政府要制定本行政区域的食品安全事故应急预案，对食品安全事故分级、事故处置组织指挥体系与职责、预防预警机制、处置程序、应急保障措施等作出规定，并报上一级人民政府备案。食品生产经营企业应当制定食品安全事故处置方案，定期检查本企业各项食品安全防范措施的落实情况，及时消除事故隐患。

2. 报告制度

发生食品安全事故，任何单位和个人不得对事故隐瞒、谎报、缓报，不得隐匿、伪造、毁灭有关证据。对食品安全事故和与其有关的信息，事故单位应当及时向事故发生地县级人民政府食品药品监督管理部门报告。县级以上人民政府质量监督、农业行政等部门掌握的信息，应当立即向同级食品药品监督管理部门通报。接到食品安全事故报告的县级人民政府食品药品监督管理部门应当向本级人民政府和上级人民政府食品药品监督管理部门报告。医疗机构掌握的信息，应当及时向所在地县级人民政府卫生行政部门报告。县级人民政府卫生行政部门认为与食品安全有关的信息，以及在调查处理传染病或者其他突发公共卫生事件中发现与食品安全相关的信息，应当及时通报同级食品药品监督管理部门。

3．处置实施

接到食品安全事故的报告后，县级以上人民政府食品药品监督管理部门，应当立即会同同级卫生行政、质量监督、农业行政等部门进行调查处理，并采取必要措施，防止事态扩大。需要启动应急预案的，县级以上人民政府应当立即成立事故处置指挥机构，启动应急预案，进行处置。发生食品安全事故，县级以上疾病预防控制机构应当对事故现场进行卫生处理，并对与事故有关的因素开展流行病学调查，向同级食品药品监督管理、卫生行政部门提交流行病学调查报告。食品安全事故调查部门有权向有关单位和个人了解与事故有关的情况，并要求提供相关资料和样品。有关单位和个人应当予以配合，按照要求提供相关资料和样品，不得拒绝。任何单位和个人不得阻挠、干涉食品安全事故的调查处理。

十一、 监督管理

1．计划制定

县级以上地方人民政府组织本级食品药品监督管理、质量监督、农业行政等部门制定本行政区域的食品安全年度监督管理计划，向社会公布并组织实施。年度计划应重点考虑以下四个方面：

（1）专供婴幼儿和其他特定人群的主辅食品。

（2）保健食品生产过程中的添加行为和按照注册或者备案的技术要求组织生产的情况，保健食品标签、说明书以及宣传材料中有关功能宣传的情况。

（3）发生食品安全事故风险较高的食品生产经营者。

（4）食品安全风险监测结果表明可能存在食品安全隐患的事项。

2．监督措施

县级以上人民政府食品药品监督管理、质量监督部门在履行各自食品安全监督管理职责时，有权采取下列措施：

（1）进入生产经营场所实施现场检查。

（2）对生产经营的食品、食品添加剂、食品相关产品进行抽样检验。

（3）查阅、复制有关合同、票据、账簿以及其他有关资料。

（4）查封、扣押有证据证明不符合食品安全标准或者有证据证明存在安全隐患以及用于违法生产经营的食品、食品添加剂、食品相关产品。

（5）查封违法从事生产经营活动的场所。

对有食品安全隐患，需要制定、修订食品安全标准的，在制定、修订食品安全标准前，国务院卫生行政部门应当及时会同国务院有关部门规定食品中有害物质的临时限量值和临时检验方法，作为生产经营和监督管理的依据。县级以上人民政府食品药品监督管理部门应当建立食品生产经营者食品安全信用档案，记录许可颁发、日常监督检查结果、违法行为查处等情况，依法向社会公布并实时更新，对有不良信用记录的食品生产经营者增加监督检查频次，对违法行为情节严重的食品生产经营者，可以通报投资主管部门、证券监督管理机构和有关的金融机构。

3. 约谈制度

（1）食品生产经营过程中存在食品安全隐患，未及时采取措施消除的，县级以上人民政府食品药品监督管理部门可以对食品生产经营者的法定代表人或者主要负责人进行责任约谈，责任约谈情况和整改情况应当纳入食品生产经营者食品安全信用档案。

（2）县级以上人民政府食品药品监督管理等部门未及时发现食品安全系统性风险，未及时消除监督管理区域内的食品安全隐患的，本级人民政府可以对其主要负责人进行责任约谈。

（3）地方人民政府未履行食品安全职责，未及时消除区域性重大食品安全隐患的，上级人民政府可以对其主要负责人进行责任约谈。

（4）责任约谈情况和整改情况应当纳入地方人民政府和有关部门食品安全监督管理工作评议、考核记录。

4. 信息公布

国家建立统一的食品安全信息平台，实行食品安全信息统一公布制度。国家食品安全总体情况、食品安全风险警示信息、重大食品安全事故及其调查处理信息和国务院确定需要统一公布的其他信息，由国务院食品药品监督管理部门统一公布。食品安全风险警示信息和重大食品安全事故及其调查处理信息的影响限于特定区域的，也可以由有关省、自治区、直辖市人民政府食品药品监督管理部门公布。

县级以上地方人民政府食品药品监督管理、卫生行政、质量监督、农业行政部门获知《食品安全法》规定需要统一公布的信息，应当向上级主管部门报告，由上级主管部门立即报告国务院食品药品监督管理部门；必要时，可以直接向国务院食品药品监督管理部门报告。县级以上人民政府食品药品监督管理、卫生行政、质量监督、农业行政部门应当相互通报获知的食品安全信息。

十二、 法律责任

1. 食品生产经营

（1）有下列违法行为之一的，由县级以上人民政府食品药品监督管理部门依据情节轻重，分别给予没收违法所得、没收违法财产、罚款、吊销许可证的处罚，并可由公安机关对直接责任人处以行政拘留。涉嫌食品安全犯罪的，要移送公安机关，依法追究刑事责任。

①未取得许可从事食品生产经营活动。

②用非食品原料生产食品、在食品中添加食品添加剂以外的化学物质和其他可能危害人体健康的物质，或者用回收食品作为原料生产食品，或者经营上述食品。

③生产经营营养成分不符合食品安全标准的专供婴幼儿和其他特定人群的主辅食品。

④经营病死、毒死或者死因不明的禽、畜、兽、水产动物肉类，或者生产经营其制品。

⑤经营未按规定进行检疫或者检疫不合格的肉类，或者生产经营未经检验或者检验不合格的肉类制品。

⑥生产经营国家为防病等特殊需要明令禁止生产经营的食品。

⑦生产经营添加药品的食品。

⑧违法使用剧毒、高毒农药。

⑨生产经营致病性微生物，农药残留、兽药残留、生物毒素、重金属等污染物质以及其他危害人体健康的物质含量超过食品安全标准限量的食品、食品添加剂。

⑩用超过保质期的食品原料、食品添加剂生产食品、食品添加剂，或者经营上述食品、食品添加剂。

⑪生产经营超范围、超限量使用食品添加剂的食品。

⑫生产经营腐败变质、油脂酸败、霉变生虫、污秽不洁、混有异物、掺假掺杂或者感官性状异常的食品、食品添加剂。

⑬生产经营标注虚假生产日期、保质期或者超过保质期的食品、食品添加剂。

⑭生产经营未按规定注册的保健食品、特殊医学用途配方食品、婴幼儿配方乳粉，或者未按注册的产品配方、生产工艺等技术要求组织生产。

⑮以分装方式生产婴幼儿配方乳粉，或者同一企业以同一配方生产不同品牌的婴幼儿配方乳粉。

⑯利用新的食品原料生产食品，或者生产食品添加剂新品种，未通过安全性评估。

⑰在食品药品监督管理部门责令其召回或者停止经营后，仍拒不召回或者停止经营。

⑱生产经营无标签的预包装食品、食品添加剂或者标签、说明书不符合《食品安全法》规定的食品、食品添加剂。

⑲转基因食品未按规定进行标示。

⑳采购或者使用不符合食品安全标准的食品原料、食品添加剂、食品相关产品等。

明知企业的行为违法，仍为其提供生产经营场所或其他条件的也要承担相应的法律责任。

（2）有下列违法行为的，由县级以上人民政府食品药品监督管理部门给予责令改正，给予警告的处罚；拒不改正的，处以罚款；情节严重的，责令停产停业，直至吊销许可证：

①未按规定对采购的食品原料和生产的食品、食品添加剂进行检验。

②未按规定建立食品安全管理制度，或者未按规定配备或者培训、考核食品安全管理人员。

③进货时未查验许可证和相关证明文件，或者未按规定建立并遵守进货查验记录、出厂检验记录和销售记录制度。

④未制定食品安全事故处置方案。

⑤餐具、饮具和盛放直接入口食品的容器，使用前未经洗净、消毒或者清洗消毒不合格，或者餐饮服务设施、设备未按规定定期维护、清洗、校验。

⑥安排未取得健康证明或者患有国务院卫生行政部门规定的有碍食品安全疾病的人员从事接触直接入口食品的工作。

⑦未按规定要求销售食品。

⑧保健食品生产企业未按规定向食品药品监督管理部门备案，或者未按备案的产品配方、生产工艺等技术要求组织生产。

⑨婴幼儿配方食品生产企业未将食品原料、食品添加剂、产品配方、标签等向食品药品监督管理部门备案。

⑩特殊食品生产企业未按规定建立生产质量管理体系并有效运行，或者未定期提交自查报告。

⑪未定期对食品安全状况进行检查评价，或者生产经营条件发生变化，未按规定处理。

⑫学校、托幼机构、养老机构、建筑工地等集中用餐单位未按规定履行食品安全管理责任。

⑬食品生产企业、餐饮服务提供者未按规定制定、实施生产经营过程控制要求等。

2. 食品进出口

（1）下列情形的，由出入境检验检疫机构依据情节轻重，分别给予没收违法所得、没收违法财产、罚款、吊销许可证等处罚：

①提供虚假材料，进口不符合我国食品安全国家标准的食品、食品添加剂、食品相关产品。

②进口尚无食品安全国家标准的食品，未提交所执行的标准并经国务院卫生行政部门审查，或者进口利用新的食品原料生产的食品或者进口食品添加剂新品种、食品相关产品新品种，未通过安全性评估。

③未遵守《中华人民共和国食品安全法》的规定出口食品。

④进口商在有关主管部门责令其依照《中华人民共和国食品安全法》规定召回进口的食品后，仍拒不召回。

（2）进口商未建立并遵守食品、食品添加剂进口和销售记录制度、境外出口商或者生产企业审核制度的，由出入境检验检疫机构责令改正，给予警告的处罚；拒不改正的，处以罚款；情节严重的，责令停产停业，直至吊销许可证。

3. 政府及管理机构

（1）人民政府　县级以上地方人民政府有下列行为之一的，应根据情节给予主管人员和直接责任人相应的行政处罚，包括警告、记过、降级、撤职、开除等：

①对发生在本行政区域内的食品安全事故，未及时组织协调有关部门开展有效处置，造成不良影响或者损失。

②对本行政区域内涉及多环节的区域性食品安全问题，未及时组织整治，造成不良影响或者损失。

③隐瞒、谎报、缓报食品安全事故。

④本行政区域内发生特别重大食品安全事故，或者连续发生重大食品安全事故。

⑤未确定有关部门的食品安全监督管理职责，未建立健全食品安全全程监督管理工作机制和信息共享机制，未落实食品安全监督管理责任制。

⑥未制定本行政区域的食品安全事故应急预案，或者发生食品安全事故后未按规定立即成立事故处置指挥机构、启动应急预案等。

（2）管理机构　县级以上人民政府食品药品监督管理、卫生行政、质量监督、农业行政等部门有下列行为之一的，应根据情节给予主管人员和直接责任人相应的行政处罚：

①隐瞒、谎报、缓报食品安全事故。

②未按规定查处食品安全事故，或者接到食品安全事故报告未及时处理，造成事故扩大或者蔓延。

③经食品安全风险评估得出食品、食品添加剂、食品相关产品不安全结论后，未及时采取相应措施，造成食品安全事故或者不良社会影响。

④对不符合条件的申请人准予许可，或者超越法定职权准予许可。

⑤不履行食品安全监督管理职责，导致发生食品安全事故。

⑥在获知有关食品安全信息后，未按规定向上级主管部门和本级人民政府报告，或者未按规定相互通报。

⑦未按规定公布食品安全信息。

⑧不履行法定职责，对查处食品安全违法行为不配合，或者滥用职权、玩忽职守、徇私舞弊等。

（3）其他机构

①承担食品安全风险监测、风险评估工作的技术机构、技术人员提供虚假监测、评估信息的，依法对技术机构直接负责的主管人员和技术人员给予撤职、开除处分；有执业资格的，由授予其资格的主管部门吊销执业证书；

②食品检验机构、食品检验人员出具虚假检验报告的，由授予其资质的主管部门或者机构撤销该食品检验机构的检验资质，没收检验费，并处罚款；

③认证机构出具虚假认证结论，由认证认可监督管理部门没收认证费，并处罚款。

（4）其他相关者

①集中交易市场的开办者、柜台出租者、展销会的举办者允许未依法取得许可的食品经营者进入市场销售食品，或者未履行检查、报告等义务的，由县级以上人民政府食品药品监督管理部门责令改正，没收违法所得，并处罚款；造成严重后果的，责令停业，直至由原发证部门吊销许可证。

②网络食品交易第三方平台提供者未对入网食品经营者进行实名登记、审查许可证，或者未履行报告、停止提供网络交易平台服务等义务的，由县级以上人民政府食品药品监督管理部门责令改正，没收违法所得，并处罚款；造成严重后果的，责令停业，直至由原发证部门吊销许可证。

③未按要求进行食品贮存、运输和装卸的，由县级以上人民政府食品药品监督管理等部门按照各自职责分工责令改正，给予警告；拒不改正的，责令停产停业，并处罚款；情节严重的，吊销许可证。

④拒绝、阻挠、干涉有关部门、机构及其工作人员依法开展食品安全监督检查、事故调查处理、风险监测和风险评估的，由有关主管部门按照各自职责分工责令停产停业，并处罚款；情节严重的，吊销许可证。

第二节　GB 15037—2006《葡萄酒》

一、标准的历史沿革

1984 年，我国颁布了第一个葡萄酒行业标准，即 QB 921—1984《葡萄酒及其试验方法》，这个标准最显著的特点是：在国际公认的葡萄酒中添加若干水的产品，即葡萄酒加水的产品允许称为葡萄酒。虽然这个标准对产品质量的约束力较差，但在当时，它结束了我国葡萄酒没有产品标准的历史，使葡萄酒生产有了一个宽泛的技术依据。随着经济的发展，新一轮葡萄酒过热现象的出现，标准对假冒伪劣产品的约束力受到挑战，为了解决这个问题，1994 年我国颁布了 GB/T 15037—1994《葡萄酒》和 QB/T 1980—1994《半汁葡萄酒》两个标准，这是在当时国情下实行的双重标准。一方面考虑葡萄酒标准与国际接轨，按照国际标准的定义，只有用 100% 的葡萄酿造的产品才可称为葡萄酒，因此由中华人民共和国标准化管理委员会颁布了 GB/T 15037—1994《葡萄酒》国家标准；另一方面兼顾我国的实际国情，由于当时人们的生活水平不高，半汁葡萄酒还有相当的市场需求，全面禁止半汁葡萄酒的生产是不现实的，为了满足当时的现实需要，规范这一类产品的生产经营，由中华人民共和国轻工业部颁布了 QB/T 1980—1994《半汁葡萄酒》轻工部行业标准，出现了两个标准并存的现象。

20 世纪末到 21 世纪初，我国葡萄酒产业又进入了一个快速发展的时期，伴随着人们物质生活水平的提高，与国际交流的日益广泛，人们对葡萄酒的需求也越来越大，对质量的要求也越来越高。尽快调整产品结构，加快与国际市场的全面接轨，已经成为刻不容缓的任务。2003 年 3 月 17 日，国家经济贸易委员会正式批准废止《半汁葡萄酒》（QB/T 1980—1994）产品标准。从公布之日起，向后延续两个月，企业停止生产半汁葡萄酒。半汁葡萄酒在市场上的流通时间截止到 2004 年 6 月 30 日。《半汁葡萄酒》标准的废止，使大量生产低质量半汁葡萄酒的中小企业被淘汰出局，使一度标准混乱、良莠不齐的中国葡萄酒迈上了一个新的台阶。通过葡萄酒国家标准的全面实施，监管力度的不断加大，全汁葡萄酒的市场份额迅速增加，从而推动了整个葡萄酒产品质量的提升，逐渐融入了国际葡萄酒产业发展的潮流，走上了国际化健康发展的轨道。2006 年 12 月 11 日，由国家质量监督检验检疫总局和国家标准化管理委员会联合发布的 GB 15037—2006《葡萄酒》强制性国家标准，于 2008 年 1 月 1 日正式实施，标志着中国葡萄酒标准体系又跨入了一个更高的层次。该葡萄酒国家标准属于国家强制性标准，它基本参照了《国际葡萄与葡萄酒组织（OIV）法规》（2003 版）的最新版本，对产品的术语和定义，以及技术要求都做了强制性的规定，其技术指标的尺度与国际标准完全等同，对易于产生混乱的年份酒、产地酒、品种酒等都给出了明确的规定。

二、 标准的基本结构

GB 15037—2006《葡萄酒》标准由国家质量监督检验检疫总局和国家标准化管理委员会于 2006 年 12 月 11 日联合发布，2008 年 1 月 1 日正式实施。该标准由范围、规范性引用文件、术语和定义、产品分类、要求、分析方法、检验规则、标志和包装、运输、贮存 9 章内容和 1 个资料性附录组成。该标准是部分强制性标准，其中的第 3 章术语和定义、第 5 章要求的 5.2 理化要求、5.3 卫生要求、5.4 净含量、第八章标志的 8.1 和 8.2 为强制性条款，其他为推荐性条款。

三、 范围和规范性引用文件

范围是指标准规定的内容和适用对象，该标准适用于葡萄酒的生产、检验和销售。

规范性引用文件是指标准中涉及其他的规范性文件，包括正式颁布的标准和法令等，通过引用使规范性文件中的条款成为该标准的条款，凡是注明日期的引用文件，其后的所有修改单（不包括勘误的内容）或修订版均不适用该标准，凡是不注明日期的引用文件，其最新版本适用于该标准。例如，分析方法标准引用了 GB/T 15038《葡萄酒、果酒通用分析方法》，这种表示方法，意味着分析方法标准的最新版本适用于该标准，即当分析方法标准有修订时，该标准要引用修订后的版本。如果引用的分析方法标准表示为 GB/T 15038—2006《葡萄酒、果酒通用分析方法》，则仅仅 2006 版本的分析方法适用于该标准，其后有修订版本都不适用于该标准。

四、 术语和定义

术语和定义是产品标准中很重要的组成部分，是对产品属性科学、准确的描述，是一种产品区别于其他种产品的根本所在。

1. 葡萄酒

以鲜葡萄或葡萄汁为原料，经全部或部分发酵酿制而成的，含有一定酒精度的发酵酒。

2. 干葡萄酒

含糖（以葡萄糖计）小于或等于 4.0g/L 的葡萄酒。或者当总糖与总酸（以酒石酸计）的差值小于或等于 2.0g/L 时，含糖最高为 9.0g/L 的葡萄酒。

3. 半干葡萄酒

含糖大于干葡萄酒，最高为 12.0g/L 的葡萄酒。或者当总糖与总酸（以酒石酸计）的差值小于或等于 2.0g/L 时，含糖最高为 18.0g/L 的葡萄酒。

4. 半甜葡萄酒

含糖大于半干葡萄酒，最高为 45.0g/L 的葡萄酒。

5. 甜葡萄酒

含糖大于 45.0g/L 的葡萄酒。

6. 平静葡萄酒

在 20℃时，二氧化碳压力小于 0.05MPa 的葡萄酒。

7. 起泡葡萄酒

在 20℃时，二氧化碳压力等于或大于 0.05MPa 的葡萄酒。

8. 高泡葡萄酒

在 20℃时，二氧化碳（全部自然发酵产生）压力大于等于 0.35MPa（对于容量小于 250mL 的瓶子二氧化碳压力等于或大于 0.3 MPa）的起泡葡萄酒。

（1）天然高泡葡萄酒　酒中糖含量小于或等于 12.0g/L（允许差为 3.0g/L）的高泡葡萄酒。

（2）绝干高泡葡萄酒　酒中糖含量为 12.1~17.0g/L（允许差为 3.0g/L）的高泡葡萄酒。

（3）干高泡葡萄酒　酒中糖含量为 17.1~32.0g/L（允许差为 3.0g/L）的干高泡葡萄酒。

（4）半干高泡葡萄酒　酒中糖含量为 32.1~50.0g/L 的高泡葡萄酒。

（5）甜高泡葡萄酒　酒中糖含量大于 50.0g/L 的高泡葡萄酒。

9. 低泡葡萄酒

在 20℃时，二氧化碳（全部自然发酵产生）压力在 0.05~0.34MPa 的起泡葡萄酒。

10. 特种葡萄酒

用鲜葡萄或葡萄汁在采摘或酿造工艺中使用特定方法酿制而成的葡萄酒。

（1）利口葡萄酒　由葡萄生成总酒精度为 12%（体积分数）以上的葡萄酒中，加入葡萄白兰地、食用酒精或葡萄酒精以及葡萄汁、浓缩葡萄汁、含焦糖葡萄汁、白砂糖等，使其终产品酒精度为 15.0%~22.0%（体积分数）的葡萄酒。

（2）葡萄汽酒　酒中所含二氧化碳是部分或全部由人工添加的，具有同起泡葡萄酒类似物理特性的葡萄酒。

（3）冰葡萄酒　将葡萄推迟采收，当气温低于 -7℃ 使葡萄在树枝上保持一定时间，结冰，采收，在结冰状态下压榨、发酵，酿制而成的葡萄酒（在生产过程中不允许外加糖源）。

（4）贵腐葡萄酒　在葡萄的成熟后期，葡萄果实感染了灰绿葡萄孢，使果实的成分发生了明显的变化，用这种葡萄酿制而成的葡萄酒。

（5）加香葡萄酒　以葡萄酒为酒基，经浸泡芳香植物或加入芳香植物的浸出液（或馏出液）而制成的葡萄酒。

（6）低醇葡萄酒　采用鲜葡萄或葡萄汁经全部或部分发酵，采用特种工艺加工而成的、酒精度为 1.0%~7.0%（体积分数）的葡萄酒。

（7）脱醇葡萄酒　采用鲜葡萄或葡萄汁经全部或部分发酵，采用特种工艺加工而成的、酒精度为0.5%～1.0%（体积分数）葡萄酒。

（8）山葡萄酒　采用鲜山葡萄（包括毛葡萄、刺葡萄、秋葡萄等野生葡萄）或山葡萄汁经过全部或部分发酵酿制而成的葡萄酒。

11. 年份葡萄酒

所标注的年份是指葡萄采摘的年份，其中年份葡萄酒所占比例不能低于酒含量的80%（体积分数）。

12. 品种葡萄酒

用所标注的葡萄品种酿制的酒所占比例不能低于酒含量的75%（体积分数）。

13. 产地葡萄酒

指用所标注的产地葡萄酿制的酒所占比例不低于酒含量的80%（体积分数）。

五、 产品分类

葡萄酒有很多种类，按不同的方式可将其分为若干类，若干种，常见的分类方法有：按色泽分类：白葡萄酒、桃红葡萄酒和红葡萄酒；按含糖量分类：干葡萄酒、半干葡萄酒、半甜葡萄酒和甜葡萄酒；按二氧化碳含量分类：平静葡萄酒和起泡葡萄酒，起泡葡萄酒中又分为：高泡葡萄酒和低泡葡萄酒；按酿造工艺分类：天然葡萄酒（完全以葡萄为原料，不添加糖、酒精及香料的葡萄酒）、特种葡萄酒（用新鲜葡萄为原料，在采摘或酿造工艺中使用特种方法酿成的葡萄酒）；按饮用场合分类：开胃葡萄酒、佐餐葡萄酒、餐后葡萄酒等。

六、 要求

要求是产品标准中核心的内容，它规定了该产品应该达到的技术水平。要求的高低，反映了技术水平的高低，体现了产品质量的定位，是衡量一种产品能否生存、发展和有无市场竞争力最客观、最准确的尺度。葡萄酒标准的要求分为感官要求、理化要求、卫生要求和净含量要求四个方面。

1. 感官要求

感官要求是葡萄酒技术指标中综合性最强的要求，它从葡萄酒的外观、香气、滋味以及典型性等方面对葡萄酒应具备的特性做出了规定。葡萄酒的感官质量虽然十分重要，但由于它是一个主观性很强的指标，不能完全客观地加以量化，所以在标准中将其作为推荐性条款。

（1）外观　是指葡萄酒的色泽、澄清程度、流动性和起泡程度（对起泡葡萄酒）。葡萄酒的外观，是葡萄酒给人的第一个，也是最直观的感官信息。葡萄酒的色泽由葡萄品种、酿造工艺、贮存时间等因素而确定，白葡萄酒应具有以黄色调为主的颜色特征，一般呈现近似无色、微黄带绿、浅黄、禾秆黄色、浅金黄色等；桃红葡萄酒应以桃红色调为主色调，一般呈现淡玫瑰红色、洋红色、桃红色、浅红色等；红葡萄酒应该以紫红色为主色调，一般呈现紫红色、深红色、宝石红色、棕红色等。所有类型葡萄酒的色泽都应该均匀、自然、美观，它们都会随酒龄的增加而向带黄棕色调的趋势发展。澄清程度是衡量葡萄酒外观质量的重要指标，它可以反映出葡萄酒工艺水平的高低、贮存环境的优劣以及是否健康等相关信息，对白葡萄酒而言，应该晶莹剔透，有光泽，对于红葡萄酒而言，应该澄清、晶亮、有光泽，颜色浅时应该有良好的透明度，颜色深时可以不透明，但必须澄清，失去光泽的葡萄酒预示着工艺缺陷或病害的开始，应该引起高度重视，而浑浊的葡萄酒则预示着病害十分严重，不可以继续饮用。酒体的流动性主要反映出葡萄酒浸出物含量的多少、酒精度的高低以及酒体的轻重，流动性还常常和挂杯程度相联系，通过观察流动性，可以获得葡萄酒质量的初步判断，进而通过香气质量和口感质量加以认证。起泡程度是起泡葡萄酒必须具备的外观特征，它可以很好地反映起泡葡萄酒的质量，当起泡葡萄酒倒入酒杯时，应该有细微的串珠状气泡升起，气泡大小均匀，应有一定的持续时间。

（2）气味　葡萄酒的气味极为复杂、多样，而且充满了变化，这是因为有数百种物质参与了葡萄酒气味的构成。气味有两个完全不同的方面，一是令人愉悦的气味，称为香味，二是令人讨厌的或者不良气味，称为异味。香味的来源有三个方面，一是由葡萄品种带来的香气，主要是花香和果香，二是由发酵带来的香气，主要是酒香与发酵香，三是由陈酿带来的香气，主要是陈酿香和橡木香。优质葡萄酒的香气应该是具有令人愉悦的、纯正的、浓郁的花香、果香、酒香及陈酿香，香气清新、优雅、和谐、平衡，使人陶醉，而没有香气或香气平淡，甚至存在令人厌恶的邪杂气味，也就是异味，都会严重影响葡萄酒的香气质量，降低葡萄酒的品质。

（3）滋味　葡萄酒的滋味和口感往往是联系在一起的质量特征，即葡萄酒给味蕾和口腔带来的感觉。同葡萄酒的香气一样，葡萄酒的滋味也是由很多种物质构成的，它们呈现出酸、甜、苦、咸以及这些味道相互交错、叠加、融合、协同或抑制等复杂的味感，诸味协调、平衡、细腻、绵长是优质葡萄酒滋味的主要特征。口感是葡萄酒酒体给口腔触觉所带来的感受，构成这些触觉的物质有酒精的灼热感、单宁的结构感和浸出物的醇厚感。不同类型的葡萄酒应有不同的滋味，干型和半干型葡萄酒应具有纯正、优雅、爽怡的口味和悦人的果香味，酒体完整，后味绵长；半甜型和甜型葡萄酒应具有甘甜醇厚的口味和陈酿的酒香味，酸甜协调，酒体丰满，后味悠长；起泡葡萄酒应具有优美纯正、和谐悦人的口味和发酵起泡酒的特有香味，有二氧化碳产生的杀口力，清爽、绵延。

（4）典型性　典型性有时也称为风格，是对葡萄酒外观、气味、滋味的概括和总结。葡萄酒的典型性是通过外观、气味和滋味表现出来的。在众多的葡萄酒中不同类型的葡萄酒应具有不同的典型性，如不同葡萄品种、不同产地、不同酒龄、不同类型的葡萄酒都应具备各自应有的典型性和风格，它是一种酒区别于另一种酒的典型特征。

2. 理化要求

葡萄酒的理化要求包括酒精度、总糖、干浸出物、挥发酸、二氧化碳（仅对起泡酒）、铁、铜、甲醇、苯甲酸或苯甲酸钠、山梨酸或山梨酸钾等，具体的理化要求见表10-1。

表 10 - 1 　　　　　　　　　　　　葡萄酒的理化指标

项　目			要　求
酒精度[a]（20℃）（体积分数）/%			≥7.0
总糖[d]（以葡萄糖计）/（g/L）	平静葡萄酒	干葡萄酒[b]	≤4.0
		半干葡萄酒[c]	4.1 ~ 12.0[b]
		半甜葡萄酒	12.1 ~ 45.0
		甜葡萄酒	≥45.1
	高泡葡萄酒	天然型高泡葡萄酒	≤12.0（允许差为 3.0）
		绝干型高泡葡萄酒	12.1 ~ 17.0（允许差为 3.0）
		干型高泡葡萄酒	17.1 ~ 32.0（允许差为 3.0）
		半干型高泡葡萄酒	32.1 ~ 50.0
		甜型高泡葡萄酒	≥50.1
干浸出物/（g/L）	白葡萄酒		≥16.0
	桃红葡萄酒		≥17.0
	红葡萄酒		≥18.0
挥发酸（以乙酸计）/（g/L）			≤1.2
柠檬酸/（g/L）	干、半干、半甜葡萄酒		≤1.0
	甜葡萄酒		≤2.0
二氧化碳（20℃）/MPa	低泡葡萄酒	< 250mL/瓶	0.05 ~ 0.29
		≥ 250mL/瓶	0.05 ~ 0.34
	高泡葡萄酒	< 250mL/瓶	≥0.30
		≥ 250mL/瓶	≥0.35
铁/（mg/L）			≤8.0
铜/（mg/L）			≤1.0
甲醇/mg/L	白、桃红葡萄酒		≤250
	红葡萄酒		≤400
苯甲酸或苯甲酸钠（以苯甲酸计）/（mg/L）			≤50
山梨酸或山梨酸钾（以山梨酸计）/（mg/L）			≤200

注：总酸不作要求，以实测值表示（以酒石酸计，g/L）。

a 酒精度标签标示值与实测值不得超过 ±1.0%（体积分数）。

b 当总糖与总酸（以酒石酸计）的差值小于或等于 2.0g/L 时，含糖最高为 9.0g/L。

c 当总糖与总酸（以酒石酸计）的差值小于或等于 2.0g/L 时，含糖最高为 18g/L。

4低泡葡萄酒总糖的要求同平静葡萄酒。

（1）酒精度　酒精度是葡萄酒的标志性指标，没有酒精度，不可能称之为葡萄酒。葡萄酒中的酒精度是由糖发酵而得到，而糖的来源则有不同的途径，是完全源于葡萄，还是可以部分人为添加，世界上不同的国家或产区都有不同的规定，我国葡萄酒标准中对此没有明确规定，而在 2002 年 11 月 14 日由国家经济贸易委员会发布的《中国葡萄酿酒技术规范》中规定，可以在酿造过程中，添加浓缩葡萄汁或白砂糖来提高葡萄汁的糖度，但白砂糖添加的量不得超过产生 2%（体积分数）酒精的量，2009 年 4 月 14 日由国家产品质量监督检验检疫总局和国家标准化管理委员会联合颁布的国家标准 GB/T 23543—2009《葡萄酒企业良好生产规范》中，也规定对葡萄汁增糖处理可通过以下方法实现：果实采收后自然风干、添加浓缩葡萄汁、添加白砂糖，其中白砂糖添加量不得超过产生 2%（体积分数）酒精的量。

由葡萄果实本身的糖发酵的葡萄酒，比添加外源糖发酵的葡萄酒质量更优异，因此生产中都十分重视葡萄的成熟度，希望糖度达到要求后再采收，这是提高葡萄酒品质的重要措施之一。葡萄酒中酒精度的高低，对葡萄酒的质量起到至关重要的作用，适度的酒精含量，可以增强酒体的骨架感，增加口感的平衡度，丰富滋味的复杂性，延长后味的绵长度。一般质量的葡萄酒，酒精度在 12%（体积分数）的居多，这是因为此酒精度含量生产上易于控制，酒体易于平衡并且有较好的稳定性。

国家标准中规定了葡萄酒酒精度含量的下限，必须大于等于 7%，这主要基于两方面的考虑：一是当某一年份降雨量偏大，或其他不可抗拒的自然因素导致葡萄成熟度差或含糖量低，原料的质量限制了葡萄酒的酒精度；二是部分消费者需要酒精度低一些的葡萄酒产品。标准中同时还规定，酒精度标签标示值与实测值不得超过 ±1%，这是基于测量误差的考虑。上述两个界限值的规定，决定了标签上酒精度的标示值必须大于等于 8%。

（2）总糖 葡萄酒中的总糖是区分葡萄酒类型和提供味感的成分，其含量的高低与葡萄酒类型和风格有关，对质量优劣没有直接的影响。按照国际通用标准和我国标准的规定，不同的糖含量，决定了葡萄酒不同的类型。对于平静葡萄酒和低泡葡萄酒而言，葡萄酒的总糖为≤4.0g/L，称为干型葡萄酒；总糖为 4.1～12.0g/L，称为半干型葡萄酒；总糖为 12.1～45.0g/L，称为半甜型葡萄酒；总糖为≥45.1g/L，称为甜型葡萄酒。但是当总糖与总酸（以酒石酸计）的差值小于或等于 2.0g/L 时，干型葡萄酒的总糖含量可提升至 9.0g/L、半干型葡萄酒的总糖含量可提升至 18.0g/L。对于高泡葡萄酒而言，总糖含量分别为≤12.0g/L、12.1～17.0g/L、17.1～32.0g/L、32.1～50.0g/L 和≥50.1g/L，分别将葡萄酒归类为天然型高泡葡萄酒、绝干型高泡葡萄酒、干型高泡葡萄酒、半干型高泡葡萄酒和甜型高泡葡萄酒。

葡萄酒中的糖一般是葡萄糖及果糖，主要来源于葡萄果实。生产干型葡萄酒时，葡萄中的糖基本都转化为酒精，因此这类产品没有糖所产生的甜味，生产半干型、半甜型及甜型葡萄酒，是要将葡萄汁中的糖分除了发酵转化为酒精的以外，还要保留部分糖分在最终的产品里，随着保留糖分的增加，甜度不断增强。

（3）干浸出物 干浸出物是葡萄酒中除去糖以外所有不挥发性物质的总和，包括不挥发的醇类、酯类、酸类、酚类、氨基酸、维生素、矿物盐等物质，完全来源于葡萄果实、发酵和陈酿，以单位体积葡萄酒中所含物质的质量来表示，即 g/L。干浸出物的高低与葡萄酒质量有较密切的关系，它在一定程度上可以反映出葡萄原料的质量特性。根据干浸出物的组成可知，不同类型的葡萄酒，干浸出物的含量是有差异的，所以国家标准规定：白葡萄酒的干浸出物含量应≥16.0g/L，桃红葡萄酒的干浸出物含量应≥17.0g/L，而红葡萄酒的干浸出物含量应≥18.0g/L。

干浸出物的高低可在葡萄酒的感官质量中得到体现，一般酒体丰满、口感醇厚的葡萄酒，干浸出物含量高，相反，酒体瘦弱、口感淡薄的葡萄酒，干浸出物含量低。在正常工艺条件下生产的葡萄酒，可通过干浸出物含量的高低，大致判断葡萄酒中是否掺水、是否造假，也可初步判断所用葡萄原料的质量状况。

（4）挥发酸　挥发酸是葡萄酒中限制性指标，所有天然葡萄酒中挥发酸含量必须≤1.2g/L。挥发酸含量的高低与葡萄酒质量密切相关，它主要来源于葡萄的发酵，当原料中有腐烂的葡萄存在、加工环境卫生条件差和工艺控制不当时，都会导致挥发酸偏高。葡萄酒中的挥发酸含量超过一定数值时，将会产生明显的醋味，严重影响葡萄酒的感官质量，因此对葡萄酒挥发酸的控制是生产过程中一项十分重要的任务。

（5）柠檬酸　柠檬酸，又名枸橼酸，常被用作食品添加剂的酸化剂，葡萄酒中的柠檬酸来自于葡萄浆果，是主要的有机酸之一。通常情况下，葡萄酒中的柠檬酸含量在0.5g/L以下，超出一定的范围就有人为添加的嫌疑。标准中规定柠檬酸含量：干、半干、半甜葡萄酒≤1.0g/L，甜葡萄酒≤2.0g/L，如果用柠檬酸调整葡萄酒的酸度，就会超出此规定数值，因此，限定柠檬酸含量，主要是从防止掺假考虑。

（6）二氧化碳　二氧化碳是起泡葡萄酒区别于平静葡萄酒一项特性指标，它表明了起泡葡萄酒的物理特征。起泡葡萄酒中的二氧化碳应全部来源于发酵，而非人工添加。根据包装容器大小的不同，要求的二氧化碳压力也不同，标准规定：对低泡葡萄酒，<250mL/瓶，压力为0.05~0.29MPa，≥250mL/瓶，压力为0.05~0.34MPa；对于高泡葡萄酒，<250mL/瓶，压力为≥0.30MPa，≥250mL/瓶，压力为≥0.35MPa。

（7）铁　铁是葡萄酒中的微量成分，来自于葡萄浆果。正常工艺生产的葡萄酒含铁量一般在5mg/L左右，其含量的高低主要取决于葡萄品种、生态环境，特别是土壤成分。由于铁是自然界中分布很广的一种元素，在生产过程中也常常由环境或设备带入。铁元素本身在一定范围内对人体不产生危害，它是维持人体正常生理代谢不可缺少的元素，但对葡萄酒而言，铁含量过高会使葡萄酒的稳定性下降，产生浑浊沉淀，同时，铁还是一种催化剂，可加速葡萄酒的氧化和衰败速度，影响保质期，这就需要严格控制葡萄酒的含铁量。国家标准规定铁的含量应控制在8.0g/L以下。

（8）铜　铜也是葡萄酒中的微量成分，来源于葡萄浆果，取决于葡萄品种、生态环境、土壤成分以及外来污染，特别是临近采收时使用过波尔多液防治病害的葡萄，铜含量会大大提高。人体对铜有一定的需求，但积累过多会造成中毒。葡萄酒中铜含量过高易产生浑浊，发生铜破败病，影响葡萄酒的稳定性和保质期，因此国家标准中对铜做了限制性规定，即≤1.0mg/L。

（9）甲醇　众所周知，甲醇是对人体有害的物质，它经消化道、呼吸道或皮肤摄入都会产生毒性反应，引起头疼、恶心、胃痛、疲倦、视力模糊以致失明，继而呼吸困难，严重时会导致呼吸中枢麻痹而死亡。因此，严格控制饮料酒中甲醇含量是保证食品安全的重要举措。我国《食品安全国家标准　蒸馏酒及其配制酒》GB 2757—2012 标准中规定，以谷物为原料的产品，甲醇含量≤0.6g/L，其他原料的产品，甲醇含量≤2.0g/L，二者都是按100%酒精度折算。葡萄酒中的甲醇主要来源于发酵，是由葡萄果实中的果胶水解产生。正常工艺生产的葡萄酒都会含有一定量的甲醇，但都应该处于安全的水平，不会对人体产生危害。葡萄酒标准中甲醇的含量规定为：白、桃红葡萄酒≤250mg/L，红葡萄酒≤400mg/L。

（10）苯甲酸或苯甲酸钠　苯甲酸又名安息香酸，具有防腐、抑菌的作用，常被作为防腐剂在食品加工中使用，由于苯甲酸在水中的溶解度较小，一般都用它的钠盐作为食品添加剂使用。近年来科学研究发现，食用含有大量苯甲酸的食品，会给人体造成一定的危害，国际上越来越倾向于减少苯甲酸的使用而用山梨酸取而代之。我国添加剂使用标准 GB 2760—2007 版中，葡萄酒中苯甲酸的添加量规定≤0.8g/kg，而 GB 2760—2011 及其以后版本中，已经不允许在葡萄酒中添加苯甲酸作为防腐剂。

早在 GB 2760—2011《食品安全国家标准　食品添加剂使用标准》发布之前，我国《葡萄酒》标准 GB 15037—2006，就已经按照国际葡萄酿酒法规的规定，禁止在葡萄酒中添加苯甲酸。由于葡萄本身的原因和葡萄酒在发酵过程中会产生微量的苯甲酸，因此在标准中规定葡萄酒中苯甲酸或苯甲酸钠（以苯甲酸计）的含量应≤50mg/L。也就是说，当葡萄酒中检验出 50mg/L 以下的苯甲酸时，可认为不是人为添加的，该产品此项指标是合格的。

（11）山梨酸和山梨酸钾　山梨酸是一种应用十分广泛的食品添加剂，主要用于防腐、抑菌，延长食品的保质期。与苯甲酸相比，它的毒性更小，对人体更安全，因此更加受到推崇，被广泛用于面包糕点、饮料、果汁、果酱、酱菜、酱油、食醋、果汁（味）型饮料等。由于山梨酸的溶解度较小，一般都用山梨酸钾。葡萄酒标准中规定，山梨酸或山梨酸钾（以山梨酸计）≤200mg/L，这与 GB 2760—2014《食品安全国家标准　食品添加剂使用标准》的规定相一致。

3. 卫生要求

卫生要求是食品标准中涉及人身安全的指标要求，一般包括微生物的限量要求和有害物质的限量要求。

葡萄酒标准中的卫生要求引用了 GB 2758—2012《食品安全国家标准　发酵酒及其配制酒》标准。GB 2758—2012 标准的技术要求包括以下几个方面：

（1）原料要求　规定生产所用原料应符合相应标准的规定。

（2）感官要求　规定产品的感官质量应符合相应产品标准的规定。

（3）理化指标　理化要求主要是对啤酒甲醛的限制性规定，对葡萄酒没有特别的规定。

（4）污染物和真菌毒素限量　污染物限量，引用了 GB 2762《食品中污染物限量》标准的规定。GB 2762—2005《食品中污染物限量》标准，规定了食品中污染物限量指标，适用于各类食品，这些污染物包括铅、镉、汞、砷、铬、铝、硒、氟、苯并（α）

芘、N - 亚硝胺、多氯联苯、亚硝酸盐和稀土，其中与葡萄酒有关的污染物限量分别是铅和无机砷，其限量规定分别为铅≤0.2mg/kg，无机砷≤0.05mg/kg。真菌毒素限量，引用了 GB 2761《食品安全国家标准 食品中真菌毒素限量》标准的规定。GB 2761—2011《食品安全国家标准 食品中真菌毒素限量》标准，规定了食品中黄曲霉毒素 B_1、黄曲霉毒素 M_1、脱氧雪腐镰刀菌烯醇、展青霉素、赭曲霉毒素 A 及玉米赤霉烯酮的限量指标，因为正常工艺生产的葡萄酒不会产生上述真菌毒素，因此标准中所列食品不包括葡萄酒。但近几年的研究发现，当原料质量控制不当时，葡萄酒中也可能存在赭曲霉毒素 A 的危害，已单独制定限量标准加以控制。

（5）微生物限量 规定了沙门菌和金黄色葡萄球菌均不得检出。2013 年，国家卫生和计划生育委员会颁布了 GB 29921—2013《食品安全国家标准 食品中致病菌限量》标准，此标准适用于预包装食品（罐头类食品除外），对肉制品、水产制品、即食蛋制品、粮食制品、即食豆类制品、巧克力类及可可制品、即食果蔬制品、饮料、冷冻饮品、即食调味品、坚果籽实制品等 11 类食品中的致病菌限量做了明确规定，这里不涉及葡萄酒，也就是说对葡萄酒，没有致病菌限量的规定，但作为生产经营者，还是应该采取有效的措施，尽可能降低致病菌含量水平及导致风险的可能性。

（6）食品添加剂 引用了 GB 2760《食品安全国家标准 食品添加剂使用标准》中的规定。详见本章第三节。

4. 净含量

净含量是对葡萄酒包装容量的要求，按国家质量监督检验检疫总局［2005］第 75 号令《定量包装商品计量监督管理办法》执行。规定净含量的要求，主要是为了维护市场经济秩序，保护消费者、生产者及销售者的合法权益。

《定量包装商品计量监督管理办法》是国家质量监督检验检疫总局于 2005 年 5 月 30 日，以局长令的形式发布的部门规章，实施日期为 2006 年 1 月 1 日。该办法共 24 条，对调整范围，实施主体，定量包装商品生产者、销售者的义务，净含量标注的要求，单件定量包装商品和批量定量包装商品允许短缺量的要求，定量包装商品生产企业计量保证能力的要求，质量技术监督部门的责任与义务，以及违反《办法》的处罚等都做出了明确规定。

《定量包装商品计量监督管理办法》中规定：单件定量包装商品的实际含量应当准确反映其标注净含量，标注净含量与实际含量之差不得大于本办法规定的允许短缺量；批量定量包装商品的平均实际含量应当大于或等于其标注净含量。也就是说，每一瓶包装的葡萄酒实际净含量应与标注的净含量相符，如果出现短缺，其短缺的数量不能超过办法规定的数量；对于批产品而言，要根据批量的大小确定抽样的数量，其平均实际净含量必须大于标注的净含量，并且出现短缺量的件数应符合办法中的有关规定。

以 750mL/瓶的葡萄酒为例，控制净含量合格的一般要求为：

（1）采用的法定计量单位应该为毫升，表示方法为"ml"或"mL"。

（2）字符高度应≥4mm。

（3）平均实际含量应≥750mL，单瓶允许出现的短缺量应≤15mL。

（4）对于批量产品净含量的控制，还要根据统计学原理及批量大小，确定、计算相关参数进行确定。

七、 分析方法

分析方法包括感官分析、理化分析和微生物检验，详见第六章、第七章和第八章。

八、 检验规则

检验规则一般指检验产品质量特性和判定产品是否合格应遵循的有关规则。GB 15037—2006《葡萄酒》标准中的检验规则，规定了检验中如何组批，如何抽样，检验的分类和判定规则四方面的内容。

1. 组批

产品批的概念是指同一生产期内所生产的、同一类别、同一品质、且经包装出厂的、规格相同的产品。这里最重要的是有相同的质量，即任何一个个体的质量，与整体的质量相同。

2. 抽样

从欲研究的全部样品中抽取一部分样品单位。其基本要求是要保证所抽取的样品单位对全部样品具有充分的代表性。抽样的目的是用被抽取样品单位的分析、研究结果来估计和推断全部样品特性，是科学实验、质量检验、社会调查普遍采用的一种经济有效的工作和研究方法。葡萄酒的抽样就是从一批产品中随机抽取一定数量（满足检验需求）的产品作为样品，通过对这些抽取样品的检验，获得相关特性的信息或数据，依据这些信息或数据对整批产品的相关特性做出评价。所以以抽取的少量样品的特性去估计整批样品的特性，关键在于抽取的样品必须有代表性，能够比较准确地代表整批样品的特性。

3. 检验分类

葡萄酒标准中的检验分类分为出厂检验和型式检验两大类。

（1）出厂检验 是《中华人民共和国产品质量法》规定的、企业应当承担的保证产品质量的义务之一。在产品出厂前应由生产企业的质量检验人员依据标准规定的出厂检验项目逐批、逐项进行检验，经检验合格方可出厂销售。葡萄酒标准中规定的出厂检验项目有：感官要求、酒精度、总糖、干浸出物、挥发酸、二氧化碳、总二氧化硫、净含量。

（2）型式检验 是对产品质量进行全面考核，即对产品标准中规定的技术要求全部进行检验。一般情况下，同一类产品的型式检验每半年进行一次，有下列情况之一者，亦应进行型式检验：

①原辅材料有较大变化时。

②更改关键工艺或设备时。

③新试制的产品或正常生产的产品停产 3 个月后，重新恢复生产时。

④出厂检验与上次型式检验结果有较大差异时。

⑤国家质量监督检验机构按有关规定需要抽检时。

4. 判定规则

判定规则是如何运用抽样检验结果对整批产品给出最终结论的规则。在葡萄酒标准规定的所有技术要求中，根据项目的重要程度，将其分为 A 和 B 两大类。A 类项目是决定葡萄酒安全性的指标或重要的质量指标，不允许存在任何瑕疵；B 类项目是不涉及葡萄酒的安全性的指标或一般的质量指标，允许在一定范围内波动。A 类项目有：感官要求、酒精度、干浸出物、挥发酸、甲醇、柠檬酸、苯甲酸或苯甲酸钠、山梨酸或山梨酸钾、卫生要求、净含量、标签；B 类项目有：总糖、二氧化碳、铁、铜。

GB 15037—2006《葡萄酒》国家标准规定，对抽取的样品进行检验，所有指标完全符合标准规定时，判定整批产品合格，出现下列三种情况之一时，则判定整批产品不合格：

（1）有一项或一项以上 A 类指标超过规定界限。

（2）有一项 B 类指标超过规定界限的 50% 以上。

（3）有两项或两项以上 B 类指标超过规定界限。

九、 标志

标志是对葡萄酒外包装应标明的信息做出的规定，包括消费者直接接触的葡萄酒瓶上的标签和运输葡萄酒外包装箱上的标志，前者提供的是消费者需要了解的信息，而后者提供的是储运人员需要了解的信息。

2006 年颁布的葡萄酒标准规定：标签上应按含糖量标注产品类型（或含糖量），标注葡萄酒的年份、品种、产地，应符合《葡萄酒》标准中给出的定义，其他应该标注的内容按 GB 10344《预包装饮料酒标签通则》执行。GB 10344 标准是 2005 年发布的针对饮料酒标签标注的规定，2012 年，卫生部又颁布了 GB 2758《食品安全国家标准 发酵酒及其配制酒》，其中要求葡萄酒的标签除了要标出酒精度（以 %，体积分数为单位）、过量饮酒有害健康的警示语外，其他要求应符合 GB 7718《食品安全国家标准 预包装食品标签通则》的规定。GB 7718 是 2011 年颁布的国家标准，适用于直接提供给消费者的预包装食品，它调整的范围虽然是食品，针对性不及 GB 10344，但它颁布的时间比 GB 10344 晚 6 年之多，而且是食品安全国家标准，所以，它的完整性、科学性、准确性、实用性更高，法律效力更强。2014 年 12 月 29 日，国家质量监督检验检疫总局和国家标准化管理委员会发布公告，废止 GB 10344—2005《预包装饮料酒标签通则》标准，废止日期为 2015 年 3 月 1 日。结合葡萄酒标准的要求以及 GB 2758、GB 7718 的规定，葡萄酒标签应标注的内容为：

（1）食品名称。

（2）配料表。

（3）净含量。

（4）生产者和（或）经销者的名称、地址和联系方式。

（5）生产日期。

（6）贮存条件。

（7）生产许可证编号。

（8）产品标准代号。

（9）酒精度。

（10）"过量饮酒有害健康"等警示语。

（11）产品类型（或含糖量）。

其中标注产品类型是 GB 15037 标准的要求，标注酒精度和"过量饮酒有害健康"等警示语是 GB 2758 标准的要求，其余各项标示内容是 GB 7718 标准的要求，详见本章第四节四。

葡萄酒的外包装箱上应标明产品名称、制造商（或经销商）名称和地址、单位包装的净含量和总数量，还应按 GB/T 191—2008《包装储运图示标志》标准标示易碎物品、怕雨等图案。

十、 包装、 运输、 贮存

GB 15037 标准对葡萄酒包装的要求为：包装材料应符合食品卫生要求。起泡葡萄酒的包装材料应符合相应耐压要求；包装容器应清洁，封装严密，无漏酒现象；外包装应使用合格的包装材料，并符合相应的标准。对运输、贮存的要求为：用软木塞（或替代品）封装的酒，在贮运时应"倒放"或"卧放"；运输和贮存时应保持清洁，避免强烈振荡、日晒、雨淋，防止冰冻，装卸时应轻拿轻放；存放地点应阴凉、干燥、通风良好，严防日晒、雨淋，严禁火种；成品不得与潮湿地面直接接触，不得与有毒、有害、有异味、有腐蚀性物品同贮同运；运输温度宜保持在 5～35℃，贮存温度宜保持在 5～25℃。

十一、 附录 A

附录 A 是葡萄酒感官分级的评价性描述。葡萄酒的感官质量是葡萄酒分等分级的重要依据，世界上一些成熟的葡萄酒分级制度都与感官质量有关。标准中的附录 A 将葡萄酒的感官质量分为 5 个等级，由高到低依次为优级品、优良品、合格品、不合格品和劣质品。这个分级描述来源于国家质量监督管理部门对葡萄酒质量进行监督抽查的判定原则，为了方便量化，将不同的等级用不同的分数表示，相关内容见表10－2。

表 10－2 葡萄酒感官分级描述及评分表

等级	分数	感官描述
优级品	90～100 分	具有该产品应有的色泽，自然、悦目、澄清（透明）、有光泽；具有纯正、浓郁、优雅和谐的果香（酒香），诸香协调，口感细腻、舒顺、酒体丰满、完整、回味绵长，具该产品应有的怡人的风格

续表

等级	分数	感官描述
优良品	80～89 分	具有该产品的色泽；澄清透明，无明显悬浮物，具较纯正和谐的果香（酒香），口感纯正，较舒顺，较完整，优雅，回味较长，具良好的风格
合格品	70～79 分	与该产品应有的色泽略有不同，缺少自然感，允许有少量沉淀，具有该产品应有的气味，无异味，口感尚平衡，欠协调、完整，无明显缺陷
不合格品	65～69 分	与该产品应有的色泽明显不符，严重失光或浑浊，有明显异香、异味，酒体寡淡、不协调，或其他明显的缺陷（除色泽外，只要有其中一条，则判为不合格品）
劣质品	55～64 分	不具备应有的特征

作为生产企业的质量控制，应该杜绝不合格品，更不能出产劣质品。所有产品至少应该达到合格品的水平，即产品的外观应该澄清（透明），有光泽，不能出现浑浊，颜色应与产品类型相符，口感上应具备应有的特征，不能出现异香、异味，不能存在明显的缺陷。

第三节　GB 2760—2014 《食品安全国家标准食品添加剂使用标准》

GB 2760—2014《食品安全国家标准　食品添加剂使用标准》是中华人民共和国国家卫生和计划生育委员会于2014年12月24日发布，2015年5月24日实施的强制性国家标准。标准中规定了食品添加剂的使用原则、允许使用的食品添加剂品种、使用范围及最大使用量或残留量，这是我国所有食品生产加工企业必须遵照执行的标准。

根据GB 2760—2014标准的定义，食品添加剂是为改善食品品质和色、香、味，以及为防腐、保鲜和加工工艺的需要而加入食品中的人工合成或者天然物质。食品用香料、胶基糖果中基础剂物质、食品工业用加工助剂也包括在内。我国2010年6月1日实施的《食品添加剂生产监督管理规定》把食品添加剂定义为"经国务院卫生行政部门批准并以标准、公告等方式公布的可以作为改善食品品质和色、香、味，以及为防腐、保鲜和加工工艺的需要而加入食品中的人工合成或者天然物质"。也就是说，食品添加剂包含了人工合成和天然两类物质，只有经过相关部门批准并以相应方式公布的某些物质才能作为食品添加剂使用。也就是说，GB 2760—2014《食品安全国家标准食品添加剂使用标准》所列出的物质以及其后由卫生行政部门公告的一些物质才是食品添加剂。

我国食品添加剂的定义中规定，食品用香料、胶基糖果中基础剂物质、食品工业用加工助剂都包括在食品添加剂中。食品用香料、胶基糖果中基础剂物质都与葡萄酒无关，在此不做赘述。

食品工业用加工助剂是指为保证食品加工能顺利进行而添加的某些物质，它只是工艺的需要，与食品本身无关，在最终产品中被去除或有可接受的残留。如助滤、澄清、吸附、脱模、脱色、脱皮、提取溶剂、发酵用营养物质等。

一、标准基本内容

GB 2760—2014《食品安全国家标准　食品添加剂使用标准》由食品添加剂使用标准和 A、B、C、D、E、F 六个附录构成。

食品添加剂使用标准中规定了标准适用的范围、有关术语和定义、食品添加剂的使用原则等内容。

1. 附录 A

附录 A 为食品添加剂的使用规定，是添加剂标准的核心内容，它包括表 A.1：食品添加剂的允许使用品种、使用范围以及最大使用量或残留量；表 A.2：可在各类食品中按生产需要适量使用的食品添加剂名单；表 A.3：按生产需要适量使用的食品添加剂所例外的食品类别名单。表 A.1 列出了除去食品用香料、胶基糖果中基础剂物质、食品工业用加工助剂以外的食品添加剂 282 项，规定了这些添加剂允许使用品种、使用范围以及最大使用量或残留量，当使用同一功能的食品添加剂，如相同色泽着色剂、防腐剂、抗氧化剂，在混合使用时，各自用量占其最大使用量的比例之和不应超过 1。表 A.2 列出可在各类食品中按生产需要适量使用的食品添加剂 75 项，但表 A.3 所列出的 39 种食品除外，其中包括葡萄酒，也就是说，表 A.2 所列的 75 项食品添加剂不可以在葡萄酒等 39 种食品中添加，这些食品使用添加剂时应符合表 A.1 的规定，同时，这些食品类别不得使用表 A.1 规定的其上级食品类别中允许使用的食品添加剂。例如根据表 F.1 食品分类系统，葡萄酒（15.03.01）的上级食品类别是发酵酒（15.03）和酒类（15.0），表 A.1 规定可在发酵酒和酒类中使用食品添加剂，不可用于葡萄酒。

2. 附录 B

附录 B 为食品用香料使用规定，它包括表 B.1：不得添加食用香料、香精的食品名单；表 B.2：允许使用的食品用天然香料名单；表 B.3：允许使用的食品用合成香料名单。表 B.1 中列出了不得添加使用香料、香精的食品 28 项；B.2 列出允许使用的食品用天然香料 393 种；表 B.3 列出允许使用的食品用合成香料 1477 种。表 B.1 中的 28 种食品不包括葡萄酒，仅从这个表理解，葡萄酒可以添加香精、香料，但根据葡萄酒的定义和国际葡萄酿酒法规的规定，葡萄酒中是不允许添加香料和香精，因此附录 B 中所列的香精、香料都不应该在葡萄酒中添加。

3. 附录 C

附录 C 为食品工业用加工助剂使用规定，包括表 C.1：可在各类食品加工过程中使用，残留量不需限定的加工助剂名单（不含酶制剂）；表 C.2：需要规定功能和使用范围的加工助剂名单（不含酶制剂）；表 C.3：食品用酶制剂及其来源名单。表 C.1、表 C.2、表 C.3，分别列出加工助剂 38 种、77 种、54 种。

4. 附录 D

附录 D 为食品添加剂功能类别，共有 22 种，分别是：

（1）酸度调节剂　用以维持或改变食品酸碱度的物质。

（2）抗结剂　用于防止颗粒或粉状食品聚集结块，保持其松散或自由流动的物质。

（3）消泡剂　在食品加工过程中降低表面张力，消除泡沫的物质。

（4）抗氧化剂　能防止或延缓油脂或食品成分氧化分解、变质，提高食品稳定性的物质。

（5）漂白剂　能够破坏、抑制食品的发色因素，使其褪色或使食品免于褐变的物质。

（6）膨松剂　在食品加工过程中加入的，能使产品发起形成致密多孔组织，从而使制品具有膨松、柔软或酥脆的物质。

（7）胶基糖果中基础剂物质　赋予胶基糖果起泡、增塑、耐咀嚼等作用的物质。

（8）着色剂　使食品赋予色泽和改善食品色泽的物质。

（9）护色剂　能与肉及肉制品中呈色物质作用，使之在食品加工、保藏等过程中不致分解、破坏，呈现良好色泽的物质。

（10）乳化剂　能改善乳化体中各种构成相之间的表面张力，形成均匀分散体或乳化体的物质。

（11）酶制剂　由动物或植物的可食或非可食部分直接提取，或由传统或通过基因修饰的微生物（包括但不限于细菌、放线菌、真菌菌种）发酵、提取制得，用于食品加工，具有特殊催化功能的生物制品。

（12）增味剂　补充或增强食品原有风味的物质。

（13）面粉处理剂　促进面粉的熟化和提高制品质量的物质。

（14）被膜剂　涂抹于食品外表，起保质、保鲜、上光、防止水分蒸发等作用的物质。

（15）水分保持剂　有助于保持食品中水分而加入的物质。

（16）防腐剂　防止食品腐败变质、延长食品储存期的物质。

（17）稳定剂和凝固剂　使食品结构稳定或使食品组织结构不变，增强黏性固形物的物质。

（18）甜味剂　赋予食品以甜味的物质。

（19）增稠剂　可以提高食品的黏稠度或形成凝胶，从而改变食品的物理性状、赋予食品黏润、适宜的口感，并兼有乳化、稳定或使呈悬浮状态作用的物质。

（20）食品用香料　能够用于调配食品香精，并使食品增香的物质。

（21）食品工业用加工助剂　有助于食品加工能顺利进行的各种物质，与食品本身无关。如助滤、澄清、吸附、脱模、脱色、脱皮、提取溶剂等。

（22）其他　上述功能类别中不能涵盖的其他功能。

5. 附录 E

附录 E 为食品分类系统，用于界定食品添加剂的适用范围。表 E.1：食品分类系统，共列出乳及乳制品、脂肪，油和乳化脂肪制品、冷冻饮品、水果，蔬菜（包括块根类），豆类，食用菌，藻类，坚果以及籽类等，可可制品，巧克力和巧克力制品（包括代可可脂巧克力及制品）以及糖果、粮食和粮食制品（包括大米、面粉、杂粮、块根植物、豆类和玉米提取的淀粉等）、焙烤食品、肉及肉制品、水产及其制品（包括鱼类、甲壳类、贝类、软体类、棘皮类等水产及其加工制品等）、蛋及蛋制品、甜味料（包括蜂蜜）、调味品、特殊膳食用食品、饮料类、酒类、其他类等 16 大类、95 次大类、274 种产品。

6. 附录 F

附录 F 为附录 A 中食品添加剂使用规定索引。

二、 添加剂使用

1. 食品添加剂使用的基本要求

（1）不应对人体产生任何健康危害。

（2）不应掩盖食品腐败变质。

（3）不应掩盖食品本身或加工过程中的质量缺陷或以掺杂、掺假、伪造为目的。

（4）不应降低食品本身的营养价值。

（5）在达到预期目的前提下尽可能降低在食品中的使用量。

2. 可使用食品添加剂的情况

（1）保持或提高食品本身的营养价值。

（2）作为某些特殊膳食用食品的必要配料或成分。

（3）提高食品的质量和稳定性，改进其感官特性。

（4）便于食品的生产、加工、包装、运输或者贮藏。

3. 带入原则

在下列情况下食品添加剂可以通过食品配料（含食品添加剂）带入食品中：

（1）根据本标准，食品配料中允许使用该食品添加剂。

（2）食品配料中该添加剂的用量不应超过允许的最大使用量。

（3）应在正常生产工艺条件下使用这些配料，并且食品中该添加剂的含量不应超过由配料带入的水平。

（4）由配料带入食品中的该添加剂的含量应明显低于直接将其添加到该食品中通常所需要的水平。

4. 食品工业用加工助剂的使用原则

加工助剂应在食品生产加工过程中使用，使用时应具有工艺必要性，在达到预期目的前提下应尽可能降低使用量；加工助剂一般应在制成最终成品之前除去，无法完全除去的，应尽可能降低其残留量，其残留量不应对健康产生危害，不应在最终食品中发挥功能作用；加工助剂应该符合相应的质量规格要求。

三、 葡萄酒中允许使用的食品添加剂

根据 GB 2760—2014《食品安全国家标准 食品添加剂使用标准》规定，可在葡萄酒中使用的食品添加剂有：用于防腐和抗氧化的二氧化硫，焦亚硫酸钾，焦亚硫酸钠，亚硫酸钠，亚硫酸氢钠，低亚硫酸钠，山梨酸及其钾盐，D - 异抗坏血酸及其钠盐；用于酸度调节的 L（ + ） - 酒石酸、dl - 酒石酸。这些添加剂的使用量或残留量见表10 - 3。

表 10 - 3　　　　　　　允许在葡萄酒中使用的食品添加剂汇总表

序号	添加剂名称	功能	最大使用量	备注
1	二氧化硫，焦亚硫酸钾，焦亚硫酸钠，亚硫酸钠，亚硫酸氢钠，低亚硫酸钠	防腐剂、抗氧化剂	0.25g/L	甜型葡萄酒最大使用量为0.4g/L，最大使用量以二氧化硫残留量计
2	山梨酸及其钾盐	防腐剂、抗氧化剂	0.2g/kg	以山梨酸计
3	D - 异抗坏血酸及其钠盐	抗氧化剂	0.15g/kg	以抗坏血酸计
4	L（ + ） - 酒石酸，dl - 酒石酸	酸度调节剂	4.0g/L	以酒石酸计

在葡萄酒中可使用的加工助剂，除了 GB 2760—2014《食品安全国家标准 食品添加剂使用标准》表 C.1 列出的部分加工助剂以外，表 C.2 中可用于葡萄酒的加工助剂见表 10 - 4。

表 10 - 4　　　　　　需规定功能可在葡萄酒中使用加工助剂汇总表

序号	加工助剂名称	功能
1	阿拉伯胶	澄清剂
2	不溶性聚乙烯聚吡咯烷酮	吸附剂
3	高岭土	澄清剂、助滤剂
4	硅胶	澄清剂
5	酒石酸氢钾	结晶剂
6	离子交换树脂	脱色剂、吸附剂
7	硫酸铜	澄清剂、螯合剂
8	明胶	澄清剂
9	膨润土	吸附剂、助滤剂、澄清剂、脱色剂
10	食用单宁	助滤剂、澄清剂、脱色剂
11	珍珠岩	助滤剂
12	抗坏血酸	防褐变
13	抗坏血酸钠	防褐变

第四节　GB 7718—2011 《食品安全国家标准　预包装食品标签通则》

GB 7718—2011《食品安全国家标准　预包装食品标签通则》是由中华人民共和国卫生部于 2011 年 4 月 20 日发布，2012 年 4 月 20 日正式实施的强制性标准，是所有各类食品标签标注都应遵循的规定。该标准共分范围、术语和定义、基本要求、标示内容和其他 5 章内容，并附有三个附录，分别是：附录 A：包装物或包装容器最大表面面积计算方法；附录 B：食品添加剂在配料表中的标志形式；附录 C：部分标签项目的推荐标示形式。

一、范围

GB 7718—2011 标准适用范围为两类食品，一类是直接提供给消费者的预包装食品，另一类是非直接提供给消费者的预包装食品。直接提供给消费者的预包装食品主要指生产者直接或通过食品经营者（包括餐饮服务）提供给消费者的预包装食品，如葡萄酒。非直接提供给消费者的预包装食品是指食品生产者提供给其他食品生产者的预包装食品和生产者提供给餐饮业作为原料、辅料使用的预包装食品。除了这两类食品外，以下三种食品标签不适用于本标准：一是散装食品标签；二是在储藏运输过程中以提供保护和方便搬运为目的的食品储运包装标签；三是现制现售食品标签。这三种食品标签不强制按本标准的规定执行，但也可以参照本标准执行。

二、术语和定义

标准中规定了预包装食品、食品标签、配料、生产日期（制造日期）、保质期、规格和主要展示版面等七项内容。

1. 预包装食品

指预先定量包装或者制作在包装材料和容器中的食品，包括预先定量包装以及预先定量制作在包装材料和容器中并且在一定量限范围内具有统一的质量或体积标识的食品。简而言之，就是预先定量包装完好的食品。

2. 食品标签

食品包装上的文字、图形、符号及一切说明物。

3. 主要展示版面

预包装食品包装物或包装容器上容易被观察到的版面。对于葡萄酒而言，一般的包装都是玻璃瓶，其易于被观察到的版面是整个圆柱形的瓶身，因此习惯上称之为正标和背标的版面，都应视为主要展示版面。

4. 其他术语和定义

配料、生产日期（制造日期）、保质期、规格都与标签的标示内容有关，分别在相关标示内容章节中介绍。

三、　基本要求

食品标签是向消费者传递产品信息的载体，是对消费者的承诺，同时也起到维护消费者和生产者合法权益的作用，因此，标签信息的真实性、准确性、科学性、规范性是对食品标签最基本的要求。对食品标签的基本要求可归纳为以下五点：

1. 合法性

食品标签应符合有关法律法规及相应食品安全标准的规定。

2. 科学性

食品标签上标注的所有内容应通俗易懂，有科学依据，不得标示封建迷信、色情、贬低其他食品或违背营养科学常识的内容。

3. 真实性

食品标签上所标注的内容应该真实、准确，不得以任何形式，包括语言、图形、符号，进行虚假、夸大的宣传，误导消费者；不得标注或暗示具有预防、治疗疾病、美容、减肥作用的内容；非保健食品不得明示或者暗示具有保健作用。

4. 规范性

食品标签应使用规范的汉字（商标除外），当使用少数民族文字、汉语拼音及外文时，应与汉字有对应关系，并不得大于相应的汉字；预包装食品包装物或包装容器最大表面面积大于 35cm² 时，强制标示内容的文字、符号、数字的高度不得小于 1.8mm。

5. 易辨性

食品标签上标注的内容应清晰、醒目、持久，使消费者容易辨认和识读；标签不应与食品或包装物分离；当有内外两个包装时，如外包装不易开启或透过外包装不能清晰地识别内包装上有关标识内容时，外包装上应按要求标示所有强制标示内容。

四、　标示内容

GB 7718—2011 标准把预包装食品分为两类，即直接向消费者提供的预包装食品和非直接向消费者提供的预包装食品。葡萄酒属于直接向消费者提供的预包装食品，因此，本节只介绍直接向消费提供的预包装食品标签标示内容。

直接向消费者提供的预包装食品标签标示内容应包括食品名称、配料表、净含量和规格、生产者和（或）经销者的名称、地址和联系方式、生产日期和保质期、贮存条件、食品生产许可证编号、产品标准代号及其他需要标示的内容。

1. 食品名称

食品名称是食品标签中最重要的信息，要求食品名称应标注在食品标签的醒目位置，并且要清晰地反映食品的真实属性。当国家标准、行业标准或地方标准中已规定了某食品的一个或几个名称时，应选用其中的一个或等效的名称；无国家标准、行业标准或地方标准规定的名称时，应使用不使消费者误解或混淆的常用名称或通俗名称；标示"新创名称""奇特名称""音译名称""牌号名称""地区俚语名称"或"商标名称"时，应在所示名称的同一展示版面标示反映食品真实属性的专用名称。

对于葡萄酒，已经有国家标准，其名称就应该是"葡萄酒"，为了进一步强调葡萄酒的类型、颜色、品种等，名称中可以加上反映这些特征的词语，如"赤霞珠干红葡萄酒""半干白葡萄酒"等。

2. 配料

配料是在制造或加工食品时使用的，并存在（包括以改性的形式存在）于产品中的任何物质，包括食品添加剂，但不包括加工助剂。

配料应以"配料"或"配料表"为引导词。当加工过程中所用的原料已改变为其他成分（如酒、酱油、食醋等发酵产品）时，可用"原料"或"原料与辅料"代替"配料""配料表"。

各种配料应按制造或加工食品时加入量的递减顺序一一排列；加入量不超过2%的配料可以不按递减顺序排列。

食品添加剂应当标示其在 GB 2760—2014 中的食品添加剂通用名称。食品添加剂通用名称可以标示为食品添加剂的具体名称，也可标示为食品添加剂的功能类别名称并同时标示食品添加剂的具体名称或国际编码（INS 号）。在同一预包装食品的标签上，应选择附录 B 中的一种形式标示食品添加剂。食品添加剂的名称不包括其制法。

葡萄酒是以新鲜葡萄为原料生产的产品，在加工过程中已将葡萄改变为其他成分了，所以葡萄酒的配料表应以"原料"或"原料与辅料"作为引导词。葡萄酒是单一原料生产的产品，在生产过程中可以添加 GB 2760—2014 标准中允许添加的添加剂，如抗氧化剂（二氧化硫，国际编号220）、防腐剂（山梨酸及其钾盐，国际编号200，202）等。例如，一个添加了二氧化硫和山梨酸的葡萄酒，配料可用下列形式标注：

原料（或原料与辅料）：葡萄，二氧化硫，山梨酸。

原料（或原料与辅料）：葡萄，抗氧化剂（220），防腐剂（200）。

原料（或原料与辅料）：葡萄，抗氧化剂（二氧化硫），防腐剂（山梨酸）。

原料（或原料与辅料）：葡萄，食品添加剂（二氧化硫，山梨酸）。

原料（或原料与辅料）：葡萄，食品添加剂［抗氧化剂（220），防腐剂（200）］。

原料（或原料与辅料）：葡萄，食品添加剂［抗氧化剂（二氧化硫），防腐剂（山梨酸）］。

另外，如果在食品标签或食品说明书上特别强调添加了含有一种或多种有价值、有特性的配料或成分，应标示所强调配料或成分的添加量或在成品中的含量。如果在食品的标签上特别强调一种或多种配料或成分的含量较低或无时，应标示所强调配料或成分在成品中的含量。例如添加了枸杞的葡萄酒，名称为枸杞葡萄酒，就应该标明枸杞的添加量，而这种产品就不能归为葡萄酒，只能归为以葡萄酒为酒基的配制酒；葡萄酒配料中标注了"微量二氧化硫"，就应同时标出二氧化硫的具体含量。

3. 净含量和规格

净含量是指除去包装容器和其他包装材料后内装食品的量，固态食品用质量克（g）、千克（kg）表示，液态食品用体积升（L 或 l）、毫升（mL 或 ml），或用质量克（g）、千克（kg）表示，半固态或黏性食品可用上述两种方式中的一种。规格是同一预包装内含有多件预包装食品时，对净含量和内含件数关系的表述。单件预包装食品的规格等同于净含量，可以不标示规格。瓶装葡萄酒都是单件包装，只需标注净含量，不需标注规格，但当一个包装物中有两瓶及其以上的葡萄酒时，需在此包装物上标注规格。标注规格时可以不以"规格"作引导词，例如一个包装盒中有两瓶葡萄酒，包装盒上可标注净含量（或净含量/规格）750mL×2，或者 2×750mL 等。

净含量的标示应由净含量、数字和法定计量单位组成，对于以体积计量的食品，净含量＜1000 毫升的，计量单位应使用毫升（mL 或 ml），净含量≥1000 毫升的，计量单位应使用升（L 或 l）；对于以质量计量的食品，净含量＜1000 克的，计量单位应使用克（g），净含量≥1000 克的，计量单位应使用千克（kg）。除此以外，标示净含量的字符高度和标示位置也有明确规定，即不同的净含量，要求不同的字符高度，以体积为例：净含量≤50mL、50mL＜净含量≤200mL、200mL＜净含量≤1L 和净含量＞1L的，其对应的字符最小高度分别为 2mm、3mm、4mm 和 6mm。净含量标示的位置应该与食品名称处于同一展示版面。

4. 生产者、经销者的名称、地址和联系方式

生产者、经销者的有关信息应该在标签上明确标示，目的是能够与承担产品安全质量责任的生产者或经销者进行有效的沟通，也就是可以方便地找到生产者或经销者。

生产者名称和地址应当是依法登记注册的名称和地址，联系方式可选择电话、传真、网络联系方式、邮政地址中的一种。依法独立承担法律责任的集团公司、集团公司的子公司，应标示各自的名称和地址；不能依法独立承担法律责任的分公司或生产基地，应标示能依法承担法律责任的集团公司和分公司（生产基地）的名称、地址，也可以仅标示集团公司的名称、地址及产地；受其他单位委托加工预包装食品的，应标示委托单位和受委托单位的名称和地址，也可以仅标示委托单位的名称和地址及产地。所有产地应当按照行政区划标注到地市级地域。进口预包装食品应标示原产国国名或地区区名（如香港、澳门、台湾），以及在中国依法登记注册的代理商、进口商或经销者的名称、地址和联系方式，可不标示生产者的名称、地址和联系方式。

5. 日期标示

预包装食品标签应清晰标示预包装食品的生产日期和保质期。

（1）生产日期 生产日期是指食品成为最终产品的日期，也包括包装或灌装日期，即将食品装入（灌入）包装物或容器中，形成最终销售单元的日期，对于葡萄酒，生产日期为装瓶日期，而非瓶储后上市的日期。

（2）保质期 保质期是指预包装食品在标签指明的贮存条件下，保持品质的期限，在此期限内，产品完全适于销售，并保持标签中不必说明或已经说明的特有品质。

（3）标示方法 如日期标示采用"见包装物某部位"的形式，应标示所在包装物的具体部位。日期标示不得另外加贴、补印或篡改。当同一预包装内含有多个标示了生产日期及保质期的单件预包装食品时，外包装上标示的保质期应按最早到期的单件食品的保质期计算。外包装上标示的生产日期应为最早生产的单件食品的生产日期，或外包装形成销售单元的日期，也可在外包装上分别标示各单件装食品的生产日期和

保质期。生产日期和保质期应按年、月、日的顺序标示，如果不按此顺序标示，应注明日期标示顺序。

对于酒精度大于等于 10% 的饮料酒、食醋、固态食糖类、味精可以不标保质期，所以，酒精度为 10% 以上的葡萄酒可以不标注保质期。

6. 贮存条件

预包装食品标签应标示贮存条件。葡萄酒一般应在 5 ~ 25℃ 条件下贮存。

7. 食品生产许可证编号

对于已实施了食品生产许可证管理的预包装食品，标签应标示食品生产许可证编号。

8. 产品标准代号

在国内生产并在国内销售的预包装食品应标示产品所执行的标准代号和顺序号，可以不标注年代号。产品标准可以是食品安全国家标准、食品安全地方标准、食品安全企业标准或其他国家标准、行业标准、地方标准和企业标准，进口食品可以不标注产品标准代号，但必须符合我国相关食品标准的规定。

除上述需标注的内容以外，经过辐照的食品、转基因食品应该在标签上予以标注；食品所执行的标准已明确规定了质量等级的，应标明质量等级。产品的批号、食用方法以及可能导致过敏反应的致敏物质是预包装食品标签推荐标注的内容。

第十一章　实验室管理

实验室是指从事在科学上为阐明某一现象而创造特定条件，以便观察它的变化和结果的机构。从事质量控制的实验室分为两种：一是以检测产品的质量、安全或性能等指标为目的的，称为检测实验室；二是以校准计量器具和测量设备为目的的，称为校准实验室。实验室是一个大概念，按学科分类可以分为物理实验室、化学实验室、生物实验室、心理学实验室等。化学实验室简称化验室，是实验室中的一个专业领域。在葡萄酒生产企业中，实验室通常承担着物理检测、化学检测和微生物检测等多学科的任务，习惯上通称作化验室。因此，本章提到的化验室就是实验室，化验室管理就是实验室管理。

化验室是葡萄酒生产企业十分重要的组成部分，它能否科学有效地运转，对社会、对企业都有举足轻重的影响。从社会层面来说，化验室是食品安全最前沿，也是最根本的守护者，承担着为消费者把好产品质量关，营造安全健康的消费环境，进而促进社会和谐稳定的社会责任；从企业层面来说，化验室是生产中的"眼睛"，承担着生产控制、技术改造、新产品开发等重要的工作责任，对企业产品质量提高，资源合理利用，进而经济效益提升都有不可替代的作用。

随着社会的发展和科学技术的进步，化验室的作用得到越来越充分的体现，在人类经济生活中的地位也越来越重要。要使化验室的作用得到充分的发挥，必须保证检验数据的准确可靠，而保证检验数据准确可靠的必要条件，就是化验室要建立完善的管理制度并有效运转。经过近百年来的不断实践和总结，目前国际上已经形成了对实验室管理通用的国际准则，这些准则不仅适用于有关评定组织对实验室的考核认证，同样适用于实验室的建设和管理。

20 世纪末诞生了国际实验室认可合作组织（International Laboratory Accreditation Cooperation，ILAC），目前已有 100 多个成员。ILAC 的工作目标是研究实验室认可的程序和规范；推动实验室认可的发展、促进国际贸易；帮助发展中国家建立实验室认可体系；促进世界范围的实验室互认，避免不必要的重复评审等。我国于 2006 年成立了中国合格评定国家认可委员会（China National Accreditation Service for Conformity Assess-

ment，CNAS）。CNAS 是 ILAC 的正式成员，它的主要工作任务是：按照我国有关法律法规、国际和国家标准、规范等，建立并运行合格评定机构国家认可体系，制定并发布认可工作的规则、准则、指南等规范性文件；对境内外提出申请的合格评定机构开展能力评价，做出认可决定，并对获得认可的合格评定机构进行认可监督管理；负责对认可委员会徽标和认可标识的使用进行指导和监督管理；组织开展与认可相关的人员培训工作，对评审人员进行资格评定和聘用管理；为合格评定机构提供相关技术服务，为社会各界提供获得认可的合格评定机构的公开信息；参加与合格评定及认可相关的国际活动，与有关认可及相关机构和国际合作组织签署双边或多边认可合作协议；处理与认可有关的申诉和投诉工作等。

第一节　管理依据

为了规范实验室的管理，提高实验室的技术水平，使我国实验室管理与国际接轨，标准化行政管理部门根据 ISO/IEC17025：2005《检测和校准实验室能力的通用要求》国际标准，制定了 GB/T 27025—2008《检测和校准实验室能力的通用要求》国家标准，根据这个标准，中国合格评定国家认可委员会（CNAS）制定并发布了 CNAS CL01：2006《检测和校准实验室能力认可准则》，作为我国实验室质量管理体系建设和认可的技术依据，它适用于从事检测和校准的所有第一方（供方或生产方），第二方（需方或使用方）和第三方（独立于第一方和第二方）实验室。由于这个准则适用范围比较广，对只从事食品检验的实验室专业针对性和实际操作性不强，中国合格评定国家认可中心结合我国的实际情况，牵头起草制定了与国际接轨的、对不同专业指导性更强的系列管理标准，即动物检疫、植物检疫、食品分子生物学检测、食品理化检测、食品微生物检测和食品毒理学检测六项实验室质量控制规范系列国家标准（GB/T 27401 ~ 27406—2008），该系列标准已于 2008 年 5 月 4 日发布，并与 2008 年 10 月 1 日实施。其中的 GB/T 27404—2008《实验室质量控制规范　食品理化检测》标准，对从事葡萄酒质量检验的化验室具有最直接的指导和帮助作用。

GB/T 27404—2008《实验室质量控制规范　食品理化检测》是一个针对食品理化检测实验室质量控制的指导性标准，它根据食品理化检测实验室的工作特点，突出实验室工作过程控制，以 GB/T 27025—2008 /ISO/IEC17025：2005《检测和校准实验室能力的通用要求》为参考，按管理要求、技术要求、过程控制要求和质量保证 4 个部分编制，对从事理化检验的化验室质量体系建设、规范化管理、技术水平提高具有十分重要的指导意义。

第二节　体系管理

一、法律地位

化验室是葡萄酒生产企业的一个组成部分，其母体应该是能够承担法律责任的实体，一般是所在的葡萄酒生产企业，如果化验室所出具的检验数据不仅供企业内部使用，还希望得到外部组织的采信时，就要求化验室必须有明确的法律地位，能够独立承担相应的法律责任。化验室的明确法律身份可以通过其独立法人或法人授权两种形式予以体现。

当化验室母体组织具有独立的法人资格时，可以书面授权化验室依法开展规定范围内的检验活动并为实验室承担应有的法律责任，同时，要书面任命化验室的管理者和关键岗位的工作人员，赋予相应的职责和权利。而作为化验室，必须具备相应的能力，包括必须能独立对外开展检验业务，能独立对外行文，有独立的财务账号或是独立核算等。在组织机构、职责、功能等方面，化验室与母体组织要有明确的界定，尤其是与其存在利害关系的部门，如生产、设计、开发、营销和财务等部门，责权应清晰，不得影响化验室检验工作的独立性和公正性。母体法人还应有公正性声明，不干预化验室的日常检验工作。

不对外开展检验业务，仅仅作为企业内部的化验室，不需要有明确的法律地位，但必须有措施保证检验工作不受任何外来干扰，保持独立性和公正性，保证检验数据准确可靠。

二、体系构建

化验室应建立、实施和维持与工作范围相适应的管理体系，所有与检验工作质量有关的因素，包括方针、目标、人员、设备、方法、采购、记录、环境、信息等都应纳入管理体系的控制，做到不留空白，没有死角，事事有章可循，处处留有痕迹。

管理体系的建立，就是将所有与质量有关的因素都纳入管理，形成文件化的规定。化验室中质量体系文件一般分为四个层次；第一层文件是质量手册，也有称管理手册或质量管理手册，属于纲领性文件，主要描述化验室的管理体系、组织机构、质量方针、质量目标、各种支持性文件以及管理体系中各个岗位的职责和相互关系；第二层文件是程序文件，属于支持性文件，是质量手册的延伸和注解，明确地描述质量、管理和技术活动应遵循的内容以及如何实施；第三层是作业指导书，属于技术性文件，是程序文件的细化，是检验工作的技术指南，详细规定各项检验的操作方法；第四层是记录表格，属于证明性文件，是检验过程和质量体系运行过程的详细记录，是各项质量工作按要求进行的证明。

质量手册的编写要根据化验室工作的具体情况，遵循全面、准确、科学、实用的原则。如果准备申请国家实验室认可，对外提供检验服务，质量手册必须覆盖认可准则涉及的所有要素，包括组织和管理、管理体系、文件控制、合同评审、检测分包、采购、服务客户、投诉处理、不合格工作控制、持续改进、纠正措施、预防措施、记录的控制、内部审核、管理评审，以及人员、设施和环境、检测方法确认、设备、溯源性、抽样、检测物品处置、结果质量保证、结果报告等。

质量手册是化验室工作的标准和依据，必须贯彻落实到化验室中的每一个人、每一件事。因此，化验室的相关负责人有责任将管理手册的各项规定和要求传达到相关工作人员，使他们准确理解，遵照执行。同时管理体系的文件应该纳入文件管理，按照一定的程序编制、修订、公布和发放，使化验室中的每一个人对质量手册既能易于获得，又可受到控制。

三、 体系运行

对于一个化验室的管理，首先要建立适用的管理体系，在体系构建完成之后，最重要的是要保证体系的有效运转。运转的过程是质量体系不断完善的过程，是质量管理水平不断提升的过程。

体系运行，就是按照建立的文件化的管理要求进行工作，将各项规定和要求落到实处，各司其职，各负其责。简单概括起来，就是工作有计划，计划有落实，落实有检查，检查有记录，记录有存档。当发现偏离文件规定的问题时，要分析问题产生的原因，采取必要的纠正措施和预防问题再次发生的预防措施，使管理体系得到持续改进。

为了保证体系的有效运转，验证管理体系的适宜性、充分性和有效性，化验室应定期组织内部审核和管理评审。

内部审核是化验室内部自行组织的一项有计划的自我检查活动，正常情况下一年进行一次。内部审核应该由化验室的质量主管负责组织实施，依据年初制定的审核计划，在规定的时间内，选派有审核能力的人员，对质量体系中涉及的全部要素进行符合性审核，对发现的问题进行必要的沟通确认，在规定的时间内予以改正，使整个体系运行按照预定的要求进行。内部审核从审核计划、现场审核，到发现的问题，纠正的结果都要留下记录并妥善保存。

管理评审是由化验室最高领导者主持，各层次主要负责人参与的质量管理活动，正常情况下一年进行一次，一般以会议的形式进行。管理评审解决的重点问题是管理体系的适宜性，特别是当内部、外部情况发生重大变化时，通过管理评审，评价既定的方针、目标是否实用，组织结构和资源配置是否满足要求。管理评审可根据国家政策的变化、客户需求的变化、工作量和工作类型的变化、内部审核的结果、能力验证的结果以及相关人员的报告等信息，采取必要的措施加以改进和纠正，同时，分析决定管理体系是否需要变更，使之保持良好的实用性。当然，按照规定，管理评审从计划、实施到最终完成都应留下记录并妥善保管。

四、 文件和记录

1. 文件

化验室所涉及的文件从来源区分，有内部文件和外部文件；从性质上区分，有行政文件和技术文件。内部文件是化验室内部制定的文件，包括质量手册，程序文件、作业指导书、记录表格等，外部文件包括法律法规、规章、标准、规范、检测方法等。文件控制是指对内部文件的编制、更改、批准和对外部文件的收集，以及对所有文件的使用、存放、标识回收和作废等活动过程的管理。

所有文件都有一定的时效性，因此文件管理的一个核心问题是要保证所用文件是现行有效的。对内部文件，要按质量手册规定的职责权限进行编制、修改、批准和发放；对于外部文件，要建立一种机制，有渠道及时获得政府管理机构的法律法规等指令，密切关注国家和政府管理机构对检验工作的要求，密切关注国家相关标准的制修订动态和发布实施。

化验室应有专人负责文件的管理，建立文件管理记录，使所有文件受到有效控制，同时应该定期检查文件的有效性，做好文件不同版本的转换和回收工作，对文件状态予以明确的标识，确保所用文件处于有效的状态，杜绝使用过期文件。

2. 记录

记录是为已完成的活动或达到的结果提供客观证据的文件，根据这个文件可以对已完成活动进行追溯或者复原，因此记录必须做到真实、准确、清晰、完整。要复原一项活动，必然涉及活动的时间、地点、人员、内容和结果等，如果是检验活动的记录，还涉及环境条件、检验方法、使用仪器、数据运算、实验现象和最终结果等，所有这些信息都应该在记录中完整体现，并且一定要真实、准确。

化验室应该建立相应的制度对记录进行有效管理，包括记录的格式、记录的编号、记录的方法、记录的收集、记录的保存、记录的清理等。记录的格式应该满足信息完整的要求，对于重复性的活动应采用表格化的格式，记录的格式应纳入质量体系文件第四层文件的管理，一经确定就不可随意更改。对于电子形式存储的记录，应有措施保护它的真实性，防止未经授权的更改并及时备份保存。记录必须现场进行，不能事后补记或誊抄，发现错误需要更改时，应将错误处划掉，将正确信息写在旁边，并且更改人要签名，使修改前、后的信息及修改人都清晰可辨，所有记录都不得使用铅笔填写，以防止任意修改和便于长期保存。

所有与质量管理相关的活动都应留下记录，一般化验室的质量管理记录有内部审核记录、管理评审记录、纠正和预防工作实施记录、客户投诉处理记录、采购评价验收记录、检验原始记录、检验方法确认记录、人员培训记录、检验质量控制活动记录、设备使用记录、仪器检定、核查记录、标准物质验收、保存记录、能力验证结果记录、废弃物处理记录等。

第三节　技术管理

一、　外部服务

外部服务是指所有来自化验室以外的与检验有关的服务，主要包括化验室采购的标准物质、试剂药品、消耗材料以及仪器设备的检定等。外部服务质量可直接影响检验结果的准确性，要保证检验结果的准确可靠，必须对这些外部提供的服务进行有效的控制，确保其质量符合相应的规定。

化验室应建立选择、评价、确认外部服务的相关制度，对提供服务的供应商进行质量保证能力的考察和评价，选择符合要求的供应商作为合格供应商，接受他们提供的相应服务，将合格供应商的情况和考察确认过程予以详细记录并归档保存。对于合格供应商所提供的物品和服务要进行有效的验收，确保质量达到要求时才能投入使用。为了确保验收有效，不仅要对供应品进行名称、外观、数量、标签、生产商、生产日期等情况进行符合性验收，还应采取测试、比对、留样再测等技术手段对供应品的纯度、赋值进行验证、评价，做好相关记录并按规定妥善保管。

与检验有关的外部服务主要包括：提供标准物质、化学试剂的服务；提供检验仪器设备的服务；提供玻璃器皿和低值易耗品的服务；提供设备安装、调试、维修的服务；提供仪器校准、检定的服务；提供环境设计、制造的服务；提供人员培训的服务；提供标准查新的服务等。

二、　人员

1. 岗位设置

化验室的人员组成和人员素质是化验室有效运行的核心因素。首先，应根据工作量配备稳定的、具有相应技能的人员，从工作分工的角度考虑，一般有管理人员、检验人员和其他辅助人员；从质量管理的角度考虑，一般应配备最高管理者、技术负责人、质量负责人、设备管理员、质量监督员、内部审核员、资料管理员、样品管理员等。对人员较多的大型和中型化验室，可设专职人员或兼职人员分别承担上述工作职能，对小型化验室，可以只设兼职人员，也可以一个人有多项兼职，但必须将上述工作职能落实到人。

2. 岗位职责

（1）最高管理者　一般是化验室主任，应该具有相应的业务技术能力和管理工作经验，能全面负责化验室工作的有效运转，包括组织制定化验室的工作计划和发展目标；提供必要的人力、物力资源保障；任命有关岗位人员并确定其权利和义务；组织管理评审并对体系有效运行负责；与有关部门保持联络并保证各项政策制度的落实；创造良好工作环境并调动全体员工的工作积极性；确保检验结果准确可靠等。

（2）质量负责人　应熟悉化验室的质量管理体系和检验业务工作，具有一定的管理工作经验和资历，全面负责化验室的质量管理工作，包括组织制定质量体系文件并贯彻落实；制定内部审核计划并组织实施；组织并参与管理评审；组织实施纠正和预防措施；处理客户投诉等。

（3）技术负责人　应熟悉化验室的质量管理体系和检验业务工作，具有较高的检验技术水平和较丰富的检验工作经验，全面负责化验室的技术管理工作，包括组织编写化验室技术类文件；制定人员培训计划并负责落实；负责新项目、新方法的开展和确认；负责解答技术方面的疑问；参与管理评审等。

（4）质量监督员　应熟悉化验室各个岗位的工作流程，熟练掌握专业技能，有能力对检验过程和结果做出准确的评价，按计划对检验活动的全过程进行监督，督促检验人员按体系文件的规定开展检验活动等。

（5）内部审核员　内部审核是化验室内自行组织的审核活动，参与这项活动的人员应该是有文件任命的并具有相应能力的人员。内部审核员一般应通过质量体系内部审核课程培训并考试合格，熟悉质量体系运行规定，直接参与内审工作，包括按计划编制内部审核核查表；按照分工对相关部门进行现场核查；提交核查报告及不符合项报告；跟踪验证不符合项的整改效果；参与管理评审并对体系文件提出修改建议等。

（6）设备管理员　熟悉仪器设备管理的有关规定，了解仪器设备日常维护的要求，按化验室体系文件的要求管理仪器设备，包括建立并管理、保存仪器设备台账和仪器设备档案；制定仪器设备周期检定计划并组织实施；检查仪器设备使用情况并按规定进行保养；提出仪器设备的购置、维修和报废的建议并落实等。

（7）样品管理员　具有基本的样品管理知识，熟悉样品管理的有关要求，按体系文件的规定管理化验室的样品，包括建立样品管理台账；做好样品的接收、发放、存储等工作；对样品的储存环境进行有效监控；保证样品的安全和不受污染；正确标识样品所处的状态等。

（8）资料管理员　具有基本的文件、档案管理知识，熟悉相关的法律法规，按化验室体系文件的规定，对化验室的文件资料进行管理，包括建立并保存资料档案；对体系文件、相关标准及其他受控文件进行登记、发放、标识、回收、保管和处理；建立资料索取渠道，确保使用的文件现行有效等。

化验室除了设置上述岗位以外，还应对一些需要特殊技能的岗位进行书面授权，如某些大型仪器的操作、葡萄酒感官质量的检验、签发检验报告的签字人等。

3. 培训

人员培训工作是一个需要根据现状和发展目标进行不断充实和持续保持的工作，因此，化验室应建立有效的制度来规范人员培训的规划、实施和培训效果的确认等项工作。根据实际需求，化验室每年都应该制定人员培训计划，包括参加培训的人员、培训的内容、时间、地点、目标以及考核方式等。培训内容包括对全体人员公正性行为、相关法律法规、安全防护知识、管理手册宣贯等；对检验人员技能方面的理论知识、检验技术、操作技能、数据处理的培训等，使所有人员都有机会更新知识，掌握新标准和新方法，满足检验技术不断变化、检验要求日益提高的需求。

培训方式可采用内部培训和外部培训两种方式。内部培训就是化验室内部人员的互帮互学，充分发挥内部人员的专业特长，对其他人员进行培训。外部培训就是按照化验室的培训需求，选择有能力的外部机构和人员实施培训，包括获取一定资质的技术、管理培训，参加培训班、请专业老师授课等。

培训是保持人员水平不断提升、保证检验数据准确可靠的有效措施，是质量体系中一个重要的管理要素，也是一个重要的技术要素。培训不是单纯的讲课和听课，它是体系运行中一系列活动的概括。化验室应根据需要，每年制定年度培训计划，按计划规定的时间、地点、人员、内容实施培训，培训结束后应经过必要的考核或考试，验证培训效果是否达到规定的要求，技术负责人应对培训效果进行验收和评价。所有活动都应按要求进行记录并妥善保存。

4. 档案

化验室应有足够的人力资源满足管理和检验的需要，人员应相对稳定并具有相应的专业技能。为了方便人员的管理，化验室应建立和保存相关人员的技术档案。

技术档案与人事档案不同，它体现的是一个人在专业技术方面的经历、资历和能力，因此技术档案的内容应该包括：学历证书、学位证书；职称证明和资格证书；工作经历和技术业绩；获得的科研成果、专利，发表的论文、著作；技能培训的记录；获得的专业资质、上岗证、授权书等。

技术档案应有专人整理和保管，材料应完整齐全，真实准确，动态补充。技术档案应存放有序，严格管理，未经批准，不得调阅。

为了方便管理，化验室可建立在职人员一览表，内容包括姓名、性别、年龄、学历、专业、职称、岗位等信息，一览表应适时更新，确保与现状相符。

三、 仪器设备

1. 基本要求

仪器设备的配备和管理是化验室检测能力的根本保障，保证仪器设备量值准确是化验室检验数据准确可靠的重要前提。

（1）采购　化验室仪器的配备应根据检验工作范围、承担的任务、工作量大小、资金状况等具体情况而定，但最基本的要求是配置能满足相关标准规定的必须自行检验项目所需的仪器设备，包括相关的器具和配件。本书第三章列出了化验室必须配备和选择配备的仪器设备名称，可供参考。

仪器设备的采购，特别是大型仪器设备的采购，是质量管理体系中一个重要环节，应该按照化验室已建立的相关规定实施。一般情况下应该经过充分的考察、论证，选择合适的型号和供应商，然后提交计划，经有关部门批准，最后组织实施。

（2）验收　新仪器到货后，应及时进行验收、安装和调试，在确认仪器性能达到指标要求、仪器配件与装箱清单相符后，相关人员要签字接收，交设备管理员按体系文件的规定纳入管理，指定专人使用、维护和保养。

（3）档案　按照质量控制规范的要求，化验室应建立设备管理台账和设备管理档案。设备管理台账就是设备情况一览表，通过一览表可清楚地看出化验室所拥有设备的基本信息和总体情况。一览表至少应该包括仪器名称、编号、规格型号、生产厂商、出厂编号、购置时间、价格、放置地点、使用人等信息。仪器档案是对大型或重要仪器而言，一台仪器应该建立一个独立档案，所有与该仪器有关的信息资料都应收集其中并妥善保管，这些信息至少应包括仪器的基本信息（名称、编号、生产厂商、购置时间、放置地点、管理人等）、仪器购置计划审批表、采购合同、验收报告、使用说明书、操作规程、检定证书、维护保养记录、使用记录、维修记录等，当仪器发生不能修复的故障或其他原因需要停用或报废时，还应有停用审批表、报废审批表等。设备一览表和设备档案应适时更新，动态管理，做到帐物相符、准确完整。

（4）标识　化验室的仪器设备应有明显的标识，使所处的状态一目了然。标识上的信息至少应包括仪器的唯一编号、仪器的名称、仪器状态、计量检定或校准的单位、时间及有效期等。仪器所处状态通常有合格、准用和停用三种情况，可用三种不同颜色的标识加以区分：合格标识通常采用绿色，表明该仪器经过计量检定或校准，符合检测技术规范规定的使用要求，可以正常使用，如经过计量检定的分析天平、酸度计、分光光度计等。化验室的大部分仪器都应处于这种合格的状态；准用标识通常采用黄色，表明该仪器存在部分缺陷、部分功能丧失或某一量程准确度不够，但其他功能可用，其他量程准确，此类仪器应限定使用范围，即受限制使用，如分光光度计的紫外光部分有故障不能使用，而可见光部分可正常使用、气相色谱仪的电子捕获检测器有故障，其他检测器可用等；停用标识通常用红色，表明该仪器目前状态不能用，如有故障等待修复、超过检定周期未进行检定或检定不合格等，贴有红色停用标识的仪器要妥善保管，防止误用，对可修复的故障应尽快修复、检定，恢复使用，对没有继续使用价值的要按报废程序申请报废并及时清理。

（5）使用　仪器设备要指定专人管理和使用，特别是对操作技术复杂的大型精密仪器，使用人员必须经过专门培训，考核合格，取得上岗操作证后才能使用。化验室应该制定有关仪器的操作规程作为作业指导书，帮助使用人员正确操作仪器。仪器使用完毕，应按操作规程恢复原状，如实做好使用记录。使用仪器设备过程中如发现损坏或异常，应立即停止使用，查找原因，及时处理，并做好相应的记录存入档案。如果故障有可能影响到以前的检验数据准确性，还应采取必要的补救措施加以纠正。

（6）期间核查　为了保证仪器设备的准确性和可靠性，实验室质量控制规范中还规定了仪器设备的期间核查。期间核查是化验室内部自行实施的对仪器可靠性的检查，通常在两次检定之间，或仪器性能不稳定，或对检验数据有疑问时进行。期间核查可采用的方法通常有：仪器设备的零点校准，自动化设备的自检；标准曲线法核查；测量重复性检查；标准物质测试核查；留样再测对比核查；化验室内、外同类仪器对比核查；仪器说明书规定的方法核查等。

需要进行期间核查的仪器一般是对检验数据有影响的计量仪器，如分析天平、酸度计、分光光度计、气相色谱仪、液相色谱仪、原子吸收分光光度计等。化验室应根据实际情况规定需要进行期间核查的仪器，制定仪器期间核查计划，根据不同类型仪器的特点分别制定期间核查的作业指导书，对核查周期、核查方法、核查人员、核查时间以及核查评价等事项做出明确规定。期间核查应保留相关记录并归入仪器档案中妥善保存。

2. 检定和校准

检定和校准是仪器设备管理中一项重要的工作，是确保计量准确的法定要求，是保持量值与国家基准或国际基准一致性的有效途径。计量检定是指为评定计量器具的计量特性，确定其是否合格所进行的全部工作。计量检定必须按照计量检定规程、由县级以上人民政府计量行政管理部门所属或授权的计量检定机构实施，计量检定规程由国家授权的计量部门统一制定。计量校准是在规定条件下，为确定计量仪器或装置的示值与对应的被计量的已知值之间关系的一组操作。

对检验结果准确性产生影响的检测设备，在投入使用前必须经过检定或校准，未经检定或校准合格的仪器不得使用。化验室应根据相关要求制定仪器设备的检定和校准计划并付诸实施。检定或校准计划至少应包括：仪器名称、仪器编号、检定（校准）部门、检定时间、有效期限、实施人员等。

检定或校准目的是使仪器设备的量值准确，可以溯源到国家基准，因此一般采取如下方式：

（1）列入国家强制检验目录的计量器具，应交由法定计量检定机构或者授权的计量检定部门检定，并获取检定证书。

（2）未被列入国家强制检验目录的非强制检定的计量器具，可交由法定计量机构或其他具有相应资质的实验室进行检定或校准，获取相应的检定证书或报告；也可以由化验室按自检规程校准，记录校准结果，但校准人员应具备该仪器操作和校准的能力，这种方法一般不宜采用。

（3）当某些仪器找不到检定或校准的实施部门，也就是不能溯源至国家计量基准时，可采用实验室间比对、同类设备相互比较、实验室能力验证等方式确认该仪器的准确性和可靠性，并保留相应的证明记录。

检定和校准的结果应进行有效的确认，当结果中包含修正值时，应在仪器使用时得到有效运用。检定和校准证书以及其他校准记录应归档保存。

根据计量器具强制检定的规定和实验室质量控制规范标准的规定，化验室常用仪器设备的计量检定周期一般规定为：

紫外分光光度计、酸度计、天平：检定周期为一年。

气相色谱仪、液相色谱仪、色质联用仪、液质联用仪、原子吸收分光光度计、原子荧光光度计、等离子发射光谱仪、电位滴定仪：检定周期为两年。

烘箱、高温电阻炉：检定周期为两年。

温湿度计：检定周期为三年。

滴定管、移液管、容量瓶、分样筛：检定周期为三年。

当仪器出现故障，修复后重新投入使用，或某些仪器移动了位置，重新安装后应该重新进行计量检定；当某些仪器使用频率特别高时，应适当缩短检定周期，以确保仪器的检验数据准确可靠。

四、 标准物质和标准溶液

1. 标准物质

标准物质是具有一种或多种足够均匀和很好确定了特性值，用以校准设备评价测量方法或给材料赋值的材料或物质。我国把标准物质分为一级标准物质和二级标准物质两个级别。一级标准物质是由国家计量部门批准、颁布并授权生产，采用绝对测量法或两种以上不同原理的准确可靠的方法定值，也可由多个实验室采用同一种方法协同定值，计量准确度达到国内最高水平，稳定性在一年以上的物质；二级标准物质是由国家计量部门批准、颁布并授权生产，采用与一级标准物质相比较方法或一级标准物质定值方法定值，计量准确度能满足一般测量的需要，稳定性在半年以上的物质。

（1）溯源 化验室采购标准物质时，应选择能够溯源到国际标准或国家标准的有证标准物质，并应对标准物质的浓度和有效期进行确认。当标准物质无法进行量值溯源时，应获取生产厂商出具的能说明其特性的有效证明，并进行验证试验或比对试验，确保其特性符合生产厂商标称的特性。

（2）使用 标准物质证书一般给出标准物质名称、分子式和结构式、理化性质、编号、定值日期、定值方法、特性值、测量不确定度、有效期和贮存要求等信息，使用前应仔细阅读。标准物质通常用于：

①量值传递：标准物质具有准确的特性量值和高度的均匀性及良好的稳定性，可以在有限时间和空间进行量值传递。

②分析方法的研究：研究制定分析方法时选用与被测样品相似（物理状态、基体组成、含量范围）的标准物质进行试验，可以科学评价分析方法的灵敏度、精密度、变动性和固有误差等技术要素。

③评价分析结果的准确度：测量实际样品的同时，在相同条件下测定标准物质，如标准物质的测定结果与证书上给出的特性值一致，则表明分析结果准确可靠。

④仲裁依据：当不同实验室对同一样品检测结果不一致，发生争执的双方都认为自己的检测数据准确时，可选择与样品相似的标准物质进行测定，测定结果与标准物质特性值相符的一方为检验结果可靠的一方。

⑤配制工作标准：采用标准物质配制系列标准溶液来制作标准工作曲线，可使不同实验室的分析结果或同一实验室各次分析结果建立在一个共同的基础上，具有可比性。

⑥实验室考核：采用标准物质考核和评价实验室的质量保证能力和检验人员的检验技术水平。

（3）验收 标准物质从购置到使用完毕都应处于受控状态，确保它的特性值始终准确。标准物质到货后应由专人负责验收、登记；使用时应进行必要的特性检查；如果需要，还应根据规定对标准物质进行期间核查。

标准物质的验收主要是按照订购合同要求对实物进行查验，包括查看包装是否密闭完好、是否附有可靠的证书或其他有效证明、标签内容和证书内容是否一致等。验收合格的标准物质应交专人保管，存放于符合要求的环境下，保存好相关记录。

对标准物质特性值的检查一般应采取技术的手段，以检验结果的准确性判断标准物质的可靠性，这些技术手段包括：与另外的标准物质进行比对验证其浓度的变化；用色谱、质谱、光谱等特征图谱验证化学结构的变化；利用化学特征反应验证化学稳定性的变化等。标准物质的期间核查是指在标准物质有效期内对标准物质进行的全面检查，包括外观的检查和用上述技术手段对特性值的检查，化验室可根据使用标准物质的具体情况制定期间核查计划并组织实施。

（4）管理　标准物质是化验室量值溯源的一个重要途径，它与化验室中的计量仪器一样，都是管理的重点。化验室应建立相关制度对标准物质进行规范有效的管理。

标准物质的采购应经过必要的申请和审批，选择合格的供应商购买。标准物质到货后应有专人验收，检查货证相符、包装完好和外观正常。应建立标准物质台账，记录标准物质的名称、到货日期、编号、数量、浓度、规格、供应商、生产厂、生产日期、有效期、存放地点、存放环境、领用信息以及注销信息等。标准物质台账是动态的，应及时更新，保证账物相符。需要进行期间核查的应做好记录并妥善保存。

标准物质的保存应严格按要求进行，其存放温度一般有常温、冷藏和冷冻三种情况，有些标准物质需要在避光或干燥的环境下保存，对于具有毒性和化学危险性的标准物质，除了按标准物质的管理要求进行管理外，还应按危险品的相关管理要求贮存、使用和处理。

（5）注意事项

①标准物质的使用范围、价态、溶剂符合使用的要求。

②标准物质的特性值及其不确定度应与被检测参数的含量水平和允许误差相匹配。

③标准物质的基体组成与被检测样品基体尽可能相同或相似。

④标准物质的形态或测量时的形态应与被检测样品相同。

⑤标准物质的取样量应与证书上的规定相符。

⑥标准物质证书上要求的其他条件。

2. 标准溶液

用基准试剂配制成元素、离子、化合物或原子团的准确浓度的溶液称为标准溶液。标准溶液也可以基准试剂为参照用其他方法标定其准确的浓度。标准溶液浓度准确与否直接影响到相关检测结果的准确程度，从这个意义上讲，标准溶液是分析化学中以液体形式存在的标准物质。

作为配制或标定标准溶液的基准试剂应满足以下条件：一是要有足够高的纯度，杂质含量一般不超过 0.01%；二是组成与它的化学式完全相符，如含有结晶水，其结晶水的含量应符合化学式；三是性质稳定，一般情况下不易失水、吸水或变质，不与空气中的氧气及二氧化碳发生反应；四是参加反应时，能按反应式定量地进行，没有副反应；五是要有较大的摩尔质量，以减小称量时的相对误差。

（1）分类　标准溶液通常分为以下两大类。

①滴定分析用的标准溶液：也称作标准滴定溶液，一般通过必要的标定确定其准确的浓度，如氢氧化钠标准溶液、碘标准溶液等。标准滴定溶液的配制和标定应按GB/T 601《化学试剂　标准滴定溶液的制备》标准配制和标定，要求双人标定，每人四次平行，误差不超过0.1%。

②测定杂质用的标准溶液：一般采用基准试剂或标准物质直接配制准确的浓度，如铁标准溶液、铅标准溶液等。杂质测定用标准溶液应按GB/T 602《化学试剂　杂质测定用标准溶液的制备》制备。杂质测定用标准溶液的量取体积应在0.05～2.0mL。

（2）保存　标准溶液的配制和标定都应按规定做好记录，存放标准溶液的容器和贮存环境应满足标准溶液化学稳定性的要求。标准溶液必须加贴规范的标签，同一化验室中标准溶液的标签应统一，至少应注明标准溶液的名称、浓度、制备日期、有效期及制备人等。标准溶液在有效期内必须保持准确的浓度，由于不同标准溶液的化学稳定性各不相同，因此其有效期有较大差异，确定有效期最好的方法是在现存环境条件下对不同标准溶液的浓度进行测定，观察不同溶液对时间的稳定性，从而确定该标准溶液的有效期。

GB/T 27404—2008《实验室质量控制规范　食品理化检测》附录C，给出了三类标准溶液的参考有效期，可供参考：

①标准滴定溶液：常温保存，有效期为两个月，浓度≤0.02mol/L时，应在临用前稀释配制。

②农兽药标准溶液：用于农药、兽药残留检验的标准溶液一般配制成浓度为0.5～1mg/mL的标准储备液，保存在0℃左右的冰箱中，有效期为6个月；稀释成浓度为0.5～1μg/mL或适当浓度的标准工作液，保存在0～5℃的冰箱中，有效期为2～3周。

③元素标准溶液：一般配制成浓度为100μg/mL的标准储备液，保存在0～5℃的冰箱中，有效期为6个月，稀释成浓度为1～10μg/mL或适当浓度的标准工作液，保存在0～5℃的冰箱中，有效期为1个月。

五、　样品

1. 抽样

对生产过程或原材物料的质量控制都是通过样品检验来实现的，样品的真实性和有效性是保证质量监控可靠、有效的基本前提。化验室样品来源有送样和抽样两种。送样是样品已经制备完成，检验结果只代表样品的相关特性，而抽样是依据对样品的检验结果来估计整批产品的相关特性，这就要求抽取样品有很好的代表性。

采用科学的抽样方法，使抽得的样品具有充分的代表性，是抽样工作应遵循的基本原则。抽样方法应建立在数理统计的基础上，尽可能从需检验的批量产品中随机地、等概率地、均匀地抽取样品，保证样品质量特性与整批产品的质量特性一致，同时用尽可能少的样品，最大程度地反映总体的质量特征。

化验室应根据检测物料不同的特点，制定与之相适应的抽样方案，抽样人员应经过适当的培训，了解抽样产品的基本特性，掌握抽样理论和抽样方法。抽样工作中重点应关注：

（1）确定批量　明确抽取样品所代表的总体，通常相同品质的产品为一个批次。

（2）抽样数量　满足检验、复查和留样的数量要求。

（3）抽样部位　在整批产品的不同方位均匀布点、抽样，满足抽样随机性、代表性的要求。

（4）抽样工具　保证抽取的样品不产生任何成分的变化，满足样品真实性要求。

（5）抽样记录　要有时间、地点、人员等足够的信息量，满足样品溯源的要求。

2. 制样

从整批产品中抽取的样品进入化验室后，要经过适当的处理才能作为检验样品进入检验环节，这种对直接抽取出来的样品进行制作，从中得到供化验室检验用样品的加工制作过程称为制样。制样应把握三条最基本的原则：一是原始样品的各部分应有相同的概率进入最终样品；二是不破坏样品的代表性，不改变样品的组成，不使样品受到污染和损失；三是样品要有充分的均匀一致性。

液体样品在确保不污染、不损失的情况下，充分摇匀；粉状或粒状样品在确保不污染、不损失的情况下多采用四分法缩分。经过制样所得的最终样品的量应该满足检验和备查的需要，一般是将最终样品等量分成 3 份，1 份直接用于检验，1 份用于不合格复检或有疑义时复检，1 份留作样品保存。每一份样品的数量至少应为检验需要数量的 3 倍。

3. 管理

化验室应有全职或兼职的样品管理员，全面负责样品的管理工作，特别是生产过程控制以外样品的管理，应建立包括样品登记、编号、制样、流转、保存和处置等制度。为了安全、有效地保存样品，化验室应根据样品数量和特性设立存放样品的场所，该场所应相对独立，能满足相关样品需要的存放条件的要求，既要方便样品的存放和领用，又要杜绝无关人员随意接触样品，确保样品的安全性。

化验室应建立样品登记台账，记录样品的来源、抽样人员或送样人员、样品数量、外观状态、具体时间等信息；每一份样品应有唯一性编号，必要时还应区分样品所处的状态（未检验、正在检验、检验完毕），防止产生任何的混淆；样品需要在不同的人员间或不同的实验室流转时，应给予必要的交接控制，防止遗失或损坏；样品的存放一般应选用易于密封、稳定、洁净的容器，防止挥发、吸潮、氧化、吸附和污染；留存的样品应存放于规定的环境中，对温度、湿度、通风、避光、隔离等条件进行有效控制，保证样品在规定的存放期内不发生检验特性方面的变化；对按规定超出保存期限的样品要及时清理，合理处置。样品的入库、领用、清理、处置都应留有记录并按规定妥善保存。

除了检验样品的管理以外，葡萄酒生产企业应该对每一批次的产品都有留样，用作质量对照或提供实物参考，其留样数量应满足需要。留样应单独存放在适宜的环境条件下，做好相应的记录。

六、 检验方法

检验方法是分析检验工作的技术依据，要想获得准确的检验结果，离开了科学、有效的检验方法是不可能实现的，同时，要使不同实验室的检验数据相互得到认可，没有统一的检验方法也是不可能实现的。因此，采用正确的检验方法是化验室管理的重要技术要求。

1. 方法分类

随着国际交流的日益广泛和检验技术水平的不断提升，用于实验室的检验方法也在不断地更新和变化，按照检验方法的来源不同，可将检验方法分为两大类，即标准方法和非标准方法。

（1）标准方法　标准方法是指有关标准化组织制定、颁布的在一定区域内统一使用的检验方法。标准方法包括：

①国际标准：由国际标准化组织（ISO）和国际电工委员会（IEC）颁布的标准以及由国际标准化组织认可的其他国际标准化机构发布的标准。国际标准化组织认可的与食品和葡萄酒有关的国际标准化机构包括：世界卫生组织（WHO）、联合国粮食及农业组织（UNFAO）、国际食品法典委员会（CAC）、国际有机农业运动联合会（IFOAM）、国际谷类加工食品科学技术协会（ICC）和国际葡萄与葡萄酒组织（OIV）等。

②国际区域性标准：由世界某一区域标准化团体颁布的标准或采用的技术规范，如欧洲标准化委员会颁布的 EN 标准等。

③国家标准：由国家标准化主管部门批准发布的标准，常用的是我国国家标准和世界经济技术发达国家的国家标准。我国的国家标准有强制性国家标准（GB）和推荐性国家标准（GB/T），其他国家的国家标准如美国国家标准学会（ANSI）、英国国家标准（BS）、德国国家标准（DIN）、日本工业标准（JIS）等。

④其他标准：我国除国家标准外，还有行业标准、地方标准和企业标准，分别是由行业标准化主管部门批准发布，在行业范围内统一使用的标准；由省、自治区或直辖市标准化主管部门批准发布，在辖区范围内统一使用的标准；由企业组织制定经当地标准化管理部门备案后发布，作为企业生产依据的标准。

（2）非标准方法　非标准方法是未经过标准化部门批准发布的检验方法，也就是除标准方法以外的检验方法，主要包括：某些技术组织发布的检验方法，如美国官方分析化学家协会（AOAC），某些权威科技文献刊载的检验方法，仪器生产厂家提供的所生产仪器适用的检验方法以及化验室自行制定的检验方法等。除此以外，还有在标准方法基础上进行适当改进的方法，按照《实验室质量控制规范　食品理化检测》标准的规定，这类方法为"偏离的标准方法"，也应归为非标准方法，如标准方法中规定检验铁、铜等金属离子的含量用原子吸收分光光度计（AAS）法检测，但随着等离子耦合发射光谱仪（ICP）的普及使用，许多离子可以用 ICP 同时进行定量分析检测，不仅保证了检测结果的准确程度，还大大提高了工作效率，这就属于偏离的标准方法。

2. 方法选择

当对同一检验项目存在多个检验方法时，就要对方法进行选择，确定其中的一个方法作为检验依据。当样品所属方有明确要求时，也就是客户有要求时，应首先满足客户的要求。当没有客户或客户没有要求时，选择检验方法应遵循以下原则：首先应选择标准方法，在标准方法中，优先选择国家标准方法和国际标准方法。当法律法规有明确规定时，应首先遵从法律法规规定的方法，如果没有国家标准方法和国际标准方法，可根据所属的行业、所在的区域和企业依次选择行业标准方法、地方标准方法和企业标准方法。当没有标准方法可选择时，可以选择非标准方法，非标准方法选择顺序应首先考虑方法的准确性和适用性，然后再考虑方法的权威性。

无论选择哪一种检验方法，都应经过必要的技术验证，同时保证方法的现行有效，特别是标准方法，应该使用最新版本。像其他标准、文件的管理一样，化验室所使用的检验方法应由专人查新、管理，对有效版本进行控制，包括有效的标识、文件的编号、领用人签名、领用时间、存放地点等，对作废的文件及时清理或加以标记。

3. 方法确认

无论是标准检验方法还是非标准检验方法，其准确程度除了受到方法原理、设备、试剂等条件的限制以外，还与环境条件、操作技能以及其他不确定的因素有关，因此，首次采用的检验方法都应进行必要的技术确认，对相关技术要素进行验证。通过验证，确定本化验室是否具备该检验方法所需要的人力、物力资源；检验该方法在本化验室是否具有可操作性；证实该方法在本化验室条件下能否达到预定的技术要求。在验证过程中如果发现选定的检验方法有不明确的地方，或者不完善的地方，应该形成文件化的作业指导书，对方法进行细化、完善和补充。

对检验方法的技术确认一般包括：回收率、校准曲线、精密度、测量低限、准确度等；使用标准物质进行验证；与使用其他方法所得的结果进行比较；与其他实验室结果进行比较、对方法的不确定度进行评定等。

（1）回收率　回收率通常是验证检验方法是否可行的一个有效的依据。回收率就是在样品中添加已知量的被测物质，然后检测被测物含量，通过公式（11－1）计算得出

$$回收率/\% = \left[（加标试样测定值－试样测定值）/加标量\right] \times 100 \qquad (11-1)$$

对于食品中的禁用物质，回收率应在方法测定低限、两倍方法测定低限和十倍方法测定低限进行三水平试验；对于已制定最高残留限量（MRL）的物质，回收率应在方法测定低限、MRL、选一合适点进行三水平试验；对于未制定 MRL 的，回收率应在方法测定低限、常见限量指标、选一合适点进行三水平试验。回收率的参考范围见表 11－1。

表 11－1　　　　　　　　　　　　　　**回收率范围**

被测组分含量/（mg/kg）	回收率范围/%	被测组分含量/（mg/kg）	回收率范围/%
>100	95～105	0.1～1	80～110
1～100	90～110	<0.1	60～120

（2）校准曲线　在规定条件下，表示被测量值与响应值之间关系的曲线，校准曲线可用线性回归方程计算，见公式（11 - 2）、公式（11 - 3）、公式（11 - 4）和公式（11 - 5）。

$$y = a + bX \tag{11-2}$$

$$a = \frac{\sum X^2(\sum Y) - (\sum X)(\sum XY)}{n\sum X^2 - (\sum X)^2} \tag{11-3}$$

$$b = \frac{n(\sum XY) - (\sum X)(\sum Y)}{n\sum X^2 - (\sum X)^2} \tag{11-4}$$

$$r = \frac{n(\sum XY) - (\sum X)(\sum Y)}{\sqrt{[n\sum X^2 - (\sum X)^2][n\sum Y^2 - (\sum Y)^2]}} \tag{11-5}$$

式中　X——自变量，为横坐标上的值

Y——应变量，为纵坐标上的值

b——直线的斜率

a——直线在 Y 轴上的截距

n——测定次数

r——回归直线的相关系数

校准曲线应给出适宜的工作范围，至少做 5 个点（不包括空白），浓度范围尽可能覆盖一个数量级。对于筛选方法，线性回归方程的相关系数不应低于 0.98；对于确证方法，相关系数不应低于 0.99。测试溶液中被测组分浓度应在校准曲线的线性范围内。

（3）精密度　精密度是指在相同条件下，n 次重复测量结果彼此相符合的程度。精密度的高低，常用标准偏差或变异系数表示，计算见公式（11 - 6）、公式（11 - 7）。

$$S = \sqrt{\frac{\sum_{i=1}^{n}(X_i - \overline{X})^2}{n-1}} \tag{11-6}$$

$$CV = \frac{S}{\overline{X}} \tag{11-7}$$

式中　S——标准偏差

X_i——单次测量值

$\overline{X}$——多次测量平均值

n——测量次数

CV——变异系数

对于食品中的禁用物质，精密度实验应在方法测定低限、两倍方法测定低限和 10 倍方法测定低限三个水平进行；对于已制定最高残留限量（MRL）的，精密度实验应在方法测定低限、MRL、选一合适点三个水平进行；对于未制定 MRL 的，精密度实验应在方法测定低限、常见限量指标、选一合适点三个水平进行。重复测定次数至少为 6。实验室内部的变异系数参考范围见表 11 - 2。

表 11 – 2 实验室内变异系数

被测组分含量	实验室内变异系数（CV）/%	被测组分含量	实验室内变异系数（CV）/%
0.1μg/kg	43	100mg/kg	5.3
1μg/kg	30	1000mg/kg	3.8
10μg/kg	21	1%	2.7
100μg/kg	15	10%	2.0
1mg/kg	11	100%	1.3
10mg/kg	7.5		

（4）测定低限　方法的测定低限按式（11 – 8）计算。

$$C_{L} = 3S_{b}/b \tag{11 – 8}$$

式中　C_{L}——方法的测定低限

　　　　S_{b}——空白值标准偏差（一般平行测定 20 次得到）

　　　　b——方法校准曲线的斜率

对于已制定 MRL 的物质，方法测定低限加上样品在 MRL 处的标准偏差的三倍，不应超过 MRL 值，对于禁用物质，方法检测低限应尽可能低。

（5）准确度　是在一定实验条件下多次测定的平均值与真值相符合的程度。平均值与真值（将标准物质的量作为真值）的偏差指导范围见表 11 – 3。

表 11 – 3 测定值与真值的偏差指导范围

真值含量/（mg/kg）	偏差范围/%	真值含量/（mg/kg）	偏差范围/%
<0.001	– 50 ~ + 20	10 ~ 1000	<15
0.001 ~ 0.01	– 30 ~ + 10	1000 ~ 10000	<10
0.010 ~ 10	– 20 ~ + 10	>10000	<5

（6）不确定度　表征合理地赋予被测量之值的分散性，与测量结果相联系的参数称为测量不确定度。出现下列情况之一时，应该进行测量不确定度评定：

①检测方法有要求。

②测量不确定度与检测结果的有效性或应用领域有关。

③客户提出要求。

④当测试结果处于规定指标临界值附近，测量不确定度对判断结果符合性会产生影响。

测量不确定度一般由若干个分量组成，每个分量用其概率分布的标准偏差估计值表征，称为标准不确定度分量，用标准不确定度表示的各分量用 u_i 表示。根据对 x_i 的一系列测得值 x_i 得到实验标准偏差的方法为 A 类评定，根据有关信息估计的先验概率分布得到标准偏差估计值的方法为 B 类评定。

A 类不确定度按公式（11 – 9）和公式（11 – 10）进行计算：

$$s(x_k) = \sqrt{\frac{1}{n-1}\sum_{i=1}^{n}(x_i-\bar{x})^2} \tag{11-9}$$

$$u_A(x) = s(\bar{x}) = s(x_k)/\sqrt{n} \tag{11-10}$$

式中　$s(x_k)$——实验标准偏差

　　　　$\bar{x}$——n 次测量结果的平均值

　　　　x_i——单次测量值

　　　　$u(x)$——A 类评定的不确定度

B 类评定的方法是根据有关的信息或经验，判断被测量的可能值区间（$\bar{x}-a$，$\bar{x}+a$），假设被测量值的概率分布，根据概率分布和要求的概率 p 确定 k，则 B 类评定的标准不确定度 $u_B(x)$ 可由公式（11-11）计算得到：

$$u_B(x) = \frac{a}{k} \tag{11-11}$$

式中　a——被测量可能值区间的半宽度

　　　k——置信因子（当 k 为扩展不确定的倍乘因子时称包含因子）

计算好 A 类和 B 类不确定度后，要进行合成不确定度的计算，计算公式见（11-12）：

$$u_c(y) = \sqrt{\sum_{i=1}^{N}\left[\frac{\partial f}{\partial x_i}\right]^2 u^2(x_i)} \tag{11-12}$$

式中　$u_c(y)$——合成标准不确定度

　　　　x_i——单次测量值

　　　　$u(x_i)$——A 类评定的不确定度

在给出测量结果时，一般情况下报告扩展不确定度 U，按公式（11-13）计算。

$$U = ku_c \tag{11-13}$$

式中　u_c——合成标准不确定度

　　　k——包含因子，一般取 2 或 3

七、检验

检验是化验室工作的核心内容，保证检验数据准确、科学、及时、高效是化验室管理的根本目的。检验过程是由多个工作环节构成的，只有对每一个环节中的关键控制点进行严格、有效的控制，才能保证检验结果的准确、可靠。

1. 接收样品

样品是保证检验工作质量的源头。样品是否有代表性是抽样过程应该考虑的问题，而用于检验的样品是否准确可靠，保持了样品应有的特性，是化验员必须查验的内容。查验应从样品的真实性、准确性、完好性、适用性等方面入手，符合要求的样品可直接进入检验程序；不符合要求的样品应做相应的处理并做好相关记录；对有异议的样品应进行必要的核实，确认后再做决定。

（1）真实性　主要查验样品的来源是否真实。化验室接收的样品来源一般有生产控制样品、购进原辅材料样品、成品入库前检验的样品、有争议的样品和企业外部委托检验的样品。这些样品由于来源不同，它们的包装形式、状态、数量、检验要求等信息也各不相同，要根据样品的来源和样品反映的信息，分析、确认样品的真实性，避免不真实的样品进入检验程序。

（2）准确性　主要查验样品标签与实物以及检验任务是否相符。进入化验室的样品有些是有包装、有标签的成品，有些是无包装、无标签的半成品，但无论有无标签，化验室作为样品接收都应加贴带有唯一编号的样品标签，查验时应检查样品标签内容与实物是否相符，与检验任务是否一致。

（3）完好性　主要查验样品状态是否完好。对有预包装的成品样品，查验包装是否完好，有无破损，是否保持了样品应有的状态；对无包装的半成品，查验盛装的容器是否合适，有无造成样品污染、挥发、吸潮等改变样品特性的可能。

（4）适用性　主要查验样品特征是否满足检验需要。不同的检验项目对样品有不同的要求，如微生物检验，样品应在无菌状态下取样封存；对需低温保存的样品，是否满足保存温度的要求；样品的数量是否满足检验项目的需求等。

2. 检验准备

样品进入检验程序后，首先应根据检验项目确定检验方法，根据检验方法的要求做好检验前的准备，包括：环境条件的准备，对温湿度有要求的，对洁净度有要求的，都应按要求调控好这些环境参数，使之达到规定的范围；仪器设备的准备，要备齐所使用的仪器设备并对其进行检查，确保其在检定周期内并准确可靠；标准物质和标准溶液的准备，对使用到的标准物质和标准溶液进行必要的核查，确保在有效期内；其他方面的准备，熟悉检验方法，理解检验原理，掌握操作要领，明确操作步骤；准备好原始记录等表格和文书，实时进行记录、运算等。

3. 检验

按照选定的检验方法或作业指导书的规定，在适宜的条件下进行检验操作，得出结果，做好原始记录。常规样品的检验一般应做双平行实验，双平行实验结果在规定的误差范围内时，取其平均值作为最终检验结果。新开展的项目或疑难项目，应做多平行实验，增加结果的准确性。对不符合标准规定的检验结论或有争议的检验结论，应重新取样进行复检。检验过程中出现异常现象应如实记录，分析原因，采取有效措施进行纠正，避免同类现象再次发生。当异常现象有可能影响数据的准确性时，应立即终止实验，做好记录，重新进行该项实验，确保得出准确的结果。

4. 记录

记录是检验工作必不可少的工作内容，记录控制的重点是它的真实性、准确性、完整性和规范性。检验过程的记录一般称作原始记录，它是整个检验活动的文字记载，通过原始记录的信息，可以使实验过程得到重现。

原始记录的真实性是指它必须在实验现场实时记录，不得事后补记或抄正，所有记录的内容应该是实验过程真实的情况，不存在任何虚假信息；准确性是指原始记录所记载的内容应该准确可靠，避免粗心马虎造成的记录错误或运算错误等；完整性是指原始记录所载明的信息应该完整，能够得到复现，至少应包括实验的时间、地点、操作人、环境条件、检验方法、实验现象（必要时）、使用仪器、相关数据、运算公式、最终结果等；规范性是指原始记录的格式和记录方法应该有明确规定，按照质量管理手册的要求进行，通常的要求一般包括必须用蓝色或黑色的不易涂改的签字笔记录、涂改的地方应进行划改并有划改人的签章、数字记录和运算应符合相关规定等。

如果需要对样品进行复检，应同时保留初次检验和复检的原始记录，当两次检验结果都没有误时，一般应以复检结果作为最终报出结果。

对于重复记录的内容，应该采用固定格式的表格，表格的样式应该受到控制，一经批准不可随意更改。

5. 数据

检验原始记录，离不开数据的记录和运算，要正确记录和运算，必须了解数字记录的一般要求，掌握有效数字的概念和运算规则。

（1）有效数字　检验过程得到的观测数值，它最后一位数都是仪器最小刻度以内的估计值，称为可疑值，其他几位是准确值，有效数字的位数包括所有准确数字和一位可疑数字。检验记录的数值，有效位数应与仪器固有的读数有效位数相符，检验结果的有效位数应该与检验方法相符，计算中间所得数据的有效位数应多保留一位。

（2）修约规则　有效数字的修约规则应遵循 GB/T 8170《数字修约规则与极限数值的表示和判定》标准的规定，简单概括起来，就是"四舍六入五考虑"的规则。被修约的数 ≤4 时，该数及其后数都舍去，如 14.243，修约到保留 1 位小数，修约后为 14.2；被修约的数 ≥6 时，该数则进 1，如 26.484，修约到保留 1 位小数，修约后为 26.5；被修约数 =5 时，就应考虑具体情况进行修约，当 5 后非全为 0 时则进一，如 1.0501，修约到保留 1 位小数，修约后为 1.1；5 后全为 0 时，要看 5 前是奇数还是偶数，当是奇数时则进 1，当是偶数时则舍去，如 0.350，和 0.650，修约到保留 1 位小数，修约后分别为 0.4 和 0.6。

（3）运算规则　由实验获得的数据要经过必要的运算才能得出最终结果，运算过程中要依据有效位数的运算规则，遵循以下方法：加减预算时，有效数字保留的位数应以参与运算各数中小数点位数最少的数为准；乘除运算时，有效数字保留的位数应以参与运算各数中有效数字位数最少的数为准；运算的中间过程可以多保留 1 位有效数字，运算出最终结果再进行修约。

八、 质量控制

质量控制是指为达到质量要求所采取的作业技术和活动。对从事葡萄酒质量控制和检验的化验室来说，这些作业技术和活动包括：确定检验样品的属性，确认是否符合检验的要求，如样品的种类、状态、数量、来源和传递方式等；选择合适的检验方法，如检验方法的灵敏度、可操作性等；制定具体的检验操作规程，如作业指导书等；明确所采用的检验方法需要的资源，如检验工具和仪器等；最终检验结果的表述和判定等。质量控制的目的在于控制检验的各个工作环节都达到规定的要求，对影响检验结果的各种因素，尤其是其中的关键因素，如人员的能力、环境的条件、设备的精度、方法的准确、供应品的质量等。

为了确保检验数据的准确、稳定、可靠，化验室应根据检验工作的特点每年制定年度质量控制计划，明确质量控制的目的、采用的方法、参加的人员、实施的时间、达到的要求以及评价的标准等，并按计划组织实施。质量控制计划应覆盖主要的检验项目、检验仪器和从事检验的人员，必要时还应绘制质量控制图，观察检验工作的稳定性、系统偏差及其趋势，及时发现异常现象。

质量控制可采取的方法主要有：

1. 对检验方法的控制

对已经选用的检验方法，应不定期进行方法验证，以考察方法的稳定性和相关条件变化产生的影响，常用的方法有做空白实验、绘制标准曲线和测试回收率等。

在与检验样品相同的条件下做空白实验，若空白值在控制限以内，可忽略不计，证明实验环境没有明显干扰；若空白值比较稳定，可进行 n 次重复检验，计算出空白平均值，在样品检验值中扣除；若空白值明显超出正常范围，则表明检验过程有不可忽视的沾污，样品检验结果不可靠，应进一步查明原因并采取必要的改进措施。对利用标准曲线得出检验结果的检验项目，应按规定的期限重新绘制工作曲线，一方面考察标准曲线的线性范围、相关系数等技术参数是否符合要求，另一方面，可与以前绘制的工作曲线进行比较，看有无显著变化，通过这些信息确认该检验方法在现有实验条件下的准确程度。回收率实验是质量控制过程中常用的方法，不同含量范围的样品有不同的回收率要求，GB/T 27404—2008《实验室质量控制规范 食品理化检测》的附录 F 给出了不同含量样品的回收率范围，见本章表 11 – 1。若回收率在表 11 – 1 给定范围以内，证明该实验方法有效，可以继续使用；若回收率超出表 11 – 1 给定范围，则证明此时的实验条件与方法确认时的实验条件有显著改变，应进一步查明原因，进行必要的改进。

2. 用已知含量的样品控制

已知含量的样品包括标准物质、标准溶液、实物标样和加标样品（在被检样品中添加已知量的标准物质）等，这些样品也可称为质量控制样品，通常称为质控样品。将质控样品与待检测样品同时检验，若质控样品检出的含量与已知含量相符，则待测样品的检验结果是可采信的，否则，该检验结果不可信，存在不容忽视的误差或过失，应立即查明原因，进行有效纠正，然后对待测样品重新进行检验。

3. 比对实验控制

比对实验是实施化验室质量控制比较方便和常用的方法，该方法在没有质控样品的情况下可以进行质量控制，但该法明显的不足是对某些系统误差控制力不强，特别是同一实验室内的比对，使用过程中应加以考虑。比对实验就是对同一个样品的相同检验项目进行不同人员之间的比对、同类仪器之间进行测试比对、两种不同检验方法之间的比对、不同实验室之间的比对等。通过比对结果的比较，可以判断检验结果是否准确，达到质量控制的目的。

4. 留样再检验控制

留样再检验是对以前检验过的样品再重新进行检验，将两个结果进行比较，看是否存在显著差异。如果有显著差异，就要查找原因，分析清楚是原来结果有误，还是现在结果有误，如果确定原结果有误，还应对原结果按规定的程序立即进行纠正，对发出的数据（报告）进行追溯、更改，挽回错误结果造成的损失。留样再检验时应注意样品的稳定性，只有保持原有特性的样品才能进行留样控制。

5. 样品相关性控制

每一份检验样品都有其自身的属性，各种成分含量不是相互孤立的，有一定的相关性，不同生产环节所取的半成品样品，其前后一定有某些必然的联系，根据样品的这些相关性和必然联系，可以对检验质量进行一些有效的控制。如根据样品的形态判断水分、脂肪的含量；根据葡萄酒感官检验对酒精度、总糖、总酸、干浸出物的印象，判断这些项目的检验数据是否异常；根据葡萄酒不同发酵阶段所取的样品，检验数据是否有应有的连贯性等。利用样品相关性进行的质量控制，只对较大的检验误差或检验过失的控制是有效的，而且这种控制必须建立在对样品的充分了解和具有丰富经验的基础上。

6. 能力验证控制

能力验证是一种化验室外部质量控制的形式，一般是指有资质的机构组织的样品比对，这些有资质的机构包括：中国合格评定国家认可中心（CNAS）、亚太地区实验室认可协会（APLAC）、国际专业技术协会、国内行业主管部门等。能力验证是组织机构按要求制备样品，分发给参加能力验证的单位，参加能力验证的单位根据相关要求进行检验，在规定的时间上报检验结果，组织单位按相关标准对结果进行评价，最后对评价结论进行反馈或者通报。能力验证是检验化验室工作质量十分有效的方法，它可对化验室所有的技术要素进行全面的考核，对提升化验室的管理水平和检验技术水平，具有十分重要的意义。

附录 A　相关标准滴定溶液的制备

A1. 一般原则

1. 除另有规定外，制备标准滴定溶液所用试剂的等级都应为分析纯以上级别的试剂；所用基准试剂的等级都应为标准品或优级纯；实验用水应为蒸馏水。

2. 在标定标准滴定溶液时，滴定速度应保持在 6~8mL/min。

3. 称量工作基准试剂的质量小于等于 0.5g 时，按精确至 0.01mg 称量；大于 0.5g 时，按精确至 0.1mg 称量。

4. 制备标准滴定溶液滴定浓度值应在规定浓度值的 ±5% 范围以内。

5. 标定标准滴定溶液的浓度时，需两人进行实验，分别各做四平行，每人四平行结果极差与平均值之比不得大于 0.1%，两人测定结果的极差与平均值之比不得大于 0.1%。

6. 标准滴定溶液的浓度小于等于 0.02mol/L 时，应于临用前将浓度高的标准滴定溶液用煮沸并冷却的水准确稀释，必要时重新标定。

7. 除另有规定外，标准滴定溶液在常温（15~25℃）下保存时间一般不超过两个月，当溶液出现浑浊、沉淀、变色等现象时，应重新制备和标定。

8. 贮存标准滴定溶液的容器，其材料不应与溶液发生任何作用，壁厚最薄处不小于 0.5mm。

9. 标准滴定溶液的浓度值，应为两人八平行结果的平均值，保留四位有效数字。

10. 标准滴定溶液浓度平均值的扩展不确定度一般不应大于 0.2%。

11. 溶液中以（%）表示的均为质量分数，只有乙醇（95%）中的（%）为体积分数。

A2. 制备

A2.1　氢氧化钠 $[c(NaOH) = 0.1mol/L]$ 标准滴定溶液

1. 试剂

（1）氢氧化钠。

（2）邻苯二甲酸氢钾　工作基准试剂。

（3）酚酞指示剂（10g/L） 称取1.0g酚酞，溶于乙醇（95%），并用乙醇（95%）稀释至100mL。

2. 配制

称取110g氢氧化钠，溶于100mL无二氧化碳的水中，摇匀，注入聚乙烯容器中，密闭放置至溶液清亮，吸取上清液5.4mL，用无二氧化碳的水稀释至1000mL，摇匀。

3. 标定

称取经105～110℃电烘箱干燥至恒重的基准邻苯二甲酸氢钾0.75g，准确至0.0001g，加无二氧化碳水50mL溶解，加2滴酚酞指示液（10g/L），用配制好的氢氧化钠溶液滴定至溶液呈粉红色，并保持30s不变为终点，记录消耗的氢氧化钠溶液的体积（V_1），同时做空白试验，记录空白消耗的氢氧化钠溶液的体积（V_2）。

4. 计算

氢氧化钠标准滴定溶液的浓度［c（NaOH）］按式（A1）计算：

$$c(\text{NaOH}) = \frac{m \times 1000}{(V_1 - V_2)} \tag{A1}$$

式中 c（NaOH）——氢氧化钠标准滴定溶液的浓度，mol/L

   m——称取的邻苯二甲酸氢钾质量的准确数值，g

   V_1——滴定时消耗的氢氧化钠溶液的体积，mL

   V_2——空白试验时消耗的氢氧化钠溶液的体积，mL

   M——邻苯二甲酸氢钾的摩尔质量，g/mol，［M（$KHC_8H_4O_4$）= 204.22］

A2.2 硫代硫酸钠［c（1/2$Na_2S_2O_3$）=0.1mol/L］标准滴定溶液

1. 试剂

（1）硫代硫酸钠（$Na_2S_2O_3 \cdot 5H_2O$）或无水硫代硫酸钠（$Na_2S_2O_3$）。

（2）无水碳酸钠。

（3）重铬酸钾；工作基准试剂。

（4）碘化钾。

（5）硫酸溶液（20%） 量取128mL浓硫酸，缓缓注入约700mL水中，冷却，稀释至1000mL。

（6）淀粉指示剂（10g/L） 称取1g淀粉加水5mL使其成糊状，在搅拌下将糊状物加到90mL沸腾的水中，煮沸2min，冷却后定容至100mL。

2. 配制

称取26g硫代硫酸钠（$Na_2S_2O_3 \cdot 5H_2O$或16g无水硫代硫酸钠），加0.2g无水碳酸钠，溶于1000mL水中，缓缓煮沸10min，冷却，放置两周后过滤，置于棕色瓶中。

3. 标定

称取0.18g与120℃干燥至恒重的工作基准试剂重铬酸钾，置于碘量瓶中，用25mL水溶解，加2g碘化钾及20mL硫酸溶液（20%），摇匀，与暗处放置10min。加150mL水（15～20℃），用配制好的硫代硫酸钠溶液滴定，近终点时加2mL淀粉指示液

（10g/L），继续滴定至溶液由蓝色变为亮绿色，记录消耗的硫代硫酸钠溶液的体积（V_1），同时做空白试验，记录空白消耗的硫代硫酸钠溶液的体积（V_2）。

4. 计算

硫代硫酸钠标准滴定溶液的浓度 $[c(1/2Na_2S_2O_3)]$ 按式（A2）计算：

$$c(1/2Na_2S_2O_3) = \frac{m \times 1000}{(V_1 - V_2)M} \qquad (A2)$$

式中 $c(1/2Na_2S_2O_3)$ ——硫代硫酸钠标准滴定溶液的浓度，mol/L

         m——称取的重铬酸钾质量的准确数值，g

         V_1——滴定时消耗的硫代硫酸钠溶液的体积，mL

         V_2——空白试验时消耗的硫代硫酸钠溶液的体积，mL

         M——重铬酸钾的摩尔质量，g/mol，$[M(1/6K_2Cr_2O_7) = 49.031]$

A2.3   碘 $[c(1/2\ I_2) = 0.1\text{mol/L}]$ 标准滴定溶液

1. 试剂

（1）碘。

（2）碘化钾。

（3）淀粉指示剂（10g/L）   称取1g淀粉加水5mL使其成糊状，在搅拌下将糊状物加到90mL沸腾的水中，煮沸2min，冷却后定容至100mL。

（4）硫代硫酸钠标准滴定溶液 $[c(1/2Na_2S_2O_3) = 0.1\text{mol/L}]$。

2. 配制

称取13g碘及35g碘化钾，溶于100mL水中，稀释至1000mL，摇匀，贮存于棕色瓶中。

3. 标定

准确量取35.00～40.00mL配制好的碘溶液（V），置于碘量瓶中，加150mL水（15～20℃），用硫代硫酸钠标准滴定溶液 $[c(1/2Na_2S_2O_3) = 0.1\text{mol/L}]$ 滴定，近终点时加2mL淀粉指示液（10g/L），继续滴定至溶液蓝色消失，记录消耗的硫代硫酸钠标准滴定溶液的体积（V_1），同时做空白试验，记录空白消耗的硫代硫酸钠标准滴定溶液的体积（V_2）。

4. 计算

碘标准滴定溶液浓度 $[c(1/2\ I_2)]$ 按式（A3）计算：

$$c(1/2\ I_2) = \frac{(V_1 - V_2)c_1}{V_3 - V_4} \qquad (A3)$$

式中 $c(1/2\ I_2)$ ——碘标准滴定溶液的浓度，mol/L

         c_1——硫代硫酸钠标准滴定溶液的准确浓度，mol/L

         V_1——滴定时消耗的硫代硫酸钠溶液的体积，mL

         V_2——空白试验时消耗的硫代硫酸钠溶液的体积，mL

         V——碘溶液的准确体积，mL

A2.4   碘酸钾 $[c(1/6\ KIO_3) = 0.1\text{mol/L}]$ 标准滴定溶液

1. 试剂

（1）碘酸钾。

（2）碘化钾。

（3）盐酸溶液（20%）　量取504mL盐酸，稀释至1000mL。

（4）淀粉指示剂（10g/L）　称取1g淀粉加水5mL使其成糊状，在搅拌下将糊状物加到90mL沸腾的水中，煮沸2min，冷却后定容至100mL。

（5）硫代硫酸钠标准滴定溶液 $[c(1/2Na_2S_2O_3)=0.1mol/L]$。

2. 配制

称取碘酸钾3.6g，溶于1000mL水中，摇匀。

3. 标定

取配制好的碘酸钾溶液35.00～40.00mL（V），置于碘量瓶中，加入2g碘化钾，溶解，加5mL盐酸溶液（20%）摇匀，与暗处放置5min，加150mL水（15～20℃），用硫代硫酸钠标准滴定溶液 $[c(1/2Na_2S_2O_3)=0.1mol/L]$ 滴定，近终点时加2mL淀粉指示液（10g/L），继续滴定至溶液蓝色消失，记录消耗的硫代硫酸钠标准滴定溶液的体积（V_1），同时做空白试验，记录空白消耗的硫代硫酸钠标准滴定溶液的体积（V_2）。

4. 计算

碘酸钾标准滴定溶液的浓度 $[c(1/6\ KIO_3)]$ 按式（A4）计算：

$$c(1/6\ KIO_3)=\frac{(V_1-V_2)c_1}{V} \tag{A4}$$

式中　$c(1/6\ KIO_3)$——碘酸钾标准滴定溶液的浓度，mol/L

　　　　c_1——硫代硫酸钠标准滴定溶液的准确浓度，mol/L

　　　　V_1——滴定时消耗的硫代硫酸钠溶液的体积，mL

　　　　V_2——空白试验时消耗的硫代硫酸钠溶液的体积，mL

　　　　V——碘酸钾溶液的准确体积，mL

A2.5　盐酸 $[c(HCl)=0.1mol/L]$ 标准滴定溶液

1. 试剂

（1）盐酸。

（2）无水碳酸钠　工作基准试剂。

（3）溴甲酚绿-甲基红指示液

a. 称取0.1g溴甲酚绿，溶于乙醇（95%），用乙醇（95%）稀释至100mL。

b. 称取0.2g甲基红，溶于乙醇（95%），用乙醇（95%）稀释至100mL。取30mL溶液a和10mL溶液b，混匀。

2. 配制

取9mL盐酸，注入1000mL水中，摇匀。

3. 标定

称取0.2g经270～300℃高温炉中灼烧至恒重的工作基准试剂无水碳酸钠，准确至0.0001g，溶于50mL水中，加10滴溴甲酚绿-甲基红指示液，用配制好的盐酸溶液滴定至溶液由绿色变为暗红色，煮沸2min，冷却后继续滴定至溶液再呈暗红色，记录消耗的盐酸溶液的体积（V_1）。同时做空白试验，记录空白消耗的盐酸溶液的体积（V_2）。

4. 计算

盐酸标准滴定溶液的浓度［c（HCl）］按式（A5）计算：

$$c(\text{HCl}) = \frac{m \times 1000}{(V_1 - V_2)M} \quad\quad\quad (\text{A5})$$

式中　c（HCl）——盐酸标准滴定溶液的浓度，mol/L

　　　　　m——称取的无水碳酸钠质量的准确数值，g

　　　　　V_1——滴定时消耗的盐酸溶液的体积，mL

　　　　　V_2——空白试验时消耗的盐酸溶液的体积，mL

　　　　　M——无水碳酸钠的摩尔质量，g/mol，［M（1/2 Na_2CO_3）=52.994］

附录 B　微生物检验用培养基及溶液的制备

一、菌落总数

B.1　平板计数琼脂培养基

B.1.1　成分

胰蛋白胨	5.0g;
酵母浸膏	2.5g;
葡萄糖	1.0g;
琼脂	15.0g;
蒸馏水	1000mL;

pH 7.0±0.2。

B.1.2　制法

将上述成分加于蒸馏水中，煮沸溶解，调节 pH。分装试管或锥形瓶，121℃高压灭菌 15min。

二、大肠菌群

B.2　磷酸盐缓冲液

B.2.1　成分

磷酸二氢钾（KH_2PO_4）	34.0g;
蒸馏水	500mL;

pH 7.2。

B.2.2　制法

贮存液：称取 34.0g 的磷酸二氢钾溶于 500mL 蒸馏水中，用大约 175mL 的 1mol/L 氢氧化钠溶液调节 pH，用蒸馏水稀释至 1000mL 后贮存于冰箱。

稀释液：取贮存液 1.25mL，用蒸馏水稀释至 1000mL，分装于适宜容器中，121℃

高压灭菌 15min。

B.3 无菌生理盐水

B.3.1 成分

氯化钠	8.5g;
蒸馏水	1000mL。

B.3.2 制法

称取 8.5g 氯化钠溶于 1000mL 蒸馏水中，121℃高压灭菌 15min。

B.4 月桂基硫酸盐胰蛋白胨（LST）肉汤

B.4.1 成分

胰蛋白胨或胰酪胨	20.0g;
氯化钠	5.0g;
乳糖	5.0g;
磷酸氢二钾（K_2HPO_4）	2.75g;
磷酸二氢钾（KH_2PO_4）	2.75g;
月桂基硫酸钠	0.1g;
蒸馏水	1000mL;

pH 6.8 ±0.2。

B.4.2 制法

将上述成分溶解于蒸馏水中，调节 pH。分装到有玻璃小倒管的试管中，每管 10mL。121℃高压灭菌 15min。

B.5 煌绿乳糖胆盐（BGLB）肉汤

B.5.1 成分

蛋白胨	10.0g;
乳糖	10.0g;
牛胆粉（oxgall 或 oxbile）溶液	200mL;
0.1%煌绿水溶液	13.3mL;
蒸馏水	800mL;

pH 7.2 ±0.1。

B.5.2 制法

将蛋白胨、乳糖溶于约 500mL 蒸馏水中，加入牛胆粉溶液 200mL（将 20.0g 脱水牛胆粉溶于 200mL 蒸馏水中，调节 pH 至 7.0～7.5），用蒸馏水稀释到 975mL，调节 pH，再加入 0.1%煌绿水溶液 13.3mL，用蒸馏水补足到 1000mL，用棉花过滤后，分装到有玻璃小倒管的试管中，每管 10mL。121℃高压灭菌 15min。

三、　酵母

B.6　孟加拉红培养基

B.6.1　成分

蛋白胨	5g;
葡萄糖	10g;
磷酸二氢钾	1g;
硫酸镁（$MgSO_4 \cdot 7H_2O$）	0.5g;
琼脂	20g;
孟加拉红	0.033g;
氯霉素	0.1g;
水	加到1000mL。

B.6.2　制法

上述各成分加入蒸馏水中溶解后，再加孟加拉红（虎红）溶液，补足蒸馏水至1000mL分装后，高压灭菌121℃20min。倾注平板前用少量乙醇溶液溶解氯霉素，加入培养基中。

四、　金黄色葡萄球菌

B.7　7.5%氯化钠肉汤

B.7.1　成分

蛋白胨	10.0g;
牛肉膏	5.0g;
氯化钠	75g;
蒸馏水	1000mL;
pH 7.4。	

B.7.2　制法

将上述成分加热溶解，调节pH，分装，每瓶225mL，121℃高压灭菌15min。

B.8　10%氯化钠胰酪胨大豆肉汤

B.8.1成分

胰酪胨（或胰蛋白胨）	17.0g;
植物蛋白胨（或大豆蛋白胨）	3.0g;
氯化钠	100.0g;
磷酸氢二钾	2.5g;
丙酮酸钠	10.0g;
葡萄糖	2.5g;
蒸馏水	1000mL;

pH 7.3 ± 0.2。

B.8.2 制法

将上述成分混合，加热，轻轻搅拌并溶解，调节 pH，分装，每瓶 225mL，121℃高压灭菌 15min。

B.9 Baird - Parker 琼脂平板

B.9.1 成分

胰蛋白胨	10.0g;
牛肉膏	5.0g;
酵母膏	1.0g;
丙酮酸钠	10.0g;
甘氨酸	12.0g;
氯化锂（LiCl·6H$_2$O）	5.0g;
琼脂	20.0g;
蒸馏水	950mL;

pH 7.0 ± 0.2。

增菌剂（30% 卵黄盐水 50mL 与经过除菌过滤的 1% 亚碲酸钾溶液 10mL 混合，保存于冰箱内）。

B.9.2 制法

将各成分加到蒸馏水中，加热煮沸至完全溶解，调节 pH。分装每瓶 95mL，121℃高压灭菌 15min。

B.9.3 用法

临用时加热溶化琼脂，冷却至 50℃，每 95mL 加入预热至 50℃ 的卵黄亚碲酸钾增菌剂 5mL 摇匀后倾注平板。培养基应是致密不透明的。使用前在冰箱储存不得超过 48h。

B.10 血琼脂平板

B.10.1 成分

豆粉琼脂（pH7.4 ~ 7.6）	100mL;
脱纤维羊血（或兔血）	5 ~ 10mL。

B.10.2 制法

加热溶化琼脂，冷却至 50℃，以无菌操作加入脱纤维羊血，摇匀，倾注平板。

B.11 革兰染色液

B.11.1 结晶紫染色液：

结晶紫	1.0g;
95% 乙醇	20.0mL;
1% 草酸铵水溶液	80.0mL;

将结晶紫完全溶解于乙醇中，然后与草酸铵溶液混合。

B. 11. 2 革兰碘液：

碘	1. 0g；
碘化钾	2. 0g；
蒸馏水	300mL。

将碘与碘化钾先行混合，加入蒸馏水少许充分振摇，待完全溶解后，再加蒸馏水至300mL。

B. 11. 3 沙黄复染液：

沙黄	0. 25g；
95% 乙醇	10. 0mL；
蒸馏水	90. 0mL。

将沙黄溶解于乙醇中，然后用蒸馏水稀释。

B. 11. 4 染色法：

涂片在火焰上固定，滴加结晶紫染液，染1min，水洗；滴加革兰碘液，作用1min，水洗；滴加95% 乙醇脱色15~30s，直至染色液被洗掉，不要过分脱色，水洗；滴加复染液，复染1min，水洗、待干、镜检。

B. 12 脑心浸出液肉汤（BHI）

B. 12. 1 成分

胰蛋白质胨	10. 0g；
氯化钠	5. 0g；
磷酸氢二钠（$Na_2HPO_4 \cdot 12H_2O$）	2. 5g；
葡萄糖	2. 0g；
牛心浸出液	500mL；

pH 7. 4 ±0. 2。

B. 12. 2 制法

加热溶解，调节pH，分装16mm×160mm试管，每管5mL置121℃、15min灭菌。

B. 13 营养琼脂小斜面

B. 13. 1 成分

蛋白胨	10. 0g；
牛肉膏	3. 0g；
氯化钠	5. 0g；
琼脂	15. 0~20. 0g；
蒸馏水	1000mL；

pH 7. 2~7. 4。

B. 13. 2 制法

将除琼脂以外的各成分溶解于蒸馏水内，加入15% 氢氧化钠溶液约2mL调节pH至7. 2~7. 4。加入琼脂，加热煮沸，使琼脂溶化，分装13mm×130mm管，121℃高压灭菌 15min。

B. 14　兔血浆

取柠檬酸钠 3.8g，加蒸馏水 100mL，溶解后过滤，装瓶，121℃高压灭菌 15min。

兔血浆制备：取 3.8% 柠檬酸钠溶液一份，加兔全血四份，混好静置（或以 3000 r/min 离心 30min），使血液细胞下降，即可得血浆。

五、 沙门菌

B. 15　缓冲蛋白胨水 （BPW）

B. 15.1　成分

蛋白胨	10. 0g;
氯化钠	5. 0g;
磷酸氢二钠 （$Na_2HPO_4 \cdot 12H_2O$）	9. 0g;
磷酸二氢钾	1. 5g;
蒸馏水	1000mL;

pH 7. 2 ± 0. 2。

B. 15.2　制法

将各成分加入蒸馏水中，搅混均匀，静置约 10min，煮沸溶解，调节 pH，高压灭菌 121℃，15min。

B. 16　四硫磺酸钠煌绿增菌液 （TTB）

B. 16.1　成分

1. 基础液

蛋白胨	10. 0g;
牛肉膏	5. 0g;
氯化钠	3. 0g;
碳酸钙	45. 0g;
蒸馏水	1000mL;

pH 7. 0 ± 0. 2。

除碳酸钙外，将各成分加入蒸馏水中，煮沸溶解，再加入碳酸钙，调节 pH，高压灭菌 121℃，20min。

2. 硫代硫酸钠溶液

硫代硫酸钠 （$Na_2S_2O_3 \cdot 5H_2O$）	50. 0g;
蒸馏水	加至 100mL;

高压灭菌 121℃，20min。

3. 碘溶液

碘片	20. 0g;
碘化钾	25. 0g;

蒸馏水　　　　　　　　　　　　　　　加至100mL。

将碘化钾充分溶解于少量的蒸馏水中，再投入碘片，振摇玻瓶至碘片全部溶解为止，然后加蒸馏水至规定的总量，贮存于棕色瓶内，塞紧瓶盖备用。

4. 0.5%煌绿水溶液

煌绿　　　　　　　　　　　　　　　　0.5g；

蒸馏水　　　　　　　　　　　　　　　100mL；

溶解后，存放暗处，不少于1d，使其自然灭菌。

5. 牛胆盐溶液

牛胆盐　　　　　　　　　　　　　　　10.0g；

蒸馏水　　　　　　　　　　　　　　　100mL；

加热煮沸至完全溶解，高压灭菌121℃，20min。

B.16.2　制法

基础液　　　　　　　　　　　　　　　900mL；

硫代硫酸钠溶液　　　　　　　　　　　100mL；

碘溶液　　　　　　　　　　　　　　　20.0mL；

煌绿水溶液　　　　　　　　　　　　　2.0mL；

牛胆盐溶液　　　　　　　　　　　　　50.0mL；

临用前，按上列顺序，以无菌操作依次加入基础液中，每加入一种成分，均应摇匀后再加入另一种成分。

B.17　亚硒酸盐胱氨酸增菌液 （SC）

B.17.1　成分

蛋白胨　　　　　　　　　　　　　　　5.0g；

乳糖　　　　　　　　　　　　　　　　4.0g；

磷酸氢二钠　　　　　　　　　　　　　10.0g；

亚硒酸氢钠　　　　　　　　　　　　　4.0g；

L－胱氨酸　　　　　　　　　　　　　0.01g；

蒸馏水　　　　　　　　　　　　　　　1000mL；

pH 7.0±0.2。

B.17.2　制法

除亚硒酸氢钠和L－胱氨酸外，将各成分加入蒸馏水中，煮沸溶解，冷至55℃以下，以无菌操作加入亚硒酸氢钠和1g/L L－胱氨酸溶液10mL（称取0.1g L－胱氨酸，加1mol/L氢氧化钠溶液15mL，使溶解，再加无菌蒸馏水至100mL即成，如为DL－胱氨酸，用量应加倍）。摇匀，调节pH。

B.18　亚硫酸铋 （BS） 琼脂

B.18.1　成分

蛋白胨　　　　　　　　　　　　　　　10.0g；

牛肉膏	5.0g;
葡萄糖	5.0g;
硫酸亚铁	0.3g;
磷酸氢二钠	4.0g;
煌绿	0.025g 或 5.0g/L 水溶液 5.0mL;
柠檬酸铋铵	2.0g;
亚硫酸钠	6.0g;
琼脂	18.0 ~ 20g;
蒸馏水	1000mL;

pH 7.5 ± 0.2。

B.18.2　制法

将前三种成分加入 300mL 蒸馏水（制作基础液），硫酸亚铁和磷酸氢二钠分别加入 20mL 和 30mL 蒸馏水中，柠檬酸铋铵和亚硫酸钠分别加入另一 20mL 和 30mL 蒸馏水中，琼脂加入 600mL 蒸馏水中。然后分别搅拌均匀，煮沸溶解。冷至 80℃ 左右时，先将硫酸亚铁和磷酸氢二钠混匀，倒入基础液中，混匀。将柠檬酸铋铵和亚硫酸钠混匀，倒入基础液中，再混匀。调节 pH，随即倾入琼脂液中，混合均匀，冷至 50 ~ 55℃。加入煌绿溶液，充分混匀后立即倾注平皿。

B.19　木糖赖氨酸脱氧胆盐（XLD）琼脂

B.19.1　成分

酵母膏	3.0g;
L - 赖氨酸	5.0g;
木糖	3.75g;
乳糖	7.5g;
蔗糖	7.5g;
去氧胆酸钠	2.5g;
柠檬酸铁铵	0.8g;
硫代硫酸钠	6.8g;
氯化钠	5.0g;
琼脂	15.0g;
酚红	0.08g;
蒸馏水	1000mL;

pH 7.4 ± 0.2。

B.19.2　制法

除酚红和琼脂外，将其他成分加入 400mL 蒸馏水中，煮沸溶解，调节 pH。另将琼脂加入 600mL 蒸馏水中，煮沸溶解。将上述两溶液混合均匀后，再加入指示剂，待冷至 50 ~ 55℃ 倾注平皿。

注：本培养基不需要高压灭菌，在制备过程中不宜过分加热，避免降低其选择性，

贮于室温暗处。本培养基宜于当天制备，第二天使用。

B. 20　HE 琼脂（Hektoen Enteric Agar）

B. 20. 1　成分

蛋白胨	12. 0g；
牛肉膏	3. 0g；
乳糖	12. 0g；
蔗糖	12. 0g；
水杨素	2. 0g；
胆盐	20. 0g；
氯化钠	5. 0g；
琼脂	18. 0 ~ 20. 0g；
蒸馏水	1000mL；
0.4% 溴麝香草酚蓝溶液	16. 0mL；
Andrade 指示剂	20. 0mL；
甲液	20. 0mL；
乙液	20. 0mL；

pH 7. 5 ±0. 2。

B. 20. 2　制法

将前面七种成分溶解于400mL蒸馏水内作为基础液；将琼脂加入于600mL蒸馏水内。然后分别搅拌均匀，煮沸溶解。加入甲液和乙液于基础液内，调节pH。再加入指示剂，并与琼脂液合并，待冷至50 ~ 55℃倾注平皿。

注：①本培养基不需要高压灭菌，在制备过程中不宜过分加热，避免降低其选择性。

②甲液的配制

硫代硫酸钠	34. 0g；
柠檬酸铁铵	4. 0g；
蒸馏水	100mL。

③乙液的配制

去氧胆酸钠	10. 0g；
蒸馏水	100mL。

④Andrade 指示剂

酸性复红	0. 5g；
1mol/L 氢氧化钠溶液	6. 0mL；
蒸馏水	100mL。

将复红溶解于蒸馏水中，加入氢氧化钠溶液。数小时后如复红褪色不全，再加氢氧化钠溶液 1 ~ 2mL。

B.21 三糖铁（TSI）琼脂

B.21.1 成分

蛋白胨	20.0g;
牛肉膏	5.0g;
乳糖	10.0g;
蔗糖	10.0g;
葡萄糖	1.0g;
硫酸亚铁铵 $[(NH_4)_2Fe(SO_4)_2 \cdot 6H_2O]$	0.2g;
酚红	0.025g 或 5.0g/L 溶液 5.0mL;
氯化钠	5.0g;
硫代硫酸钠	0.2g;
琼脂	12.0g;
蒸馏水	1000mL;

pH 7.4 ± 0.2。

B.21.2 制法

除酚红和琼脂外，将其他成分加入 400mL 蒸馏水中，煮沸溶解，调节 pH。另将琼脂加入 600mL 蒸馏水中，煮沸溶解。将上述两溶液混合均匀后，再加入指示剂，混匀，分装试管，每管 2~4mL，高压灭菌 121℃10min 或 115℃15min，灭菌后置成高层斜面，呈橘红色。

B.22 赖氨酸脱羧酶试验培养基

B.22.1 成分

蛋白胨	5.0g;
酵母浸膏	3.0g;
葡萄糖	1.0g;
蒸馏水	1000mL;
1.6% 溴甲酚紫 – 乙醇溶液	1.0mL;
L – 赖氨酸或 DL – 赖氨酸	0.5g/100mL 或 1.0g/100mL;

pH 6.8 ± 0.2。

B.22.2 制法

除赖氨酸以外的成分加热溶解后，分装每瓶 100mL，分别加入赖氨酸。L – 赖氨酸按 0.5% 加入，DL – 赖氨酸按 1% 加入。调节 pH。对照培养基不加赖氨酸。分装于无菌的小试管内，每管 0.5mL，上面滴加一层液体石蜡，115℃高压灭菌 10min。

B.23 蛋白胨水

B.23.1 成分

蛋白胨（或胰蛋白胨）	20.0g;
氯化钠	5.0g;

蒸馏水	1000mL;

pH 7. 4 ±0. 2。

B. 23. 2　制法

将上述成分加入蒸馏水中，煮沸溶解，调节 pH，分装小试管，121℃高压灭菌 15min。

B. 24　靛基质试剂

B. 24. 1　柯凡克试剂

将 5g 对二甲氨基甲醛溶解于 75mL 戊醇中，然后缓慢加入浓盐酸 25mL。

B. 24. 2　欧－波试剂

将 1g 对二甲氨基苯甲醛溶解于 95mL 95% 乙醇内。然后缓慢加入浓盐酸 20mL。

B. 25　尿素琼脂　（pH 7. 2）

B. 25. 1　成分

蛋白胨	1. 0g;
氯化钠	5. 0g;
葡萄糖	1. 0g;
磷酸二氢钾	2. 0g;
0. 4% 酚红	3. 0mL;
琼脂	20. 0g;
20% 尿素溶液	100mL;
蒸馏水	1000mL;

pH7. 2 ±0. 2。

B. 25. 2　制法

除尿素、琼脂和酚红外，将其他成分加入 400mL 蒸馏水中，煮沸溶解，调节 pH。另将琼脂加入 600mL 蒸馏水中，煮沸溶解。将上述两溶液混合均匀后，再加入指示剂后分装，121℃高压灭菌 15min。冷至 50～55℃，加入经除菌过滤的尿素溶液。尿素的最终浓度为 2%。分装于无菌试管内，放成斜面备用。

B. 26　氰化钾（KCN）培养基

B. 26. 1　成分

蛋白胨	10. 0g;
氯化钠	5. 0g;
磷酸二氢钾	0. 225g;
磷酸氢二钠	5. 64g;
0. 5% 氰化钾	20. 0mL;
蒸馏水	1000mL。

B. 26. 2　制法

将除氰化钾以外的成分加入蒸馏水中，煮沸溶解，分装后 121℃高压灭菌 15min。

放在冰箱内使其充分冷却。每100mL培养基加入0.5%氰化钾溶液2.0mL（最后浓度为1:10 000），分装于无菌试管内，每管约4mL，立刻用无菌橡皮塞塞紧，放在4℃冰箱内，至少可保存两个月。同时，将不加氰化钾的培养基作为对照培养基，分装试管备用。

六、 志贺菌测定用培养基

B.27 志贺菌增菌肉汤-新生霉素

B.27.1 志贺菌增菌肉汤

1. 成分

胰蛋白胨	20.0g;
葡萄糖	1.0g;
磷酸氢二钾	2.0g;
磷酸二氢钾	2.0g;
氯化钠	5.0g;
吐温-80	1.5mL;
蒸馏水	1000mL。

2. 制法

将以上成分混合加热溶解，冷却至25℃左右校正pH至7.0±0.2，分装适当的容器，121℃灭菌15min。取出后冷却至50~55℃，加入除菌过滤的新生霉素溶液（0.5μg/mL），分装225mL备用。

注：如不立即使用，在2~8℃条件下可储存一个月。

B.27.2 新生霉素溶液

1. 成分

新生霉素	25.0mg;
蒸馏水	1000mL。

2. 制法

将新生霉素溶解于蒸馏水中，用0.22μm过滤膜除菌，如不立即使用，在2~8℃条件下可储存一个月。

B.27.3 临用时每225mL志贺菌增菌肉汤加入5mL新生霉素溶液，混匀。

B.28 麦康凯（MAC）琼脂

B.28.1 成分

蛋白胨	20.0g;
乳糖	10.0g;
3号胆盐	1.5g;
氯化钠	5.0g;
中性红	0.03g;
结晶紫	0.001g;

| 琼脂 | 15.0g; |
| 蒸馏水 | 1000mL。 |

B.28.2 制法

将以上成分混合加热溶解，冷却至25℃左右校正 pH 至7.2±0.2，分装，121℃高压灭菌 15min。冷却至 45~50℃，倾注平板。

注：如不立即使用，在 2~8℃条件下可储存两周。

B.29 三糖铁（TSI）琼脂

B.29.1 成分

蛋白胨	20.0g;
牛肉浸膏	5.0g;
乳糖	10.0g;
蔗糖	10.0g;
葡萄糖	1.0g;
硫酸亚铁铵 $[(NH_4)_2Fe(SO_4)_2 \cdot 6H_2O]$	0.2g;
氯化钠	5.0g;
硫代硫酸钠	0.2g;
酚红	0.025g;
琼脂	12.0g;
蒸馏水	1000mL。

B.29.2 制法

除酚红和琼脂外，将其他成分加于 400mL 蒸馏水中，搅拌均匀，静置约 10min，加热使完全溶化，冷却至 25℃左右校正 pH 至 7.4±0.2。另将琼脂加于 600mL 蒸馏水中，静置约 10min，加热使完全溶化。将两溶液混合均匀，加入 5% 酚红水溶液 5mL，混匀，分装小号试管，每管约 3mL。于 121℃灭菌 15min，制成高层斜面。冷却后呈橘红色。如不立即使用，在 2~8℃条件下可储存一个月。

B.30 营养琼脂斜面

B.30.1 成分

蛋白胨	10.0g;
牛肉膏	3.0g;
氯化钠	5.0g;
琼脂	15.0g;
蒸馏水	1000mL。

B.30.2 制法

将除琼脂以外的各成分溶解于蒸馏水内，加入 15% 氢氧化钠溶液约 2mL，冷却至 25℃左右校正 pH 至 7.0±0.2。加入琼脂，加热煮沸，使琼脂溶化。分装小号试管，每管约 3mL。于 121℃灭菌 15min，制成斜面。

注：如不立即使用，在 2~8℃ 条件下可储存两周。

B.31　半固体琼脂

B.31.1　成分

蛋白胨	1.0g;
牛肉膏	0.3g;
氯化钠	0.5g;
琼脂	0.3~0.7g;
蒸馏水	100.0mL。

B.31.2　制法

按以上成分配好，加热溶解，并校正 pH 至 7.4±0.2，分装小试管，121℃ 灭菌 15min，直立凝固备用。

B.32　β-半乳糖苷酶培养基

B.32.1　液体法（ONPG 法）

1. 成分

邻硝基苯 β-D-半乳糖苷（ONPG）	60.0mg;
0.01mol/L 磷酸钠缓冲液（pH7.5±0.2）	10.0mL;
1% 蛋白胨水（pH7.5±0.2）	30.0mL。

2. 制法

将 ONPG 溶于缓冲液内，加入蛋白胨水，以过滤法除菌，分装于 10mm×75mm 试管内，每管 0.5mL，用橡皮塞塞紧。

3. 试验方法

自琼脂斜面挑取培养物一满环接种，于 36℃±1℃ 培养 1~3h 和 24h 观察结果。如果 β-D-半乳糖苷酶产生，则于 1~3h 变黄色，如无此酶则 24h 不变色。

B.32.2　平板法（X-Gal 法）

1. 成分

蛋白胨	20.0g;
氯化钠	3.0g;
5-溴-4-氯-3-吲哚-β-D-半乳糖苷（X-Gal）	200.0mg;
琼脂	15.0g;
蒸馏水	1000mL。

2. 制法

将各成分加热煮沸于 1L 水中，冷却至 25℃ 左右校正 pH 至 7.2±0.2，115℃ 高压灭菌 10min。倾注平板避光冷藏备用。

3. 试验方法

挑取琼脂斜面培养物接种于平板，划线和点种均可，于 36℃±1℃ 培养 18~24h 观察结果。如果 β-D-半乳糖苷酶产生，则平板上培养物颜色变蓝色，如无此酶则培养物为无色或不透明色，培养48~72h后有部分转为淡粉红色。

B.33 氨基酸脱羧酶试验培养基

B.33.1 成分

蛋白胨	5.0g;
酵母浸膏	3.0g;
葡萄糖	1.0g;
1.6%溴甲酚紫 – 乙醇溶液	1.0mL;
L型或DL型赖氨酸和鸟氨酸	0.5g/100mL或1.0g/100mL;
蒸馏水	1000mL。

B.33.2 制法

除氨基酸以外的成分加热溶解后，分装每瓶100mL，分别加入赖氨酸和鸟氨酸。L – 氨基酸按0.5%加入，DL – 氨基酸按1%加入，再校正pH至6.8±0.2。对照培养基不加氨基酸。分装于灭菌的小试管内，每管0.5mL，上面滴加一层石蜡油，115℃高压灭菌10min。

B.33.3 试验方法

从琼脂斜面上挑取小量培养物接种，于36℃±1℃培养，一般观察2~3d，迟缓反应需观察14~30d。

B.34 葡萄糖铵培养基

B.34.1 成分

氯化钠	5.0g;
硫酸镁（$MgSO_4 \cdot 7H_2O$）	0.2g;
磷酸二氢铵	1.0g;
磷酸氢二钾	1.0g;
葡萄糖	2.0g;
琼脂	20.0g;
0.2%溴麝香草酚蓝水溶液	40.0mL;
蒸馏水	1000mL。

B.34.2 制法

先将盐类和糖溶解于水内，校正pH至6.8±0.2，再加琼脂加热溶解，然后加入指示剂。混合均匀后分装试管，121℃高压灭菌15min。制成斜面备用。

B.34.3 试验方法

用接种针轻轻触及培养物的表面，在盐水管内做成极稀的悬液，肉眼观察不到浑浊，以每一接种环内含菌数在20~100为宜。将接种环灭菌后挑取菌液接种，同时再以同法接种普通斜面一支作为对照。于36℃±1℃培养24h。阳性者葡萄糖铵斜面上有正常大小的菌落生长；阴性者不生长，但在对照培养基上生长良好。如在葡萄糖铵斜面生长极微小的菌落可视为阴性结果。

　　注： 容器使用前应用清洁液浸泡。再用清水、蒸馏水冲洗干净，并用新棉花做成棉塞，干热灭菌后使用。如果操作时不注意，有杂质污染时，易造成假阳性的结果。

B.35　西蒙柠檬酸盐培养基

B.35.1　成分

氯化钠	5.0g;
硫酸镁（$MgSO_4 \cdot 7H_2O$）	0.2g;
磷酸二氢铵	1.0g;
磷酸氢二钾	1.0g;
柠檬酸钠	5.0g;
琼脂	20g;
0.2%溴麝香草酚蓝溶液	40.0mL;
蒸馏水	10000mL。

B.35.2　制法

先将盐类溶解于水内，调至 pH 6.8±0.2，加入琼脂，加热溶化。然后加入指示剂，混合均匀后分装试管，121℃灭菌15min。制成斜面备用。

B.35.3　试验方法

挑取少量琼脂培养物接种，于36℃±1℃培养4d，每天观察结果。阳性者斜面上有菌落生长，培养基从绿色转为蓝色。

B.36　黏液酸盐培养基

B.36.1　测试肉汤

1. 成分

酪蛋白胨	10.0g;
溴麝香草酚蓝溶液	0.024g;
黏液酸	10.0g;
蒸馏水	1000mL。

2. 制法

慢慢加入5mol/L氢氧化钠以溶解黏液酸，混匀。其余成分加热溶解，加入上述黏液酸，冷却至25℃左右校正 pH 至7.4±0.2，分装试管，每管约5mL，于121℃高压灭菌10min。

B.36.2　质控肉汤

1. 成分

酪蛋白胨	10.0g;
溴麝香草酚蓝溶液	0.024g;
蒸馏水	1000mL。

2. 制法

所有成分加热溶解，冷却至25℃左右校正 pH 至7.4±0.2，分装试管，每管约

5mL，于121℃高压灭菌10min。

3. 试验方法

将待测新鲜培养物接种测试肉汤和质控肉汤，于36℃±1℃培养48h观察结果，肉汤颜色蓝色不变则为阴性结果，黄色或稻草黄色为阳性结果。

B.37　次甲基蓝染色液

B.37.1　成分

次甲基蓝 0.2g；

无水乙醇 100mL。

B.37.2　制法

称取0.2g次甲基蓝，溶于100mL无水乙醇中。

附录C　GB 15037—2006 葡萄酒 （Wines）

1. 范围

本标准规定了葡萄酒的术语和定义、产品分类、要求、分析方法、检验规则和标志、包装、运输、贮存。

本标准适用于葡萄酒的生产检验与销售。

2. 规范性引用文件

下列文件中的条款通过本标准的引用而成为本标准的条款。凡是注日期的引用文件，其随后所有的修改单（不包括勘误的内容）或修订版均不适用于本标准，然而，鼓励根据本标准达成协议的各方研究是否可使用这些文件的最新版本。凡是不注日期的引用文件，其最新版本适用于本标准。

GB/T 191 包装储运图示标志

GB 2758 发酵酒卫生标准

GB/T 5009.29 食品中山梨酸、苯甲酸的测定

GB 10344 预包装饮料酒标签通则

GB/T 15038 葡萄酒、果酒通用分析方法

JJF 1070 定量包装商品净含量计量检验规则

国家质量技术监督局 ［2005］ 第75号令 定量包装商品计量监督管理办法

3. 术语和定义

下列术语和定义适用于本标准。

3.1　葡萄酒　wines

以新鲜葡萄或葡萄汁为原料，经全部或部分发酵酿制而成的，含有一定酒精度的发酵酒。

3.1.1　干葡萄酒　dry wines

含糖（以葡萄糖计）小于或等于4.0g/L的葡萄酒。或者当总糖与总酸（以酒石酸计），其差值小于或等于2.0g/L时，含糖最高为9.0g/L的葡萄酒。

3.1.2　半干葡萄酒　semi－dry wines

含糖大于干葡萄酒，最高为12.0g/L。或者当总糖与总酸（以酒石酸计），其差值小于或等于2.0g/L时，含糖最高为18.0g/L的葡萄酒。

3.1.3　半甜葡萄酒　semi－sweet wines

含糖大于半干葡萄酒，最高为45.0g/L的葡萄酒。

3.1.4　甜葡萄酒　sweet wines

含糖大于45.0g/L的葡萄酒。

3.1.5　平静葡萄酒　still wines

在20℃时，二氧化碳压力小于0.05MPa的葡萄酒。

3.1.6　起泡葡萄酒　sparkling wines

在20℃时，二氧化碳压力等于或大于0.05MPa的葡萄酒。

3.1.6.1　高泡葡萄酒　sparkling wines

在20℃时，二氧化碳（全部自然发酵产生）压力大于等于0.35MPa（对于容量小于250mL的瓶子二氧化碳压力等于或大于0.3MPa）的起泡葡萄酒。

3.1.6.1.1　天然高泡葡萄酒　brut sparkling wines

酒中糖含量小于或等于12.0g/L（允许差为3.0g/L）的高泡葡萄酒。

3.1.6.1.2　绝干高泡葡萄酒　extra－dry sparkling wines

酒中糖含量为12.1～17.0g/L（允许差为3.0g/L）的高泡葡萄酒。

3.1.6.1.3　干高泡葡萄酒　dry sparkling wines

酒中糖含量为17.1～32.0g/L（允许差为3.0g/L）的高泡葡萄酒。

3.1.6.1.4　半干高泡葡萄酒　semi－dry sparkling wines

酒中糖含量为32.1～50.0g/L的高泡葡萄酒。

3.1.6.1.5　甜高泡葡萄酒　sweet sparkling wines

酒中糖含量大于50.0g/L的高泡葡萄酒。

3.1.6.2　低泡葡萄酒　semi－sparkling wines

在20℃时，二氧化碳（全部自然发酵产生）压力在0.05～0.34MPa的起泡葡萄酒。

3.2　特种葡萄酒　special wines

用鲜葡萄或葡萄汁在采摘或酿造工艺中使用特定方法酿制而成的葡萄酒。

3.2.1　利口葡萄酒　liqueur wines

由葡萄生成总酒精度为12%（vol）以上的葡萄酒中，加入葡萄白兰地、食用酒精或葡萄酒精以及葡萄汁、浓缩葡萄汁、含焦糖葡萄汁、白砂糖等，使其终产品酒精度为15.0%～22.0%（vol）的葡萄酒。

3.2.2　葡萄汽酒　carbonated wines

酒中所含二氧化碳是部分或全部由人工添加的，具有同起泡葡萄酒类似物理特性的葡萄酒。

3.2.3 冰葡萄酒 ice wines

将葡萄推迟采收，当气温低于 -7℃使葡萄在树枝上保持一定时间，结冰，采收，在结冰状态下压榨、发酵，酿制而成的葡萄酒（在生产过程中不允许外加糖源）。

3.2.4 贵腐葡萄酒 noble rot wines

在葡萄的成熟后期，葡萄果实感染了灰绿葡萄孢，使果实的成分发生了明显的变化，用这种葡萄酿制而成的葡萄酒。

3.2.5 产膜葡萄酒 flor or film wines

葡萄汁经过全部酒精发酵，在酒的自由表面产生一层典型的酵母膜后，加入葡萄白兰地、葡萄酒精或食用酒精，所含酒精度等于或大于15.0%（vol）的葡萄酒。

3.2.6 加香葡萄酒 flavoured wines

以葡萄酒为酒基，经浸泡芳香植物或加入芳香植物的浸出液（或馏出液）而制成的葡萄酒。

3.2.7 低醇葡萄酒 low alcohol wines

采用鲜葡萄或葡萄汁经全部或部分发酵，采用特种工艺加工而成的、酒精度为1.0%～7.0%（vol）的葡萄酒。

3.2.8 无醇葡萄酒 non-alcohol wines

采用鲜葡萄或葡萄汁经全部或部分发酵，采用特种工艺加工而成的、酒精度为0.5%～1.0%（vol）葡萄酒。

3.2.9 山葡萄酒 V. *amurensis* wines

采用鲜山葡萄（包括毛葡萄、刺葡萄、球葡萄等野生葡萄）或山葡萄汁经过全部或部分发酵酿制而成的葡萄酒。

3.3 年份葡萄酒 vintage wines

所标注的年份是指葡萄采摘的年份，其中所标注年份的葡萄酒含量不能低于瓶内酒含量的80%（体积分数）。

3.4 品种葡萄酒 varietal wines

用所标注的葡萄品种酿制的酒所占比例不能低于酒含量的75%（体积分数）。

3.5 产地葡萄酒 origional wines

指用所标注的产地葡萄酿制的酒所占比例不能低于80%（体积分数）。

注：所有产品中均不得添加合成着色剂、甜味剂、香精、增稠剂。

4. 产品分类

4.1 按色泽分

4.1.1 白葡萄酒

4.1.2 桃红葡萄酒

4.1.3 红葡萄酒

4.2 含糖量分

4.2.1 干葡萄酒

4.2.2 半干葡萄酒

4.2.3 半甜葡萄酒

4.2.4 甜葡萄酒

4.3 按二氧化碳含量分

4.3.1 平静葡萄酒

4.3.2 起泡葡萄酒

4.3.2.1 高泡葡萄酒

4.3.2.2 低泡葡萄酒

5. 要求

5.1 感官要求

应符合表1的要求。

表1   **感官要求**

项　目			要　求
外观	色泽	白葡萄酒	近似无色、微黄带绿、浅黄、禾秆黄、金黄色
		红葡萄酒	紫红、深红、宝石红、红微带棕色、棕红色
		桃红葡萄酒	桃红、淡玫瑰红、浅红色
	澄清程度		澄清，有光泽，无明显悬浮物（使用软木塞封口的酒允许有少量软木渣，装瓶超过1年的葡萄酒允许有少量沉淀）
	起泡程度		起泡葡萄酒注入杯中时，应有细微的串珠状起泡升起，并有一定的持续性
香气与滋味	香气		具有纯正、优雅、怡悦、和谐的果香与酒香，陈酿型的葡萄酒还应具有陈酿香或橡木香
	滋味	干、半干葡萄酒	具有纯正、优雅、爽怡的口味和悦人的果香味，酒体完整
		半甜、甜葡萄酒	具有甘甜醇厚的口味和陈酿的酒香味，酸甜协调，酒体丰满
		起泡葡萄酒	具有优美醇正、和谐悦人的口味和发酵起泡酒的特有香味，有杀口力
典型性			具有标示的葡萄品种及产品类型应有的特征和风格

注：感官评价可参考附录A进行

5.2 理化要求

应符合表2的要求。

表2　　　　　　　　　　　　理化要求

项　　目			要　　求
酒精度（20℃）（体积分数）/（%）			≥7.0
总糖（以葡萄糖计）/（g/L）	平静葡萄酒	干葡萄酒	≤4.0
		半干葡萄酒	4.1～12.0
		半甜葡萄酒	12.1～45.0
		甜葡萄酒	≥45.1
	高泡葡萄酒	天然型高泡葡萄酒	≤12.0（允许差为3.0）
		绝干型高泡葡萄酒	12.1～17.0（允许差为3.0）
		干型高泡葡萄酒	17.1～32.0（允许差为3.0）
		半干型高泡葡萄酒	32.1～50.0
		甜型高泡葡萄酒	≥50.1
干浸出物/（g/L）	白葡萄酒		≥16.0
	桃红葡萄酒		≥17.0
	红葡萄酒		≥18.0
挥发酸（以乙酸计）/（g/L）			≤1.2
柠檬酸/（g/L）	干、半干、半甜葡萄酒		≤1.0
	甜葡萄酒		≤2.0
二氧化碳（20℃）/MPa	低泡葡萄酒	<250mL	0.05～0.29
		≥250mL	0.05～0.34
	高泡葡萄酒	<250mL	≥0.30
		≥250mL	≥0.35
铁/（mg/L）			≤8.0
铜/（mg/L）			≤1.0
甲醇/（mg/L）	白、桃红葡萄酒		≤250
	红葡萄酒		≤400
苯甲酸或苯甲酸钠（以苯甲酸计）/（mg/L）			≤50
山梨酸或山梨酸钾（以山梨酸计）/（mg/L）			≤200

注：总酸不作要求，以实测值表示（酒石酸计，g/L）

A 酒精度标签标示值与实测值不得超过±1.0%（体积分数）。

B 当总糖与总酸（以酒石酸计）的差值小于或等于2.0g/L时，含糖最高为9.0g/L。

C 当总糖与总酸（以酒石酸计）的差值小于或等于2.0g/L时，含糖最高为18.0g/L。

D 低泡葡萄酒总糖的要求同平静葡萄酒。

5.3 卫生要求

按 GB 2758 执行。

5.4 净含量

按国家质量技术监督局 ［2005］ 第 75 号令执行。

6. 分析方法

6.1 感官要求

按 GB/T 15038 执行。

6.2 理化要求 （除苯甲酸、 山梨酸外）

按 GB/T 15038 执行。

6.3 苯甲酸、 山梨酸

按 GB/T 5009.29 执行。

6.4 净含量

按 JJF 1070 执行。

7. 检验规则

7.1 组批

同一生产期内所生产的、同一类别、同一品质、且经包装出厂的、规格相同的产品为同一批。

7.2 抽样

7.2.1 按表 3 抽取样本，单件包装净含量小于 500mL，总取样量不足 1500mL 时，可按比例增加抽样量。

表3   抽样表

批量范围/箱	样本数/箱	单位样本数/瓶
<50	3	3
51~1200	5	2
1201~3500	8	1
3501 以上	13	1

7.2.2 采样后应立即贴上标签，注明：样品名称、品种规格、数量、制造者名称、采样时间与地点、采样人。将两瓶样品封存，保留两个月备查。其他样品立即送化验室，进行感官、理化和卫生等指标的检验。

7.3 检验分类

7.3.1 出厂检验

7.3.1.1　产品出厂前，应由生产厂的质量监督检验部门按本标准规定逐批进行检验，检验合格，并附质量合格证明的，方可出厂。产品质量检验合格证明（合格证）可以放在包装箱内，或放在独立的包装盒内，也可以在标签上打印"合格"或"检验合格"字样。

7.3.1.2　检验项目：感官、酒精度、总糖、干浸出物、挥发酸、二氧化碳、总二氧化硫、净含量、卫生要求中的菌落总数。

7.3.2　型式检验

7.3.2.1　检验项目：本标准中全部要求项目。

7.3.2.2　一般情况下，同一类产品的型式检验每半年进行一次，有下列情况之一者，亦应进行：

a）原辅材料有较大变化时；

b）更改关键工艺或设备；

c）新试制的产品或正常生产的产品停产3个月后，重新恢复生产时；

d）出厂检验与上次型式检验结果有较大差异时；

e）国家质量监督检验机构按有关规定需要抽检时。

7.4　判定规则

7.4.1　不合格分类

7.4.1.1　A类不合格：感官要求、酒精度、干浸出物、挥发酸、甲醇、柠檬酸、防腐剂、卫生要求、净含量、标签。

7.4.1.2　B类不合格：总糖、二氧化碳、铁、铜。

7.4.2　检验结果有两项以下（含两项）不合格项目时，应重新自同批产品中抽取两倍量样品进行复检，以复检结果为准。

7.4.3　复检结果中如有以下三种情况之一时，则判该批产品不合格：

a）一项以上A类不合格；

b）一项B类超过规定值的50%以上；

c）两项B类不合格。

7.4.4　当供需双方对检验结果有异议时，可由有关各方协商解决，或委托有关单位进行仲裁检验，以仲裁检验结果为准。

8. 标志

8.1　标志

8.1　预包装葡萄酒标签应符合GB 10344的有关规定，并按含糖量标注产品类型（或含糖量）。

注：单一原料的葡萄酒可不标注原料与辅料；添加防腐剂的葡萄酒应标注具体名称。

8.2　标签上若标注葡萄酒的年份、品种、产地，必须符合3.3、3.4、3.5的定义。

8.3 外包装纸箱上除标明产品名称、制造者（或经销商）名称和地址外，还应标明单位包装的净含量和总数量。

8.4 包装储运图示标志应符合 GB/T 191 要求。

9. 包装、运输、贮存

9.1 包装

9.1.1 包装材料应符合食品卫生要求。起泡葡萄酒的包装材料应符合相应耐压要求。

9.1.2 包装容器应清洁，封装严密，无漏酒现象。

9.1.3 外包装必须使用合格的包装材料，并符合相应的标准。

9.2 运输、贮存

9.2.1 用软木塞（或替代品）封装的酒，在贮运时英"倒放"或"卧放"。

9.2.2 运输和贮存时应保持清洁、避免强烈振荡、日晒、雨淋、防止冰冻，装卸时应轻拿轻放。

9.2.3 存放地点应阴凉、干燥、通风良好；严防日晒、雨淋；严禁火种。

9.2.4 成品不得与潮湿地面直接接触；不得与有毒、有害、有异味、有腐蚀性物品同贮同运。

9.2.5 运输温度宜保持在 5~35℃；贮存温度宜保持在 5~25℃。

（资料性附录）
表 A1 葡萄酒感官分级评价描述

等级	描述
优级品	具有该产品应有的色泽，自然、悦目、澄清（透明）、有光泽；具有纯正、浓郁、优雅和谐的果香（酒香），诸香协调，口感细腻、舒顺、酒体丰满、完整、回味绵长，具该产品应有的怡人的风格
优良品	具有该产品的色泽；澄清透明，无明显悬浮物，具有纯正和谐的果香（酒香），口感纯正，较舒顺，较完整，优雅，回味较长，具良好的风格
合格品	与该产品应有的色泽略有不同，缺少自然感，允许有少量沉淀，具有该产品应有的气味，无异味，口感尚平衡，欠协调、完整，无明显缺陷
不合格品	与该产品应有的色泽明显不符，严重失光或浑浊，有明显异香、异味，酒体寡淡、不协调，或有其他明显的缺陷（除色泽外，只要有其中一条，则判为不合格品）
劣质品	不具备应有的特征

附录 D GB 7718—2011 食品安全国家标准 预包装食品标签通则

1 范围

本标准适用于直接提供给消费者的预包装食品标签和非直接提供给消费者的预包装食品标签。

本标准不适用于为预包装食品在储藏运输过程中提供保护的食品储运包装标签、散装食品和现制现售食品的标识。

2 术语和定义

2.1 预包装食品

预先定量包装或者制作在包装材料和容器中的食品,包括预先定量包装以及预先定量制作在包装材料和容器中并且在一定量限范围内具有统一的质量或体积标识的食品。

2.2 食品标签

食品包装上的文字、图形、符号及一切说明物。

2.3 配料

在制造或加工食品时使用的,并存在(包括以改性的形式存在)于产品中的任何物质,包括食品添加剂。

2.4 生产日期(制造日期)

食品成为最终产品的日期,也包括包装或灌装日期,即将食品装入(灌入)包装物或容器中,形成最终销售单元的日期。

2.5 保质期

预包装食品在标签指明的贮存条件下,保持品质的期限。在此期限内,产品完全适于销售,并保持标签中不必说明或已经说明的特有品质。

2.6 规格

同一预包装内含有多件预包装食品时，对净含量和内含件数关系的表述。

2.7　主要展示版面

预包装食品包装物或包装容器上容易被观察到的版面。

3　基本要求

3.1　应符合法律、法规的规定，并符合相应食品安全标准的规定。

3.2　应清晰、醒目、持久，应使消费者购买时易于辨认和识读。

3.3　应通俗易懂、有科学依据，不得标示封建迷信、色情、贬低其他食品或违背营养科学常识的内容。

3.4　应真实、准确，不得以虚假、夸大、使消费者误解或欺骗性的文字、图形等方式介绍食品，也不得利用字号大小或色差误导消费者。

3.5　不应直接或以暗示性的语言、图形、符号，误导消费者将购买的食品或食品的某一性质与另一产品混淆。

3.6　不应标注或者暗示具有预防、治疗疾病作用的内容，非保健食品不得明示或者暗示具有保健作用。

3.7　不应与食品或者其包装物（容器）分离。

3.8　应使用规范的汉字（商标除外）。具有装饰作用的各种艺术字，应书写正确，易于辨认。

3.8.1　可以同时使用拼音或少数民族文字，拼音不得大于相应汉字。

3.8.2　可以同时使用外文，但应与中文有对应关系（商标、进口食品的制造者和地址、国外经销者的名称和地址、网址除外）。所有外文不得大于相应的汉字（商标除外）。

3.9　预包装食品包装物或包装容器最大表面面积大于 $35cm^2$ 时（最大表面面积计算方法见附录A），强制标示内容的文字、符号、数字的高度不得小于1.8mm。

3.10　一个销售单元的包装中含有不同品种、多个独立包装可单独销售的食品，每件独立包装的食品标识应当分别标注。

3.11　若外包装易于开启识别或透过外包装物能清晰地识别内包装物（容器）上的所有强制标示内容或部分强制标示内容，可不在外包装物上重复标示相应的内容；否则应在外包装物上按要求标示所有强制标示内容。

4　标示内容

4.1　直接向消费者提供的预包装食品标签标示内容

4.1.1　一般要求

直接向消费者提供的预包装食品标签标示应包括食品名称、配料表、净含量和规格、生产者和（或）经销者的名称、地址和联系方式、生产日期和保质期、贮存条件、食品生产许可证编号、产品标准代号及其他需要标示的内容。

4.1.2　食品名称

4.1.2.1　应在食品标签的醒目位置，清晰地标示反映食品真实属性的专用名称。

4.1.2.1.1　当国家标准、行业标准或地方标准中已规定了某食品的一个或几个名称时，应选用其中的一个，或等效的名称。

4.1.2.1.2　无国家标准、行业标准或地方标准规定的名称时，应使用不使消费者误解或混淆的常用名称或通俗名称。

4.1.2.2　标示"新创名称"、"奇特名称"、"音译名称"、"牌号名称"、"地区俚语名称"或"商标名称"时，应在所示名称的同一展示版面标示4.1.2.1规定的名称。

4.1.2.2.1　当"新创名称"、"奇特名称"、"音译名称"、"牌号名称"、"地区俚语名称"或"商标名称"含有易使人误解食品属性的文字或术语（词语）时，应在所示名称的同一展示版面邻近部位使用同一字号标示食品真实属性的专用名称。

4.1.2.2.2　当食品真实属性的专用名称因字号或字体颜色不同易使人误解食品属性时，也应使用同一字号及同一字体颜色标示食品真实属性的专用名称。

4.1.2.3　为不使消费者误解或混淆食品的真实属性、物理状态或制作方法，可以在食品名称前或食品名称后附加相应的词或短语。如干燥的、浓缩的、复原的、熏制的、油炸的、粉末的、粒状的等。

4.1.3　配料表

4.1.3.1　预包装食品的标签上应标示配料表，配料表中的各种配料应按4.1.2的要求标示具体名称，食品添加剂按照4.1.3.1.4的要求标示名称。

4.1.3.1.1　配料表应以"配料"或"配料表"为引导词。当加工过程中所用的原料已改变为其他成分（如酒、酱油、食醋等发酵产品）时，可用"原料"或"原料与辅料"代替"配料"、"配料表"，并按本标准相应条款的要求标示各种原料、辅料和食品添加剂。加工助剂不需要标示。

4.1.3.1.2　各种配料应按制造或加工食品时加入量的递减顺序一一排列；加入量不超过2%的配料可以不按递减顺序排列。

4.1.3.1.3　如果某种配料是由两种或两种以上的其他配料构成的复合配料（不包括复合食品添加剂），应在配料表中标示复合配料的名称，随后将复合配料的原始配料在括号内按加入量的递减顺序标示。当某种复合配料已有国家标准、行业标准或地方标准，且其加入量小于食品总量的25%时，不需要标示复合配料的原始配料。

4.1.3.1.4　食品添加剂应当标示其在GB 2760中的食品添加剂通用名称。食品添加剂通用名称可以标示为食品添加剂的具体名称，也可标示为食品添加剂的功能类别名称并同时标示食品添加剂的具体名称或国际编码（INS号）（标示形式见附录B）。在同一预包装食品的标签上，应选择附录B中的一种形式标示食品添加剂。当采用同时标示食品添加剂的功能类别名称和国际编码的形式时，若某种食品添加剂尚不存在相应的国际编码，或因致敏物质标示需要，可以标示其具体名称。食品添加剂的名称不包括其制法。加入量小于食品总量25%的复合配料中含有的食品添加剂，若符合GB 2760规定的带入原则且在最终产品中不起工艺作用的，不需要标示。

4.1.3.1.5　在食品制造或加工过程中，加入的水应在配料表中标示。在加工过程中已挥发的水或其他挥发性配料不需要标示。

4.1.3.1.6　可食用的包装物也应在配料表中标示原始配料，国家另有法律法规规定的除外。

4.1.3.2　下列食品配料，可以选择按表1的方式标示。

表1　配料标示方式

配料类别	标示方式
各种植物油或精炼植物油，不包括橄榄油	"植物油"或"精炼植物油"；如经过氢化处理，应标示为"氢化"或"部分氢化"
各种淀粉，不包括化学改性淀粉	"淀粉"
加入量不超过2%的各种香辛料或香辛料浸出物（单一的或合计的）	"香辛料"、"香辛料类"或"复合香辛料"
胶基糖果的各种胶基物质制剂	"胶姆糖基础剂"、"胶基"
添加量不超过10%的各种果脯蜜饯水果	"蜜饯"、"果脯"
食用香精、香料	"食用香精"、"食用香料"、"食用香精香料"

4.1.4　配料的定量标示

4.1.4.1　如果在食品标签或食品说明书上特别强调添加了或含有一种或多种有价值、有特性的配料或成分，应标示所强调配料或成分的添加量或在成品中的含量。

4.1.4.2　如果在食品的标签上特别强调一种或多种配料或成分的含量较低或无时，应标示所强调配料或成分在成品中的含量。

4.1.4.3　食品名称中提及的某种配料或成分而未在标签上特别强调，不需要标示该种配料或成分的添加量或在成品中的含量。

4.1.5　净含量和规格

4.1.5.1　净含量的标示应由净含量、数字和法定计量单位组成（标示形式参见附录C）。

4.1.5.2　应依据法定计量单位，按以下形式标示包装物（容器）中食品的净含量：

a）液态食品，用体积升（L）（l）、毫升（mL）（ml），或用质量克（g）、千克（kg）；

b）固态食品，用质量克（g）、千克（kg）；

c）半固态或黏性食品，用质量克（g）、千克（kg）或体积升（L）（l）、毫升（mL）（ml）。

4.1.5.3　净含量的计量单位应按表2标示。

表2   净含量计量单位的标示方式

计量方式	净含量（Q）的范围	计量单位
体积	Q < 1000mL Q ≥ 1000mL	毫升（mL）（ml） 升（L）（l）
质量	Q < 1000g Q ≥ 1000g	克（g） 千克（kg）

4.1.5.4 净含量字符的最小高度应符合表3的规定。

表3   净含量字符的最小高度

净含量（Q）的范围	字符的最小高度/mm
Q ≤ 50mL；Q ≤ 50g	2
50mL < Q ≤ 200mL；50g < Q ≤ 200g	3
200mL < Q ≤ 1L；200g < Q ≤ 1kg	4
Q > 1kg；Q > 1L	6

4.1.5.5 净含量应与食品名称在包装物或容器的同一展示版面标示。

4.1.5.6 容器中含有固、液两相物质的食品，且固相物质为主要食品配料时，除标示净含量外，还应以质量或质量分数的形式标示沥干物（固形物）的含量（标示形式参见附录C）。

4.1.5.7 同一预包装内含有多个单件预包装食品时，大包装在标示净含量的同时还应标示规格。

4.1.5.8 规格的标示应由单件预包装食品净含量和件数组成，或只标示件数，可不标示"规格"二字。单件预包装食品的规格即指净含量（标示形式参见附录C）。

4.1.6 生产者、经销者的名称、地址和联系方式

4.1.6.1 应当标注生产者的名称、地址和联系方式。生产者名称和地址应当是依法登记注册、能够承担产品安全质量责任的生产者的名称、地址。有下列情形之一的，应按下列要求予以标示。

4.1.6.1.1 依法独立承担法律责任的集团公司、集团公司的子公司，应标示各自的名称和地址。

4.1.6.1.2 不能依法独立承担法律责任的集团公司的分公司或集团公司的生产基地，应标示集团公司和分公司（生产基地）的名称、地址；或仅标示集团公司的名称、地址及产地，产地应当按照行政区划标注到地市级地域。

4.1.6.1.3 受其他单位委托加工预包装食品的，应标示委托单位和受委托单位的名称和地址；或仅标示委托单位的名称和地址及产地，产地应当按照行政区划标注到地市级地域。

4.1.6.2 依法承担法律责任的生产者或经销者的联系方式应标示以下至少一项内

容：电话、传真、网络联系方式等，或与地址一并标示的邮政地址。

4.1.6.3 进口预包装食品应标示原产国国名或地区区名（如香港、澳门、台湾），以及在中国依法登记注册的代理商、进口商或经销者的名称、地址和联系方式，可不标示生产者的名称、地址和联系方式。

4.1.7 日期标示

4.1.7.1 应清晰标示预包装食品的生产日期和保质期。如日期标示采用"见包装物某部位"的形式，应标示所在包装物的具体部位。日期标示不得另外加贴、补印或篡改（标示形式参见附录C）。

4.1.7.2 当同一预包装内含有多个标示了生产日期及保质期的单件预包装食品时，外包装上标示的保质期应按最早到期的单件食品的保质期计算。外包装上标示的生产日期应为最早生产的单件食品的生产日期，或外包装形成销售单元的日期；也可在外包装上分别标示各单件装食品的生产日期和保质期。

4.1.7.3 应按年、月、日的顺序标示日期，如果不按此顺序标示，应注明日期标示顺序（标示形式参见附录C）。

4.1.8 贮存条件

预包装食品标签应标示贮存条件（标示形式参见附录C）。

4.1.9 食品生产许可证编号

预包装食品标签应标示食品生产许可证编号的，标示形式按照相关规定执行。

4.1.10 产品标准代号

在国内生产并在国内销售的预包装食品（不包括进口预包装食品）应标示产品所执行的标准代号和顺序号。

4.1.11 其他标示内容

4.1.11.1 辐照食品

4.1.11.1.1 经电离辐射线或电离能量处理过的食品，应在食品名称附近标示"辐照食品"。

4.1.11.1.2 经电离辐射线或电离能量处理过的任何配料，应在配料表中标明。

4.1.11.2 转基因食品

转基因食品的标示应符合相关法律、法规的规定。

4.1.11.3 营养标签

4.1.11.3.1 特殊膳食类食品和专供婴幼儿的主辅类食品，应当标示主要营养成分及其含量，标示方式按照 GB 13432 执行。

4.1.11.3.2 其他预包装食品如需标示营养标签，标示方式参照相关法规标准执行。

4.1.11.4 质量（品质）等级

食品所执行的相应产品标准已明确规定质量（品质）等级的，应标示质量（品质）等级。

4.2 非直接提供给消费者的预包装食品标签标示内容

非直接提供给消费者的预包装食品标签应按照 4.1 项下的相应要求标示食品名称、规格、净含量、生产日期、保质期和贮存条件，其他内容如未在标签上标注，则应在说明书或合同中注明。

4.3　标示内容的豁免

4.3.1　下列预包装食品可以免除标示保质期：酒精度大于等于 10% 的饮料酒；食醋；食用盐；固态食糖类；味精。

4.3.2　当预包装食品包装物或包装容器的最大表面面积小于 $10cm^2$ 时（最大表面面积计算方法见附录 A），可以只标示产品名称、净含量、生产者（或经销商）的名称和地址。

4.4　推荐标示内容

4.4.1　批号

根据产品需要，可以标示产品的批号。

4.4.2　食用方法

根据产品需要，可以标示容器的开启方法、食用方法、烹调方法、复水再制方法等对消费者有帮助的说明。

4.4.3　致敏物质

4.4.3.1　以下食品及其制品可能导致过敏反应，如果用作配料，宜在配料表中使用易辨识的名称，或在配料表邻近位置加以提示：

a) 含有麸质的谷物及其制品（如小麦、黑麦、大麦、燕麦、斯佩耳特小麦或它们的杂交品系）；

b) 甲壳纲类动物及其制品（如虾、龙虾、蟹等）；

c) 鱼类及其制品；

d) 蛋类及其制品；

e) 花生及其制品；

f) 大豆及其制品；

g) 乳及乳制品（包括乳糖）；

h) 坚果及其果仁类制品。

4.4.3.2　如加工过程中可能带入上述食品或其制品，宜在配料表临近位置加以提示。

5　其他

按国家相关规定需要特殊审批的食品，其标签标识按照相关规定执行。

附录 A
包装物或包装容器最大表面面积计算方法

A.1　长方体形包装物或长方体形包装容器计算方法

长方体形包装物或长方体形包装容器的最大一个侧面的高度（cm）乘以宽度

（cm）。

A.2 圆柱形包装物、圆柱形包装容器或近似圆柱形包装物、近似圆柱形包装容器计算方法

包装物或包装容器的高度（cm）乘以圆周长（cm）的40%。

A.3 其他形状的包装物或包装容器计算方法

包装物或包装容器的总表面积的40%。

如果包装物或包装容器有明显的主要展示版面，应以主要展示版面的面积为最大表面面积。

包装袋等计算表面面积时应除去封边所占尺寸。瓶形或罐形包装计算表面面积时不包括肩部、颈部、顶部和底部的凸缘。

附录 B
食品添加剂在配料表中的标示形式

B.1 按照加入量的递减顺序全部标示食品添加剂的具体名称

配料：水，全脂奶粉，稀奶油，植物油，巧克力（可可液块，白砂糖，可可脂，磷脂，聚甘油蓖麻醇酯，食用香精，柠檬黄），葡萄糖浆，丙二醇脂肪酸酯，卡拉胶，瓜尔胶，胭脂树橙，麦芽糊精，食用香料。

B.2 按照加入量的递减顺序全部标示食品添加剂的功能类别名称及国际编码

配料：水，全脂奶粉，稀奶油，植物油，巧克力（可可液块，白砂糖，可可脂，乳化剂（322，476），食用香精，着色剂（102）），葡萄糖浆，乳化剂（477），增稠剂（407，412），着色剂（160b），麦芽糊精，食用香料。

B.3 按照加入量的递减顺序全部标示食品添加剂的功能类别名称及具体名称

配料：水，全脂奶粉，稀奶油，植物油，巧克力（可可液块，白砂糖，可可脂，乳化剂（磷脂，聚甘油蓖麻醇酯），食用香精，着色剂（柠檬黄）），葡萄糖浆，乳化剂（丙二醇脂肪酸酯），增稠剂（卡拉胶，瓜尔胶），着色剂（胭脂树橙），麦芽糊精，食用香料。

B.4 建立食品添加剂项一并标示的形式

B.4.1 一般原则

直接使用的食品添加剂应在食品添加剂项中标注。营养强化剂、食用香精香料、胶基糖果中基础剂物质可在配料表的食品添加剂项外标注。非直接使用的食品添加剂不在食品添加剂项中标注。食品添加剂项在配料表中的标注顺序由需纳入该项的各种食品添加剂的总重量决定。

B.4.2 全部标示食品添加剂的具体名称

配料：水，全脂奶粉，稀奶油，植物油，巧克力（可可液块，白砂糖，可可脂，磷脂，聚甘油蓖麻醇酯，食用香精，柠檬黄），葡萄糖浆，食品添加剂（丙二醇脂肪酸酯，卡拉胶，瓜尔胶，胭脂树橙），麦芽糊精，食用香料。

B.4.3　全部标示食品添加剂的功能类别名称及国际编码

配料：水，全脂奶粉，稀奶油，植物油，巧克力（可可液块，白砂糖，可可脂，乳化剂（322，476），食用香精，着色剂（102）），葡萄糖浆，食品添加剂（乳化剂（477），增稠剂（407，412），着色剂（160b）），麦芽糊精，食用香料。

B.4.4　全部标示食品添加剂的功能类别名称及具体名称

配料：水，全脂奶粉，稀奶油，植物油，巧克力（可可液块，白砂糖，可可脂，乳化剂（磷脂，聚甘油蓖麻醇酯），食用香精，着色剂（柠檬黄）），葡萄糖浆，食品添加剂（乳化剂（丙二醇脂肪酸酯），增稠剂（卡拉胶，瓜尔胶），着色剂（胭脂树橙）），麦芽糊精，食用香料。

附录 C
部分标签项目的推荐标示形式

C.1　概述

本附录以示例形式提供了预包装食品部分标签项目的推荐标示形式，标示相应项目时可选用但不限于这些形式。如需要根据食品特性或包装特点等对推荐形式调整使用的，应与推荐形式基本涵义保持一致。

C.2　净含量和规格的标示

为方便表述，净含量的示例统一使用质量为计量方式，使用冒号为分隔符。标签上应使用实际产品适用的计量单位，并可根据实际情况选择空格或其他符号作为分隔符，便于识读。

C.2.1　单件预包装食品的净含量（规格）可以有如下标示形式：

净含量（或净含量/规格）：450g；

净含量（或净含量/规格）：225 克（200 克 + 送 25 克）；

净含量（或净含量/规格）：200 克 + 赠 25 克；

净含量（或净含量/规格）：（200 + 25）克。

C.2.2　净含量和沥干物（固形物）可以有如下标示形式（以"糖水梨罐头"为例）：

净含量（或净含量/规格）：425 克沥干物（或固形物或梨块）：不低于255 克（或不低于60%）。

C.2.3　同一预包装内含有多件同种类的预包装食品时，净含量和规格均可以有如下标示形式：

净含量（或净含量/规格）：40 克×5；

净含量（或净含量/规格）：5×40 克；

净含量（或净含量/规格）：200 克（5×40 克）；

净含量（或净含量/规格）：200 克（40 克×5）；

净含量（或净含量/规格）：200 克（5 件）；

净含量：200 克规格：5×40 克；

净含量：200 克规格：40 克×5；

净含量：200 克规格：5 件；

净含量（或净含量/规格）：200 克（100 克 + 50 克×2）；

净含量（或净含量/规格）：200 克（80 克×2 + 40 克）；

净含量：200 克规格：100 克 + 50 克×2；

净含量：200 克规格：80 克×2 + 40 克。

C.2.4　同一预包装内含有多件不同种类的预包装食品时，净含量和规格可以有如下标示形式：

净含量（或净含量/规格）：200 克（A 产品40 克×3，B 产品40 克×2）；

净含量（或净含量/规格）：200 克（40 克×3，40 克×2）；

净含量（或净含量/规格）：100 克 A 产品，50 克×2 B 产品，50 克 C 产品；

净含量（或净含量/规格）：A 产品：100 克，B 产品：50 克×2，C 产品：50 克；

净含量/规格：100 克（A 产品），50 克×2（B 产品），50 克（C 产品）；

净含量/规格：A 产品100 克，B 产品50 克×2，C 产品50 克。

C.3　日期的标示

日期中年、月、日可用空格、斜线、连字符、句点等符号分隔，或不用分隔符。年代号一般应标示 4 位数字，小包装食品也可以标示 2 位数字。月、日应标示 2 位数字。

日期的标示可以有如下形式：

2010 年 3 月 20 日；

2010 03 20；2010/03/20；20100320；

20 日 3 月 2010 年；3 月 20 日 2010 年；

（月/日/年）：03 20 2010；03/20/2010；03202010。

C.4　保质期的标示

保质期可以有如下标示形式：

最好在……之前食（饮）用；……之前食（饮）用最佳；……之前最佳；

此日期前最佳……；此日期前食（饮）用最佳……；

保质期（至）……；保质期××个月（或××日，或××天，或××周，或×年）。

C.5　贮存条件的标示

贮存条件可以标示"贮存条件"、"贮藏条件"、"贮藏方法"等标题，或不标示标题。

贮存条件可以有如下标示形式：

常温（或冷冻，或冷藏，或避光，或阴凉干燥处）保存；

×× - ×× ℃保存

请置于阴凉干燥处；

常温保存，开封后需冷藏；

温度：≤××℃，湿度：≤×× %。

附录 E　中华人民共和国食品安全法

（2009 年 2 月 28 日第十一届全国人民代表大会常务委员会第七次会议通过
2015 年 4 月 24 日第十二届全国人民代表大会常务委员会第十四次会议修订）

第一章　总则

第一条　为了保证食品安全，保障公众身体健康和生命安全，制定本法。

第二条　在中华人民共和国境内从事下列活动，应当遵守本法：

（一）食品生产和加工（以下称食品生产），食品销售和餐饮服务（以下称食品经营）；

（二）食品添加剂的生产经营；

（三）用于食品的包装材料、容器、洗涤剂、消毒剂和用于食品生产经营的工具、设备（以下称食品相关产品）的生产经营；

（四）食品生产经营者使用食品添加剂、食品相关产品；

（五）食品的贮存和运输；

（六）对食品、食品添加剂、食品相关产品的安全管理。

供食用的源于农业的初级产品（以下称食用农产品）的质量安全管理，遵守《中华人民共和国农产品质量安全法》的规定。但是，食用农产品的市场销售、有关质量安全标准的制定、有关安全信息的公布和本法对农业投入品作出规定的，应当遵守本法的规定。

第三条　食品安全工作实行预防为主、风险管理、全程控制、社会共治，建立科学、严格的监督管理制度。

第四条　食品生产经营者对其生产经营食品的安全负责。

食品生产经营者应当依照法律、法规和食品安全标准从事生产经营活动，保证食品安全，诚信自律，对社会和公众负责，接受社会监督，承担社会责任。

第五条　国务院设立食品安全委员会，其职责由国务院规定。

国务院食品药品监督管理部门依照本法和国务院规定的职责，对食品生产经营活动实施监督管理。

国务院卫生行政部门依照本法和国务院规定的职责，组织开展食品安全风险监测和风险评估，会同国务院食品药品监督管理部门制定并公布食品安全国家标准。

国务院其他有关部门依照本法和国务院规定的职责，承担有关食品安全工作。

第六条 县级以上地方人民政府对本行政区域的食品安全监督管理工作负责，统一领导、组织、协调本行政区域的食品安全监督管理工作以及食品安全突发事件应对工作，建立健全食品安全全程监督管理工作机制和信息共享机制。

县级以上地方人民政府依照本法和国务院的规定，确定本级食品药品监督管理、卫生行政部门和其他有关部门的职责。有关部门在各自职责范围内负责本行政区域的食品安全监督管理工作。

县级人民政府食品药品监督管理部门可以在乡镇或者特定区域设立派出机构。

第七条 县级以上地方人民政府实行食品安全监督管理责任制。上级人民政府负责对下一级人民政府的食品安全监督管理工作进行评议、考核。县级以上地方人民政府负责对本级食品药品监督管理部门和其他有关部门的食品安全监督管理工作进行评议、考核。

第八条 县级以上人民政府应当将食品安全工作纳入本级国民经济和社会发展规划，将食品安全工作经费列入本级政府财政预算，加强食品安全监督管理能力建设，为食品安全工作提供保障。

县级以上人民政府食品药品监督管理部门和其他有关部门应当加强沟通、密切配合，按照各自职责分工，依法行使职权，承担责任。

第九条 食品行业协会应当加强行业自律，按照章程建立健全行业规范和奖惩机制，提供食品安全信息、技术等服务，引导和督促食品生产经营者依法生产经营，推动行业诚信建设，宣传、普及食品安全知识。

消费者协会和其他消费者组织对违反本法规定，损害消费者合法权益的行为，依法进行社会监督。

第十条 各级人民政府应当加强食品安全的宣传教育，普及食品安全知识，鼓励社会组织、基层群众性自治组织、食品生产经营者开展食品安全法律、法规以及食品安全标准和知识的普及工作，倡导健康的饮食方式，增强消费者食品安全意识和自我保护能力。

新闻媒体应当开展食品安全法律、法规以及食品安全标准和知识的公益宣传，并对食品安全违法行为进行舆论监督。有关食品安全的宣传报道应当真实、公正。

第十一条 国家鼓励和支持开展与食品安全有关的基础研究、应用研究，鼓励和支持食品生产经营者为提高食品安全水平采用先进技术和先进管理规范。

国家对农药的使用实行严格的管理制度，加快淘汰剧毒、高毒、高残留农药，推动替代产品的研发和应用，鼓励使用高效低毒低残留农药。

第十二条 任何组织或者个人有权举报食品安全违法行为，依法向有关部门了解食品安全信息，对食品安全监督管理工作提出意见和建议。

第十三条 对在食品安全工作中做出突出贡献的单位和个人，按照国家有关规定给予表彰、奖励。

第二章 食品安全风险监测和评估

第十四条 国家建立食品安全风险监测制度，对食源性疾病、食品污染以及食品中的有害因素进行监测。

国务院卫生行政部门会同国务院食品药品监督管理、质量监督等部门，制定、实施国家食品安全风险监测计划。

国务院食品药品监督管理部门和其他有关部门获知有关食品安全风险信息后，应当立即核实并向国务院卫生行政部门通报。对有关部门通报的食品安全风险信息以及医疗机构报告的食源性疾病等有关疾病信息，国务院卫生行政部门应当会同国务院有关部门分析研究，认为必要的，及时调整国家食品安全风险监测计划。

省、自治区、直辖市人民政府卫生行政部门会同同级食品药品监督管理、质量监督等部门，根据国家食品安全风险监测计划，结合本行政区域的具体情况，制定、调整本行政区域的食品安全风险监测方案，报国务院卫生行政部门备案并实施。

第十五条 承担食品安全风险监测工作的技术机构应当根据食品安全风险监测计划和监测方案开展监测工作，保证监测数据真实、准确，并按照食品安全风险监测计划和监测方案的要求报送监测数据和分析结果。

食品安全风险监测工作人员有权进入相关食用农产品种植养殖、食品生产经营场所采集样品、收集相关数据。采集样品应当按照市场价格支付费用。

第十六条 食品安全风险监测结果表明可能存在食品安全隐患的，县级以上人民政府卫生行政部门应当及时将相关信息通报同级食品药品监督管理等部门，并报告本级人民政府和上级人民政府卫生行政部门。食品药品监督管理等部门应当组织开展进一步调查。

第十七条 国家建立食品安全风险评估制度，运用科学方法，根据食品安全风险监测信息、科学数据以及有关信息，对食品、食品添加剂、食品相关产品中生物性、化学性和物理性危害因素进行风险评估。

国务院卫生行政部门负责组织食品安全风险评估工作，成立由医学、农业、食品、营养、生物、环境等方面的专家组成的食品安全风险评估专家委员会进行食品安全风险评估。食品安全风险评估结果由国务院卫生行政部门公布。

对农药、肥料、兽药、饲料和饲料添加剂等的安全性评估，应当有食品安全风险评估专家委员会的专家参加。

食品安全风险评估不得向生产经营者收取费用，采集样品应当按照市场价格支付费用。

第十八条 有下列情形之一的，应当进行食品安全风险评估：

（一）通过食品安全风险监测或者接到举报发现食品、食品添加剂、食品相关产品可能存在安全隐患的；

　　（二）为制定或者修订食品安全国家标准提供科学依据需要进行风险评估的；

　　（三）为确定监督管理的重点领域、重点品种需要进行风险评估的；

　　（四）发现新的可能危害食品安全因素的；

　　（五）需要判断某一因素是否构成食品安全隐患的；

　　（六）国务院卫生行政部门认为需要进行风险评估的其他情形。

　　第十九条　国务院食品药品监督管理、质量监督、农业行政等部门在监督管理工作中发现需要进行食品安全风险评估的，应当向国务院卫生行政部门提出食品安全风险评估的建议，并提供风险来源、相关检验数据和结论等信息、资料。属于本法第十八条规定情形的，国务院卫生行政部门应当及时进行食品安全风险评估，并向国务院有关部门通报评估结果。

　　第二十条　省级以上人民政府卫生行政、农业行政部门应当及时相互通报食品、食用农产品安全风险监测信息。

　　国务院卫生行政、农业行政部门应当及时相互通报食品、食用农产品安全风险评估结果等信息。

　　第二十一条　食品安全风险评估结果是制定、修订食品安全标准和实施食品安全监督管理的科学依据。

　　经食品安全风险评估，得出食品、食品添加剂、食品相关产品不安全结论的，国务院食品药品监督管理、质量监督等部门应当依据各自职责立即向社会公告，告知消费者停止食用或者使用，并采取相应措施，确保该食品、食品添加剂、食品相关产品停止生产经营；需要制定、修订相关食品安全国家标准的，国务院卫生行政部门应当会同国务院食品药品监督管理部门立即制定、修订。

　　第二十二条　国务院食品药品监督管理部门应当会同国务院有关部门，根据食品安全风险评估结果、食品安全监督管理信息，对食品安全状况进行综合分析。对经综合分析表明可能具有较高程度安全风险的食品，国务院食品药品监督管理部门应当及时提出食品安全风险警示，并向社会公布。

　　第二十三条　县级以上人民政府食品药品监督管理部门和其他有关部门、食品安全风险评估专家委员会及其技术机构，应当按照科学、客观、及时、公开的原则，组织食品生产经营者、食品检验机构、认证机构、食品行业协会、消费者协会以及新闻媒体等，就食品安全风险评估信息和食品安全监督管理信息进行交流沟通。

第三章　食品安全标准

　　第二十四条　制定食品安全标准，应当以保障公众身体健康为宗旨，做到科学合理、安全可靠。

　　第二十五条　食品安全标准是强制执行的标准。除食品安全标准外，不得制定其他食品强制性标准。

　　第二十六条　食品安全标准应当包括下列内容：

（一）食品、食品添加剂、食品相关产品中的致病性微生物，农药残留、兽药残留、生物毒素、重金属等污染物质以及其他危害人体健康物质的限量规定；

（二）食品添加剂的品种、使用范围、用量；

（三）专供婴幼儿和其他特定人群的主辅食品的营养成分要求；

（四）对与卫生、营养等食品安全要求有关的标签、标志、说明书的要求；

（五）食品生产经营过程的卫生要求；

（六）与食品安全有关的质量要求；

（七）与食品安全有关的食品检验方法与规程；

（八）其他需要制定为食品安全标准的内容。

第二十七条 食品安全国家标准由国务院卫生行政部门会同国务院食品药品监督管理部门制定、公布，国务院标准化行政部门提供国家标准编号。

食品中农药残留、兽药残留的限量规定及其检验方法与规程由国务院卫生行政部门、国务院农业行政部门会同国务院食品药品监督管理部门制定。

屠宰畜、禽的检验规程由国务院农业行政部门会同国务院卫生行政部门制定。

第二十八条 制定食品安全国家标准，应当依据食品安全风险评估结果并充分考虑食用农产品安全风险评估结果，参照相关的国际标准和国际食品安全风险评估结果，并将食品安全国家标准草案向社会公布，广泛听取食品生产经营者、消费者、有关部门等方面的意见。

食品安全国家标准应当经国务院卫生行政部门组织的食品安全国家标准审评委员会审查通过。食品安全国家标准审评委员会由医学、农业、食品、营养、生物、环境等方面的专家以及国务院有关部门、食品行业协会、消费者协会的代表组成，对食品安全国家标准草案的科学性和实用性等进行审查。

第二十九条 对地方特色食品，没有食品安全国家标准的，省、自治区、直辖市人民政府卫生行政部门可以制定并公布食品安全地方标准，报国务院卫生行政部门备案。食品安全国家标准制定后，该地方标准即行废止。

第三十条 国家鼓励食品生产企业制定严于食品安全国家标准或者地方标准的企业标准，在本企业适用，并报省、自治区、直辖市人民政府卫生行政部门备案。

第三十一条 省级以上人民政府卫生行政部门应当在其网站上公布制定和备案的食品安全国家标准、地方标准和企业标准，供公众免费查阅、下载。

对食品安全标准执行过程中的问题，县级以上人民政府卫生行政部门应当会同有关部门及时给予指导、解答。

第三十二条 省级以上人民政府卫生行政部门应当会同同级食品药品监督管理、质量监督、农业行政等部门，分别对食品安全国家标准和地方标准的执行情况进行跟踪评价，并根据评价结果及时修订食品安全标准。

省级以上人民政府食品药品监督管理、质量监督、农业行政等部门应当对食品安全标准执行中存在的问题进行收集、汇总，并及时向同级卫生行政部门通报。

食品生产经营者、食品行业协会发现食品安全标准在执行中存在问题的，应当立即向卫生行政部门报告。

第四章　食品生产经营

第一节　一般规定

第三十三条　食品生产经营应当符合食品安全标准，并符合下列要求：

（一）具有与生产经营的食品品种、数量相适应的食品原料处理和食品加工、包装、贮存等场所，保持该场所环境整洁，并与有毒、有害场所以及其他污染源保持规定的距离；

（二）具有与生产经营的食品品种、数量相适应的生产经营设备或者设施，有相应的消毒、更衣、盥洗、采光、照明、通风、防腐、防尘、防蝇、防鼠、防虫、洗涤以及处理废水、存放垃圾和废弃物的设备或者设施；

（三）有专职或者兼职的食品安全专业技术人员、食品安全管理人员和保证食品安全的规章制度；

（四）具有合理的设备布局和工艺流程，防止待加工食品与直接入口食品、原料与成品交叉污染，避免食品接触有毒物、不洁物；

（五）餐具、饮具和盛放直接入口食品的容器，使用前应当洗净、消毒，炊具、用具用后应当洗净，保持清洁；

（六）贮存、运输和装卸食品的容器、工具和设备应当安全、无害，保持清洁，防止食品污染，并符合保证食品安全所需的温度、湿度等特殊要求，不得将食品与有毒、有害物品一同贮存、运输；

（七）直接入口的食品应当使用无毒、清洁的包装材料、餐具、饮具和容器；

（八）食品生产经营人员应当保持个人卫生，生产经营食品时，应当将手洗净，穿戴清洁的工作衣、帽等；销售无包装的直接入口食品时，应当使用无毒、清洁的容器、售货工具和设备；

（九）用水应当符合国家规定的生活饮用水卫生标准；

（十）使用的洗涤剂、消毒剂应当对人体安全、无害；

（十一）法律、法规规定的其他要求。

非食品生产经营者从事食品贮存、运输和装卸的，应当符合前款第六项的规定。

第三十四条　禁止生产经营下列食品、食品添加剂、食品相关产品：

（一）用非食品原料生产的食品或者添加食品添加剂以外的化学物质和其他可能危害人体健康物质的食品，或者用回收食品作为原料生产的食品；

（二）致病性微生物，农药残留、兽药残留、生物毒素、重金属等污染物质以及其他危害人体健康的物质含量超过食品安全标准限量的食品、食品添加剂、食品相关产品；

（三）用超过保质期的食品原料、食品添加剂生产的食品、食品添加剂；

（四）超范围、超限量使用食品添加剂的食品；

（五）营养成分不符合食品安全标准的专供婴幼儿和其他特定人群的主辅食品；

（六）腐败变质、油脂酸败、霉变生虫、污秽不洁、混有异物、掺假掺杂或者感官性状异常的食品、食品添加剂；

（七）病死、毒死或者死因不明的禽、畜、兽、水产动物肉类及其制品；

（八）未按规定进行检疫或者检疫不合格的肉类，或者未经检验或者检验不合格的肉类制品；

（九）被包装材料、容器、运输工具等污染的食品、食品添加剂；

（十）标注虚假生产日期、保质期或者超过保质期的食品、食品添加剂；

（十一）无标签的预包装食品、食品添加剂；

（十二）国家为防病等特殊需要明令禁止生产经营的食品；

（十三）其他不符合法律、法规或者食品安全标准的食品、食品添加剂、食品相关产品。

第三十五条 国家对食品生产经营实行许可制度。从事食品生产、食品销售、餐饮服务，应当依法取得许可。但是，销售食用农产品，不需要取得许可。

县级以上地方人民政府食品药品监督管理部门应当依照《中华人民共和国行政许可法》的规定，审核申请人提交的本法第三十三条第一款第一项至第四项规定要求的相关资料，必要时对申请人的生产经营场所进行现场核查；对符合规定条件的，准予许可；对不符合规定条件的，不予许可并书面说明理由。

第三十六条 食品生产加工小作坊和食品摊贩等从事食品生产经营活动，应当符合本法规定的与其生产经营规模、条件相适应的食品安全要求，保证所生产经营的食品卫生、无毒、无害，食品药品监督管理部门应当对其加强监督管理。

县级以上地方人民政府应当对食品生产加工小作坊、食品摊贩等进行综合治理，加强服务和统一规划，改善其生产经营环境，鼓励和支持其改进生产经营条件，进入集中交易市场、店铺等固定场所经营，或者在指定的临时经营区域、时段经营。

食品生产加工小作坊和食品摊贩等的具体管理办法由省、自治区、直辖市制定。

第三十七条 利用新的食品原料生产食品，或者生产食品添加剂新品种、食品相关产品新品种，应当向国务院卫生行政部门提交相关产品的安全性评估材料。国务院卫生行政部门应当自收到申请之日起六十日内组织审查；对符合食品安全要求的，准予许可并公布；对不符合食品安全要求的，不予许可并书面说明理由。

第三十八条 生产经营的食品中不得添加药品，但是可以添加按照传统既是食品又是中药材的物质。按照传统既是食品又是中药材的物质目录由国务院卫生行政部门会同国务院食品药品监督管理部门制定、公布。

第三十九条 国家对食品添加剂生产实行许可制度。从事食品添加剂生产，应当具有与所生产食品添加剂品种相适应的场所、生产设备或者设施、专业技术人员和管理制度，并依照本法第三十五条第二款规定的程序，取得食品添加剂生产许可。

生产食品添加剂应当符合法律、法规和食品安全国家标准。

第四十条 食品添加剂应当在技术上确有必要且经过风险评估证明安全可靠，方可列入允许使用的范围；有关食品安全国家标准应当根据技术必要性和食品安全风险评估结果及时修订。

食品生产经营者应当按照食品安全国家标准使用食品添加剂。

第四十一条 生产食品相关产品应当符合法律、法规和食品安全国家标准。对直接接触食品的包装材料等具有较高风险的食品相关产品，按照国家有关工业产品生产许可证管理的规定实施生产许可。质量监督部门应当加强对食品相关产品生产活动的监督管理。

第四十二条 国家建立食品安全全程追溯制度。

食品生产经营者应当依照本法的规定，建立食品安全追溯体系，保证食品可追溯。国家鼓励食品生产经营者采用信息化手段采集、留存生产经营信息，建立食品安全追溯体系。

国务院食品药品监督管理部门会同国务院农业行政等有关部门建立食品安全全程追溯协作机制。

第四十三条 地方各级人民政府应当采取措施鼓励食品规模化生产和连锁经营、配送。

国家鼓励食品生产经营企业参加食品安全责任保险。

第二节 生产经营过程控制

第四十四条 食品生产经营企业应当建立健全食品安全管理制度，对职工进行食品安全知识培训，加强食品检验工作，依法从事生产经营活动。

食品生产经营企业的主要负责人应当落实企业食品安全管理制度，对本企业的食品安全工作全面负责。

食品生产经营企业应当配备食品安全管理人员，加强对其培训和考核。经考核不具备食品安全管理能力的，不得上岗。食品药品监督管理部门应当对企业食品安全管理人员随机进行监督抽查考核并公布考核情况。监督抽查考核不得收取费用。

第四十五条 食品生产经营者应当建立并执行从业人员健康管理制度。患有国务院卫生行政部门规定的有碍食品安全疾病的人员，不得从事接触直接入口食品的工作。

从事接触直接入口食品工作的食品生产经营人员应当每年进行健康检查，取得健康证明后方可上岗工作。

第四十六条 食品生产企业应当就下列事项制定并实施控制要求，保证所生产的食品符合食品安全标准：

（一）原料采购、原料验收、投料等原料控制；

（二）生产工序、设备、贮存、包装等生产关键环节控制；

（三）原料检验、半成品检验、成品出厂检验等检验控制；

（四）运输和交付控制。

第四十七条 食品生产经营者应当建立食品安全自查制度，定期对食品安全状况进行检查评价。生产经营条件发生变化，不再符合食品安全要求的，食品生产经营者应当立即采取整改措施；有发生食品安全事故潜在风险的，应当立即停止食品生产经营活动，并向所在地县级人民政府食品药品监督管理部门报告。

第四十八条　国家鼓励食品生产经营企业符合良好生产规范要求，实施危害分析与关键控制点体系，提高食品安全管理水平。

对通过良好生产规范、危害分析与关键控制点体系认证的食品生产经营企业，认证机构应当依法实施跟踪调查；对不再符合认证要求的企业，应当依法撤销认证，及时向县级以上人民政府食品药品监督管理部门通报，并向社会公布。认证机构实施跟踪调查不得收取费用。

第四十九条　食用农产品生产者应当按照食品安全标准和国家有关规定使用农药、肥料、兽药、饲料和饲料添加剂等农业投入品，严格执行农业投入品使用安全间隔期或者休药期的规定，不得使用国家明令禁止的农业投入品。禁止将剧毒、高毒农药用于蔬菜、瓜果、茶叶和中草药材等国家规定的农作物。

食用农产品的生产企业和农民专业合作经济组织应当建立农业投入品使用记录制度。

县级以上人民政府农业行政部门应当加强对农业投入品使用的监督管理和指导，建立健全农业投入品安全使用制度。

第五十条　食品生产者采购食品原料、食品添加剂、食品相关产品，应当查验供货者的许可证和产品合格证明；对无法提供合格证明的食品原料，应当按照食品安全标准进行检验；不得采购或者使用不符合食品安全标准的食品原料、食品添加剂、食品相关产品。

食品生产企业应当建立食品原料、食品添加剂、食品相关产品进货查验记录制度，如实记录食品原料、食品添加剂、食品相关产品的名称、规格、数量、生产日期或者生产批号、保质期、进货日期以及供货者名称、地址、联系方式等内容，并保存相关凭证。记录和凭证保存期限不得少于产品保质期满后六个月；没有明确保质期的，保存期限不得少于二年。

第五十一条　食品生产企业应当建立食品出厂检验记录制度，查验出厂食品的检验合格证和安全状况，如实记录食品的名称、规格、数量、生产日期或者生产批号、保质期、检验合格证号、销售日期以及购货者名称、地址、联系方式等内容，并保存相关凭证。记录和凭证保存期限应当符合本法第五十条第二款的规定。

第五十二条　食品、食品添加剂、食品相关产品的生产者，应当按照食品安全标准对所生产的食品、食品添加剂、食品相关产品进行检验，检验合格后方可出厂或者销售。

第五十三条　食品经营者采购食品，应当查验供货者的许可证和食品出厂检验合格证或者其他合格证明（以下称合格证明文件）。

食品经营企业应当建立食品进货查验记录制度，如实记录食品的名称、规格、数量、生产日期或者生产批号、保质期、进货日期以及供货者名称、地址、联系方式等内容，并保存相关凭证。记录和凭证保存期限应当符合本法第五十条第二款的规定。

实行统一配送经营方式的食品经营企业，可以由企业总部统一查验供货者的许可证和食品合格证明文件，进行食品进货查验记录。

从事食品批发业务的经营企业应当建立食品销售记录制度，如实记录批发食品的名称、规格、数量、生产日期或者生产批号、保质期、销售日期以及购货者名称、地址、联系方式等内容，并保存相关凭证。记录和凭证保存期限应当符合本法第五十条第二款的规定。

第五十四条 食品经营者应当按照保证食品安全的要求贮存食品，定期检查库存食品，及时清理变质或者超过保质期的食品。

食品经营者贮存散装食品，应当在贮存位置标明食品的名称、生产日期或者生产批号、保质期、生产者名称及联系方式等内容。

第五十五条 餐饮服务提供者应当制定并实施原料控制要求，不得采购不符合食品安全标准的食品原料。倡导餐饮服务提供者公开加工过程，公示食品原料及其来源等信息。

餐饮服务提供者在加工过程中应当检查待加工的食品及原料，发现有本法第三十四条第六项规定情形的，不得加工或者使用。

第五十六条 餐饮服务提供者应当定期维护食品加工、贮存、陈列等设施、设备；定期清洗、校验保温设施及冷藏、冷冻设施。

餐饮服务提供者应当按照要求对餐具、饮具进行清洗消毒，不得使用未经清洗消毒的餐具、饮具；餐饮服务提供者委托清洗消毒餐具、饮具的，应当委托符合本法规定条件的餐具、饮具集中消毒服务单位。

第五十七条 学校、托幼机构、养老机构、建筑工地等集中用餐单位的食堂应当严格遵守法律、法规和食品安全标准；从供餐单位订餐的，应当从取得食品生产经营许可的企业订购，并按照要求对订购的食品进行查验。供餐单位应当严格遵守法律、法规和食品安全标准，当餐加工，确保食品安全。

学校、托幼机构、养老机构、建筑工地等集中用餐单位的主管部门应当加强对集中用餐单位的食品安全教育和日常管理，降低食品安全风险，及时消除食品安全隐患。

第五十八条 餐具、饮具集中消毒服务单位应当具备相应的作业场所、清洗消毒设备或者设施，用水和使用的洗涤剂、消毒剂应当符合相关食品安全国家标准和其他国家标准、卫生规范。

餐具、饮具集中消毒服务单位应当对消毒餐具、饮具进行逐批检验，检验合格后方可出厂，并应当随附消毒合格证明。消毒后的餐具、饮具应当在独立包装上标注单位名称、地址、联系方式、消毒日期以及使用期限等内容。

第五十九条 食品添加剂生产者应当建立食品添加剂出厂检验记录制度，查验出厂产品的检验合格证和安全状况，如实记录食品添加剂的名称、规格、数量、生产日期或者生产批号、保质期、检验合格证号、销售日期以及购货者名称、地址、联系方式等相关内容，并保存相关凭证。记录和凭证保存期限应当符合本法第五十条第二款的规定。

第六十条 食品添加剂经营者采购食品添加剂，应当依法查验供货者的许可证和产品合格证明文件，如实记录食品添加剂的名称、规格、数量、生产日期或者生产批号、保质期、进货日期以及供货者名称、地址、联系方式等内容，并保存相关凭证。记录和凭证保存期限应当符合本法第五十条第二款的规定。

第六十一条 集中交易市场的开办者、柜台出租者和展销会举办者，应当依法审查入场食品经营者的许可证，明确其食品安全管理责任，定期对其经营环境和条件进行检查，发现其有违反本法规定行为的，应当及时制止并立即报告所在地县级人民政府食品药品监督管理部门。

第六十二条 网络食品交易第三方平台提供者应当对入网食品经营者进行实名登记，明确其食品安全管理责任；依法应当取得许可证的，还应当审查其许可证。

网络食品交易第三方平台提供者发现入网食品经营者有违反本法规定行为的，应当及时制止并立即报告所在地县级人民政府食品药品监督管理部门；发现严重违法行为的，应当立即停止提供网络交易平台服务。

第六十三条 国家建立食品召回制度。食品生产者发现其生产的食品不符合食品安全标准或者有证据证明可能危害人体健康的，应当立即停止生产，召回已经上市销售的食品，通知相关生产经营者和消费者，并记录召回和通知情况。

食品经营者发现其经营的食品有前款规定情形的，应当立即停止经营，通知相关生产经营者和消费者，并记录停止经营和通知情况。食品生产者认为应当召回的，应当立即召回。由于食品经营者的原因造成其经营的食品有前款规定情形的，食品经营者应当召回。

食品生产经营者应当对召回的食品采取无害化处理、销毁等措施，防止其再次流入市场。但是，对因标签、标志或者说明书不符合食品安全标准而被召回的食品，食品生产者在采取补救措施且能保证食品安全的情况下可以继续销售；销售时应当向消费者明示补救措施。

食品生产经营者应当将食品召回和处理情况向所在地县级人民政府食品药品监督管理部门报告；需要对召回的食品进行无害化处理、销毁的，应当提前报告时间、地点。食品药品监督管理部门认为必要的，可以实施现场监督。

食品生产经营者未依照本条规定召回或者停止经营的，县级以上人民政府食品药品监督管理部门可以责令其召回或者停止经营。

第六十四条 食用农产品批发市场应当配备检验设备和检验人员或者委托符合本法规定的食品检验机构，对进入该批发市场销售的食用农产品进行抽样检验；发现不符合食品安全标准的，应当要求销售者立即停止销售，并向食品药品监督管理部门报告。

第六十五条 食用农产品销售者应当建立食用农产品进货查验记录制度，如实记录食用农产品的名称、数量、进货日期以及供货者名称、地址、联系方式等内容，并保存相关凭证。记录和凭证保存期限不得少于六个月。

第六十六条 进入市场销售的食用农产品在包装、保鲜、贮存、运输中使用保鲜剂、防腐剂等食品添加剂和包装材料等食品相关产品，应当符合食品安全国家标准。

第三节　标签、说明书和广告

第六十七条　预包装食品的包装上应当有标签。标签应当标明下列事项：

（一）名称、规格、净含量、生产日期；

（二）成分或者配料表；

（三）生产者的名称、地址、联系方式；

（四）保质期；

（五）产品标准代号；

（六）贮存条件；

（七）所使用的食品添加剂在国家标准中的通用名称；

（八）生产许可证编号；

（九）法律、法规或者食品安全标准规定应当标明的其他事项。

专供婴幼儿和其他特定人群的主辅食品，其标签还应当标明主要营养成分及其含量。

食品安全国家标准对标签标注事项另有规定的，从其规定。

第六十八条　食品经营者销售散装食品，应当在散装食品的容器、外包装上标明食品的名称、生产日期或者生产批号、保质期以及生产经营者名称、地址、联系方式等内容。

第六十九条　生产经营转基因食品应当按照规定显著标示。

第七十条　食品添加剂应当有标签、说明书和包装。标签、说明书应当载明本法第六十七条第一款第一项至第六项、第八项、第九项规定的事项，以及食品添加剂的使用范围、用量、使用方法，并在标签上载明"食品添加剂"字样。

第七十一条　食品和食品添加剂的标签、说明书，不得含有虚假内容，不得涉及疾病预防、治疗功能。生产经营者对其提供的标签、说明书的内容负责。

食品和食品添加剂的标签、说明书应当清楚、明显，生产日期、保质期等事项应当显著标注，容易辨识。

食品和食品添加剂与其标签、说明书的内容不符的，不得上市销售。

第七十二条　食品经营者应当按照食品标签标示的警示标志、警示说明或者注意事项的要求销售食品。

第七十三条　食品广告的内容应当真实合法，不得含有虚假内容，不得涉及疾病预防、治疗功能。食品生产经营者对食品广告内容的真实性、合法性负责。

县级以上人民政府食品药品监督管理部门和其他有关部门以及食品检验机构、食品行业协会不得以广告或者其他形式向消费者推荐食品。消费者组织不得以收取费用或者其他牟取利益的方式向消费者推荐食品。

第四节　特殊食品

第七十四条　国家对保健食品、特殊医学用途配方食品和婴幼儿配方食品等特殊食品实行严格监督管理。

第七十五条　保健食品声称保健功能，应当具有科学依据，不得对人体产生急性、亚急性或者慢性危害。

保健食品原料目录和允许保健食品声称的保健功能目录，由国务院食品药品监督管理部门会同国务院卫生行政部门、国家中医药管理部门制定、调整并公布。

保健食品原料目录应当包括原料名称、用量及其对应的功效；列入保健食品原料目录的原料只能用于保健食品生产，不得用于其他食品生产。

第七十六条 使用保健食品原料目录以外原料的保健食品和首次进口的保健食品应当经国务院食品药品监督管理部门注册。但是，首次进口的保健食品中属于补充维生素、矿物质等营养物质的，应当报国务院食品药品监督管理部门备案。其他保健食品应当报省、自治区、直辖市人民政府食品药品监督管理部门备案。

进口的保健食品应当是出口国（地区）主管部门准许上市销售的产品。

第七十七条 依法应当注册的保健食品，注册时应当提交保健食品的研发报告、产品配方、生产工艺、安全性和保健功能评价、标签、说明书等材料及样品，并提供相关证明文件。国务院食品药品监督管理部门经组织技术审评，对符合安全和功能声称要求的，准予注册；对不符合要求的，不予注册并书面说明理由。对使用保健食品原料目录以外原料的保健食品作出准予注册决定的，应当及时将该原料纳入保健食品原料目录。

依法应当备案的保健食品，备案时应当提交产品配方、生产工艺、标签、说明书以及表明产品安全性和保健功能的材料。

第七十八条 保健食品的标签、说明书不得涉及疾病预防、治疗功能，内容应当真实，与注册或者备案的内容相一致，载明适宜人群、不适宜人群、功效成分或者标志性成分及其含量等，并声明"本品不能代替药物"。保健食品的功能和成分应当与标签、说明书相一致。

第七十九条 保健食品广告除应当符合本法第七十三条第一款的规定外，还应当声明"本品不能代替药物"；其内容应当经生产企业所在地省、自治区、直辖市人民政府食品药品监督管理部门审查批准，取得保健食品广告批准文件。省、自治区、直辖市人民政府食品药品监督管理部门应当公布并及时更新已经批准的保健食品广告目录以及批准的广告内容。

第八十条 特殊医学用途配方食品应当经国务院食品药品监督管理部门注册。注册时，应当提交产品配方、生产工艺、标签、说明书以及表明产品安全性、营养充足性和特殊医学用途临床效果的材料。

特殊医学用途配方食品广告适用《中华人民共和国广告法》和其他法律、行政法规关于药品广告管理的规定。

第八十一条 婴幼儿配方食品生产企业应当实施从原料进厂到成品出厂的全过程质量控制，对出厂的婴幼儿配方食品实施逐批检验，保证食品安全。

生产婴幼儿配方食品使用的生鲜乳、辅料等食品原料、食品添加剂等，应当符合法律、行政法规的规定和食品安全国家标准，保证婴幼儿生长发育所需的营养成分。

婴幼儿配方食品生产企业应当将食品原料、食品添加剂、产品配方及标签等事项向省、自治区、直辖市人民政府食品药品监督管理部门备案。

婴幼儿配方乳粉的产品配方应当经国务院食品药品监督管理部门注册。注册时，应当提交配方研发报告和其他表明配方科学性、安全性的材料。

不得以分装方式生产婴幼儿配方乳粉，同一企业不得用同一配方生产不同品牌的婴幼儿配方乳粉。

第八十二条 保健食品、特殊医学用途配方食品、婴幼儿配方乳粉的注册人或者备案人应当对其提交材料的真实性负责。

省级以上人民政府食品药品监督管理部门应当及时公布注册或者备案的保健食品、特殊医学用途配方食品、婴幼儿配方乳粉目录，并对注册或者备案中获知的企业商业秘密予以保密。

保健食品、特殊医学用途配方食品、婴幼儿配方乳粉生产企业应当按照注册或者备案的产品配方、生产工艺等技术要求组织生产。

第八十三条 生产保健食品，特殊医学用途配方食品、婴幼儿配方食品和其他专供特定人群的主辅食品的企业，应当按照良好生产规范的要求建立与所生产食品相适应的生产质量管理体系，定期对该体系的运行情况进行自查，保证其有效运行，并向所在地县级人民政府食品药品监督管理部门提交自查报告。

第五章 食品检验

第八十四条 食品检验机构按照国家有关认证认可的规定取得资质认定后，方可从事食品检验活动。但是，法律另有规定的除外。

食品检验机构的资质认定条件和检验规范，由国务院食品药品监督管理部门规定。

符合本法规定的食品检验机构出具的检验报告具有同等效力。

县级以上人民政府应当整合食品检验资源，实现资源共享。

第八十五条 食品检验由食品检验机构指定的检验人独立进行。

检验人应当依照有关法律、法规的规定，并按照食品安全标准和检验规范对食品进行检验，尊重科学，恪守职业道德，保证出具的检验数据和结论客观、公正，不得出具虚假检验报告。

第八十六条 食品检验实行食品检验机构与检验人负责制。食品检验报告应当加盖食品检验机构公章，并有检验人的签名或者盖章。食品检验机构和检验人对出具的食品检验报告负责。

第八十七条 县级以上人民政府食品药品监督管理部门应当对食品进行定期或者不定期的抽样检验，并依据有关规定公布检验结果，不得免检。进行抽样检验，应当购买抽取的样品，委托符合本法规定的食品检验机构进行检验，并支付相关费用；不得向食品生产经营者收取检验费和其他费用。

第八十八条 对依照本法规定实施的检验结论有异议的，食品生产经营者可以自收到检验结论之日起七个工作日内向实施抽样检验的食品药品监督管理部门或者其上一级食品药品监督管理部门提出复检申请，由受理复检申请的食品药品监督管理部门在公布的复检机构名录中随机确定复检机构进行复检。复检机构出具的复检结论为最终检验结论。复检机构与初检机构不得为同一机构。复检机构名录由国务院认证认可监督管理、食品药品监督管理、卫生行政、农业行政等部门共同公布。

采用国家规定的快速检测方法对食用农产品进行抽查检测，被抽查人对检测结果有异议的，可以自收到检测结果时起四小时内申请复检。复检不得采用快速检测方法。

第八十九条 食品生产企业可以自行对所生产的食品进行检验，也可以委托符合本法规定的食品检验机构进行检验。

食品行业协会和消费者协会等组织、消费者需要委托食品检验机构对食品进行检验的，应当委托符合本法规定的食品检验机构进行。

第九十条 食品添加剂的检验，适用本法有关食品检验的规定。

第六章　食品进出口

第九十一条 国家出入境检验检疫部门对进出口食品安全实施监督管理。

第九十二条 进口的食品、食品添加剂、食品相关产品应当符合我国食品安全国家标准。

进口的食品、食品添加剂应当经出入境检验检疫机构依照进出口商品检验相关法律、行政法规的规定检验合格。

进口的食品、食品添加剂应当按照国家出入境检验检疫部门的要求随附合格证明材料。

第九十三条 进口尚无食品安全国家标准的食品，由境外出口商、境外生产企业或者其委托的进口商向国务院卫生行政部门提交所执行的相关国家（地区）标准或者国际标准。国务院卫生行政部门对相关标准进行审查，认为符合食品安全要求的，决定暂予适用，并及时制定相应的食品安全国家标准。进口利用新的食品原料生产的食品或者进口食品添加剂新品种、食品相关产品新品种，依照本法第三十七条的规定办理。

出入境检验检疫机构按照国务院卫生行政部门的要求，对前款规定的食品、食品添加剂、食品相关产品进行检验。检验结果应当公开。

第九十四条 境外出口商、境外生产企业应当保证向我国出口的食品、食品添加剂、食品相关产品符合本法以及我国其他有关法律、行政法规的规定和食品安全国家标准的要求，并对标签、说明书的内容负责。

进口商应当建立境外出口商、境外生产企业审核制度，重点审核前款规定的内容；审核不合格的，不得进口。

发现进口食品不符合我国食品安全国家标准或者有证据证明可能危害人体健康的，进口商应当立即停止进口，并依照本法第六十三条的规定召回。

第九十五条 境外发生的食品安全事件可能对我国境内造成影响，或者在进口食品、食品添加剂、食品相关产品中发现严重食品安全问题的，国家出入境检验检疫部门应当及时采取风险预警或者控制措施，并向国务院食品药品监督管理、卫生行政、农业行政部门通报。接到通报的部门应当及时采取相应措施。

县级以上人民政府食品药品监督管理部门对国内市场上销售的进口食品、食品添加剂实施监督管理。发现存在严重食品安全问题的，国务院食品药品监督管理部门应当及时向国家出入境检验检疫部门通报。国家出入境检验检疫部门应当及时采取相应措施。

第九十六条 向我国境内出口食品的境外出口商或者代理商、进口食品的进口商应当向国家出入境检验检疫部门备案。向我国境内出口食品的境外食品生产企业应当经国家出入境检验检疫部门注册。已经注册的境外食品生产企业提供虚假材料，或者因其自身的原因致使进口食品发生重大食品安全事故的，国家出入境检验检疫部门应当撤销注册并公告。

国家出入境检验检疫部门应当定期公布已经备案的境外出口商、代理商、进口商和已经注册的境外食品生产企业名单。

第九十七条 进口的预包装食品、食品添加剂应当有中文标签；依法应当有说明书的，还应当有中文说明书。标签、说明书应当符合本法以及我国其他有关法律、行政法规的规定和食品安全国家标准的要求，并载明食品的原产地以及境内代理商的名称、地址、联系方式。预包装食品没有中文标签、中文说明书或者标签、说明书不符合本条规定的，不得进口。

第九十八条 进口商应当建立食品、食品添加剂进口和销售记录制度，如实记录食品、食品添加剂的名称、规格、数量、生产日期、生产或者进口批号、保质期、境外出口商和购货者名称、地址及联系方式、交货日期等内容，并保存相关凭证。记录和凭证保存期限应当符合本法第五十条第二款的规定。

第九十九条 出口食品生产企业应当保证其出口食品符合进口国（地区）的标准或者合同要求。

出口食品生产企业和出口食品原料种植、养殖场应当向国家出入境检验检疫部门备案。

第一百条 国家出入境检验检疫部门应当收集、汇总下列进出口食品安全信息，并及时通报相关部门、机构和企业：

（一）出入境检验检疫机构对进出口食品实施检验检疫发现的食品安全信息；

（二）食品行业协会和消费者协会等组织、消费者反映的进口食品安全信息；

（三）国际组织、境外政府机构发布的风险预警信息及其他食品安全信息，以及境外食品行业协会等组织、消费者反映的食品安全信息；

（四）其他食品安全信息。

国家出入境检验检疫部门应当对进出口食品的进口商、出口商和出口食品生产企业实施信用管理，建立信用记录，并依法向社会公布。对有不良记录的进口商、出口商和出口食品生产企业，应当加强对其进出口食品的检验检疫。

第一百零一条 国家出入境检验检疫部门可以对向我国境内出口食品的国家（地区）的食品安全管理体系和食品安全状况进行评估和审查，并根据评估和审查结果，确定相应检验检疫要求。

第七章　食品安全事故处置

第一百零二条　国务院组织制定国家食品安全事故应急预案。

县级以上地方人民政府应当根据有关法律、法规的规定和上级人民政府的食品安全事故应急预案以及本行政区域的实际情况，制定本行政区域的食品安全事故应急预案，并报上一级人民政府备案。

食品安全事故应急预案应当对食品安全事故分级、事故处置组织指挥体系与职责、预防预警机制、处置程序、应急保障措施等作出规定。

食品生产经营企业应当制定食品安全事故处置方案，定期检查本企业各项食品安全防范措施的落实情况，及时消除事故隐患。

第一百零三条　发生食品安全事故的单位应当立即采取措施，防止事故扩大。事故单位和接收病人进行治疗的单位应当及时向事故发生地县级人民政府食品药品监督管理、卫生行政部门报告。

县级以上人民政府质量监督、农业行政等部门在日常监督管理中发现食品安全事故或者接到事故举报，应当立即向同级食品药品监督管理部门通报。

发生食品安全事故，接到报告的县级人民政府食品药品监督管理部门应当按照应急预案的规定向本级人民政府和上级人民政府食品药品监督管理部门报告。县级人民政府和上级人民政府食品药品监督管理部门应当按照应急预案的规定上报。

任何单位和个人不得对食品安全事故隐瞒、谎报、缓报，不得隐匿、伪造、毁灭有关证据。

第一百零四条　医疗机构发现其接收的病人属于食源性疾病病人或者疑似病人的，应当按照规定及时将相关信息向所在地县级人民政府卫生行政部门报告。县级人民政府卫生行政部门认为与食品安全有关的，应当及时通报同级食品药品监督管理部门。

县级以上人民政府卫生行政部门在调查处理传染病或者其他突发公共卫生事件中发现与食品安全相关的信息，应当及时通报同级食品药品监督管理部门。

第一百零五条　县级以上人民政府食品药品监督管理部门接到食品安全事故的报告后，应当立即会同同级卫生行政、质量监督、农业行政等部门进行调查处理，并采取下列措施，防止或者减轻社会危害：

（一）开展应急救援工作，组织救治因食品安全事故导致人身伤害的人员；

（二）封存可能导致食品安全事故的食品及其原料，并立即进行检验；对确认属于被污染的食品及其原料，责令食品生产经营者依照本法第六十三条的规定召回或者停止经营；

（三）封存被污染的食品相关产品，并责令进行清洗消毒；

（四）做好信息发布工作，依法对食品安全事故及其处理情况进行发布，并对可能产生的危害加以解释、说明。

发生食品安全事故需要启动应急预案的，县级以上人民政府应当立即成立事故处置指挥机构，启动应急预案，依照前款和应急预案的规定进行处置。

发生食品安全事故，县级以上疾病预防控制机构应当对事故现场进行卫生处理，并对与事故有关的因素开展流行病学调查，有关部门应当予以协助。县级以上疾病预防控制机构应当向同级食品药品监督管理、卫生行政部门提交流行病学调查报告。

第一百零六条 发生食品安全事故，设区的市级以上人民政府食品药品监督管理部门应当立即会同有关部门进行事故责任调查，督促有关部门履行职责，向本级人民政府和上一级人民政府食品药品监督管理部门提出事故责任调查处理报告。

涉及两个以上省、自治区、直辖市的重大食品安全事故由国务院食品药品监督管理部门依照前款规定组织事故责任调查。

第一百零七条 调查食品安全事故，应当坚持实事求是、尊重科学的原则，及时、准确查清事故性质和原因，认定事故责任，提出整改措施。

调查食品安全事故，除了查明事故单位的责任，还应当查明有关监督管理部门、食品检验机构、认证机构及其工作人员的责任。

第一百零八条 食品安全事故调查部门有权向有关单位和个人了解与事故有关的情况，并要求提供相关资料和样品。有关单位和个人应当予以配合，按照要求提供相关资料和样品，不得拒绝。

任何单位和个人不得阻挠、干涉食品安全事故的调查处理。

第八章 监督管理

第一百零九条 县级以上人民政府食品药品监督管理、质量监督部门根据食品安全风险监测、风险评估结果和食品安全状况等，确定监督管理的重点、方式和频次，实施风险分级管理。

县级以上地方人民政府组织本级食品药品监督管理、质量监督、农业行政等部门制定本行政区域的食品安全年度监督管理计划，向社会公布并组织实施。

食品安全年度监督管理计划应当将下列事项作为监督管理的重点：

（一）专供婴幼儿和其他特定人群的主辅食品；

（二）保健食品生产过程中的添加行为和按照注册或者备案的技术要求组织生产的情况，保健食品标签、说明书以及宣传材料中有关功能宣传的情况；

（三）发生食品安全事故风险较高的食品生产经营者；

（四）食品安全风险监测结果表明可能存在食品安全隐患的事项。

第一百一十条 县级以上人民政府食品药品监督管理、质量监督部门履行各自食品安全监督管理职责，有权采取下列措施，对生产经营者遵守本法的情况进行监督检查：

（一）进入生产经营场所实施现场检查；

（二）对生产经营的食品、食品添加剂、食品相关产品进行抽样检验；

（三）查阅、复制有关合同、票据、账簿以及其他有关资料；

（四）查封、扣押有证据证明不符合食品安全标准或者有证据证明存在安全隐患以及用于违法生产经营的食品、食品添加剂、食品相关产品；

（五）查封违法从事生产经营活动的场所。

第一百一十一条 对食品安全风险评估结果证明食品存在安全隐患，需要制定、修订食品安全标准的，在制定、修订食品安全标准前，国务院卫生行政部门应当及时会同国务院有关部门规定食品中有害物质的临时限量值和临时检验方法，作为生产经营和监督管理的依据。

第一百一十二条 县级以上人民政府食品药品监督管理部门在食品安全监督管理工作中可以采用国家规定的快速检测方法对食品进行抽查检测。

对抽查检测结果表明可能不符合食品安全标准的食品，应当依照本法第八十七条的规定进行检验。抽查检测结果确定有关食品不符合食品安全标准的，可以作为行政处罚的依据。

第一百一十三条 县级以上人民政府食品药品监督管理部门应当建立食品生产经营者食品安全信用档案，记录许可颁发、日常监督检查结果、违法行为查处等情况，依法向社会公布并实时更新；对有不良信用记录的食品生产经营者增加监督检查频次，对违法行为情节严重的食品生产经营者，可以通报投资主管部门、证券监督管理机构和有关的金融机构。

第一百一十四条 食品生产经营过程中存在食品安全隐患，未及时采取措施消除的，县级以上人民政府食品药品监督管理部门可以对食品生产经营者的法定代表人或者主要负责人进行责任约谈。食品生产经营者应当立即采取措施，进行整改，消除隐患。责任约谈情况和整改情况应当纳入食品生产经营者食品安全信用档案。

第一百一十五条 县级以上人民政府食品药品监督管理、质量监督等部门应当公布本部门的电子邮件地址或者电话，接受咨询、投诉、举报。接到咨询、投诉、举报，对属于本部门职责的，应当受理并在法定期限内及时答复、核实、处理；对不属于本部门职责的，应当移交有权处理的部门并书面通知咨询、投诉、举报人。有权处理的部门应当在法定期限内及时处理，不得推诿。对查证属实的举报，给予举报人奖励。

有关部门应当对举报人的信息予以保密，保护举报人的合法权益。举报人举报所在企业的，该企业不得以解除、变更劳动合同或者其他方式对举报人进行打击报复。

第一百一十六条 县级以上人民政府食品药品监督管理、质量监督等部门应当加强对执法人员食品安全法律、法规、标准和专业知识与执法能力等的培训，并组织考核。不具备相应知识和能力的，不得从事食品安全执法工作。

食品生产经营者、食品行业协会、消费者协会等发现食品安全执法人员在执法过程中有违反法律、法规规定的行为以及不规范执法行为的，可以向本级或者上级人民政府食品药品监督管理、质量监督等部门或者监察机关投诉、举报。接到投诉、举报的部门或者机关应当进行核实，并将经核实的情况向食品安全执法人员所在部门通报；涉嫌违法违纪的，按照本法和有关规定处理。

第一百一十七条 县级以上人民政府食品药品监督管理等部门未及时发现食品安全系统性风险，未及时消除监督管理区域内的食品安全隐患的，本级人民政府可以对其主要负责人进行责任约谈。

地方人民政府未履行食品安全职责，未及时消除区域性重大食品安全隐患的，上级人民政府可以对其主要负责人进行责任约谈。

被约谈的食品药品监督管理等部门、地方人民政府应当立即采取措施，对食品安全监督管理工作进行整改。

责任约谈情况和整改情况应当纳入地方人民政府和有关部门食品安全监督管理工作评议、考核记录。

第一百一十八条 国家建立统一的食品安全信息平台，实行食品安全信息统一公布制度。国家食品安全总体情况、食品安全风险警示信息、重大食品安全事故及其调查处理信息和国务院确定需要统一公布的其他信息由国务院食品药品监督管理部门统一公布。食品安全风险警示信息和重大食品安全事故及其调查处理信息的影响限于特定区域的，也可以由有关省、自治区、直辖市人民政府食品药品监督管理部门公布。未经授权不得发布上述信息。

县级以上人民政府食品药品监督管理、质量监督、农业行政部门依据各自职责公布食品安全日常监督管理信息。

公布食品安全信息，应当做到准确、及时，并进行必要的解释说明，避免误导消费者和社会舆论。

第一百一十九条 县级以上地方人民政府食品药品监督管理、卫生行政、质量监督、农业行政部门获知本法规定需要统一公布的信息，应当向上级主管部门报告，由上级主管部门立即报告国务院食品药品监督管理部门；必要时，可以直接向国务院食品药品监督管理部门报告。

县级以上人民政府食品药品监督管理、卫生行政、质量监督、农业行政部门应当相互通报获知的食品安全信息。

第一百二十条 任何单位和个人不得编造、散布虚假食品安全信息。

县级以上人民政府食品药品监督管理部门发现可能误导消费者和社会舆论的食品安全信息，应当立即组织有关部门、专业机构、相关食品生产经营者等进行核实、分析，并及时公布结果。

第一百二十一条 县级以上人民政府食品药品监督管理、质量监督等部门发现涉嫌食品安全犯罪的，应当按照有关规定及时将案件移送公安机关。对移送的案件，公安机关应当及时审查；认为有犯罪事实需要追究刑事责任的，应当立案侦查。

公安机关在食品安全犯罪案件侦查过程中认为没有犯罪事实，或者犯罪事实显著轻微，不需要追究刑事责任，但依法应当追究行政责任的，应当及时将案件移送食品药品监督管理、质量监督等部门和监察机关，有关部门应当依法处理。

公安机关商请食品药品监督管理、质量监督、环境保护等部门提供检验结论、认定意见以及对涉案物品进行无害化处理等协助的，有关部门应当及时提供，予以协助。

第九章　法律责任

第一百二十二条　违反本法规定，未取得食品生产经营许可从事食品生产经营活动，或者未取得食品添加剂生产许可从事食品添加剂生产活动的，由县级以上人民政府食品药品监督管理部门没收违法所得和违法生产经营的食品、食品添加剂以及用于违法生产经营的工具、设备、原料等物品；违法生产经营的食品、食品添加剂货值金额不足一万元的，并处五万元以上十万元以下罚款；货值金额一万元以上的，并处货值金额十倍以上二十倍以下罚款。

明知从事前款规定的违法行为，仍为其提供生产经营场所或者其他条件的，由县级以上人民政府食品药品监督管理部门责令停止违法行为，没收违法所得，并处五万元以上十万元以下罚款；使消费者的合法权益受到损害的，应当与食品、食品添加剂生产经营者承担连带责任。

第一百二十三条　违反本法规定，有下列情形之一，尚不构成犯罪的，由县级以上人民政府食品药品监督管理部门没收违法所得和违法生产经营的食品，并可以没收用于违法生产经营的工具、设备、原料等物品；违法生产经营的食品货值金额不足一万元的，并处十万元以上十五万元以下罚款；货值金额一万元以上的，并处货值金额十五倍以上三十倍以下罚款；情节严重的，吊销许可证，并可以由公安机关对其直接负责的主管人员和其他直接责任人员处五日以上十五日以下拘留：

（一）用非食品原料生产食品、在食品中添加食品添加剂以外的化学物质和其他可能危害人体健康的物质，或者用回收食品作为原料生产食品，或者经营上述食品；

（二）生产经营营养成分不符合食品安全标准的专供婴幼儿和其他特定人群的主辅食品；

（三）经营病死、毒死或者死因不明的禽、畜、兽、水产动物肉类，或者生产经营其制品；

（四）经营未按规定进行检疫或者检疫不合格的肉类，或者生产经营未经检验或者检验不合格的肉类制品；

（五）生产经营国家为防病等特殊需要明令禁止生产经营的食品；

（六）生产经营添加药品的食品。

明知从事前款规定的违法行为，仍为其提供生产经营场所或者其他条件的，由县级以上人民政府食品药品监督管理部门责令停止违法行为，没收违法所得，并处十万元以上二十万元以下罚款；使消费者的合法权益受到损害的，应当与食品生产经营者承担连带责任。

违法使用剧毒、高毒农药的，除依照有关法律、法规规定给予处罚外，可以由公安机关依照第一款规定给予拘留。

第一百二十四条　违反本法规定，有下列情形之一，尚不构成犯罪的，由县级以上人民政府食品药品监督管理部门没收违法所得和违法生产经营的食品、食品添加剂，并可以没收用于违法生产经营的工具、设备、原料等物品；违法生产经营的食品、食品添加剂货值金额不足一万元的，并处五万元以上十万元以下罚款；货值金额一万元以上的，并处货值金额十倍以上二十倍以下罚款；情节严重的，吊销许可证：

（一）生产经营致病性微生物，农药残留、兽药残留、生物毒素、重金属等污染物质以及其他危害人体健康的物质含量超过食品安全标准限量的食品、食品添加剂；

（二）用超过保质期的食品原料、食品添加剂生产食品、食品添加剂，或者经营上述食品、食品添加剂；

（三）生产经营超范围、超限量使用食品添加剂的食品；

（四）生产经营腐败变质、油脂酸败、霉变生虫、污秽不洁、混有异物、掺假掺杂或者感官性状异常的食品、食品添加剂；

（五）生产经营标注虚假生产日期、保质期或者超过保质期的食品、食品添加剂；

（六）生产经营未按规定注册的保健食品、特殊医学用途配方食品、婴幼儿配方乳粉，或者未按注册的产品配方、生产工艺等技术要求组织生产；

（七）以分装方式生产婴幼儿配方乳粉，或者同一企业以同一配方生产不同品牌的婴幼儿配方乳粉；

（八）利用新的食品原料生产食品，或者生产食品添加剂新品种，未通过安全性评估；

（九）食品生产经营者在食品药品监督管理部门责令其召回或者停止经营后，仍拒不召回或者停止经营。

除前款和本法第一百二十三条、第一百二十五条规定的情形外，生产经营不符合法律、法规或者食品安全标准的食品、食品添加剂的，依照前款规定给予处罚。

生产食品相关产品新品种，未通过安全性评估，或者生产不符合食品安全标准的食品相关产品的，由县级以上人民政府质量监督部门依照第一款规定给予处罚。

第一百二十五条 违反本法规定，有下列情形之一的，由县级以上人民政府食品药品监督管理部门没收违法所得和违法生产经营的食品、食品添加剂，并可以没收用于违法生产经营的工具、设备、原料等物品；违法生产经营的食品、食品添加剂货值金额不足一万元的，并处五千元以上五万元以下罚款；货值金额一万元以上的，并处货值金额五倍以上十倍以下罚款；情节严重的，责令停产停业，直至吊销许可证：

（一）生产经营被包装材料、容器、运输工具等污染的食品、食品添加剂；

（二）生产经营无标签的预包装食品、食品添加剂或者标签、说明书不符合本法规定的食品、食品添加剂；

（三）生产经营转基因食品未按规定进行标示；

（四）食品生产经营者采购或者使用不符合食品安全标准的食品原料、食品添加剂、食品相关产品。

生产经营的食品、食品添加剂的标签、说明书存在瑕疵但不影响食品安全且不会对消费者造成误导的，由县级以上人民政府食品药品监督管理部门责令改正；拒不改正的，处二千元以下罚款。

第一百二十六条 违反本法规定，有下列情形之一的，由县级以上人民政府食品药品监督管理部门责令改正，给予警告；拒不改正的，处五千元以上五万元以下罚款；情节严重的，责令停产停业，直至吊销许可证：

（一）食品、食品添加剂生产者未按规定对采购的食品原料和生产的食品、食品添加剂进行检验；

（二）食品生产经营企业未按规定建立食品安全管理制度，或者未按规定配备或者培训、考核食品安全管理人员；

（三）食品、食品添加剂生产经营者进货时未查验许可证和相关证明文件，或者未按规定建立并遵守进货查验记录、出厂检验记录和销售记录制度；

（四）食品生产经营企业未制定食品安全事故处置方案；

（五）餐具、饮具和盛放直接入口食品的容器，使用前未经洗净、消毒或者清洗消毒不合格，或者餐饮服务设施、设备未按规定定期维护、清洗、校验；

（六）食品生产经营者安排未取得健康证明或者患有国务院卫生行政部门规定的有碍食品安全疾病的人员从事接触直接入口食品的工作；

（七）食品经营者未按规定要求销售食品；

（八）保健食品生产企业未按规定向食品药品监督管理部门备案，或者未按备案的产品配方、生产工艺等技术要求组织生产；

（九）婴幼儿配方食品生产企业未将食品原料、食品添加剂、产品配方、标签等向食品药品监督管理部门备案；

（十）特殊食品生产企业未按规定建立生产质量管理体系并有效运行，或者未定期提交自查报告；

（十一）食品生产经营者未定期对食品安全状况进行检查评价，或者生产经营条件发生变化，未按规定处理；

（十二）学校、托幼机构、养老机构、建筑工地等集中用餐单位未按规定履行食品安全管理责任；

（十三）食品生产企业、餐饮服务提供者未按规定制定、实施生产经营过程控制要求。

餐具、饮具集中消毒服务单位违反本法规定用水，使用洗涤剂、消毒剂，或者出厂的餐具、饮具未按规定检验合格并随附消毒合格证明，或者未按规定在独立包装上标注相关内容的，由县级以上人民政府卫生行政部门依照前款规定给予处罚。

食品相关产品生产者未按规定对生产的食品相关产品进行检验的，由县级以上人民政府质量监督部门依照第一款规定给予处罚。

食用农产品销售者违反本法第六十五条规定的，由县级以上人民政府食品药品监督管理部门依照第一款规定给予处罚。

第一百二十七条 对食品生产加工小作坊、食品摊贩等的违法行为的处罚，依照省、自治区、直辖市制定的具体管理办法执行。

第一百二十八条 违反本法规定，事故单位在发生食品安全事故后未进行处置、报告的，由有关主管部门按照各自职责分工责令改正，给予警告；隐匿、伪造、毁灭有关证据的，责令停产停业，没收违法所得，并处十万元以上五十万元以下罚款；造成严重后果的，吊销许可证。

第一百二十九条 违反本法规定，有下列情形之一的，由出入境检验检疫机构依照本法第一百二十四条的规定给予处罚：

（一）提供虚假材料，进口不符合我国食品安全国家标准的食品、食品添加剂、食品相关产品；

（二）进口尚无食品安全国家标准的食品，未提交所执行的标准并经国务院卫生行政部门审查，或者进口利用新的食品原料生产的食品或者进口食品添加剂新品种、食品相关产品新品种，未通过安全性评估；

（三）未遵守本法的规定出口食品；

（四）进口商在有关主管部门责令其依照本法规定召回进口的食品后，仍拒不召回。

违反本法规定，进口商未建立并遵守食品、食品添加剂进口和销售记录制度、境外出口商或者生产企业审核制度的，由出入境检验检疫机构依照本法第一百二十六条的规定给予处罚。

第一百三十条 违反本法规定，集中交易市场的开办者、柜台出租者、展销会的举办者允许未依法取得许可的食品经营者进入市场销售食品，或者未履行检查、报告等义务的，由县级以上人民政府食品药品监督管理部门责令改正，没收违法所得，并处五万元以上二十万元以下罚款；造成严重后果的，责令停业，直至由原发证部门吊销许可证；使消费者的合法权益受到损害的，应当与食品经营者承担连带责任。

食用农产品批发市场违反本法第六十四条规定的，依照前款规定承担责任。

第一百三十一条 违反本法规定，网络食品交易第三方平台提供者未对入网食品经营者进行实名登记、审查许可证，或者未履行报告、停止提供网络交易平台服务等义务的，由县级以上人民政府食品药品监督管理部门责令改正，没收违法所得，并处五万元以上二十万元以下罚款；造成严重后果的，责令停业，直至由原发证部门吊销许可证；使消费者的合法权益受到损害的，应当与食品经营者承担连带责任。

消费者通过网络食品交易第三方平台购买食品，其合法权益受到损害的，可以向入网食品经营者或者食品生产者要求赔偿。网络食品交易第三方平台提供者不能提供入网食品经营者的真实名称、地址和有效联系方式的，由网络食品交易第三方平台提供者赔偿。网络食品交易第三方平台提供者赔偿后，有权向入网食品经营者或者食品生产者追偿。网络食品交易第三方平台提供者作出更有利于消费者承诺的，应当履行其承诺。

第一百三十二条 违反本法规定，未按要求进行食品贮存、运输和装卸的，由县级以上人民政府食品药品监督管理等部门按照各自职责分工责令改正，给予警告；拒不改正的，责令停产停业，并处一万元以上五万元以下罚款；情节严重的，吊销许可证。

第一百三十三条 违反本法规定，拒绝、阻挠、干涉有关部门、机构及其工作人员依法开展食品安全监督检查、事故调查处理、风险监测和风险评估的，由有关主管部门按照各自职责分工责令停产停业，并处二千元以上五万元以下罚款；情节严重的，吊销许可证；构成违反治安管理行为的，由公安机关依法给予治安管理处罚。

违反本法规定，对举报人以解除、变更劳动合同或者其他方式打击报复的，应当依照有关法律的规定承担责任。

第一百三十四条　食品生产经营者在一年内累计三次因违反本法规定受到责令停产停业、吊销许可证以外处罚的，由食品药品监督管理部门责令停产停业，直至吊销许可证。

第一百三十五条　被吊销许可证的食品生产经营者及其法定代表人、直接负责的主管人员和其他直接责任人员自处罚决定作出之日起五年内不得申请食品生产经营许可，或者从事食品生产经营管理工作、担任食品生产经营企业食品安全管理人员。

因食品安全犯罪被判处有期徒刑以上刑罚的，终身不得从事食品生产经营管理工作，也不得担任食品生产经营企业食品安全管理人员。

食品生产经营者聘用人员违反前两款规定的，由县级以上人民政府食品药品监督管理部门吊销许可证。

第一百三十六条　食品经营者履行了本法规定的进货查验等义务，有充分证据证明其不知道所采购的食品不符合食品安全标准，并能如实说明其进货来源的，可以免予处罚，但应当依法没收其不符合食品安全标准的食品；造成人身、财产或者其他损害的，依法承担赔偿责任。

第一百三十七条　违反本法规定，承担食品安全风险监测、风险评估工作的技术机构、技术人员提供虚假监测、评估信息的，依法对技术机构直接负责的主管人员和技术人员给予撤职、开除处分；有执业资格的，由授予其资格的主管部门吊销执业证书。

第一百三十八条　违反本法规定，食品检验机构、食品检验人员出具虚假检验报告的，由授予其资质的主管部门或者机构撤销该食品检验机构的检验资质，没收所收取的检验费用，并处检验费用五倍以上十倍以下罚款，检验费用不足一万元的，并处五万元以上十万元以下罚款；依法对食品检验机构直接负责的主管人员和食品检验人员给予撤职或者开除处分；导致发生重大食品安全事故的，对直接负责的主管人员和食品检验人员给予开除处分。

违反本法规定，受到开除处分的食品检验机构人员，自处分决定作出之日起十年内不得从事食品检验工作；因食品安全违法行为受到刑事处罚或者因出具虚假检验报告导致发生重大食品安全事故受到开除处分的食品检验机构人员，终身不得从事食品检验工作。食品检验机构聘用不得从事食品检验工作的人员的，由授予其资质的主管部门或者机构撤销该食品检验机构的检验资质。

食品检验机构出具虚假检验报告，使消费者的合法权益受到损害的，应当与食品生产经营者承担连带责任。

第一百三十九条　违反本法规定，认证机构出具虚假认证结论，由认证认可监督管理部门没收所收取的认证费用，并处认证费用五倍以上十倍以下罚款，认证费用不足一万元的，并处五万元以上十万元以下罚款；情节严重的，责令停业，直至撤销认证机构批准文件，并向社会公布；对直接负责的主管人员和负有直接责任的认证人员，撤销其执业资格。

认证机构出具虚假认证结论，使消费者的合法权益受到损害的，应当与食品生产经营者承担连带责任。

第一百四十条 违反本法规定，在广告中对食品作虚假宣传，欺骗消费者，或者发布未取得批准文件、广告内容与批准文件不一致的保健食品广告的，依照《中华人民共和国广告法》的规定给予处罚。

广告经营者、发布者设计、制作、发布虚假食品广告，使消费者的合法权益受到损害的，应当与食品生产经营者承担连带责任。

社会团体或者其他组织、个人在虚假广告或者其他虚假宣传中向消费者推荐食品，使消费者的合法权益受到损害的，应当与食品生产经营者承担连带责任。

违反本法规定，食品药品监督管理等部门、食品检验机构、食品行业协会以广告或者其他形式向消费者推荐食品，消费者组织以收取费用或者其他牟取利益的方式向消费者推荐食品的，由有关主管部门没收违法所得，依法对直接负责的主管人员和其他直接责任人员给予记大过、降级或者撤职处分；情节严重的，给予开除处分。

对食品作虚假宣传且情节严重的，由省级以上人民政府食品药品监督管理部门决定暂停销售该食品，并向社会公布；仍然销售该食品的，由县级以上人民政府食品药品监督管理部门没收违法所得和违法销售的食品，并处二万元以上五万元以下罚款。

第一百四十一条 违反本法规定，编造、散布虚假食品安全信息，构成违反治安管理行为的，由公安机关依法给予治安管理处罚。

媒体编造、散布虚假食品安全信息的，由有关主管部门依法给予处罚，并对直接负责的主管人员和其他直接责任人员给予处分；使公民、法人或者其他组织的合法权益受到损害的，依法承担消除影响、恢复名誉、赔偿损失、赔礼道歉等民事责任。

第一百四十二条 违反本法规定，县级以上地方人民政府有下列行为之一的，对直接负责的主管人员和其他直接责任人员给予记大过处分；情节较重的，给予降级或者撤职处分；情节严重的，给予开除处分；造成严重后果的，其主要负责人还应当引咎辞职：

（一）对发生在本行政区域内的食品安全事故，未及时组织协调有关部门开展有效处置，造成不良影响或者损失；

（二）对本行政区域内涉及多环节的区域性食品安全问题，未及时组织整治，造成不良影响或者损失；

（三）隐瞒、谎报、缓报食品安全事故；

（四）本行政区域内发生特别重大食品安全事故，或者连续发生重大食品安全事故。

第一百四十三条 违反本法规定，县级以上地方人民政府有下列行为之一的，对直接负责的主管人员和其他直接责任人员给予警告、记过或者记大过处分；造成严重后果的，给予降级或者撤职处分：

（一）未确定有关部门的食品安全监督管理职责，未建立健全食品安全全程监督管理工作机制和信息共享机制，未落实食品安全监督管理责任制；

（二）未制定本行政区域的食品安全事故应急预案，或者发生食品安全事故后未按规定立即成立事故处置指挥机构、启动应急预案。

第一百四十四条　违反本法规定，县级以上人民政府食品药品监督管理、卫生行政、质量监督、农业行政等部门有下列行为之一的，对直接负责的主管人员和其他直接责任人员给予记大过处分；情节较重的，给予降级或者撤职处分；情节严重的，给予开除处分；造成严重后果的，其主要负责人还应当引咎辞职：

（一）隐瞒、谎报、缓报食品安全事故；

（二）未按规定查处食品安全事故，或者接到食品安全事故报告未及时处理，造成事故扩大或者蔓延；

（三）经食品安全风险评估得出食品、食品添加剂、食品相关产品不安全结论后，未及时采取相应措施，造成食品安全事故或者不良社会影响；

（四）对不符合条件的申请人准予许可，或者超越法定职权准予许可；

（五）不履行食品安全监督管理职责，导致发生食品安全事故。

第一百四十五条　违反本法规定，县级以上人民政府食品药品监督管理、卫生行政、质量监督、农业行政等部门有下列行为之一，造成不良后果的，对直接负责的主管人员和其他直接责任人员给予警告、记过或者记大过处分；情节较重的，给予降级或者撤职处分；情节严重的，给予开除处分：

（一）在获知有关食品安全信息后，未按规定向上级主管部门和本级人民政府报告，或者未按规定相互通报；

（二）未按规定公布食品安全信息；

（三）不履行法定职责，对查处食品安全违法行为不配合，或者滥用职权、玩忽职守、徇私舞弊。

第一百四十六条　食品药品监督管理、质量监督等部门在履行食品安全监督管理职责过程中，违法实施检查、强制等执法措施，给生产经营者造成损失的，应当依法予以赔偿，对直接负责的主管人员和其他直接责任人员依法给予处分。

第一百四十七条　违反本法规定，造成人身、财产或者其他损害的，依法承担赔偿责任。生产经营者财产不足以同时承担民事赔偿责任和缴纳罚款、罚金时，先承担民事赔偿责任。

第一百四十八条　消费者因不符合食品安全标准的食品受到损害的，可以向经营者要求赔偿损失，也可以向生产者要求赔偿损失。接到消费者赔偿要求的生产经营者，应当实行首负责任制，先行赔付，不得推诿；属于生产者责任的，经营者赔偿后有权向生产者追偿；属于经营者责任的，生产者赔偿后有权向经营者追偿。

生产不符合食品安全标准的食品或者经营明知是不符合食品安全标准的食品，消费者除要求赔偿损失外，还可以向生产者或者经营者要求支付价款十倍或者损失三倍的赔偿金；增加赔偿的金额不足一千元的，为一千元。但是，食品的标签、说明书存在不影响食品安全且不会对消费者造成误导的瑕疵的除外。

第一百四十九条 违反本法规定，构成犯罪的，依法追究刑事责任。

第十章 附则

第一百五十条 本法下列用语的含义：

食品，指各种供人食用或者饮用的成品和原料以及按照传统既是食品又是中药材的物品，但是不包括以治疗为目的的物品。

食品安全，指食品无毒、无害，符合应当有的营养要求，对人体健康不造成任何急性、亚急性或者慢性危害。

预包装食品，指预先定量包装或者制作在包装材料、容器中的食品。

食品添加剂，指为改善食品品质和色、香、味以及为防腐、保鲜和加工工艺的需要而加入食品中的人工合成或者天然物质，包括营养强化剂。

用于食品的包装材料和容器，指包装、盛放食品或者食品添加剂用的纸、竹、木、金属、搪瓷、陶瓷、塑料、橡胶、天然纤维、化学纤维、玻璃等制品和直接接触食品或者食品添加剂的涂料。

用于食品生产经营的工具、设备，指在食品或者食品添加剂生产、销售、使用过程中直接接触食品或者食品添加剂的机械、管道、传送带、容器、用具、餐具等。

用于食品的洗涤剂、消毒剂，指直接用于洗涤或者消毒食品、餐具、饮具以及直接接触食品的工具、设备或者食品包装材料和容器的物质。

食品保质期，指食品在标明的贮存条件下保持品质的期限。

食源性疾病，指食品中致病因素进入人体引起的感染性、中毒性等疾病，包括食物中毒。

食品安全事故，指食源性疾病、食品污染等源于食品，对人体健康有危害或者可能有危害的事故。

第一百五十一条 转基因食品和食盐的食品安全管理，本法未作规定的，适用其他法律、行政法规的规定。

第一百五十二条 铁路、民航运营中食品安全的管理办法由国务院食品药品监督管理部门会同国务院有关部门依照本法制定。

保健食品的具体管理办法由国务院食品药品监督管理部门依照本法制定。

食品相关产品生产活动的具体管理办法由国务院质量监督部门依照本法制定。

国境口岸食品的监督管理由出入境检验检疫机构依照本法以及有关法律、行政法规的规定实施。

军队专用食品和自供食品的食品安全管理办法由中央军事委员会依照本法制定。

第一百五十三条 国务院根据实际需要，可以对食品安全监督管理体制作出调整。

第一百五十四条 本法自 2015 年 10 月 1 日起施行。

附录 F 酒精水溶液密度与酒精度（乙醇含量）对照表（20℃）

密度/（g/L）	酒精度/（% vol）	密度/（g/L）	酒精度/（% vol）	密度/（g/L）	酒精度/（% vol）
998.20	0.00	997.74	0.30	997.28	0.61
998.18	0.01	997.72	0.32	997.26	0.62
998.16	0.03	997.70	0.33	997.24	0.63
998.14	0.04	997.68	0.34	997.23	0.64
998.12	0.05	997.66	0.35	997.21	0.66
998.10	0.06	997.64	0.37	997.19	0.67
998.08	0.08	997.62	0.38	997.17	0.68
998.07	0.09	997.61	0.39	997.15	0.69
998.05	0.10	997.59	0.40	997.13	0.71
998.03	0.11	997.57	0.42	997.11	0.72
998.01	0.13	997.55	0.43	997.09	0.73
997.99	0.14	997.53	0.44	997.07	0.75
997.97	0.15	997.51	0.46	997.06	0.76
997.95	0.16	997.49	0.47	997.04	0.77
997.93	0.18	997.47	0.48	997.02	0.78
997.91	0.19	997.45	0.49	997.00	0.80
997.89	0.20	997.43	0.51	996.98	0.81
997.87	0.21	997.42	0.52	996.96	0.82
997.85	0.23	997.40	0.53	996.94	0.83
997.83	0.24	997.38	0.54	996.92	0.85
997.82	0.25	997.36	0.56	996.91	0.86
997.80	0.27	997.34	0.57	996.89	0.87
997.78	0.28	997.32	0.58	996.87	0.88
997.76	0.29	997.30	0.59	996.85	0.90

续表

密度/（g/L）	酒精度/（%vol）	密度/（g/L）	酒精度/（%vol）	密度/（g/L）	酒精度/（%vol）
996.83	0.91	996.18	1.35	995.53	1.79
996.81	0.92	996.16	1.36	995.52	1.80
996.79	0.93	996.14	1.38	995.50	1.82
996.77	0.95	996.12	1.39	995.48	1.83
996.76	0.96	996.10	1.40	995.46	1.84
996.74	0.97	996.09	1.41	995.44	1.85
996.72	0.99	996.07	1.43	995.42	1.87
996.70	1.00	996.05	1.44	995.41	1.88
996.68	1.01	996.03	1.45	995.39	1.89
996.66	1.02	996.01	1.46	995.37	1.90
996.64	1.04	995.99	1.48	995.35	1.92
996.62	1.05	995.97	1.49	995.33	1.93
996.61	1.06	995.96	1.50	995.32	1.94
996.59	1.07	995.94	1.51	995.30	1.95
996.57	1.09	995.92	1.53	995.28	1.97
996.55	1.10	995.90	1.54	995.26	1.98
996.53	1.11	995.88	1.55	995.24	1.99
996.51	1.12	995.86	1.56	995.22	2.01
996.49	1.14	995.85	1.58	995.21	2.02
996.48	1.15	995.83	1.59	995.19	2.03
996.46	1.16	995.81	1.60	995.17	2.04
996.44	1.17	995.79	1.62	995.15	2.06
996.42	1.19	995.77	1.63	995.13	2.67
996.40	1.20	995.75	1.64	995.12	2.08
996.38	1.21	995.74	1.65	995.10	2.09
996.36	1.22	995.72	1.67	995.08	2.11
996.34	1.24	995.70	1.68	995.06	2.12
996.33	1.25	995.68	1.69	995.04	2.13
996.31	1.26	995.66	1.70	995.02	2.14
996.29	1.27	995.64	1.72	995.01	2.16
996.27	1.29	995.63	1.73	994.99	2.17
996.25	1.30	995.61	1.74	994.97	2.18
996.23	1.31	995.59	1.75	994.95	2.19
996.21	1.33	995.57	1.77	994.93	2.21
996.20	1.34	995.55	1.78	994.92	2.22

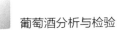

续表

密度/（g/L）	酒精度/（%vol）	密度/（g/L）	酒精度/（%vol）	密度/（g/L）	酒精度/（%vol）
994. 90	2. 23	994. 27	2. 67	993. 65	3. 11
994. 88	2. 24	994. 25	2. 68	993. 63	3. 12
994. 86	2. 26	994. 23	2. 70	993. 61	3. 13
994. 84	2. 27	994. 22	2. 71	993. 60	3. 15
994. 83	2. 28	994. 20	2. 72	993. 58	3. 16
994. 81	2. 29	994. 18	2. 73	993. 56	3. 17
994. 79	2. 31	994. 16	2. 75	993. 54	3. 18
994. 77	2. 32	994. 15	2. 76	993. 53	3. 20
994. 75	2. 33	994. 13	2. 77	993. 51	3. 21
994. 74	2. 34	994. 11	2. 78	993. 49	3. 22
994. 72	2. 36	994. 09	2. 80	993. 47	3. 24
994. 70	2. 37	994. 07	2. 81	993. 46	3. 25
994. 68	2. 38	994. 06	2. 82	993. 44	3. 26
994. 66	2. 39	994. 04	2. 83	993. 42	3. 27
994. 65	2. 41	994. 02	2. 85	993. 40	3. 29
994. 63	2. 42	994. 00	2. 86	993. 39	3. 30
994. 61	2. 43	993. 99	2. 87	993. 37	3. 31
994. 59	2. 44	993. 97	2. 88	993. 35	3. 32
994. 57	2. 46	993. 95	2. 90	993. 33	3. 34
994. 56	2. 47	993. 93	2. 91	993. 32	3. 35
994. 54	2. 48	993. 91	2. 92	993. 30	3. 36
994. 52	2. 50	993. 90	2. 93	993. 28	3. 37
994. 50	2. 51	993. 88	2. 95	993. 26	3. 39
994. 48	2. 52	993. 86	2. 96	993. 25	3. 40
994. 47	2. 53	993. 84	2. 97	993. 23	3. 41
994. 45	2. 55	993. 83	2. 98	993. 21	3. 42
994. 43	2. 56	993. 81	3. 00	993. 19	3. 44
994. 41	2. 57	993. 79	3. 01	993. 18	3. 45
994. 40	2. 58	993. 77	3. 02	993. 16	3. 46
994. 38	2. 60	993. 76	3. 03	993. 14	3. 47
994. 36	2. 61	993. 74	3. 05	993. 12	3. 49
994. 34	2. 62	993. 72	3. 06	993. 11	3. 50
994. 32	2. 63	993. 70	3. 07	993. 09	3. 51
994. 31	2. 65	993. 69	3. 08	993. 07	3. 52
994. 29	2. 66	993. 67	3. 10	993. 05	3. 54

续表

密度/（g/L）	酒精度/（%vol）	密度/（g/L）	酒精度/（%vol）	密度/（g/L）	酒精度/（%vol）
993.04	3.55	992.43	3.99	991.83	4.42
993.02	3.56	992.11	4.00	991.82	4.44
993.00	3.57	992.40	4.01	991.80	4.45
992.99	3.59	992.38	4.02	991.78	4.46
992.97	3.60	992.36	4.04	991.77	4.47
992.95	3.61	992.35	4.05	991.75	4.49
992.93	3.62	992.33	4.06	991.73	4.50
992.92	3.64	992.31	4.07	991.71	4.51
992.90	3.65	992.29	4.09	991.70	4.52
992.88	3.66	992.28	4.10	991.68	4.54
992.86	3.67	992.26	4.11	991.66	4.55
992.85	3.69	992.24	4.12	991.65	4.56
992.83	3.70	992.23	4.14	991.63	4.57
992.81	3.71	992.21	4.15	991.61	4.59
992.79	3.72	992.19	4.16	991.60	4.60
992.78	3.74	992.17	4.17	991.58	4.61
992.76	3.75	992.16	4.19	991.56	4.62
992.74	3.76	992.14	4.20	991.54	4.64
992.72	3.77	992.12	4.21	991.53	4.65
992.71	3.79	992.11	4.22	991.51	4.66
992.69	3.80	992.09	4.24	991.49	4.67
992.67	3.81	992.07	4.25	991.48	4.69
992.66	3.82	992.05	4.26	991.46	4.70
992.64	3.84	992.04	4.27	991.44	4.71
992.62	3.85	992.02	4.29	991.43	4.72
992.60	3.86	992.00	4.30	991.41	4.74
992.59	3.87	991.99	4.31	991.39	4.75
992.57	3.89	991.97	4.32	991.38	4.76
992.55	3.90	991.95	4.34	991.36	4.77
992.54	3.91	997.94	4.35	991.34	4.79
992.52	3.92	991.92	4.36	991.33	4.80
992.50	3.94	991.90	4.37	991.31	4.81
992.48	3.95	991.88	4.39	991.29	4.82
992.47	3.96	991.87	4.40	991.28	4.84
992.45	3.97	991.85	4.41	991.26	4.85

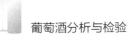

续表

密度/（g/L）	酒精度/（%vol）	密度/（g/L）	酒精度/（%vol）	密度/（g/L）	酒精度/（%vol）
991.24	4.86	990.66	5.30	990.08	5.73
991.22	4.87	990.64	5.31	990.06	5.75
991.21	4.89	990.62	5.32	990.05	5.76
991.19	4.90	990.61	5.33	990.03	5.77
991.17	4.91	990.59	5.35	990.01	5.78
991.16	4.92	990.57	5.36	990.00	5.80
991.14	4.94	990.56	5.37	989.98	5.81
991.12	4.95	990.54	5.38	989.96	5.82
991.11	4.96	990.52	5.40	989.95	5.83
991.09	4.97	990.51	5.41	989.93	5.85
991.07	4.99	990.49	5.42	989.91	5.86
991.06	5.00	990.47	5.43	989.90	5.87
991.04	5.01	990.46	5.45	989.88	5.88
991.02	5.02	990.44	5.46	989.87	5.89
991.01	5.04	990.42	5.47	989.85	5.91
990.99	5.05	990.41	5.48	989.83	5.92
990.97	5.06	990.39	5.50	989.82	5.93
990.96	5.07	990.37	5.51	989.80	5.94
990.94	5.09	990.36	5.52	989.78	5.96
990.92	5.10	990.34	5.53	989.77	5.97
990.91	5.11	990.33	5.55	989.75	5.98
990.89	5.12	990.31	5.56	989.73	5.99
990.87	5.13	990.29	5.57	989.72	6.01
990.86	5.15	990.28	5.58	989.70	6.02
990.84	5.16	990.26	5.60	989.69	6.03
990.82	5.17	990.24	5.61	989.67	6.04
990.81	5.18	990.23	5.62	989.65	6.06
990.79	5.20	990.21	5.63	989.64	6.07
990.77	5.21	990.19	5.65	989.62	6.08
990.76	5.22	990.18	5.66	989.60	6.09
990.74	5.23	990.16	5.67	989.59	6.11
990.72	5.25	990.14	5.68	989.57	6.12
990.71	5.26	990.13	5.70	989.56	6.13
990.69	5.27	990.11	5.71	989.54	6.14
990.67	5.28	990.09	5.72	989.52	6.16

续表

密度/（g/L）	酒精度/（%vol）	密度/（g/L）	酒精度/（%vol）	密度/（g/L）	酒精度/（%vol）
989.51	6.17	988.94	6.60	988.38	7.04
989.49	6.18	988.92	6.62	988.37	7.05
989.47	6.19	988.91	6.63	988.35	7.06
989.46	6.21	988.89	6.64	988.33	7.08
989.44	6.22	988.88	6.65	988.32	7.09
989.43	6.23	988.86	6.67	988.30	7.10
989.41	6.24	988.84	6.68	988.29	7.11
989.39	6.26	988.83	6.69	988.27	7.12
989.38	6.27	988.81	6.70	988.25	7.14
989.36	6.28	988.80	6.72	988.24	7.15
989.34	6.29	988.78	6.73	988.22	7.16
989.33	6.31	988.76	6.74	988.21	7.17
989.31	6.32	988.75	6.75	988.19	7.19
989.30	6.33	988.73	6.77	988.18	7.20
989.28	6.34	988.72	6.78	988.16	7.21
989.26	6.36	988.70	6.79	988.14	7.22
989.25	6.37	988.68	6.80	988.13	7.24
989.23	6.38	988.67	6.81	988.11	7.25
989.21	6.39	988.65	6.83	988.10	7.26
989.20	6.40	988.64	6.84	988.08	7.27
989.18	6.42	988.62	6.85	988.06	7.29
989.17	6.43	988.60	6.86	988.05	7.30
989.15	6.44	988.59	6.88	988.03	7.31
989.13	6.45	988.57	6.89	988.02	7.32
989.12	6.47	988.56	6.90	988.00	7.34
989.10	6.48	988.54	6.91	987.99	7.35
989.09	6.49	988.52	6.93	987.97	7.36
989.07	6.50	988.51	6.94	987.95	7.37
989.05	6.52	988.49	6.95	987.94	7.39
989.04	6.53	988.48	6.96	987.92	7.40
989.02	6.54	988.46	6.98	987.91	7.41
989.01	6.55	988.45	6.99	987.89	7.42
988.99	6.57	988.43	7.00	987.88	7.44
988.97	6.58	988.41	7.01	987.86	7.45
988.96	6.59	988.40	7.03	987.84	7.46

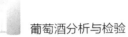

葡萄酒分析与检验

续表

密度/（g/L）	酒精度/（%vol）	密度/（g/L）	酒精度/（%vol）	密度/（g/L）	酒精度/（%vol）
987.83	7.47	987.28	7.91	986.74	8.34
987.81	7.48	987.27	7.92	986.72	8.35
987.80	7.50	987.25	7.93	986.71	8.36
987.78	7.51	987.23	7.94	986.69	8.38
987.77	7.52	987.22	7.96	986.68	8.39
987.75	7.53	987.20	7.97	986.66	8.40
987.73	7.55	987.19	7.98	986.65	8.41
987.72	7.56	987.17	7.99	986.63	8.43
987.70	7.57	987.16	8.01	986.62	8.44
987.69	7.58	987.14	8.02	986.60	8.45
987.67	7.60	987.13	8.03	986.59	8.46
987.66	7.61	987.11	8.04	986.57	8.48
987.64	7.62	987.09	8.05	986.55	8.49
987.62	7.63	987.08	8.07	986.54	8.50
987.61	7.65	987.06	8.08	986.52	8.51
987.59	7.66	987.05	8.09	986.51	8.52
987.58	7.67	987.03	8.10	986.49	8.54
987.56	7.68	987.02	8.12	986.48	8.55
987.55	7.70	987.00	8.13	986.46	8.56
987.53	7.71	986.99	8.14	986.45	8.57
987.51	7.72	986.97	8.15	986.43	8.59
987.50	7.73	986.96	8.17	986.42	8.60
987.48	7.74	986.94	8.18	986.40	8.61
987.47	7.76	986.92	8.19	986.39	8.62
987.45	7.77	986.91	8.20	986.37	8.64
987.44	7.78	986.89	8.22	986.36	8.65
987.42	7.79	986.88	8.23	986.34	8.66
987.41	7.81	986.86	8.24	986.33	8.67
987.39	7.82	986.85	8.25	986.31	8.69
987.37	7.83	986.83	8.26	986.29	8.70
987.36	7.84	986.82	8.28	986.28	8.71
987.34	7.86	986.80	8.29	986.26	8.72
987.33	7.87	986.79	8.30	986.25	8.73
987.31	7.88	986.77	8.31	986.23	8.75
987.30	7.89	986.75	8.33	986.22	8.76

续表

密度／（g/L）	酒精度／（%vol）	密度／（g/L）	酒精度／（%vol）	密度／（g/L）	酒精度／（%vol）
986.20	8.77	985.67	9.20	985.15	9.64
986.19	8.78	985.66	9.22	985.13	9.65
986.17	8.80	985.64	9.23	985.12	9.66
986.16	8.81	985.63	9.24	985.10	9.67
986.14	8.82	985.61	9.25	985.09	9.69
986.13	8.83	985.60	9.27	985.07	9.70
986.11	8.85	985.58	9.28	985.06	9.71
986.10	8.86	985.57	9.29	985.04	9.72
986.08	8.87	985.55	9.30	985.03	9.74
986.07	8.88	985.54	9.32	985.01	9.75
986.05	8.90	985.52	9.33	985.00	9.76
986.04	8.91	985.51	9.34	984.98	9.77
986.02	8.92	985.49	9.35	984.97	9.78
986.01	8.93	985.48	9.36	984.95	9.80
985.99	8.95	985.46	9.38	984.94	9.81
985.98	8.96	985.45	9.39	984.92	9.82
985.96	8.97	985.43	9.40	984.91	9.83
985.94	8.98	985.42	9.41	984.89	9.85
985.93	8.99	985.40	9.43	984.88	9.86
985.91	9.01	985.39	9.44	984.86	9.87
985.90	9.02	985.37	9.45	984.85	9.88
985.88	9.03	985.36	9.46	984.84	9.90
985.87	9.04	985.34	9.48	984.82	9.91
985.85	9.06	985.33	9.49	984.81	9.92
985.84	9.07	985.31	9.50	984.79	9.93
985.82	9.08	985.30	9.51	984.78	9.94
985.81	9.09	985.28	9.53	984.76	9.96
985.79	9.11	985.27	9.54	984.75	9.97
985.78	9.12	985.25	9.55	984.73	9.98
985.76	9.13	985.24	9.56	984.72	9.99
985.75	9.14	985.22	9.57	984.70	10.01
985.73	9.16	985.21	9.59	984.69	10.02
985.72	9.17	985.19	9.60	984.67	10.03
985.70	9.18	985.18	9.61	984.66	10.04
985.69	9.19	985.16	9.62	984.64	10.06

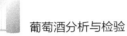

葡萄酒分析与检验

续表

密度/（g/L）	酒精度/（%vol）	密度/（g/L）	酒精度/（%vol）	密度/（g/L）	酒精度/（%vol）
984.63	10.07	984.11	10.50	983.60	10.93
984.61	10.08	984.10	10.51	983.59	10.94
984.60	10.09	984.08	10.52	983.57	10.95
984.58	10.10	984.07	10.54	983.56	10.97
984.57	10.12	984.05	10.55	983.54	10.98
984.55	10.13	984.04	10.56	983.53	10.99
984.54	10.14	984.03	10.57	983.52	11.00
984.52	10.15	984.01	10.59	983.50	11.02
984.51	10.17	984.00	10.60	983.49	11.03
984.49	10.18	983.98	10.61	983.47	11.04
984.48	10.19	983.97	10.62	983.46	11.05
984.47	10.20	983.95	10.63	983.44	11.07
984.45	10.22	983.94	10.65	983.43	11.08
984.44	10.23	983.92	10.66	983.41	11.09
984.42	10.24	983.91	10.67	983.40	11.10
984.41	10.25	983.89	10.68	983.39	11.11
984.39	10.27	983.88	10.70	983.37	11.13
984.38	10.28	983.86	10.71	983.36	11.14
984.36	10.29	983.85	10.72	983.34	11.15
984.35	10.30	983.84	10.73	983.33	11.16
984.33	10.31	983.82	10.75	983.31	11.18
984.32	10.33	983.81	10.76	983.30	11.19
984.30	10.34	983.79	10.77	983.28	11.20
984.29	10.35	983.78	10.78	983.27	11.21
984.27	10.36	983.76	10.79	983.26	11.23
984.26	10.38	983.75	10.81	983.24	11.24
984.24	10.39	983.73	10.82	983.23	11.25
984.23	10.40	983.82	10.83	983.21	11.26
984.22	10.41	983.70	10.84	983.20	11.27
984.20	10.43	983.69	10.86	983.18	11.29
984.19	10.44	983.68	10.87	983.17	11.30
984.17	10.45	983.66	10.88	983.15	11.31
984.16	10.46	983.65	10.89	983.14	11.32
984.14	10.47	983.63	10.91	983.13	11.34
984.13	10.49	983.92	10.92	983.11	11.35

续表

密度/（g/L）	酒精度/（%vol）	密度/（g/L）	酒精度/（%vol）	密度/（g/L）	酒精度/（%vol）
983.10	11.36	982.60	11.79	982.10	12.22
983.08	11.37	982.58	11.80	982.09	12.23
983.07	11.38	982.57	11.81	982.07	12.24
983.05	11.40	982.55	11.83	982.06	12.26
983.04	11.41	982.54	11.84	982.04	12.27
983.03	11.42	982.53	11.85	982.03	12.28
983.01	11.43	982.51	11.86	982.02	12.29
983.00	11.45	982.50	11.88	982.00	12.31
982.98	11.46	982.48	11.89	981.99	12.32
982.97	11.47	982.47	11.90	981.97	12.33
982.95	11.48	982.45	11.91	981.96	12.34
982.94	11.50	982.44	11.93	981.94	12.35
982.93	11.51	982.43	11.94	981.93	12.37
982.91	11.52	982.41	11.95	981.92	12.38
982.90	11.53	982.40	11.96	981.90	12.39
982.88	11.54	982.38	11.97	981.89	12.40
982.87	11.56	982.37	11.99	981.87	12.42
982.85	11.57	982.35	12.00	981.86	12.43
982.84	11.58	982.34	12.01	981.85	12.44
982.82	11.59	982.33	12.02	981.83	12.45
982.81	11.61	982.31	12.04	981.82	12.47
982.80	11.62	982.30	12.05	981.80	12.48
982.78	11.63	982.28	12.06	981.79	12.49
982.77	11.64	982.27	12.07	981.78	12.50
982.85	11.66	982.26	12.08	981.76	12.51
982.74	11.67	982.24	12.10	981.75	12.53
982.72	11.68	982.23	12.11	981.73	12.54
982.71	11.69	982.21	12.12	981.72	12.55
982.70	11.70	982.20	12.13	981.71	12.56
982.68	11.72	982.18	12.15	981.69	12.58
982.67	11.73	982.17	12.16	981.68	12.59
982.65	11.74	982.16	12.17	981.66	12.60
982.64	11.75	982.14	12.18	981.65	12.61
982.63	11.77	982.13	12.20	981.64	12.62
982.61	11.78	982.11	12.21	981.62	12.64

续表

密度/（g/L）	酒精度/（%vol）	密度/（g/L）	酒精度/（%vol）	密度/（g/L）	酒精度/（%vol）
981.61	12.65	981.12	13.08	980.64	13.51
981.59	12.66	981.11	13.09	980.62	13.52
981.58	12.67	981.09	13.10	980.61	13.53
981.57	12.69	981.08	13.11	980.59	13.54
981.55	12.70	981.06	13.12	980.58	13.56
981.54	12.71	981.05	13.14	980.57	13.57
981.52	12.72	981.04	13.15	980.55	13.58
981.51	12.73	981.02	13.16	980.54	13.69
981.50	12.75	981.01	13.18	980.52	13.60
981.48	12.76	980.99	13.19	980.51	13.62
981.47	12.77	980.98	13.20	980.50	13.63
981.45	12.78	980.97	13.21	980.48	13.64
981.44	12.80	980.95	13.22	980.47	13.65
981.43	12.81	980.94	13.24	980.46	13.67
981.41	12.82	980.93	13.25	980.44	13.68
981.40	12.83	980.91	13.26	980.43	13.69
981.38	12.85	980.90	13.27	980.41	13.70
981.37	12.86	980.88	13.29	980.40	13.71
981.36	12.87	980.87	13.30	980.39	13.73
981.34	12.88	980.86	13.31	980.37	13.74
981.33	12.89	980.84	13.32	980.36	13.75
981.31	12.91	980.83	13.33	980.35	13.76
981.30	12.92	980.81	13.35	980.33	13.78
981.29	12.93	980.80	13.36	980.32	13.79
981.27	12.94	980.79	13.37	980.31	13.80
981.26	12.96	980.77	13.38	980.29	13.81
981.24	12.97	980.76	13.40	980.28	13.82
981.23	12.98	980.75	13.41	980.26	13.84
981.22	12.99	980.73	13.42	980.25	13.85
981.20	13.00	980.72	13.43	980.24	13.86
981.19	13.02	980.70	13.45	980.22	13.87
981.18	13.03	980.69	13.46	980.21	13.89
981.16	13.04	980.68	13.47	980.20	13.90
981.15	13.05	980.66	13.48	980.18	13.91
981.13	13.07	980.65	13.49	980.17	13.92

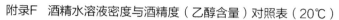

续表

密度/（g/L）	酒精度/（%vol）	密度/（g/L）	酒精度/（%vol）	密度/（g/L）	酒精度/（%vol）
980.15	13.93	979.68	14.36	979.20	14.79
980.14	13.95	979.66	14.37	979.19	14.80
980.13	13.96	979.65	14.39	979.18	14.81
980.11	13.97	979.64	14.40	979.16	14.83
980.10	13.98	979.62	14.41	979.15	14.84
980.09	14.00	979.61	14.42	979.13	14.85
980.07	14.01	979.60	14.44	979.12	14.86
980.06	14.02	979.58	14.45	979.11	14.87
980.04	14.03	979.57	14.46	979.09	14.89
980.03	14.04	979.55	14.47	979.08	14.90
980.02	14.06	979.54	14.48	979.07	14.91
980.00	14.07	979.53	14.50	979.05	14.92
979.99	14.08	979.51	14.51	979.04	14.94
979.98	14.09	979.50	14.52	979.03	14.95
979.96	14.11	979.49	14.53	979.01	14.96
979.95	14.12	979.47	14.55	979.00	14.97
979.94	14.13	979.46	14.56	978.99	14.98
979.92	14.14	979.45	14.57	978.97	15.00
979.91	14.15	979.43	14.58	978.96	15.01
979.89	14.17	979.42	14.59	978.95	15.02
979.88	14.18	979.41	14.61	978.93	15.03
979.87	14.19	979.39	14.62	978.92	15.05
979.85	14.20	979.38	14.63	978.91	15.06
979.84	14.22	979.36	14.64	978.89	15.07
979.83	14.23	979.35	14.65	978.88	15.08
979.81	14.24	979.34	14.67	978.87	15.09
979.80	14.25	979.32	14.68	978.85	15.11
979.79	14.26	979.31	14.69	978.84	15.12
979.77	14.28	979.30	14.70	978.83	15.13
979.76	14.29	979.28	14.72	978.81	15.14
979.74	14.30	979.27	14.73	978.80	15.16
979.73	14.31	979.26	14.74	978.78	15.17
979.72	14.33	979.24	14.75	978.77	15.18
979.70	14.34	979.23	14.76	978.76	15.19
979.69	14.35	979.22	14.78	978.74	15.20

续表

密度/（g/L）	酒精度/（%vol）	密度/（g/L）	酒精度/（%vol）	密度/（g/L）	酒精度/（%vol）
978.73	15.22	978.26	15.64	977.80	16.07
978.72	15.23	978.25	15.65	977.78	16.08
978.70	15.24	978.24	15.67	977.77	16.09
978.69	15.25	978.22	15.68	977.76	16.11
978.68	15.26	978.21	15.69	977.74	16.12
978.66	15.28	978.20	15.70	977.73	16.13
978.65	15.29	978.18	15.72	977.72	16.14
978.64	15.30	978.17	15.73	977.70	16.15
978.62	15.31	978.16	15.74	977.69	16.17
978.61	15.33	978.14	15.75	977.68	16.18
978.60	15.34	978.13	15.76	977.66	16.19
978.58	15.35	978.12	15.78	977.65	16.20
978.57	15.36	978.10	15.79	977.64	16.21
978.56	15.37	978.09	15.80	977.62	16.23
978.54	15.39	978.08	15.81	977.61	16.24
978.53	15.40	978.06	15.83	977.60	16.25
978.52	15.41	978.05	15.84	977.58	16.26
978.50	15.42	978.04	15.85	977.57	16.28
978.49	15.44	978.02	15.86	977.56	16.29
978.48	15.45	978.01	15.87	977.54	16.30
978.46	15.46	978.00	15.89	977.53	16.31
978.45	15.47	977.98	15.90	977.52	16.32
978.44	15.48	977.97	15.91	977.50	16.34
978.42	15.50	977.96	15.92	977.49	16.35
978.41	15.51	977.94	15.93	977.48	16.36
978.40	15.52	977.93	15.95	977.46	16.37
978.38	15.53	977.92	15.96	977.45	16.39
978.37	15.55	977.90	15.97	977.44	16.40
978.36	15.56	977.89	15.98	977.43	16.41
978.34	15.57	977.88	16.00	977.41	16.42
978.33	15.58	977.86	16.01	977.40	16.43
978.32	15.59	977.85	16.02	977.39	16.45
978.30	15.61	977.84	16.03	977.37	16.46
978.29	15.62	977.82	16.04	977.36	16.47
978.28	15.63	977.81	16.06	977.35	16.48

续表

密度／（g/L)	酒精度／（%vol)	密度／（g/L)	酒精度／（%vol)	密度／（g/L)	酒精度／（%vol)
977.33	16.49	976.87	16.92	976.41	17.35
977.32	16.51	976.86	16.93	976.40	17.36
977.31	16.52	976.84	16.94	976.38	17.37
977.29	16.53	976.83	16.96	976.37	17.38
977.28	16.54	976.82	16.97	976.36	17.39
977.27	16.56	976.81	16.98	976.35	17.41
977.25	16.57	976.79	16.99	976.33	17.42
977.24	16.58	976.78	17.01	976.32	17.43
977.23	16.69	976.77	17.02	976.31	17.44
977.21	16.60	976.75	17.03	976.29	17.45
977.20	16.62	976.74	17.04	976.28	17.47
977.19	16.63	976.73	17.05	976.27	17.48
977.17	16.64	976.71	17.07	976.25	17.49
977.16	16.65	976.70	17.08	976.24	17.50
977.15	16.66	976.69	17.09	976.23	17.52
977.13	16.68	976.67	17.10	976.21	17.53
977.12	16.69	976.66	17.11	976.20	17.54
977.11	16.70	976.65	17.13	976.16	17.55
977.09	16.71	976.63	17.14	976.18	17.56
977.08	16.73	976.62	17.15	976.16	17.58
977.07	16.74	976.61	17.16	976.15	17.59
977.06	16.75	976.59	17.18	976.14	17.60
977.04	16.76	976.58	17.19	976.12	17.61
977.03	16.77	976.57	17.20	976.11	17.62
977.02	16.79	976.56	17.21	976.10	17.64
977.00	16.80	976.54	17.22	976.08	17.65
976.99	16.81	976.53	17.24	976.07	17.66
976.98	16.82	976.52	17.25	976.06	17.67
976.96	16.84	976.50	17.26	976.04	17.68
976.95	16.85	976.49	17.27	976.03	17.70
976.94	16.86	976.48	17.28	976.02	17.71
976.92	16.87	976.46	17.30	976.00	17.72
976.91	16.88	976.45	17.31	975.99	17.73
976.90	16.90	976.44	17.32	975.98	17.75
976.88	16.91	976.42	17.33	975.97	17.76

续表

密度/（g/L）	酒精度/（% vol）	密度/（g/L）	酒精度/（% vol）	密度/（g/L）	酒精度/（% vol）
975. 95	17. 77	975. 50	18. 19	975. 04	18. 62
975. 94	17. 78	975. 48	18. 21	975. 03	18. 63
975. 93	17. 79	975. 47	18. 22	975. 01	18. 64
975. 91	17. 81	975. 46	18. 23	975. 00	18. 65
975. 90	17. 82	975. 44	18. 24	974. 99	18. 67
975. 89	17. 83	975. 43	18. 25	974. 97	18. 68
975. 87	17. 84	975. 42	18. 27	974. 96	18. 69
975. 86	17. 85	975. 40	18. 28	974. 95	18. 70
975. 85	17. 87	975. 39	18. 29	974. 94	18. 71
975. 84	17. 88	975. 38	18. 30	974. 92	18. 73
975. 82	17. 89	975. 37	18. 32	974. 91	18. 74
975. 81	17. 90	975. 35	18. 33	974. 90	18. 75
975. 80	17. 92	975. 34	18. 34	974. 88	18. 76
975. 78	17. 93	975. 33	18. 35	974. 87	18. 78
975. 77	17. 94	975. 31	18. 36	974. 86	18. 79
975. 76	17. 95	975. 30	18. 38	974. 84	18. 80
975. 74	17. 96	975. 29	18. 39	974. 83	18. 81
975. 73	17. 98	975. 27	18. 40	974. 82	18. 82
975. 72	17. 99	975. 26	18. 41	974. 81	18. 84
975. 70	18. 00	975. 25	18. 42	974. 79	18. 85
975. 69	18. 01	975. 24	18. 44	974. 78	18. 86
975. 68	18. 02	975. 22	18. 45	974. 77	18. 87
975. 67	18. 04	975. 21	18. 46	974. 75	18. 88
975. 65	18. 05	975. 20	18. 47	974. 74	18. 90
975. 64	18. 06	975. 18	18. 48	974. 73	18. 91
975. 63	18. 07	975. 17	18. 50	974. 71	18. 92
975. 61	18. 08	975. 16	18. 51	974. 70	18. 93
975. 60	18. 10	975. 14	18. 52	974. 69	18. 94
975. 59	18. 11	975. 13	18. 53	974. 68	19. 96
975. 57	18. 12	975. 12	18. 55	974. 66	18. 97
975. 56	18. 13	975. 11	18. 56	974. 65	18. 98
975. 55	18. 15	975. 09	18. 57	974. 64	18. 99
975. 53	18. 16	975. 08	18. 58	974. 62	18. 01
975. 52	18. 17	975. 07	18. 59	974. 61	19. 02
975. 51	18. 18	975. 05	18. 61	974. 60	19. 03

续表

密度/（g/L）	酒精度/（%vol）	密度/（g/L）	酒精度/（%vol）	密度/（g/L）	酒精度/（%vol）
974.59	19.04	974.13	19.46	973.68	19.89
974.57	19.05	974.12	19.48	973.66	19.90
974.56	19.07	974.10	19.49	973.65	19.91
974.55	19.08	974.09	19.50	973.64	19.92
974.53	19.09	974.08	19.51	973.62	19.94
974.52	19.10	974.07	19.53	973.61	19.95
974.51	19.11	974.05	19.54	973.60	19.96
974.49	19.13	974.04	19.55	973.59	19.97
974.48	19.14	974.03	19.56	973.57	19.98
974.47	19.15	974.01	19.57	973.56	20.00
974.46	19.16	974.00	19.59	973.55	20.01
974.44	19.17	973.99	19.60	973.53	20.02
974.43	19.19	973.98	19.61	973.52	20.03
974.42	19.20	973.96	19.62	973.51	20.04
974.40	19.21	973.95	19.63	973.50	20.06
974.39	19.22	973.94	19.65	973.48	20.07
974.38	19.23	973.92	19.66	973.47	20.08
974.36	19.25	973.91	19.67	973.46	20.09
974.35	19.26	973.90	19.68	973.44	20.10
974.34	19.27	973.88	19.69	973.43	20.12
974.33	19.28	973.87	19.71	973.42	20.13
974.31	19.30	973.86	19.72	973.40	20.14
974.30	19.31	973.85	19.73	973.39	20.15
974.29	19.32	973.83	19.74	973.38	20.16
974.27	19.33	973.82	19.75	973.37	20.18
974.26	19.34	973.81	19.77	973.35	20.19
974.25	19.36	973.79	19.78	973.34	20.20
974.23	19.37	973.78	19.79	973.33	20.21
974.22	19.38	973.77	19.80	973.31	20.23
974.21	19.39	973.75	19.81	973.30	20.24
974.20	19.40	973.74	19.83	973.29	20.25
974.18	19.42	973.73	19.84	973.28	20.26
974.17	19.43	973.72	19.85	973.26	20.27
974.16	19.44	973.70	19.86	973.25	20.29
974.14	19.45	973.69	19.88	973.24	20.30

续表

密度/（g/L）	酒精度/（% vol）	密度/（g/L）	酒精度/（% vol）	密度/（g/L）	酒精度/（% vol）
973.22	20.31	972.77	20.73	972.32	21.15
973.21	20.32	972.76	20.74	972.30	21.17
973.20	20.33	972.74	20.76	972.29	21.18
973.18	20.35	972.73	20.77	972.28	21.19
973.17	20.36	972.72	20.78	972.26	21.20
973.16	20.37	972.70	20.79	972.25	21.21
973.15	20.38	972.69	20.80	972.24	21.23
973.13	20.39	972.68	20.82	972.22	21.24
973.12	20.41	972.67	20.83	972.21	21.25
973.11	20.42	972.65	20.84	972.20	21.26
973.09	20.43	972.64	20.85	972.19	21.27
973.08	20.44	972.63	20.86	972.17	21.29
973.07	20.45	972.61	20.88	972.16	21.30
973.05	20.47	972.60	20.89	972.15	21.31
973.04	20.48	972.59	20.90	972.13	21.32
973.03	20.49	972.57	20.91	972.12	21.33
973.02	20.50	972.56	20.92	972.11	21.35
973.00	20.51	972.55	20.94	972.09	21.36
972.99	20.53	972.54	20.95	972.08	21.37
972.98	20.54	972.52	20.96	972.07	21.38
972.96	20.55	972.51	20.97	972.05	21.39
972.95	20.56	972.50	20.98	972.04	21.41
972.94	20.57	972.48	21.00	972.03	21.42
972.92	20.59	972.47	21.01	972.02	21.43
972.91	20.60	972.46	21.02	972.00	21.44
972.90	20.61	972.45	21.03	971.99	21.45
972.89	20.62	972.43	21.04	971.98	21.47
972.87	20.64	972.42	21.06	971.96	21.48
972.86	20.65	972.41	21.07	971.95	21.49
972.85	20.66	972.39	21.08	971.94	21.50
972.83	20.67	972.38	21.09	971.93	21.51
972.82	20.68	972.37	21.10	971.91	21.53
972.81	20.70	972.35	21.12	971.90	21.54
972.80	20.71	972.34	21.13	971.89	21.55
972.78	20.72	972.33	21.14	971.87	21.56

续表

密度/（g/L）	酒精度/（%vol）	密度/（g/L）	酒精度/（%vol）	密度/（g/L）	酒精度/（%vol）
971.86	21.57	971.41	21.99	970.95	22.42
971.85	21.59	971.39	22.01	970.94	22.43
971.83	21.60	971.38	22.02	970.92	22.44
971.82	21.61	971.37	22.03	970.91	22.45
971.81	21.62	971.35	22.04	970.90	22.46
971.80	21.63	971.34	22.05	970.88	22.48
971.78	21.65	971.33	22.07	970.87	22.49
971.77	21.66	971.31	22.08	970.86	22.50
971.76	21.67	971.30	22.09	970.84	22.51
971.74	21.68	971.29	22.10	970.83	22.52
971.73	21.69	971.28	22.11	970.82	22.54
971.72	21.71	971.26	22.13	970.81	22.55
971.70	21.72	971.25	22.14	970.79	22.56
971.69	21.73	971.24	22.15	970.78	22.57
971.68	21.74	971.22	22.16	970.77	22.58
971.67	21.75	971.21	22.18	970.75	22.60
971.65	21.77	971.20	22.19	970.74	22.61
971.64	21.78	971.18	22.20	970.73	22.62
971.63	21.79	971.17	22.21	970.71	22.63
971.61	21.80	971.16	22.22	970.70	22.64
971.60	21.81	971.14	22.24	970.69	22.66
971.59	21.83	971.13	22.25	970.67	22.67
971.57	21.84	971.12	22.26	970.66	22.68
971.56	21.85	971.11	22.27	970.65	22.69
971.55	21.86	971.09	22.28	970.64	22.70
971.54	21.87	971.08	22.30	970.62	22.72
971.52	21.89	971.07	22.31	970.61	22.73
971.51	21.90	971.05	22.32	970.60	22.74
971.50	21.91	971.04	22.33	970.58	22.75
971.48	21.92	971.03	22.34	970.57	22.76
971.47	21.93	971.01	22.36	970.56	22.78
971.46	21.95	971.00	22.37	970.54	22.79
971.44	21.96	970.99	22.38	970.53	22.80
971.43	21.97	970.98	22.39	970.52	22.81
971.42	21.98	970.96	22.40	970.50	22.82

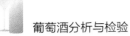

续表

密度/（g/L）	酒精度/（% vol）	密度/（g/L）	酒精度/（% vol）	密度/（g/L）	酒精度/（% vol）
970.49	22.83	970.03	23.25	969.57	23.67
970.48	22.85	970.02	23.27	969.56	23.69
970.47	22.86	970.01	23.28	969.55	23.70
970.45	22.87	969.99	23.29	969.53	23.71
970.44	22.88	969.98	23.30	969.52	23.72
970.43	22.89	969.97	23.31	969.51	23.73
970.41	22.91	969.95	23.33	969.49	23.75
970.40	22.92	969.94	23.34	969.48	23.76
970.39	22.93	969.93	23.35	969.47	23.77
970.37	22.94	969.91	23.36	969.45	23.78
970.36	22.95	969.90	23.37	969.44	23.79
970.35	22.97	969.89	23.39	969.43	23.80
970.33	22.98	969.87	23.40	969.41	23.82
970.32	22.99	969.86	23.41	969.40	23.83
970.31	23.00	969.85	23.42	969.39	23.84
970.29	23.01	969.84	23.43	969.37	23.85
970.28	23.03	969.82	23.45	696.36	23.86
970.27	23.04	969.81	23.46	969.35	23.88
970.26	23.05	969.80	23.47	969.33	23.89
970.24	23.06	969.78	23.48	969.32	23.90
970.23	23.07	969.77	23.49	969.31	23.91
970.22	23.09	969.76	23.51	969.29	23.92
970.20	23.10	969.74	23.52	969.28	23.94
970.19	23.11	969.73	23.53	969.27	23.95
970.18	23.12	969.72	23.54	969.25	23.96
970.16	23.13	969.70	23.55	969.24	23.97
970.15	23.15	969.69	23.57	969.23	23.98
970.14	23.16	969.68	23.58	969.22	24.00
970.12	23.17	969.66	23.59	969.20	24.01
970.11	23.18	969.65	23.60	969.19	24.02
970.10	23.19	969.64	23.61	969.18	24.03
970.09	23.21	969.62	23.63	969.16	24.04
970.07	23.22	969.61	23.64	969.15	24.06
970.06	23.23	969.60	23.65	969.14	24.07
970.05	23.24	969.59	23.66	969.12	24.08

续表

密度/（g/L）	酒精度/（% vol）	密度/（g/L）	酒精度/（% vol）	密度/（g/L）	酒精度/（% vol）
969.11	24.09	968.64	24.51	968.18	24.93
969.10	24.10	968.63	24.52	968.16	24.94
969.08	24.12	968.62	24.53	968.15	24.95
969.07	24.13	968.60	24.55	968.14	24.96
969.06	24.14	968.59	24.56	968.12	24.97
969.04	24.15	968.58	24.57	968.11	24.99
969.03	24.16	968.56	24.58	968.10	25.00
969.02	24.18	968.55	24.59	968.08	25.01
969.00	24.19	968.54	24.61	968.07	25.02
968.99	24.20	968.53	24.62	968.06	25.03
968.98	24.21	968.51	24.63	968.04	25.05
968.96	24.22	968.50	24.64	968.03	25.06
968.95	24.24	968.49	24.65	968.02	25.07
968.94	24.25	968.47	24.66	968.00	25.08
968.92	24.26	968.46	24.68	967.99	25.09
968.91	24.27	968.45	24.69	967.98	25.11
968.90	24.28	968.43	24.70	967.96	25.12
968.88	24.29	968.42	24.71	967.95	25.13
968.87	24.31	968.41	24.72	967.94	25.14
968.86	24.32	968.39	24.74	967.92	25.15
968.84	24.33	968.38	24.75	967.91	25.17
968.83	24.34	968.37	24.76	967.90	25.18
968.82	24.35	968.35	24.77	967.88	25.19
968.80	24.37	968.34	24.78	967.87	25.20
968.79	24.38	968.32	24.80	967.86	25.21
968.78	24.39	968.31	24.81	967.84	25.23
968.76	24.40	968.30	24.82	967.83	25.24
968.75	24.41	968.28	24.83	967.82	25.25
968.74	24.42	968.27	24.84	967.80	25.26
968.72	24.44	968.26	24.86	967.79	25.27
968.71	24.45	968.24	24.87	967.78	25.28
968.70	24.46	968.23	24.88	967.76	25.30
968.68	24.47	968.22	24.89	967.75	25.31
968.67	24.49	968.20	24.90	967.74	25.32
968.66	24.50	968.19	24.92	967.72	25.33

葡萄酒分析与检验

续表

密度/（g/L)	酒精度/（% vol)	密度/（g/L)	酒精度/（% vol)	密度/（g/L)	酒精度/（% vol)
967.71	25.34	967.24	25.76	966.76	26.18
967.70	25.36	967.22	25.77	966.75	26.19
967.68	25.37	967.21	25.78	966.73	26.20
967.67	25.38	967.20	25.80	966.72	26.21
967.65	25.39	967.18	25.81	966.71	26.22
967.64	25.40	967.17	25.82	966.69	26.24
967.63	25.42	967.16	25.83	966.68	26.25
967.61	25.43	967.14	25.84	966.67	26.26
967.60	25.44	967.13	25.86	966.65	26.27
967.59	25.45	967.12	25.87	966.64	26.28
967.57	25.46	967.10	25.88	966.63	26.30
967.56	25.48	967.09	25.89	966.61	26.31
967.55	25.49	967.07	25.90	966.60	26.32
967.53	25.50	967.06	25.92	966.59	26.33
967.52	25.51	967.05	25.93	966.57	26.34
967.51	25.52	967.03	25.94	966.56	26.36
967.49	25.53	967.02	25.95	966.54	26.37
967.48	25.55	967.01	25.96	966.53	26.38
967.47	25.56	966.99	25.98	966.52	26.39
967.45	25.57	966.98	25.99	966.50	26.40
967.44	25.58	966.97	26.00	966.49	26.41
967.43	25.59	966.95	26.01	966.48	26.43
967.41	25.61	966.94	26.02	966.46	26.44
967.40	25.62	966.93	26.03	966.45	26.45
967.39	25.63	966.91	26.05	966.43	26.46
967.37	25.64	966.90	26.06	966.42	26.47
967.36	25.65	966.88	26.07	966.41	26.49
967.34	25.67	966.87	26.08	966.39	26.50
967.33	25.68	966.86	26.09	966.38	26.51
967.32	25.69	966.84	26.11	966.37	26.52
967.30	25.70	966.83	26.12	966.35	26.53
967.29	25.71	966.82	26.13	966.34	26.55
967.28	25.73	966.80	26.14	966.33	26.56
967.26	25.74	966.79	26.15	966.31	26.57
967.25	25.75	966.78	26.17	966.30	26.58

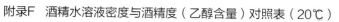

续表

密度/（g/L）	酒精度/（%vol）	密度/（g/L）	酒精度/（%vol）	密度/（g/L）	酒精度/（%vol）
966.28	26.59	965.80	27.01	965.32	27.42
966.27	26.60	965.79	27.02	965.31	27.43
966.26	26.62	965.78	27.03	965.29	27.45
966.24	26.63	965.76	27.04	965.28	27.46
966.23	26.64	965.75	27.06	965.26	27.47
966.22	26.65	965.73	27.07	965.25	27.48
966.20	26.66	965.72	27.08	965.24	27.49
966.19	26.68	965.71	27.09	965.22	27.51
966.17	26.69	965.69	27.10	965.21	27.52
966.16	26.70	965.68	27.11	965.19	27.53
966.15	26.71	965.67	27.13	965.18	27.54
966.13	26.72	965.65	27.14	965.17	27.55
966.12	26.73	965.64	27.15	965.15	27.56
966.11	26.75	965.62	27.16	965.14	27.58
966.09	26.76	965.61	27.17	965.12	27.59
966.08	26.77	965.60	27.19	965.11	27.60
966.06	26.78	965.58	27.20	965.10	27.61
966.05	26.79	965.57	27.21	965.08	27.62
966.04	26.81	965.55	27.22	965.07	27.64
966.02	26.82	965.54	27.23	965.05	27.65
966.01	26.83	965.53	27.24	965.04	27.66
966.00	26.84	965.51	27.06	965.03	27.67
965.98	26.85	965.50	27.27	965.01	27.68
965.97	26.87	965.49	27.28	965.00	27.69
965.95	26.88	965.47	27.29	964.99	27.71
965.94	26.89	965.46	27.30	964.97	27.72
965.93	26.90	965.44	27.32	964.96	27.73
965.91	26.91	965.43	27.33	964.94	27.74
965.90	26.92	965.42	27.34	964.93	27.75
965.89	26.94	965.40	27.35	964.92	27.77
965.87	26.95	965.39	27.36	964.90	27.78
965.86	26.96	965.37	27.37	964.89	27.79
965.84	26.97	965.36	27.29	964.87	27.80
965.83	26.98	965.65	27.40	964.86	27.81
965.82	27.00	965.33	27.41	964.85	27.82

葡萄酒分析与检验

续表

密度/（g/L）	酒精度/（%vol）	密度/（g/L）	酒精度/（%vol）	密度/（g/L）	酒精度/（%vol）
964.83	27.84	964.34	28.25	963.84	28.66
964.82	27.85	964.33	28.26	963.83	28.67
964.80	27.86	964.31	28.27	963.82	28.69
964.79	27.87	964.30	28.29	963.80	28.70
964.78	27.88	964.28	28.30	963.79	28.71
964.76	27.90	964.27	28.31	963.77	28.72
964.75	27.91	964.26	28.32	963.76	28.73
964.73	27.92	964.24	28.33	963.75	28.75
964.72	27.93	964.23	28.34	963.73	28.76
964.71	27.94	964.21	28.36	963.72	28.77
964.69	27.95	964.20	28.37	963.70	28.78
964.68	27.97	964.18	28.38	963.69	28.79
964.66	27.98	964.17	28.39	963.67	28.80
964.65	27.99	964.16	28.40	963.66	28.82
964.64	28.00	964.14	28.41	963.65	28.83
964.62	28.01	964.13	28.43	963.63	28.84
964.61	28.03	964.11	28.44	963.62	28.85
964.59	28.04	964.10	28.45	963.60	28.86
964.58	28.05	964.09	28.46	963.59	28.87
964.57	28.06	964.07	28.47	963.57	28.89
964.55	28.07	964.06	28.49	963.56	28.90
964.54	28.08	964.04	28.50	963.55	28.91
964.52	28.10	964.03	28.51	963.53	28.92
964.51	28.11	964.01	28.52	963.52	28.93
964.49	28.12	964.00	28.53	963.50	28.95
964.48	28.13	963.99	28.54	963.49	28.96
964.47	28.14	963.77	28.56	963.47	28.97
964.45	28.16	963.96	28.57	963.46	28.98
964.44	28.17	963.94	28.58	963.45	28.99
964.42	28.18	963.93	28.59	963.43	29.00
964.41	28.19	963.92	28.60	963.42	29.02
964.40	28.20	963.90	28.62	963.40	29.03
964.38	28.21	963.89	28.63	963.39	29.04
964.37	28.23	963.87	28.64	963.37	29.05
964.35	28.24	963.86	28.65	963.36	29.06

续表

密度/（g/L）	酒精度/（%vol）	密度/（g/L）	酒精度/（%vol）	密度/（g/L）	酒精度/（%vol）
963.35	29.08	962.94	29.40	962.54	29.73
963.33	29.09	962.93	29.42	962.52	29.75
963.32	29.10	962.91	29.43	962.51	29.76
963.30	29.11	962.90	29.44	962.49	29.77
963.29	29.12	962.89	29.45	962.48	29.78
963.27	29.13	962.87	29.46	962.47	29.79
963.26	29.15	962.86	29.48	962.45	29.80
963.25	29.16	962.84	29.49	962.44	29.82
963.23	29.17	962.83	29.50	962.42	29.83
963.22	29.18	962.81	29.51	962.41	29.84
963.20	29.19	962.80	29.52	962.39	29.85
963.19	29.20	962.78	29.53	962.38	29.86
963.17	29.22	962.77	29.55	962.36	29.87
963.16	29.23	962.76	29.56	962.35	29.89
963.14	29.24	962.74	29.57	962.34	29.90
963.13	29.25	962.73	29.58	962.32	29.91
963.12	29.26	962.71	29.59	962.31	29.92
963.10	29.28	962.70	29.60	962.29	29.93
963.09	29.29	962.68	29.62	962.28	29.95
963.07	29.30	962.67	29.63	962.26	29.96
963.06	29.31	962.65	29.64	962.25	29.97
963.04	29.32	962.64	29.65	962.23	29.98
963.03	29.33	962.63	29.66	962.22	29.99
963.02	29.35	962.61	29.67	962.20	30.00
963.00	29.36	962.60	29.69	962.19	30.02
962.99	29.37	962.58	29.70	962.17	30.03
962.97	29.38	962.57	29.71	962.16	30.04
962.96	29.39	962.55	29.72		

附录 G 酒精计温度、 酒精度 （乙醇含量） 换算表

溶液温度/℃	酒精计示表									
	35.0	34.5	34.0	33.5	33.0	32.5	32.0	31.5	31.0	30.5
	酒精计温度为20℃时的乙醇含量/（％vol）									
35.0	28.8	28.2	27.8	27.3	26.8	26.4	26.0	25.5	25.0	24.6
34.0	29.3	28.8	28.3	27.8	27.3	26.8	26.4	25.9	25.4	25.0
33.0	29.7	29.2	28.7	28.2	27.7	27.2	26.8	26.3	25.8	25.4
32.0	30.1	29.6	29.1	28.6	28.1	27.6	27.2	26.7	26.2	25.8
31.0	30.5	30.0	29.5	29.0	28.5	28.0	27.6	27.1	26.6	26.2
30.0	30.9	30.4	29.9	29.4	28.9	28.4	28.0	27.5	27.0	26.5
29.0	31.3	30.8	30.3	29.8	29.4	28.8	28.4	27.9	27.4	26.9
28.0	31.7	31.2	30.7	30.2	29.8	29.2	28.8	28.3	27.8	27.3
27.0	32.2	31.6	31.2	30.6	30.2	29.6	29.2	28.7	28.2	27.7
26.0	32.6	32.0	31.6	31.0	30.6	30.0	29.6	29.1	28.6	28.1
25.0	33.0	32.5	32.0	31.5	31.0	30.5	30.0	29.5	29.0	28.5
24.0	33.4	32.9	32.4	31.9	31.4	30.9	30.4	29.9	29.4	28.9
23.0	33.8	33.3	32.8	32.3	31.8	31.3	30.8	30.3	29.8	29.3
22.0	34.2	33.7	33.2	32.7	32.2	31.7	31.2	30.7	30.2	29.7
21.0	34.6	34.1	33.6	33.1	32.6	32.0	31.6	31.1	30.6	30.1
20.0	35.0	34.5	34.0	33.5	33.0	32.5	32.0	31.5	31.0	30.5
19.0	35.4	34.9	34.4	33.9	33.4	32.9	32.4	31.9	31.4	30.9
18.0	35.8	35.3	34.8	34.3	33.8	33.2	32.8	32.3	31.8	31.3
17.0	36.2	35.7	35.2	34.7	34.2	33.7	33.2	32.7	32.2	31.7
16.0	36.6	36.1	35.6	35.1	34.6	34.1	33.6	33.1	32.6	32.1
15.0	37.0	36.5	36.0	35.5	35.0	34.5	34.0	33.5	33.0	32.5
14.0	37.4	36.9	36.4	35.9	35.4	35.0	34.4	34.0	33.5	32.0
13.0	37.8	37.3	36.8	36.4	35.9	35.4	34.9	34.4	33.9	32.4
12.0	38.2	37.8	37.3	36.8	36.3	35.8	35.3	34.8	34.3	33.8
11.0	38.7	38.2	37.7	37.2	36.7	36.2	35.7	35.2	34.7	34.2
10.0	39.1	38.6	38.1	37.6	37.1	36.6	36.1	35.6	35.1	34.6

续表

溶液温度/℃	酒精计示表									
	30.0	29.5	29.0	28.5	28.0	27.5	27.0	26.5	26.0	25.5
	酒精计温度为20℃时的乙醇含量/（%vol）									
35.0	24.2	23.7	23.2	22.8	22.3	21.8	21.3	20.8	20.4	20.0
34.0	24.5	24.0	23.5	23.1	22.7	22.2	21.7	21.2	20.8	20.4
33.0	24.9	24.4	23.9	23.5	23.1	22.6	22.0	21.6	21.2	20.8
32.0	25.3	24.8	24.2	23.8	23.4	22.9	22.4	22.0	21.6	21.2
31.0	25.7	25.2	24.7	24.2	23.8	23.3	22.8	22.4	21.9	21.4
30.0	26.1	25.6	25.1	24.6	24.2	23.7	23.2	22.8	22.3	21.9
29.0	26.4	26.0	25.5	25.0	24.6	24.1	23.6	23.2	22.7	22.2
28.0	26.8	26.4	25.9	25.4	24.9	24.4	24.0	23.5	23.0	22.6
27.0	27.2	26.7	26.3	25.8	25.3	24.8	24.4	23.9	23.4	22.9
26.0	27.6	27.1	26.6	26.2	25.7	25.2	24.7	24.2	23.8	23.3
25.0	28.0	27.5	27.0	26.6	26.1	25.6	25.1	24.6	24.1	23.7
24.0	28.4	27.9	27.4	26.9	26.4	26.0	25.5	25.0	24.5	24.0
23.0	28.8	28.3	27.8	27.2	26.8	26.3	25.8	25.4	24.9	24.4
22.0	29.2	28.7	28.2	27.7	27.2	26.7	26.2	25.8	25.3	24.8
21.0	29.6	29.1	28.6	28.1	27.6	27.1	26.6	26.1	25.6	25.1
20.0	30.0	29.5	29.0	28.5	28.0	27.5	27.0	26.5	26.0	25.5
19.0	30.4	29.9	29.4	28.9	28.4	27.9	27.4	26.9	26.4	25.9
18.0	30.8	30.3	29.8	29.3	28.8	28.3	27.8	27.2	26.7	26.2
17.0	31.2	30.7	30.2	29.7	29.2	28.6	28.1	27.6	27.1	26.6
16.0	31.6	31.1	30.6	30.1	29.5	29.0	28.5	28.0	27.5	27.0
15.0	32.0	31.5	31.0	30.5	29.9	29.5	28.9	28.4	27.9	27.4
14.0	32.4	31.9	31.4	30.9	30.4	29.9	29.3	28.8	28.3	27.8
13.0	32.8	32.3	31.8	31.2	30.8	30.3	29.7	29.2	28.7	28.2
12.0	33.3	32.8	32.1	31.6	31.1	30.7	30.2	29.6	29.1	28.5
11.0	33.7	33.2	32.7	32.0	31.6	31.1	30.6	30.0	29.5	28.9
10.0	30.1	33.6	33.1	32.5	32.0	31.5	31.0	30.4	29.9	29.3

葡萄酒分析与检验

续表

溶液温度/℃	酒精计示表									
	25.0	24.5	24.0	23.5	23.0	22.5	22.0	21.5	21.0	20.5
	酒精计温度为20℃时的乙醇含量/（%vol）									
35.0	19.6	19.2	18.8	18.4	17.9	17.4	16.9	16.4	16.0	15.6
34.0	20.0	19.6	19.1	18.6	18.2	17.7	17.2	16.8	16.4	16.0
33.0	20.3	19.8	19.4	19.0	18.6	18.1	17.6	17.2	16.7	16.2
32.0	20.7	20.2	19.8	19.4	18.9	18.4	17.9	17.4	17.0	16.6
31.0	21.0	20.6	20.2	19.8	19.3	18.8	18.3	17.8	17.4	17.0
30.0	21.4	20.9	20.5	20.0	19.6	19.1	18.6	18.2	17.7	17.3
29.0	21.8	21.3	20.8	20.4	19.9	19.4	19.0	18.5	18.0	17.6
28.0	22.1	21.6	21.2	20.7	20.2	19.8	19.3	18.8	18.4	17.9
27.0	22.5	22.0	21.5	21.0	20.6	20.1	19.6	19.2	18.7	18.2
26.0	22.8	22.4	21.9	21.4	20.9	20.5	20.0	19.5	19.0	18.6
25.0	23.2	22.7	22.2	21.8	21.2	20.8	20.3	19.8	19.4	18.9
24.0	23.5	23.1	22.6	22.1	21.6	21.1	20.7	20.2	19.7	19.2
23.0	23.9	23.4	22.9	22.4	22.0	21.5	21.0	20.5	20.0	19.5
22.0	24.3	23.8	23.3	22.8	22.3	21.8	21.3	20.8	20.4	19.9
21.0	24.6	24.1	23.6	23.1	22.6	22.2	21.7	21.2	20.7	20.2
20.0	25.0	24.5	24.0	23.5	23.0	22.5	22.0	21.5	21.0	20.5
19.0	25.4	24.8	24.4	23.8	23.3	22.8	22.3	21.8	21.3	20.8
18.0	25.7	25.2	24.7	24.2	23.7	23.2	22.6	22.1	21.6	21.1
17.0	26.1	25.6	25.1	24.5	24.0	23.5	23.0	22.5	22.0	21.4
16.0	26.5	25.9	25.4	24.9	24.4	23.8	23.3	22.8	22.3	21.8
15.0	26.8	26.3	25.8	25.3	24.7	24.2	23.7	23.1	22.6	22.1
14.0	27.2	26.7	26.2	25.6	25.1	24.6	24.0	23.5	23.0	22.4
13.0	27.6	27.1	26.5	26.0	25.4	24.9	24.4	23.8	23.3	22.7
12.0	28.0	27.4	26.9	25.4	25.8	25.3	24.7	24.2	23.6	23.0
11.0	28.4	27.8	27.3	26.7	26.2	25.6	25.0	24.5	23.9	23.4
10.0	28.8	28.2	27.7	27.1	26.6	26.0	25.4	24.8	24.3	23.7

续表

溶液温度/℃	酒精计示表									
	20.0	19.5	19.0	18.5	18.0	17.5	17.0	16.5	16.0	15.5
	酒精计温度为20℃时的乙醇含量/（%vol）									
35.0	15.2	14.8	14.5	14.0	13.6	13.2	12.8	12.4	12.1	11.6
34.0	15.5	15.2	14.8	14.4	13.9	13.5	13.1	12.8	12.4	12.0
33.0	15.8	15.4	15.1	14.6	14.2	13.8	13.4	13.0	12.6	12.2
32.0	16.2	15.8	15.4	15.0	14.5	14.0	13.6	13.2	12.9	12.4
31.0	16.5	16.1	15.7	15.2	14.8	14.4	13.9	13.5	13.1	12.6
30.0	16.8	16.4	16.0	15.5	15.1	14.7	14.2	13.8	13.4	12.9
29.0	17.2	16.7	16.3	15.8	15.4	15.0	14.5	14.1	13.6	13.2
28.0	17.5	17.0	16.6	16.1	15.7	15.2	14.8	14.4	13.9	13.4
27.0	17.8	17.3	16.9	16.4	16.0	15.5	15.1	14.6	14.2	13.7
26.0	18.1	17.6	17.2	16.7	16.3	15.8	15.4	14.9	14.4	14.0
25.0	18.4	18.0	17.5	17.0	16.6	16.1	15.6	15.2	14.7	14.2
24.0	18.7	18.3	17.8	17.3	16.9	16.4	15.9	15.4	15.0	14.5
23.0	19.0	18.6	18.1	17.6	17.1	16.6	16.2	15.7	15.2	14.7
22.0	19.4	18.9	18.4	17.9	17.4	17.0	16.5	16.0	15.5	15.0
21.0	19.7	19.2	18.7	18.2	17.7	17.2	16.7	16.2	15.7	15.2
20.0	20.0	19.5	19.0	18.5	18.0	17.5	17.0	16.5	16.0	15.5
19.0	20.3	19.8	19.3	18.8	18.3	17.8	17.3	16.8	16.3	15.8
18.0	20.6	20.1	19.6	19.1	18.6	18.1	17.6	17.0	16.5	16.0
17.0	20.9	20.4	19.9	19.4	18.9	18.3	17.9	17.3	16.8	16.2
16.0	21.2	20.7	20.2	19.7	19.2	18.6	18.1	17.5	17.0	16.5
15.0	21.6	21.0	20.5	20.0	19.4	18.9	18.3	17.8	17.2	16.7
14.0	21.9	21.3	20.8	20.2	19.7	19.1	18.6	18.0	17.5	16.9
13.0	22.2	21.6	21.1	20.5	20.0	19.4	18.8	18.3	17.7	17.2
12.0	22.5	21.9	21.4	20.8	20.2	19.7	19.1	18.5	18.0	17.4
11.0	22.8	22.2	21.7	21.1	20.5	20.0	19.4	18.8	18.2	17.6
10.0	23.1	22.5	22.0	21.4	20.8	20.2	19.6	19.0	18.4	17.8

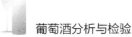

续表

溶液温度/℃	酒精计示表									
	15.0	14.5	14.0	13.5	13.0	12.5	12.0	11.5	11.0	10.5
	酒精计温度为20℃时的乙醇含量/（%vol）									
35.0	11.2	10.8	10.4	10.0	9.6	9.2	8.7	8.3	7.9	7.4
34.0	11.5	11.0	10.6	10.2	9.8	9.4	8.9	8.5	8.1	7.6
33.0	11.8	11.4	10.9	10.4	10.0	9.6	9.1	8.7	8.3	7.8
32.0	12.0	11.6	11.0	10.6	10.2	9.8	9.4	9.0	8.5	8.0
31.0	12.2	11.8	11.4	11.0	10.5	10.0	9.6	9.2	8.7	8.2
30.0	12.5	12.0	11.6	11.1	10.7	10.2	9.8	9.3	8.9	8.4
29.0	12.7	12.3	11.8	11.4	10.9	10.5	10.0	9.5	9.1	8.6
28.0	13.0	12.6	12.1	11.6	11.2	10.7	10.3	9.8	9.2	8.9
27.0	13.2	12.8	12.3	11.9	11.4	10.9	10.5	10.0	9.5	9.1
26.0	13.5	13.0	12.6	12.1	11.7	11.2	10.7	10.2	9.8	9.3
25.0	13.8	13.3	12.8	12.4	11.9	11.4	10.9	10.4	10.0	9.5
24.0	14.0	13.5	13.1	12.6	12.1	11.6	11.2	10.7	10.2	9.7
23.0	14.3	13.8	13.3	12.8	12.3	11.8	11.4	10.9	10.4	9.9
22.0	14.5	14.0	13.6	13.1	12.6	12.1	11.6	11.1	10.6	10.1
21.0	14.8	14.3	13.8	13.3	12.8	12.3	11.8	11.3	10.8	10.3
20.0	15.0	14.5	14.0	13.5	13.0	12.5	12.0	11.5	11.0	10.5
19.0	15.2	14.7	14.2	13.7	13.2	12.7	12.2	11.7	11.2	10.7
18.0	15.5	15.0	14.4	13.9	13.4	12.9	12.4	11.9	11.4	10.9
17.0	15.7	15.2	14.7	14.1	13.6	13.1	12.6	12.1	11.5	11.0
16.0	15.9	15.4	14.9	14.3	13.8	13.3	12.8	12.2	11.7	11.2
15.0	16.2	15.6	15.1	14.5	14.0	13.5	12.9	12.4	11.9	11.3
14.0	16.4	15.8	15.2	14.7	14.2	13.6	13.1	12.5	12.0	11.5
13.0	16.6	16.0	15.5	14.9	14.4	13.8	13.2	12.7	12.2	11.6
12.0	16.8	16.2	15.7	15.1	14.5	14.0	13.4	12.8	12.3	11.8
11.0	17.0	16.4	15.8	15.3	14.7	14.1	13.6	13.0	12.4	11.9
10.0	17.2	16.6	16.0	15.4	14.9	14.3	13.7	13.1	12.6	12.0

续表

溶液温度/℃	酒精计示表									
	10.0	9.5	9.0	8.5	8.0	7.5	7.0	6.5	6.0	5.5
	酒精计温度为20℃时的乙醇含量/（%vol）									
35.0	6.8	6.4	6.0	5.6	5.2	4.8	4.3	3.8	3.3	2.8
34.0	7.1	6.6	6.2	5.8	5.3	4.9	4.5	4.0	3.5	3.0
33.0	7.3	6.8	6.4	6.0	5.5	5.1	4.7	4.2	3.7	3.2
32.0	7.5	7.0	6.6	6.2	5.7	5.2	4.8	4.3	3.8	3.4
31.0	7.7	7.2	6.8	6.4	5.9	5.4	5.0	4.5	4.0	3.6
30.0	7.9	7.5	7.0	6.6	6.1	5.6	5.2	4.7	4.2	3.8
29.0	8.2	7.7	7.2	6.8	6.3	5.8	5.4	4.9	4.4	4.0
28.0	8.4	7.9	7.5	7.0	6.5	6.1	5.6	5.1	4.6	4.2
27.0	8.6	8.1	7.7	7.2	6.7	6.3	5.8	5.3	4.8	4.3
26.0	8.8	8.2	7.9	7.4	6.9	6.4	6.0	5.5	5.0	4.5
25.0	9.0	8.6	8.1	7.6	7.1	6.6	6.2	5.7	5.2	4.7
24.0	9.2	8.8	8.3	7.8	7.3	6.8	6.3	5.8	5.4	4.9
23.0	9.4	8.9	8.4	8.0	7.5	7.0	9.5	6.0	5.5	5.0
22.0	9.6	9.1	8.6	8.2	7.7	7.2	6.7	6.2	5.7	5.2
21.0	9.8	9.3	8.8	8.3	7.8	7.3	6.8	6.3	5.8	5.4
20.0	10.0	9.5	9.0	8.5	8.0	7.5	7.0	6.5	6.0	5.5
19.0	10.2	9.7	9.2	8.7	8.2	7.6	7.2	6.6	6.1	5.6
18.0	10.4	9.8	9.3	8.8	8.3	7.8	7.3	6.8	6.3	5.8
17.0	10.5	10.0	9.5	9.0	8.5	8.0	7.4	6.9	6.4	5.9
16.0	10.7	10.2	9.6	9.1	8.6	8.1	7.6	7.0	6.5	6.0
15.0	10.8	10.3	9.8	9.3	8.8	8.2	7.7	7.1	6.6	6.1
14.0	11.0	10.4	9.9	9.4	8.9	8.3	7.8	7.2	6.7	6.2
13.0	11.1	10.6	10.0	9.5	9.0	8.4	7.9	7.4	6.8	6.3
12.0	11.2	10.7	10.1	9.6	9.1	8.5	8.0	7.4	6.9	6.4
11.0	11.3	10.8	10.2	9.7	9.2	8.6	8.1	7.6	7.0	6.5
10.0	11.4	10.9	10.3	9.8	9.3	8.7	8.2	7.6	7.1	6.5

续表

溶液温度/℃	酒精计示表									
	5	4.5	4	3.5	3	2.5	2	1.5	1	0.5
	酒精计温度为20℃时的乙醇含量/（% vol）									
35	2.4	2.0	1.6	1.1	0.6					
34	2.6	2.2	1.8	1.3	0.8					
33	2.8	2.4	1.9	1.4	0.9					
32	3.0	2.6	2.1	1.6	1.1	0.6	0.1			
31	3.1	2.6	2.2	1.7	1.2	0.7	0.2			
30	3.3	2.8	2.4	1.9	1.4	0.9	0.4	0.1		
29	3.5	3.0	2.5	2.1	1.6	1.1	0.6	0.2		
28	3.7	3.2	2.7	2.2	1.8	1.3	0.8	0.3		
27	3.9	3.4	2.9	2.4	1.9	1.4	1.0	0.4		
26	4.0	3.6	3.1	2.6	2.1	1.6	1.1	0.6	0.1	
25	4.2	3.7	3.2	2.8	2.3	1.8	1.3	0.8	0.3	
24	4.4	3.9	3.4	2.9	2.4	1.9	1.4	0.9	0.4	
23	4.6	4.1	3.6	3.1	2.6	2.1	1.6	1.1	0.6	0.1
22	4.7	4.2	3.7	3.2	2.7	2.2	1.7	1.2	0.7	0.2
21	4.8	4.4	3.9	3.4	2.9	2.4	1.9	1.4	0.9	0.4
20	5.0	4.5	4.0	3.5	3.0	2.5	2.0	1.5	1.0	0.5
19	5.1	4.6	4.1	3.6	3.1	2.6	2.1	1.6	1.1	0.6
18	5.3	4.8	4.2	3.7	3.2	2.7	2.2	1.7	1.2	0.7
17	5.4	4.9	4.4	3.9	3.4	2.8	2.3	1.8	1.3	0.8
16	5.5	5.0	4.5	4.0	3.4	2.9	2.4	1.9	1.4	0.9
15	5.6	5.1	4.6	4.1	3.6	3.0	2.5	2.0	1.5	1.0
14	5.7	5.2	4.7	4.2	3.9	3.1	2.6	2.1	1.6	1.1
13	5.8	5.3	4.8	4.2	3.7	3.2	2.7	2.2	1.7	1.2
12	5.9	5.4	4.8	4.3	3.8	3.3	2.8	2.2	1.8	1.2
11	6.0	5.4	4.9	4.4	3.9	3.3	2.8	2.3	1.8	1.3
10	6.0	5.5	5.0	4.4	3.9	3.4	2.9	2.4	1.8	1.3

附录 H　密度 - 总浸出物含量对照表

密度（20℃）	密度的第四位整数									
	0	1	2	3	4	5	6	7	8	9
100	0	2.6	5.1	7.7	10.3	12.9	15.4	18	20.6	23.2
101	25.8	28.4	31.0	33.6	36.2	38.8	41.3	43.9	46.5	49.1
102	51.7	54.3	56.9	59.5	62.1	64.7	67.3	69.9	72.5	75.1
103	77.7	80.3	82.9	85.5	88.1	90.7	93.3	95.9	98.5	101.1
104	103.7	106.3	109.0	111.6	114.2	116.8	119.4	122.0	124.6	127.2
105	129.8	132.4	135.0	137.6	140.3	142.9	145.5	148.1	150.7	153.3
106	155.9	158.6	161.2	163.8	166.4	169.0	171.6	174.3	176.9	179.5
107	182.1	184.8	187.4	190.0	192.6	195.2	197.8	200.5	203.1	205.8
108	208.4	211.0	213.6	216.2	218.9	221.5	224.1	226.8	229.4	232.0
109	234.7	237.3	239.9	242.5	245.2	247.8	250.4	253.1	255.7	258.4
110	261.0	263.6	266.3	268.9	271.5	274.2	276.8	279.5	282.1	284.8
111	287.4	290.0	292.7	295.3	298.0	300.6	303.3	305.9	308.6	311.2
112	313.9	316.5	319.2	321.8	324.5	327.1	329.8	332.4	335.1	337.8
113	340.4	343.0	345.7	348.3	351.0	353.7	356.3	359.0	361.6	364.3
114	366.9	369.6	372.3	375.0	377.6	380.3	382.9	385.6	388.3	390.9
115	393.6	396.2	398.9	401.6	404.3	406.9	409.6	412.3	415.0	417.6
116	420.3	423.0	425.7	428.3	431.0	433.7	436.4	439.0	441.7	444.4
117	447.1	449.8	452.4	455.2	457.8	460.5	463.2	465.9	468.6	471.3
118	473.9	476.6	479.3	482.0	484.7	487.4	490.1	492.8	495.5	498.2
119	500.9	503.5	506.2	508.9	511.6	514.3	517.0	519.7	522.4	525.1

密度 - 总浸出物含量对照表（小数位）

密度的第一位	总浸出物/（g/L）	密度的第一位	总浸出物/（g/L）	密度的第一位	总浸出物/（g/L）
1	0.3	4	1	7	1.8
2	0.5	5	1.3	8	2.1
3	0.8	6	1.6	9	2.3

参考文献

［1］马佩选．葡萄酒质量与检验．北京：中国计量出版社，2002.

［2］李华．葡萄酒化学．北京：科学出版社，2005.

［3］李华．葡萄酒品尝学．北京：科学出版社，2006.

［4］王华．葡萄酒分析检验．北京：中国农业出版社，2011.

［5］刘珍．化验员读本．北京：化学工业出版社，2002.

［6］薛华，李隆弟，郁鉴源，陈德朴．分析化学．北京：清华大学出版社，2010.

［7］杨宏孝，颜秀茹，崔建中，王建辉，王兴尧，秦学．无机化学．北京：高等教育出版社，2010.

［8］朱明华．仪器分析．北京：高等教育出版社，2008.

［9］叶宪曾，张新祥等．仪器分析教程．北京：北京大学出版社，2007.

［10］冯玉红，陈国良等．现代仪器分析实用教程．北京：北京大学出版社，2008.

［11］何金兰，杨克让，李小戈．仪器分析原理．北京：科学出版社，2009.

［12］李冰，杨红霞．电感耦合等离子体质谱原理和应用．北京：地质出版社，2005.

［13］郭其昌等．葡萄酒品尝法．北京：中国轻工业出版社，2002.

［14］李志勇，OIV 国际葡萄酒与葡萄汁分析方法大全．北京：中国标准出版社，2015.

［15］张春娅，郭松泉等．国际葡萄酿酒药典——葡萄酿酒辅料标准．北京：中国轻工业出版社，2002.

［16］中华人民共和国标准．化学试剂　标准滴定溶液的制备，GB/T 601—2002.

［17］中华人民共和国国家标准．葡萄酒、果酒通用分析方法，GB/T 15038—2006.

［18］中华人民共和国国家标准．食品中氨基甲酸乙酯的测定，GB 5009.223—2014.

［19］中华人民共和国国家标准．食品中赭曲霉毒素 A 的测定　免疫亲和层析净化

高效液相色谱，GB/T 23502—2009.

[20] 中华人民共和国国家标准. 食品安全国家标准　食品卫生微生物检验　菌落总数测定，GB 4789.2—2010.

[21] 中华人民共和国国家标准. 食品卫生微生物检验　大肠菌群测定，GB 4789.3—2010.

[22] 中华人民共和国国家标准. 食品卫生微生物检验　沙门氏菌检验，GB 4789.4—2010.

[23] 中华人民共和国国家标准. 食品卫生微生物检验　志贺氏菌检验，GB 4789.5—2012.

[24] 中华人民共和国国家标准. 食品卫生微生物检验　金黄色葡萄球菌检验，GB 4789.10—2010.

[25] 中华人民共和国国家标准. 食品卫生微生物检验　霉菌和酵母计数，GB 4789.15—2010.

[26] 中华人民共和国国家标准. 水果和蔬菜中450种农药及相关化学品残留量的测定　液相色谱－串联质谱法，GB/T 20769—2008.

[27] 中华人民共和国国家标准. 水果和蔬菜中500种农药及相关化学品残留量的测定　气相色谱－质谱法，GB/T 19648—2006.

[28] 中华人民共和国国家标准. 食品中总砷及无机砷的测定，GB/T 5009.11—2003.

[29] 中华人民共和国国家标准. 食品安全国家标准　食品中铅的测定，GB 5009.12—2010.

[30] 中华人民共和国国家标准. 酒类及其他食品包装用软木塞，GB/T 23778—2009.

[31] 中华人民共和国国家标准. 包装玻璃容器铅、镉、砷、锑溶出允许限量，GB 19778—2005.

[32] 中华人民共和国国家标准. 白砂糖，GB 317—2006.

[33] 中华人民共和国国家标准. 食品加工用酵母，GB/T 20886—2007.

[34] 中华人民共和国国家标准. 食品添加剂　果胶酶制剂，QB 1502—92.

[35] 中华人民共和国国家标准. 食品工业用助滤剂　硅藻土，QB/T 2088—1995.

[36] 中华人民共和国国家标准. 葡萄酒，GB 15037—2006.

[37] 中华人民共和国国家标准. 食品安全国家标准 食品添加剂使用标准，GB 2760—2014.

[38] 中华人民共和国国家标准. 食品安全国家标准 预包装食品标签通则，GB 7718—2011.

[39] 中华人民共和国国家标准，实验室质量控制规范　食品理化检测，GB/T 27404—2008.

[40] 中华人民共和国国家标准. 数字修约规则与极限数值的表示和判定，GB/T

8170—2008.

　　［41］全国认证认可标准化技术委员会.《实验室质量控制规范　食品理化检测》理解与实施.北京：中国标准出版社，2009.

　　［42］中华人民共和国国家标准.分析实验室用水规格和试验方法，GB/T 6682—2008.